Die Prüfung der Arzneistoffe
nach dem Deutschen Arzneibuch

Eine Anleitung zur chemischen und physikalischen
Prüfung der Arzneistoffe und Zubereitungen für
Studierende der Pharmazie und Apotheker

von

Dr. G. Frerichs

o. Professor der Pharmazeutischen Chemie und Direktor
des Pharmazeutischen Instituts der Universität Bonn

Mit 59 Abbildungen im Text

Berlin
Verlag von Julius Springer
1932

ISBN-13: 978-3-642-89699-6   e-ISBN-13: 978-3-642-91556-7
DOI: 10.1007/978-3-642-91556-7
Softcover reprint of the hardcover 1st edition 1932

Vorwort.

Die Erfahrungen, die ich in mehr als 30jähriger Tätigkeit in der Ausbildung von Studierenden der Pharmazie im pharmazeutisch-chemischen Praktikum und bei der Ausführung von Vorlesungsversuchen gesammelt habe, haben mich veranlaßt, dieses Buch zu schreiben. Das Buch hat vor allem den Zweck, den Studierenden im pharmazeutisch-chemischen Praktikum die Übungen in der Prüfung der Arzneistoffe nach dem Deutschen Arzneibuch durch praktische und wissenschaftliche Erläuterungen zu erleichtern.

Im allgemeinen läßt sich nach den Prüfungsvorschriften der 6. Ausgabe des Deutschen Arzneibuches gut arbeiten, aber die Studierenden müssen dies erst lernen, und zwar bei der Kürze des Studiums möglichst bei nur einmaliger Ausführung jeder Untersuchung. Die praktischen Hinweise in dieser Anleitung haben den Zweck, Fehlermöglichkeiten bei diesen Arbeiten auszuschalten.

In vielen Fällen bin ich von den Vorschriften des Arzneibuches abgewichen, besonders dann, wenn durch eine Abänderung der Vorschrift Zeit gewonnen werden konnte, natürlich ohne Beeinträchtigung des Ergebnisses im Sinne des Arzneibuches.

Die Bearbeiter der Prüfungsvorschriften des Arzneibuches haben durchweg großen Wert auf sparsamen Materialverbrauch gelegt. Sparsamkeit ist natürlich durchaus angebracht, aber nicht, wenn sie mit einem erheblichen Mehraufwand von Zeit verknüpft ist, der den Wert des gesparten Materials aufwiegt, und das ist nicht selten der Fall. Ich habe deshalb in manchen Fällen die Sparsamkeit zugunsten eines Zeitgewinnes etwas vernachlässigt.

Der größte Teil des Buches behandelt die quantitativen chemischen Prüfungsverfahren, besonders die maßanalytischen. Zu den letzteren sind auch allgemeine Ausführungen über das Wesen der Maßanalyse, über die Herstellung der volumetrischen Lösungen, über die Meßgeräte und ihre Benutzung beigegeben. Die Ausführung qualitativer Prüfungen ist nur insoweit behandelt, als Abänderungen oder Erläuterungen notwendig erschienen; im allgemeinen genügen die üblichen Kenntnisse in qualitativer Analyse, um diese Prüfungen ausführen zu können. Vielfach sind qualitative und quantitative Prüfungen miteinander verbunden, wenn nämlich die anzuwendenden Mengen bestimmt sind oder Vergleichsversuche mit Lösungen von bekanntem Gehalt an den nachzuweisenden Stoffen vorgeschrieben sind. Solche Prüfungsvorschriften sind in dem Abschnitt Qualitativ-quantitative Prüfungen zusammengefaßt. Der letzte Teil des Buches behandelt die physikalischen Prüfungsverfahren.

Die Anordnung des Stoffes im chemischen Teil ist eine systematische, d. h. Prüfungsvorschriften bestimmter Art, wie z. B. Bestimmung des Wassergehaltes, des Abdampfrückstandes, des Glührückstandes und ähnliche gewichtsanalytische Verfahren, ferner die verschiedenen Arten maßanalytischer Verfahren, sind in einzelnen Abschnitten zusammengefaßt. Diese Anordnung ist für den Unterricht der Studierenden zweckmäßiger als die alphabetische Anordnung an Hand des Arzneibuches. Letztere, die sich z. B. in dem vortrefflichen Werk von Herzog und Hanner im speziellen Teil findet, ist zweckmäßig für die Apothekenpraxis, in der Einzeluntersuchungen verschiedener Art ausgeführt werden. Aber auch der praktische Apotheker dürfte aus der vorliegenden systematischen Anleitung Nutzen ziehen können.

Bei der Kürze der Studienzeit, von der nur zwei Halbjahre für das pharmazeutisch-chemische Praktikum zur Verfügung stehen, ist es natürlich ausgeschlossen, daß die Studierenden alle in dem Buch angegebenen Prüfungsverfahren ausführen. Das wird sich erst nach Einführung des sechssemestrigen Studiums ermöglichen lassen. Vorläufig wird man sich auf die Ausführung möglichst vieler Untersuchungen nach einer durch den Institutsleiter getroffenen Auswahl beschränken müssen.

Wie jedes Werk wird auch dieses seine Mängel haben. Ich bitte deshalb die Kollegen und andere Benutzer, mich auf Mängel aufmerksam zu machen, damit diese bei einer neuen Auflage beseitigt werden können. Auch für Vorschläge zu Verbesserungen und Änderungen werde ich dankbar sein.

Bonn, im November 1931.

G. Frerichs.

Inhaltsverzeichnis.

Physikalische Prüfungsverfahren.

Chemische Prüfungsverfahren.

Für alle Prüfungen sind Durchschnittsproben der Arzneistoffe zu verwenden, die durch sorgfältiges Mischen der Gesamtmenge des zu untersuchenden Arzneistoffes herzustellen sind. Das ist wichtig, weil es vorkommt, daß ein Gefäß oder eine Papierpackung im oberen Teil etwas anderes enthält, als im unteren, z. B. infolge einer Verwechslung, wenn ein Vorratsgefäß beim Abfüllen leer wird und aus einem anderen Vorrat nachgefüllt werden muß.

Macht bei großen Mengen, z. B. bei Faßpackungen, das Durchmischen der ganzen Menge Schwierigkeiten, so nimmt man Stichproben aus verschiedenen Tiefen und mischt diese.

1. Feststellung der Identität. Hierzu dienen bei chemischen Arzneistoffen neben der Feststellung der äußeren Eigenschaften, des Geruchs und Geschmacks und der Löslichkeit in verschiedenen Lösungsmitteln, die Erkennungsreaktionen. Bei den meisten organischen Verbindungen ist für die Feststellung der Identität die Bestimmung des Schmelzpunktes von größter Wichtigkeit. Über die Ausführung dieser Bestimmung siehe S. 227.

2. Prüfung auf Reinheit. Diese Prüfung bezweckt den Nachweis von Verunreinigungen, die bei der Darstellung der Arzneistoffe in diese hineingelangen oder in ihnen zurückbleiben können. Bei dem hohen Stande der chemischen Technik können hinsichtlich der Reinheit bei den meisten chemischen Arzneistoffen hohe Anforderungen gestellt werden, besonders aber, wenn die Abwesenheit von gesundheitsschädlichen Verunreinigungen, wie z. B. Arsenverbindungen, gefordert wird. Absichtliche Verfälschungen werden durch die Reinheitsprüfung ebenfalls erkannt. Bei den meisten organischen Verbindungen ist auch für die Feststellung der Reinheit die Bestimmung des Schmelzpunktes von größter Wichtigkeit.

Da für die chemischen Prüfungen auf Reinheit bestimmte Mengen der zu prüfenden Stoffe und bestimmte Mengen eines Lösungsmittels, meist Wasser, vorgeschrieben werden, bedeuten die Prüfungen zugleich auch eine quantitative Begrenzung der gestatteten Verunreinigungen. Im Arzneibuch sind die Mengenverhältnisse zwischen Stoff und Lösungsmittel durchweg durch die Zusätze $(1 + 9)$, $(1 + 19)$, $(1 + 49)$, $(1 + 99)$ usw. angegeben. Man erleichtert sich die Arbeit, wenn man auf je 1 g des Stoffes eine runde Zahl von Kubikzentimetern Lösungsmittel nimmt, die man mit einem Meßgläschen oder geteilten Probierrohr abmißt, z. B. 0,5 g $+$ 5 ccm, 1 g $+$ 10 ccm, 1 g $+$ 20 ccm, 1 g $+$ 50 ccm usw.

Für die Prüfungen sind, soweit im Einzelfall keine anderen Vorschriften gegeben sind, 5 ccm der zu prüfenden Flüssigkeit und Probierrohre von etwa 15 mm Weite zu verwenden. Die Beobachtung des Probierrohrinhalts hat von oben her durch die ganze Flüssigkeitsschicht hindurch zu erfolgen. (In vielen Fällen wird man eintretende Veränderungen auch sehr gut von der Seite her erkennen können.)

Für die Auslegung der Begriffe **„Opalescenz"**, **„opalisierende Trübung"**, **„Trübung"** sind nachstehende Angaben maßgebend:

a) **Opalescenz** ist das Höchstmaß der Trübung, die entsteht, wenn 5 ccm einer Mischung von 1 ccm $^1/_{100}$-n-Salzsäure und 99 ccm Wasser mit 0,5 ccm $^1/_{10}$-n-Silbernitratlösung versetzt werden. Die Beobachtung ist 5 Minuten nach dem Zusatz der $^1/_{10}$-n-Silbernitratlösung gegen eine dunkle Unterlage bei auffallendem Licht vorzunehmen.

b) **Opalisierende Trübung** ist das Höchstmaß der Trübung, die entsteht, wenn 5 ccm einer Mischung von 2 ccm $^1/_{100}$-n-Salzsäure und 98 ccm Wasser mit 0,5 ccm $^1/_{10}$-n-Silbernitratlösung versetzt werden. Die Beobachtung erfolgt, wie unter a) angegeben ist.

c) **Trübung** ist das Höchstmaß der Trübung, die entsteht, wenn 5 ccm einer Mischung von 4 ccm $^1/_{100}$-n-Salzsäure und 96 ccm Wasser mit 0,5 ccm $^1/_{10}$-n-Silbernitratlösung versetzt werden. Die Beobachtung erfolgt, wie unter a) angegeben ist.

Zur Herstellung der Vergleichslösung verdünnt man 10 ccm $^1/_{10}$-n-Salzsäure (oder $^1/_{10}$-n-Natriumchloridlösung) im Meßkolben mit Wasser auf 100 ccm und 1 oder 2 oder 4 ccm dieser $^1/_{100}$-n-Lösung wieder im Meßkolben auf 100 ccm.

Verzeichnis der vom Arzneibuch für die chemischen Prüfungen vorgeschriebenen Reagenslösungen und Lösungsmittel.

Absoluter Alkohol.

Aceton.

Alkohol von 96 Volumprozent, Dichte 0,808.

Alkohol von 90 Volumprozent, Dichte 0,829.

Alkohol von 70 Volumprozent, Dichte 0,886.

Ammoniakflüssigkeit. 10% NH_3.

Ammoniumcarbonatlösung. 1 T. Ammoniumcarbonat ist in einem Gemisch von 4 T. Wasser und 1 T. Ammoniakflüssigkeit zu lösen.

Ammoniumchloridlösung. 1 T. Ammoniumchlorid ist in 9 T. Wasser zu lösen.

Ammoniummolybdatlösung. 15 g Ammoniummolybdat, $(NH_4)_6Mo_7O_{24}$ $+ 4 H_2O$ werden unter Erwärmen in 65 ccm Wasser gelöst. Dann fügt man 40 g Ammoniumnitrat hinzu, löst unter Umschwenken und gießt die Lösung sofort in 135 ccm (155 g) Salpetersäure (25% HNO_3). Die Mischung wird nach 24 Stunden filtriert.

Ammoniumoxalatlösung. 1 T. Ammoniumoxalat, $C_2O_4(NH_4)_2 + H_2O$, ist in 24 T. Wasser zu lösen.

Amylalkohol. Dichte 0,810. Siedepunkt 129—131°.

Äther.

Ätherweingeist.

Bariumnitratlösung. 1 T. Bariumnitrat, $Ba(NO_3)_2$, ist in 19 T. Wasser zu lösen.

Barytwasser. 1 T. kristallisiertes Bariumhydroxyd, $Ba(OH)_2 + 8 H_2O$, ist in 19 T. Wasser zu lösen.

Benzol.

Bleiacetatlösung. 1 T. Bleiacetat, $(CH_3COO)_2Pb + 3 H_2O$, ist in 9 T. Wasser zu lösen.

Bleiacetatlösung, weingeistige. Bei Bedarf ist 1 T. Bleiacetat, $(CH_3COO)_2Pb + 3 H_2O$, in 29 T. Weingeist (87 Gew.%) bei 30—40° zu lösen.

Bleiessig = Liquor Plumbi subacetici.

Bromwasser. Die gesättigte Lösung von Brom in Wasser.

Calciumchloridlösung, verdünnte. 1 T. kristallisiertes Calciumchlorid, $CaCl_2 + 6 H_2O$, ist in 9 T. Wasser zu lösen oder 1 T. Liquor Calcii chlorati ist mit 4 T. Wasser zu verdünnen.

Calciumsulfatlösung. Die gesättigte wässerige Lösung von Calciumsulfat, $CaSO_4 + 2 H_2O$.

Chloraminlösung. Bei Bedarf ist 1 T. Chloramin in 19 T. Wasser zu lösen.

Chlorkalklösung. Bei Bedarf ist 1 T. Chlorkalk mit 9 T. Wasser anzureiben und die Mischung zu filtrieren.

Chromsäurelösung. Bei Bedarf sind 3 T. Chromsäure, CrO_3, in 97 T. Wasser zu lösen.

Diphenylamin-Schwefelsäure. Bei Bedarf wird 0,1 g Diphenylamin in 4 ccm Wasser und 20 g konz. Schwefelsäure gelöst. Die Lösung muß farblos sein.

Eisenchloridlösung = Liquor Ferri sesquichlorati. Bei Bedarf nach Vorschrift zu verdünnen.

Eiweißlösung. Bei Bedarf ist 1 T. frisches Eiereiweiß in 9 T. Wasser zu lösen und die Lösung zu filtrieren.

Essigsäure (96—100%).

Essigsäure, verdünnte. 30% CH_3COOH.

Ferrosulfatlösung. Bei Bedarf ist 1 T. Ferrosulfat in einem Gemisch von 1 T. Wasser und 1 T. verd. Schwefelsäure zu lösen.

Formaldehydlösung. 35% HCHO.

Furfurollösung, weingeistige. 2 T. frisch destilliertes (oder in zugeschmolzenen Röhrchen aufbewahrtes) Furfurol, $C_4H_3O \cdot CHO$, sind in 98 T. Weingeist zu lösen.

Gerbsäurelösung. Bei Bedarf ist 1 T. Gerbsäure in 19 T. Wasser zu lösen.

Jodlösung = $^1/_{10}$ n-Jodlösung.

Jodzinkstärkelösung. 4 g lösliche Stärke und 20 g Zinkchlorid werden in 100 g siedendem Wasser gelöst. Der erkalteten Lösung wird die farblose, durch Erwärmen frisch bereitete Lösung von 1 g Zinkfeile und 2 g Jod in 10 ccm Wasser hinzugefügt, hierauf die Flüssigkeit zu 1 Liter verdünnt und filtriert.

Kalilauge. 15% KOH. Bei Bedarf nach Vorschrift zu verdünnen.

Kalilauge, weingeistige. Bei Bedarf ist 1 T. Kaliumhydroxyd in 9 T. Weingeist zu lösen.

Kaliumacetatlösung. 33% CH_3COOK = Liquor Kalii acetici.

Kaliumcarbonatlösung. 33% K_2CO_3 = Liquor Kalii carbonici.

Kaliumdichromatlösung. 1 T. Kaliumdichromat, $K_2Cr_2O_7$, ist in 19 T. Wasser zu lösen.

Kaliumferricyanidlösung. Bei Bedarf ist 1 T. der zuvor mit Wasser abgespülten Kristalle von Kaliumferricyanid, $K_3Fe(CN)_6$, in 19 T. Wasser zu lösen.

Kaliumferrocyanidlösung. 1 T. Kaliumferrocyanid, $K_4Fe(CN)_6 + 3 H_2O$, ist in 19 T. Wasser zu lösen.

Kaliumjodidlösung. Bei Bedarf ist 1 T. Kaliumjodid in 9 T. Wasser zu lösen.

Kaliumpermanganatlösung. Eine Lösung von 1 T. Kaliumpermanganat in 999 T. Wasser.

Kalkwasser. Eine gesättigte Lösung von Calciumhydroxyd.

Königswasser. Bei Bedarf sind 1 T. Salpetersäure (25% HNO_3) und 3 T. Salzsäure (25% HCl) zu mischen.

Kupferacetatlösung. 0,1 g Kupferacetat, $(CH_3COO)_2Cu + H_2O$, ist in 100 ccm Wasser zu lösen.

Kupfersulfatlösung. 1 T. Kupfersulfat, $CuSO_4 + 5 H_2O$, ist in 49 T. Wasser zu lösen.

Kupfertartratlösung, alkalische. Fehlingsche Lösung. a) 3,5 g Kupfersulfat sind in Wasser zu 50 ccm zu lösen. b) 17,5 g Kaliumnatriumtartrat, $[CH(OH)COO]_2KNa + 4 H_2O$, und 5 g Ätznatron, NaOH, sind in Wasser zu 50 ccm zu lösen. Bei Bedarf sind gleiche Raumteile der beiden Lösungen zu mischen.

Kurkumatinktur. 10 T. grob gepulverte Kurkumawurzel werden 24 Stunden lang mit 75 T. Weingeist bei 30—40° ausgezogen. Der Auszug wird nach dem Absetzen filtriert.

Lackmuslösung, wässerige. 1 T. Lackmus wird 3mal mit je 5 T. Weingeist ausgekocht. (Zur Entfernung unerwünschter Farbstoffe.) Der Rückstand wird mit 10 T. Wasser 24 Stunden lang bei Zimmertemperatur ausgezogen und der Auszug filtriert.

Leimlösung. Bei Bedarf ist 1 T. weißer Leim (Gelatine) in 99 T. Wasser von 30—40° zu lösen und die Lösung warm zu verwenden.

Magnesiamixtur. 1 T. Magnesiumchlorid und 1,4 T. Ammoniumchlorid werden in 15 T. Wasser gelöst und die Lösung mit 7 T. Ammoniakflüssigkeit versetzt. Nach mehrtägigem Stehen wird die Lösung filtriert. (An Stelle dieser Lösung kann man ebensogut eine frischbereitete Mischung von Magnesiumsulfatlösung, Ammoniumchloridlösung und Ammoniakflüssigkeit verwenden.)

Magnesiumsulfatlösung. 1 T. Magnesiumsulfat, $MgSO_4 + 7 H_2O$, ist in 9 T. Wasser zu lösen.

Mayers Reagens. 1,355 g Quecksilberchlorid und 5 g Kaliumjodid werden in etwa 30 ccm Wasser gelöst und die Lösung auf 100 ccm aufgefüllt. (Es genügt, 1,35 g Quecksilberchlorid mit der Handwaage abzuwägen.)

Methylenblaulösung. Die Lösung soll in 100 ccm 0,15 g Methylenblau enthalten. Über die Herstellung der Lösung siehe S. 83 unter Carbo medicinalis.

Natriumacetatlösung. 1 T. Natriumacetat, $CH_3COONa + 3 H_2O$, ist in 4 T. Wasser zu lösen.

Natriumbicarbonatlösung. Bei Bedarf ist 1 T. gepulvertes Natriumbicarbonat, $NaHCO_3$, unter Vermeidung von starkem Schütteln in 19 T. Wasser zu lösen.

Natriumbisulfitlösung. Sie enthält etwa 30% Natriumbisulfit, $NaHSO_3$.

Natriumcarbonatlösung. 1 T. krist. Natriumcarbonat, $Na_2CO_3 + 10 H_2O$, ist in 2 T. Wasser zu lösen.

Natriumchloridlösung. 1 T. Natriumchlorid, NaCl, ist in 9 T. Wasser zu lösen.

Natriumchloridlösung, gesättigte.

Natriumhypophosphitlösung. 20 g Natriumhypophosphit, $NaH_2PO_2 + H_2O$, werden in 40 ccm Wasser gelöst und die Lösung in 180 ccm (215 g) rauchende Salzsäure gegossen. Die Lösung wird von dem ausgeschiedenen Natriumchlorid nach dem Absetzen klar abgegossen.

Die Lösung (Thieles Reagens) enthält freie Unterphosphorige Säure und dient zur Prüfung auf Arsen (siehe S. 6).

Natriumkobaltinitritlösung. Bei Bedarf ist 1 T. Natriumkobaltinitrit, $Na_3CO(NO_2)_6$, in 9 T. Wasser zu lösen.

Natriumnitritlösung. Bei Bedarf ist 1 T. Natriumnitrit, $NaNO_2$, in 9 T. Wasser zu lösen.

Natriumnitritlösung, gesättigte. Bei Bedarf frisch herzustellen (0,5 g $NaNO_2 + 15$ Tropfen Wasser).

Natriumphosphatlösung. 1 T. Natriumphosphat, $Na_2HPO_4 + 12 H_2O$, ist in 9 T. Wasser zu lösen.

Natriumsulfidlösung. 5 g krist. Natriumsulfid, $Na_2S + 9 H_2O$, werden in einer Mischung von 10 ccm Wasser und 30 ccm Glycerin gelöst. Die Lösung wird in gut verschlossener Flasche einige Tage lang beiseite gestellt und dann wiederholt durch einen kleinen, mit Wasser angefeuchteten Wattebausch filtriert, wodurch Spuren von Ferrosulfid zurückgehalten werden. Die Lösung ist in kleinen, etwa 5 ccm fassenden Tropffläschchen aufzubewahren.

Eine Mischung von 5 ccm Wasser, 3 Tropfen verd. Essigsäure und 3 Tropfen

Natriumsulfidlösung darf innerhalb 10 Minuten nicht verändert werden. (Durch Oxydation aus dem Natriumsulfid entstandenes Natriumthiosulfat würde eine Ausscheidung von Schwefel geben.)

Natriumsulfitlösung. Bei Bedarf ist Natriumsulfit, $Na_2SO_3 + 7 H_2O$, in Wasser nach Vorschrift zu lösen.

Natronlauge. 15% NaOH.

Nesslers Reagens. Die Vorschrift des Arzneibuches wird besser durch folgende ersetzt: Eine Lösung von 2,5 g Kaliumjodid, KJ, und 3,5 g Quecksilberjodid, HgJ_2, in 3 ccm Wasser wird mit 100 g Kalilauge (15% KOH) versetzt. Nach mehrtägigem Stehen wird die Lösung von dem Bodensatz klar abgegossen. Man kann die Lösung auch mit etwa 0,5 g Talkpulver versetzen und dann durch ein kleines Sandfilter (Glaswolle und darüber reiner gewaschener Sand) filtrieren. Nesslers Reagens ist in Flaschen mit gut schließenden Gummistopfen aufzubewahren.

Nitroprussidnatriumlösung. Bei Bedarf ist 1 T. Nitroprussidnatrium, $Na_2Fe(NO)(CN)_5 + 2 H_2O$, in 39 T. Wasser zu lösen.

Oxalsäurelösung. 1 T. Oxalsäure, $(COOH)_2 + 2 H_2O$, ist in 9 T. Wasser zu lösen.

Pentan. Dichte etwa 0,623, Siedepunkt etwa 32°. 50 ccm Pentan müssen bei einer Temperatur bis 32° ohne wägbaren Rückstand flüchtig sein.

Petroläther. Dichte 0,645—0,655, Siedepunkt 40—60°.

Petroleumbenzin.

Phenollösung. Bei Bedarf ist 1 T. Phenol in 19 T. Wasser zu lösen.

Phosphorsäure. 25% H_3PO_4.

Phosphorsäure, konzentrierte. Gehalt annähernd 84% H_3PO_4.

Pikrinsäurelösung. Kalt gesättigte, wässerige Lösung von Trinitrophenol, $C_6H_2(NO_2)_3OH$, [2, 4, 6, 1].

Quecksilberchloridlösung. 1 T. Quecksilberchlorid ist in 19 T. Wasser zu lösen.

Quecksilbersulfatlösung. 1 g Quecksilberoxyd ist in 4 ccm Schwefelsäure und 20 ccm Wasser zu lösen.

Resorcin-Salzsäure. 1 T. Resorcin ist in 99 T. rauchender Salzsäure zu lösen.

Salpetersäure. 25% HNO_3.

Salpetersäure, rauchende.

Salpetersäure, rohe. 65% HNO_3.

Salpetersäure, verdünnte. Bei Bedarf durch Mischen von 1 T. Salpetersäure mit 1 T. Wasser zu bereiten.

Salzsäure. 25% HCl.

Salzsäure, rauchende. Etwa 38% HCl. Dichte 1,19.

Salzsäure, verdünnte. 12,5% HCl.

Schiffs Reagens. In eine Lösung von 0,025 g Fuchsin in 100 ccm Wasser wird Schwefeldioxyd eingeleitet, bis die Lösung entfärbt ist. Die Lösung dient zum Nachweis von Methylalkohol in Aceton (siehe S. 15).

Schwefelsäure = reine konz. Schwefelsäure.

Schwefelsäure, verdünnte. Etwa 16% H_2SO_4.

Schweflige Säure. Bei Bedarf durch Ansäuern einer frisch bereiteten Lösung von Natriumsulfit, $Na_2SO_3 + 7 H_2O$, (1 + 9) mit verdünnter Schwefelsäure zu bereiten.

Silberlösung, ammoniakalische. Bei Bedarf ist Silbernitratlösung tropfenweise mit Ammoniakflüssigkeit zu versetzen, bis sich der entstandene Niederschlag eben wieder gelöst hat.

Silbernitratlösung. 1 T. Silbernitrat, $AgNO_3$, ist in 19 T. Wasser zu lösen.

Stärkelösung siehe S. 174.

Tetrachlorkohlenstoff. Dichte 1,594, Siedepunkt 76—77°.

Vanadin-Schwefelsäure. Eine Lösung von 0,1 g Vanadinsäure in 2 ccm konz. Schwefelsäure wird mit Wasser auf 50 ccm verdünnt.

Wasserstoffsuperoxydlösung. 3% H_2O_2.

Wasserstoffsuperoxydlösung, konzentrierte. 30% H_2O_2. Bei Bedarf nach Vorschrift zu verdünnen.

Weingeist. Etwa 87 Gewichtsprozent CH_3CH_2OH.

Weingeist, verdünnter. Etwa 60 Gewichtsprozent CH_3CH_2OH.

Weinsäurelösung. Bei Bedarf ist 1 T. Weinsäure, $[CH(OH)COOH]_2$, in 4 T. Wasser zu lösen.

Zinkacetatlösung, weingeistige, gesättigte. Bei Bedarf ist zerriebenes Zinkacetat, $(CH_3COO)_2Zn + 2 H_2O$, mit Weingeist (87 Gewichtsprozent) bis zur Sättigung zu schütteln und die Mischung zu filtrieren.

Qualitative und qualitativ-quantitative Proben.

Nachweis von Arsenverbindungen als Verunreinigungen.

In der chemischen Technik wird zur Darstellung sehr vieler Arzneistoffe Schwefelsäure verwendet, die arsenhaltig sein kann. Infolgedessen sind Verunreinigungen von Arzneistoffen, besonders anorganischen, mit Arsenverbindungen leicht möglich.

Das Arzneibuch läßt deshalb zahlreiche Arzneistoffe auf eine Verunreinigung mit Arsenverbindungen prüfen. Liegt das Arsen, wie es wohl meistens der Fall ist, als Sauerstoffverbindung, As_2O_3 oder H_3AsO_4, vor, so läßt sich das Arsen durch ein reduzierendes Reagens nachweisen, das die Sauerstoffverbindung zu elementarem Arsen reduziert. In den früheren Arzneibüchern war zu diesem Zweck die Bettendorffsche Stannochloridlösung ($SnCl_2$ in rauchender Salzsäure gelöst) vorgeschrieben, die aber den Nachteil hatte, infolge einer Oxydation des Stannochlorids zu Stannichlorid allmählich unwirksam zu werden. In der jetzigen Ausgabe des Arzneibuches ist deshalb die Stannochloridlösung durch eine zuerst von Thiele zum Nachweis von Arsen benutzte Lösung von Unterphosphoriger Säure in rauchender Salzsäure ersetzt worden, die im Reagentienverzeichnis unter der Bezeichnung Natriumhypophosphitlösung aufgeführt ist (siehe S. 4).

Die Lösung enthält kein Natriumhypophosphit, sondern freie Unterphosphorige Säure. Durch diese werden Arsen-Sauerstoffverbindungen beim Erhitzen zu elementarem Arsen reduziert, das bei geringen Spuren eine rötliche Färbung, bei größeren Mengen eine rötlichbraune bis braune Trübung der Mischung bewirkt:

$$As_2O_3 + 3 H_3PO_2 = 2 As + 3 H_3PO_3 .$$
$$2 H_3AsO_4 + 5 H_3PO_2 = 2 As + 5 H_3PO_3 + 3 H_2O.$$

Die Unterphosphorige Säure wird dabei zu Phosphoriger Säure oxydiert.

Auch aus Arsentrichlorid, das z. B. in Salzsäure enthalten sein kann, wird elementares Arsen ausgeschieden:

$$2 AsCl_3 + 3 H_3PO_2 + 3 H_2O = 2 As + 3 H_3PO_3 + 6 HCl.$$

Die Probe wird in den meisten Fällen so ausgeführt, daß man 1 g oder 1 ccm des zu prüfenden Arzneistoffes in einem Probierrohr mit 3 ccm Hypophosphitlösung $^1/_4$ Stunde lang im siedenden Wasserbad (Becherglas mit Wasser) erhitzt.

Das Arzneibuch schreibt z. B. vor:

Eine Mischung von 1 ccm Salzsäure und 3 ccm Natriumhypophosphitlösung darf nach viertelstündigem Erhitzen im siedenden Wasserbad keine dunklere Färbung annehmen. Statt annehmen müßte es besser heißen zeigen, oder statt nach müßte es heißen bei. Richtiger ist die Fassung bei Acidum aceticum und A. acetic. dilutum: Erhitzt man eine Mischung von 1 ccm Essigsäure und 3 ccm Natriumhypophosphitlösung eine Viertelstunde lang im siedenden Wasserbad, so darf sie keine dunklere Färbung annehmen.

Gemeint ist in allen Fällen, daß die Mischung beim Erhitzen im Wasserbad innerhalb einer Viertelstunde keine dunklere Färbung annehmen darf. In fast allen Fällen ist die Mischung anfangs farblos. Sie darf dann überhaupt keine Färbung annehmen, muß also farblos bleiben. Außer durch Arsen kann eine Färbung auch durch Selen bewirkt werden, z. B. bei der Schwefelsäure und bei Schwefel.

Je 1 g des zu prüfenden Stoffes, bei Flüssigkeiten je 1 ccm, und 3 ccm Hypophosphitlösung sind vorgeschrieben bei: Acidum aceticum, Acid. acetic. dilutum, Acid. hydrochloricum, Acid. phosphoricum, Alumen, Alumen ustum, Aluminium sulfuricum, Ammonium bromatum, Ammon. chloratum, Calcium lacticum, Calcium phosphoricum, Kalium bromatum, Kal. sulfuricum, Kal. tartaricum, Liquor Aluminii subacetici, Liquor Calcii chlorati, Magnesium sulfuricum, Magnes. sulfuric. siccatum (0,7 g), Natrium aceticum, Natr. bromatum, Natr. chloratum, Natr. phosphoricum, Natr. sulfuricum, Natr. sulfuric. siccatum (0,5 g), Zincum sulfuricum.

Bei Borax sind nur 0,2 g und 3 ccm Hypophosphitlösung vorgeschrieben.

Bei Carbonaten und Oxyden werden statt 3 ccm 5 ccm Hypophosphitlösung verwendet, weil ein Teil der Salzsäure gebunden wird, die Reduktion der Arsenverbindungen aber nur bei Gegenwart einer reichlichen Menge Salzsäure vollständig ist. Bei Natrium bicarbonicum und Natr. carbonicum werden je 1 g, bei Ammonium carbonicum, Kalium bicarbonicum, Kal. carbonicum, Kal. carbonicum crudum und Zincum oxydatum für die Probe nur 0,5 g angewandt.

Bei den Wismutpräparaten wird der bei der Gehaltsbestimmung erhaltene Glührückstand = Wismutoxyd, Bi_2O_3, auf Arsen geprüft. Der Rückstand wird in dem Tiegel in 5 ccm Salzsäure durch Erwärmen gelöst, die Lösung mit 5 ccm Hypophosphitlösung versetzt und die Mischung in dem mit einem Uhrglas bedeckten Tiegel $^1/_4$ Stunde lang auf dem Wasserbad erhitzt.

Bismutum subcarbonicum kann auch unmittelbar auf Arsen geprüft werden, indem man 1 g mit 10 ccm Hypophosphitlösung erhitzt.

Bei den Eisenpräparaten ist die Probe nach der Vorschrift des Arzneibuches nicht ausführbar, weil die gelbbraune Farbe des Ferrichlorids auch beim Erhitzen mit Hypophosphitlösung nicht verschwindet und eine Ausscheidung von Arsen verdeckt. Nur ziemlich große Mengen von Arsen, fünfzigmal soviel wie nach der Vorschrift des D. A.-B. 5 mit Stannochloridlösung, werden erkannt. Das Ferrichlorid muß zu Ferrochlorid reduziert werden, was durch Unterphosphorige Säure nicht erreicht wird, wohl aber durch Stannochlorid:

$$2\,FeCl_3 + SnCl_2 = 2\,FeCl_2 + SnCl_4$$

Liquor Ferri sesquichlorati. Man fügt zu 1 ccm Eisenchloridlösung so viel krist. Stannochlorid, etwa 0,5 g, daß die braune Färbung verschwindet, gibt dann 3 ccm Hypophosphitlösung hinzu und erhitzt $1/_4$ Stunde im Wasserbad.

An Stelle von krist. Stannochlorid kann man auch eine Stannochloridlösung verwenden, die man erhält, indem man etwa 20 g geraspeltes oder gekörntes Zinn in einem Kolben mit etwa 100 g rauchender Salzsäure übergießt und einige Tage stehen läßt. Die Lösung ist in dichtschließenden Glasstopfengläsern ziemlich lange haltbar.

Auch ein Zusatz einer geringen Menge von **Kaliumjodid** zu der Mischung der Eisenlösung mit Hypophosphitlösung bewirkt die Reduktion der Ferriverbindung und zwar **katalytisch** nach den beiden Umsetzungsgleichungen: $2\,FeCl_3 + 2\,HJ = 2\,FeCl_2 + 2\,HCl + 2\,J$ und $2\,J + H_3PO_2 + H_2O = 2\,HJ + H_3PO_3$. Je größer die Menge des Kaliumjodids ist, desto rascher erfolgt die Reduktion, desto stärker ist aber auch die **Grünfärbung** der Mischung, durch die die Empfindlichkeit der Probe herabgesetzt wird. Die Reduktion mit Stannochlorid ist vorzuziehen.

Ferrum pulveratum. 0,4 g Eisenpulver und 0,4 g Kaliumchlorat werden in ein trockenes Probierrohr von 2 cm Weite gebracht und das Probierrohr in ein Becherglas mit kaltem Wasser gestellt. Dann gibt man tropfenweise 4 ccm (Meßglas) Salzsäure hinzu, erhitzt vorsichtig bis zur Entfernung des freien Chlors und filtriert die Lösung. 1 ccm des Filtrats wird wie Liquor Ferri sesquichlorati auf Arsen geprüft: Entfärbung mit Stannochlorid, Zusatz von Hypophosphitlösung und Erhitzen.

Würde man das Eisenpulver ohne Zusatz von Kaliumchlorat in Salzsäure lösen, so würde Arsen als Arsenwasserstoff entweichen. Durch das Chlor wird unter Mitwirkung des Wassers der Salzsäure das Arsen zu Arsensäure oxydiert.

Ferrum reductum. Das reduzierte Eisen wird in gleicher Weise auf Arsen geprüft wie Eisenpulver.

<h2 style="text-align:center">Besondere Vorschriften.</h2>

Acidum sulfuricum. Wird 1 ccm einer erkalteten Mischung von 1 ccm Schwefelsäure und 2 ccm Wasser mit 3 ccm Hypophosphitlösung versetzt, so darf die Mischung nach viertelstündigem Erhitzen im siedenden Wasserbad keine dunklere Färbung zeigen. Bei dieser Probe werden auch **Selenverbindungen** erkannt durch eine rötliche Trübung, die schon bei gewöhnlicher Temperatur auftritt.

Acidum sulfuricum crudum. Wird 1 ccm einer erkalteten Mischung von 1 ccm roher Schwefelsäure und 2 ccm Wasser mit 3 ccm Natriumhypophosphitlösung versetzt, so darf die Mischung nach viertelstündigem Erhitzen im siedenden Wasserbad weder eine rote (Selenverbindungen) noch eine braune Färbung (Arsenverbindungen) zeigen.

Eine geringe rötliche oder bräunliche Färbung scheint zulässig zu sein.

Barium sulfuricum. Ein Gemisch von 2 g Bariumsulfat und 5 ccm Hypophosphitlösung darf nach viertelstündigem Erhitzen im siedenden Wasserbad keine dunklere Färbung zeigen.

Calcium hypophosphorosum. Eine Lösung von 1 g Calciumhypophosphit in 5 ccm Salzsäure darf bei viertelstündigem Erhitzen im Wasserbad keine dunklere Färbung annehmen. Die Probe ist zugleich eine verschärfte Prüfung der Salzsäure. Ein Zusatz von Hypophosphitlösung ist hier natürlich nicht nötig.

Glycerinum. Eine Mischung von 1 ccm Glycerin und 3 ccm Hypophosphitlösung darf bei halbstündigem Erhitzen im Wasserbad keine dunklere Färbung annehmen.

Hydrargyrum chloratum und H. chlor. vapore paratum. Wird 1 g Quecksilberchlorür mit 5 ccm Salzsäure geschüttelt, so darf es sich nicht dunkler färben. Bei dieser Probe ist das Quecksilberchlorür selbst das Reagens auf Arsenverbindungen. Es reduziert ebenso wie Unterphosphorige Säure bei Gegenwart von Salzsäure Arsen-Sauerstoffverbindungen zu Arsen: $As_2O_3 + 6\,HgCl + 6\,HCl = 2\,As + 6\,HgCl_2 + 3\,H_2O$.

Hydrogenium peroxydatum solutum concentratum. Da das Wasserstoffsuperoxyd die Reduktion der Arsenverbindungen verhindert, muß es zunächst durch Abdampfen beseitigt werden.

5 ccm konz. Wasserstoffsuperoxydlösung werden in einem Porzellantiegel auf dem Wasserbad zur Trockne verdampft. Der Rückstand wird mit 2 ccm Hypophosphitlösung übergossen und $^1/_4$ Stunde lang mit aufgelegtem Uhrglas auf dem Wasserbad erhitzt. Hierbei darf keine bräunliche Färbung auftreten.

Es darf überhaupt keine Färbung auftreten, auch keine rötliche.

Liquor Ammonii caustici. 5 ccm Ammoniakflüssigkeit werden in einer Porzellanschale auf dem Wasserbad nahezu zur Trockne verdampft; der Rückstand wird mit 3 ccm Hypophosphitlösung in ein Probierrohr übergespült. Die Mischung darf nach viertelstündigem Erhitzen im Wasserbad keine dunklere Färbung zeigen.

Magnesium peroxydatum. Wird 1 g Magnesiumsuperoxyd mit 10 ccm Salzsäure auf dem Wasserbad zur Trockne verdampft und der Rückstand mit 3 ccm Natriumhypophosphitlösung aufgenommen, so darf die Mischung bei viertelstündigem Erhitzen im Wasserbad keine bräunliche Färbung annehmen. (Sie muß farblos bleiben und darf auch keine rötliche Färbung zeigen.)

Beim Eindampfen erhält man nur bei langem Erhitzen unter Umrühren einen trockenen Rückstand. Es genügt aber auch, wenn man nur solange abdampft, bis der Überschuß an Salzsäure entfernt ist.

Die Probe ist zugleich eine 10fache Verschärfung der bei der Salzsäure vorgeschriebenen Probe. Die Menge der Salzsäure kann aber auf 7,5 ccm (8 g) herabgesetzt werden. Trotzdem muß man aber, wenn die Prüfung des Magnesiumsuperoxyds einen Arsengehalt ergibt, eine zweite Probe ausführen, um festzustellen, ob in 7,5 ccm Salzsäure nachweisbare Mengen von Arsen enthalten sind.

Man erhitzt eine Mischung von 7,5 ccm Salzsäure und 2—3 ccm Hypophosphitlösung $^1/_4$ Stunde im Wasserbad.

Methylenum caeruleum. In einem langhalsigen Kolben aus Jenaer Glas von etwa 100 ccm Inhalt wird 1 g Methylenblau mit 10 ccm konz. Wasserstoffsuperoxydlösung und 5 ccm konz. Schwefelsäure versetzt. Nachdem die bald einsetzende Reaktion beendet ist, wird die Mischung auf dem Drahtnetz erhitzt, bis die Flüssigkeit fast farblos geworden ist. Nach dem Erkalten wird die Flüssigkeit in 5 ccm Wasser gegossen, filtriert, mit 20 ccm Hypophosphitlösung versetzt und $^1/_4$ Stunde lang im Wasserbad erhitzt. Es darf weder Braunfärbung noch Abscheidung brauner Flöckchen eintreten.

Die Angabe, daß sich auch keine braunen Flöckchen abscheiden dürfen, ist überflüssig. Es darf weder eine „Braunfärbung" noch überhaupt eine dunklere Färbung der Mischung eintreten. Das Methylenblau muß völlig frei sein von Arsen. Es genügt, wenn man die Hälfte des Filtrates mit 10 ccm oder $^1/_3$ mit 6 ccm Hypophosphitlösung erhitzt. Den Rest des Filtrates kann man dann nach dem Übersättigen mit Ammoniakflüssigkeit mit Natriumsulfid auf Zink prüfen. Diese Prüfung ist nötig, weil neben dem reinen Methylenblau auch eine Verbindung mit Zinkchlorid im Handel ist.

Natrium acetylarsanilicum. Hier findet eine doppelte Prüfung auf anorganische Arsenverbindungen statt.

1. Das nach Zusatz von 5 ccm Salzsäure zu der wässerigen Lösung (0,5 g + 5 ccm) erhaltene Filtrat darf durch 3 Tropfen Natriumsulfidlösung nicht sofort verändert werden.

Durch die Salzsäure wird die Acetylarsanilsäure größtenteils ausgefällt. Das Filtrat gibt bei Anwesenheit von anorganischen Arsen-

verbindungen mit dem aus dem Natriumsulfid freiwerdenden Schwefelwasserstoff eine gelbe Färbung oder Fällung von Arsensulfid. Schwermetalle geben eine dunkle Färbung oder Trübung.

2. Die wässerige Lösung (1 + 19) darf, mit Magnesiumsulfatlösung, Ammoniumchloridlösung und Ammoniakflüssigkeit im Überschuß versetzt, innerhalb 2 Stunden
keine Trübung oder Ausscheidung von Ammoniummagnesiumarseniat zeigen
(Arsensäure).

Man versetzt eine Lösung von 0,25 g Arsacetin in 5 ccm Wasser mit
einer Mischung von 5 Tropfen Magnesiumsulfatlösung, 10 Tropfen
Ammoniumchloridlösung und etwa 3 ccm Ammoniakflüssigkeit.

Natrium kakodylicum. Versetzt man 1 ccm der wässerigen Lösung mit
5 ccm Weingeist und 3 ccm Natriumhypophosphitlösung, so darf das Gemisch
in einem gut verschlossenen Glase innerhalb einer Stunde keine dunklere Färbung
annehmen (anorganische Arsenverbindungen).

Auch durch die Prüfung auf Schwermetalle mit Natriumsulfidlösung
werden anorganische Arsenverbindungen erkannt, die Probe mit Hypophosphitlösung ist aber viel schärfer.

Auf monomethylarsinsaures Natrium, $CH_3AsO\ (ONa)_2$, wird mit
Calciumchloridlösung geprüft: „Die wässerige Lösung (1 + 19) darf
nach Zusatz von verdünnter Calciumchloridlösung weder in der Kälte
noch beim Erhitzen getrübt werden."

Natrium nitrosum. Die Lösung 1 g Natriumnitrit und 1 g Ammoniumchlorid in 5 ccm Wasser wird in einer Porzellanschale zur Trockne verdampft.
Dadurch wird das Natriumnitrit in Natriumchlorid übergeführt: $NaNO_2 + NH_4Cl$
$= NaCl + 2\,H_2O + N_2$. Der Rückstand wird in 10 ccm Wasser gelöst und die
Lösung nach Zusatz von 3 Tropfen verdünnter Essigsäure mit 3 Tropfen Natriumsulfidlösung versetzt. Es darf keine Färbung oder Trübung eintreten (Arsen-
und Antimonverbindungen, Schwermetalle).

Stibium sulfuratum aurantiacum. In ein Porzellanschälchen gibt man
5 ccm rohe Salpetersäure und nach und nach 0,5 g Goldschwefel und dampft die
Säure auf dem Wasserbad bis zur Trockne ab. Der aus Metaantimonsäure und
Schwefel bestehende Rückstand wird mit 5 ccm verdünnter Salzsäure ausgezogen.
2 ccm des filtrierten Auszuges dürfen beim viertelstündigen Erhitzen mit 4 ccm
Hypophosphitlösung im Wasserbad keine dunklere Färbung annehmen.

Das Antimonpentasulfid wird durch die Salpetersäure zu unlöslicher
Metaantimonsäure oxydiert unter Abscheidung von Schwefel, der zum
kleinen Teil zu Schwefelsäure oxydiert wird. Etwa vorhandenes Arsensulfid wird zu Arsensäure oxydiert.

Eine beim Zusatz der Hypophosphitlösung zu dem salzsauren filtrierten Auszug schon vor dem Erhitzen eintretende rötliche Färbung
oder Trübung rührt von Selen her, das ebensowenig zugegen sein
darf wie Arsen.

Sulfur depuratum und S. praecipitatum. Wird 1 g gereinigter (gefällter)
Schwefel in einer Porzellanschale mit 10 ccm roher Salpetersäure eingedampft und
der Rückstand mit 5 ccm Salzsäure ausgezogen, so darf eine Mischung von 2 ccm
des Filtrats und 3 ccm Hypophosphitlösung nach viertelstündigem Erhitzen im
siedenden Wasserbad weder eine rote (Selen) noch eine braune Färbung (Arsen)
annehmen.

Bei dieser Probe darf überhaupt keine Färbung eintreten, weder
eine rötliche noch bräunliche; die Mischung muß farblos bleiben.

Auf Arsen, das viel eher vorkommt als Selen, kann man auch in folgender
Weise prüfen, um das Abdampfen von 10 ccm roher Salpetersäure zu vermeiden:

2 g Schwefel werden in einem Kölbchen mit 10 ccm Ammoniakflüssigkeit kräftig geschüttelt und etwa 5 Minuten lang auf dem Wasserbad auf 40—50° erwärmt. 5 ccm des Filtrats werden in einem Schälchen auf dem Wasserbad zur Trockne verdampft. Der Rückstand wird mit 3—4 Tropfen Natronlauge und 5 ccm Wasserstoffperoxydlösung versetzt und die Mischung wieder abgedampft. Der Rückstand wird in etwa 1 ccm verdünnter Salzsäure gelöst, die Lösung mit 3 ccm Hypophosphitlösung versetzt und die Mischung im Probierrohr im Wasserbad $^1/_4$ Stunde erhitzt. Die Mischung muß dabei klar und farblos bleiben.

Die Probe beruht wie die des D.A-B. 5 darauf, daß Arsensulfid in Ammoniakflüssigkeit löslich ist unter Bildung von Ammoniumarsenit und Ammoniumsulfarsenit:

$$As_2S_3 + 6\,NH_3 + 3\,H_2O = (NH_4)_3AsO_3 + (NH_4)_3AsS_3.$$

Beim Abdampfen mit Natronlauge und Wasserstoffperoxydlösung werden beide in Natriumarseniat übergeführt, das dann durch die Hypophosphitlösung zu Arsen reduziert wird.

Tartarus depuratus und T. natronatus, Kalium tartaricum. Wird 1 g Weinstein (Kaliumnatriumtartrat) in 2 ccm Salzsäure nach Zusatz von 2 Tropfen Bromwasser unter Erwärmen gelöst und die Lösung mit 3 ccm Hypophosphitlösung versetzt, so darf die Mischung nach viertelstündigem Erhitzen im Wasserbad keine dunklere Färbung annehmen.

Der Zusatz von Bromwasser hat den Zweck, etwa vorhandene Schweflige Säure zu oxydieren. Sulfite, die in den Tartraten vorhanden sein können, weil bei der Darstellung die Lösungen durch Schwefeldioxyd entfärbt werden, stören die Probe auf Arsen, weil Schwefeldioxyd durch Hypophosphit zu Schwefel reduziert wird. Es kann eine milchige Trübung auftreten, die eine Färbung durch Spuren von Arsen verdecken kann.

Bei Kalium tartaricum soll die Probe ohne Zusatz von Bromwasser ausgeführt werden.

Auch bei den beiden anderen Tartraten ist die Ausführung der Probe ohne Zusatz von Bromwasser zu empfehlen. Wenn dann beim Erhitzen mit der Hypophosphitlösung eine weißliche Trübung auftritt, wird das Präparat auch nicht die Probe mit Natriumsulfid in der angesäuerten Lösung halten, bei der sich nach der Gleichung $SO_2 + 2\,H_2S = 3\,S + 2\,H_2O$ dreimal soviel Schwefel ausscheidet wie als Sulfit vorhanden ist.

Prüfung auf Schwermetalle.

Nach den Vorschriften der früheren Arzneibücher wurde die Prüfung auf Schwermetalle mit Schwefelwasserstoffwasser ausgeführt, das nur wenig haltbar war und leicht unbrauchbar wurde. Es ist deshalb durch eine Lösung von Natriumsulfid, Na_2S, ersetzt worden (siehe S. 4). Die mit Glycerin versetzte Lösung soll in 5 ccm fassenden Tropfgläsern aufbewahrt werden. Dabei ist zu beachten, daß die kleinen Tropfgläser oft sehr enge Ausflußöffnungen haben, durch die die dickliche Lösung nur schwer austropft. Dichter Verschluß der Gläser ist nötig, weil aus dem Natriumsulfid durch Oxydation und Einwirkung des Kohlendioxyds der Luft Natriumthiosulfat und Natriumpolysulfid entstehen können, die in saurer Lösung eine Trübung durch Ausscheidung von Schwefel geben können (vgl. S. 5). Für den Nachweis der Schwermetalle werden entweder schwach saure (essigsaure), neutrale oder alkalische (ammoniakalische) Lösungen verwendet. In neutralen oder ammoniakalischen Lösungen wird auch Eisen durch eine Dunkelfärbung erkannt. Die Beobachtungsdauer ist bei diesen Proben auf $1/2$ Minute zu beschränken. In einigen Fällen, Citronensäure, Weinsäure, Extrakte, ist mit dem Nachweis von Schwermetallen (Blei und Kupfer), eine Festsetzung einer Höchstgrenze verbunden. Die Prüfung wird dann unter Benutzung einer Vergleichslösung colorimetrisch ausgeführt.

Für die Prüfung von Weißem Leim auf Kupferverbindungen, die zum Verdecken einer gelblichen Färbung zugesetzt sein können, ist eine weniger scharfe Probe mit Ammoniak vorgeschrieben.

Aqua destillata.

Das destillierte Wasser kann aus bleihaltigen oder mit stark bleihaltigem Lot ausgebesserten Kühlschlangen Blei in Form von Bleihydroxyd aufnehmen. Außerdem kann es Spuren von Kupfer enthalten. Zur Prüfung auf Schwermetalle gibt das Arzneibuch folgende Vorschrift:

10 ccm dest. Wasser dürfen durch 3 Tropfen Natriumsulfidlösung, auch nach Zusatz von Ammoniakflüssigkeit, nicht verändert werden.

Die Probe ist nicht genügend scharf. Man muß mindestens 100 ccm dest. Wasser verwenden.

Viel schärfer ist folgende Probe nach G. Frerichs:

Man filtriert 500 ccm dest. Wasser durch einen kleinen, fest in den Trichter gedrückten Wattebausch, und übergießt diesen nachher mit Schwefelwasserstoffwasser (oder einer Mischung von 3 Tropfen Natriumsulfidlösung und 10 ccm Wasser). Die Watte darf sich dann nicht dunkler färben.

Die Baumwollfaser adsorbiert die in dem Wasser enthaltenen Metallverbindungen, die dann als Sulfide leicht nachgewiesen werden können. Durch Filtration durch Watte kann man übrigens auch große Mengen dest. Wasser leicht von gelösten Metallverbindungen befreien.

Nachweis von Blei und Kupfer in Citronensäure und Weinsäure und von Kupfer in Extrakten und Gelatine.

Acidum citricum.

Höchstgehalt an Blei 20 mg in 1 kg.

Eine Lösung von 5 g Citronensäure in 10 ccm Wasser wird mit 12 ccm Ammoniakflüssigkeit und 3 Tropfen Natriumsulfidlösung versetzt. Die Mischung darf nicht dunkler gefärbt sein als eine Mischung von 10 ccm verdünnter Bleiacetatlösung, die in 550 ccm 0,1 ccm Bleiacetatlösung (1 + 9) enthält und 3 Tropfen Natriumsulfidlösung. Die Beobachtung ist in zwei gleichweiten und bis zur gleichen Höhe gefüllten Probierrohren zu machen.

Diese Vorschrift des Arzneibuches ist unklar, da nicht angegeben ist, daß die Bleilösung mit Wasser auf das Volumen der Citronensäurelösung aufzufüllen ist. Nach dem Wortlaut der Arzneibuchvorschrift müßte man von der Citronensäurelösung nur 10 ccm nehmen. Man muß aber die ganze Menge in ein Probierrohr geben, das etwa 25 ccm faßt, und dann in dem zweiten Probierrohr die Bleilösung mit Wasser bis zur gleichen Höhe auffüllen.

Die Bleilösung, die 0,1 ccm der als Reagens vorrätigen Bleiacetatlösung in 550 ccm enthalten soll, stellt man besser auf
folgende Weise her: Man löst 1 g Bleiacetat, $(CH_3COO)_2Pb + 3 H_2O$,
in 550 g Wasser und verdünnt 5 ccm dieser Lösung im Meßkolben auf
100 ccm. 10 ccm dieser Verdünnung enthalten 0,1 mg Blei. 5 g
Citronensäure dürfen also bis 0,1 mg Blei enthalten, 1 kg Citronensäure
danach bis 20 mg.

Acidum tartaricum.

Höchstgehalt an Blei 20 mg in 1 kg.

Eine Lösung von 5 g Weinsäure in 10 ccm Wasser wird mit 13 ccm Ammoniakflüssigkeit und darauf mit 2 ccm verdünnter Essigsäure und 3 Tropfen Natriumsulfidlösung versetzt. Die Färbung der Mischung darf nicht dunkler sein als die
Mischung von 10 ccm der unter Acidum citricum angegebenen Bleilösung und
3 Tropfen Natriumsulfidlösung. Diese Mischung ist mit Wasser auf das Volumen
der Weinsäurelösung aufzufüllen (vgl. die Bemerkung unter Acidum citricum).

Extracta.

Prüfung auf einen unzulässigen Gehalt an Kupfer.

Wird 1 g Extrakt verascht, der Rückstand mit einigen Tropfen Salpetersäure
befeuchtet, die Salpetersäure verdampft, der Rückstand geglüht und unter Erwärmen in 5 ccm verdünnter Salzsäure gelöst und die Lösung mit 3,5 ccm Ammoniakflüssigkeit versetzt, so darf das mit verdünnter Essigsäure schwach angesäuerte und auf 10 ccm verdünnte Filtrat mit 3 Tropfen Natriumsulfidlösung
keine Fällung geben. Eine etwa auftretende Färbung darf nicht dunkler sein als
die einer Mischung von 1 ccm Kupfersulfatlösung, die in 1000 ccm 0,5 g Kupfersulfat enthält, 1 ccm verdünnter Essigsäure, 8 ccm Wasser und 3 Tropfen Natriumsulfidlösung. Die Beobachtung ist in zwei gleichweiten Probierrohren vorzunehmen.

Zur Herstellung der zum Vergleich dienenden Kupfersulfatlösung
verdünnt man 5 ccm der als Reagens vorrätigen Kupfersulfatlösung
(1 + 49) im Meßkolben mit Wasser auf 100 ccm und von dieser Lösung
wieder 5 ccm auf 100 ccm. Die 100 ccm enthalten dann 5 mg Kupfersulfat. Von dieser Lösung werden **10 ccm** = 0,5 mg Kupfersulfat mit
1 ccm verdünnter Essigsäure und 3 Tropfen Natriumsulfidlösung versetzt.

Die mit der Ammoniakflüssigkeit versetzte und mit verdünnter
Essigsäure (tropfenweise) schwach angesäuerte Lösung des Ver-
brennungsrückstandes wird durch ein kleines glattes Filter in ein
Probierrohr filtriert und das Filter mit so viel Wasser nachgewaschen,
daß das Filtrat in dem Probierrohr die gleiche Höhe einnimmt wie die
Vergleichslösung in dem anderen Probierrohr.

$$0,5 \text{ mg } CuSO_4 + 5 H_2O = 0,127 \text{ mg Cu.}$$

1 g eines Extraktes darf also nicht mehr als 0,127 mg Cu enthalten,
100 g also höchstens 12,7 mg.

Das Abrauchen des Verbrennungsrückstandes mit Salpetersäure und
Glühen hat den Zweck, etwa durch Reduktion beim Verbrennen entstandenes Kupfermetall in Kupferoxyd überzuführen, das in Salzsäure
löslich ist.

In gleicher Weise wie die Extrakte werden auch **Pulpa Tamarindorum
depurata, Succus Juniperi inspissatus, Succus Liquiritiae** und **Succus**

Liquiritiae depuratus auf Kupfer geprüft. Auch bei diesen darf der Kupfergehalt nicht höher sein als 0,127 mg in 1 g.

Auch die **Fluidextrakte** werden in gleicher Weise auf Kupfer geprüft unter Verwendung von 2 g. 2 g Fluidextrakt dürfen nicht mehr als 0,127 mg Cu enthalten.

Gelatina alba.

Löst man den durch Verbrennen von 10 g weißem Leim erhaltenen Rückstand in 3 ccm verdünnter Salpetersäure und übersättigt die Lösung mit Ammoniakflüssigkeit, so darf keine blaue Färbung auftreten.

Nachweis von Methylalkohol und Aceton in Alcohol absolutus, Spiritus und Tinkturen.

Spirituspräparate können mit gereinigtem vergällten Branntwein verfälscht sein. Bei der Reinigung des letzteren lassen sich wohl die unangenehm riechenden Pyridinbasen beseitigen, nicht aber Methylalkohol und Aceton aus dem zur Vergällung dienenden rohen Holzgeist.

20 ccm absoluter Alkohol werden in ein Kölbchen von etwa 100 ccm Inhalt gegeben, das mit einem zweimal rechtwinklig gebogenen, ungefähr 75 cm langen Glasrohr verbunden ist. Das Glasrohr mündet in einen kleinen Meßzylinder. Hierauf wird mit kleiner Flamme vorsichtig erhitzt, bis 2 ccm Destillat übergegangen sind.

1 ccm des Destillats wird mit 4 ccm verdünnter Schwefelsäure gemischt und unter guter Kühlung und stetem Umschütteln nach und nach mit 1 g fein zerriebenem Kaliumpermanganat versetzt. Sobald die Violettfärbung verschwunden ist, wird durch ein kleines, trockenes Filter filtriert und das meist schwach rötlich gefärbte Filtrat einige Sekunden lang gelinde erwärmt, bis es farblos geworden ist. Nach dem Erkalten gibt man aus einer Pipette 3—5 Tropfen der Flüssigkeit zu 0,5 ccm einer frisch bereiteten und gut gekühlten Lösung von 0,02 g Guajacol in 10 ccm Schwefelsäure, die sich auf einem auf weißer Unterlage ruhenden Uhrglas befindet, indem man dabei die Ausflußöffnung der Pipette der Oberfläche der Guajacollösung soweit wie möglich nähert. Hierbei darf innerhalb 2 Minuten keine rosarote Färbung auftreten (Methylalkohol).

Das andere Kubikzentimeter des Destillats wird mit 1 ccm Natronlauge und 5 Tropfen Nitroprussidnatriumlösung versetzt. Hierbei darf keine Rotfärbung auftreten, die nach sofortigem Zusatz von 1,5 ccm verdünnter Essigsäure in Violett übergeht (Aceton).

Bei der ersten Probe wird der Methylalkohol zu Formaldehyd oxydiert. Dieser gibt auch in kleinster Menge mit vielen phenolartigen Verbindungen in konz. Schwefelsäure rote bis violette Färbungen. Für die Probe wurde früher Morphin verwendet, das eine Phenolbase ist. Seit Erlaß des Opiumgesetzes ist das Morphin durch Guajacol ersetzt. Nun ist das gewöhnliche Guajacol nicht genügend rein. Deshalb schreibt das Arzneibuch als Reagens für diese Probe reines, kristallisiertes Guajacol vor. An Stelle des letzteren läßt sich nach Matthes sehr gut guajacolsulfonsaures Kalium verwenden, von dem man an Stelle von 0,02 g Guajacol etwa 0,04 g nimmt.

In gleicher Weise wie beim absoluten Alkohol wird die Prüfung des Spiritus ausgeführt. Spiritus Sinapis wird nur auf Aceton geprüft. Zu diesem Zweck werden 10 ccm Senfspiritus in einem Kölbchen mit 1 ccm Kalilauge gemischt und mit kleiner Flamme vorsichtig destilliert, bis 1 ccm übergegangen ist. Das Destillat wird wie unter Alcohol absolutus angegeben auf Aceton geprüft.

Für die Prüfung von Tinkturen auf Methylalkohol und Aceton wird der bei der Bestimmung der Alkoholzahl (siehe S. 75) erhaltene Alkohol verwendet. Man bringt den Alkohol mit einer Pipette in den bei der Destillation der Tinkturen verwendeten, wieder gereinigten Apparat und destilliert vorsichtig mit kleiner Flamme 2 ccm ab. Je 1 ccm des Destillats wird wie bei Alcohol absolutus angegeben geprüft.

Für die Prüfung von Tinctura Jodi, bei der keine Bestimmung der Alkoholzahl ausgeführt wird, ist folgendes Verfahren vorgeschrieben:

10 g Jodtinktur werden in dem bei der Bestimmung der Alkoholzahl von Tinkturen verwendeten Kölbchen mit 3 g einer wässerigen Natriumthiosulfatlösung (1 + 1) versetzt (zur Bindung des Jods). Dann werden vorsichtig 2 ccm abdestilliert, die wie unter Alcohol absolutus angegeben geprüft werden.

Auch bei Acetonum ist eine Prüfung auf Methylalkohol vorgeschrieben, bei der letzterer ebenfalls mit Kaliumpermanganat zu Formaldehyd oxydiert wird. Dieser wird aber nicht mit Guajacol-Schwefelsäure, sondern mit Schiffs Reagens nachgewiesen.

Man mischt in einem weiten Probierrohr 1 ccm Aceton mit 5 ccm Wasser und 2 ccm verdünnter Schwefelsäure und fügt 0,05 g zerriebenes Kaliumpermanganat hinzu. Nach 3 Minuten entfärbt man die Flüssigkeit mit etwa 0,1 g Oxalsäure und versetzt sie mit 1 ccm konz. Schwefelsäure und 5 ccm Schiffs Reagens. Innerhalb 3 Stunden darf keine Blau- oder Violettfärbung auftreten.

Das Schiffsche Reagens, eine durch Schwefeldioxyd entfärbte Fuchsinlösung, wird durch Aldehyde, in diesem Falle durch Formaldehyd, violett gefärbt.

Einzelvorschriften für qualitative und qualitativ-quantitative Prüfungen.

Acetum.

Prüfung auf unzulässigen Gehalt an Sulfaten und Chloriden. Sulfate und Chloride sind in dem Wasser enthalten, mit dem bei der Essiggärung der Weingeist verdünnt wird. Die Menge ist durch folgende Probe begrenzt:

20 ccm Essig müssen nach Zusatz von 0,5 ccm Bariumnitratlösung (vorrätige Lösung 1 + 19) und 1 ccm $^1/_{10}$-n-Silbernitratlösung ein Filtrat geben, das weder durch Bariumnitrat- noch durch Silbernitratlösung verändert wird.

Die Mischung muß vor dem Filtrieren zum Sieden erhitzt werden, weil sonst kein klares Filtrat erhalten wird. Ein Zusatz von 10 Tropfen Salpetersäure ist zweckmäßig.

0,5 ccm der Bariumnitratlösung = 0,025 g $Ba(NO_3)_2$ fällen rund 0,0092 g SO_4'' und 1 ccm $^1/_{10}$-n-Silbernitratlösung 0,0035 g Cl'. In 100 ccm Essig dürfen also höchstens rund 0,046 g SO_4'' und 0,0165 g Cl' enthalten sein.

Durch Verdünnen von Essigsäure mit Wasser hergestellter Essig darf beim Abdampfen (10 g) keinen Rückstand hinterlassen, darf demnach auch kein Sulfat und Chlorid enthalten.

Acidum aceticum.

Prüfung auf Ameisensäure und Acetaldehyd. Ameisensäure kann in kleinerer Menge in der aus Holzessig gewonnenen Essigsäure enthalten sein; sie kann auch zur Verfälschung zugesetzt sein. Acetaldehyd kann in der synthetisch dargestellten Essigsäure enthalten sein.

Wird 1 ccm Essigsäure (3 ccm verdünnte Essigsäure) mit einer Lösung von 2 g Natriumcarbonat in 10 ccm Wasser und mit 5 ccm Quecksilberchloridlösung $^1/_2$ Stunde lang im siedenden Wasserbad erhitzt, so darf weder Trübung noch Abscheidung eines Niederschlags eintreten. (Die Flüssigkeit muß also klar bleiben.)

Ameisensäure und Acetaldehyd reduzieren Quecksilberchlorid zu Quecksilberchlorür.

Acidum acetylosalicylicum.

Prüfung auf freie Salicylsäure.

Wird die kalt bereitete Lösung von 0,1 g Acetylsalicylsäure in 5 ccm Weingeist nach dem Verdünnen mit 20 ccm Wasser mit 1 Tropfen verdünnter Eisenchloridlösung (1 + 24) versetzt, so darf sofort nur eine sehr schwache Violettfärbung auftreten.

Ein Gehalt an freier Salicylsäure kann durch einen Zusatz von Oxal-, Wein- oder Citronensäure verdeckt sein. Deshalb ist noch eine zweite Probe vorgeschrieben:

2 g Acetylsalicylsäure werden mit 5 ccm einer Mischung aus gleichen Raumteilen Äther und Petroleumäther kräftig geschüttelt, worauf die Flüssigkeit in ein Schälchen filtriert wird; nach dem freiwilligen Verdunsten des Lösungsmittels wird der Rückstand mit 5 ccm Wasser in ein Probierrohr gespült, gut durchgeschüttelt und filtriert. Das Filtrat darf sich nach Zusatz von 1 Tropfen verdünnter Eisenchloridlösung (1 + 24) nur schwach violett färben.

Oxal-, Wein- und Citronensäure sind in dem Äther-Petroleumäthergemisch unlöslich, während sich Salicylsäure darin sehr leicht löst.

Acidum benzoicum.

Die offizinelle Benzoesäure ist nicht mehr, wie in den früheren Ausgaben des Arzneibuches vorgeschrieben, durch Sublimation aus Benzoeharz gewonnen, sondern synthetisch aus Benzaldehyd oder Toluol dargestellt. Aus Toluol wird durch Chlorierung Benzotrichlorid, $C_6H_5CCl_3$, und aus diesem durch Erhitzen mit Wasser die Benzoesäure dargestellt. Da bei der Chlorierung des Toluols in kleiner Menge auch Chlorbenzotrichlorid, $C_6H_4Cl \cdot CCl_3$, entsteht, kann die Benzoesäure Chlorbenzoesäure, $C_6H_4Cl \cdot COOH$, enthalten, die durch folgende Probe nachgewiesen werden kann:

In einem trockenen Probierrohr reibt man 0,1 g Benzoesäure und 0,5 g gelbes Quecksilberoxyd mit Hilfe eines Glasstabs gleichmäßig zusammen und erhitzt das Gemisch unter ständigem Drehen des Probierrohrs über einer kleinen Flamme. Sobald die hierbei eintretende Gasentwicklung und die Glimmerscheinung vorüber ist, läßt man abkühlen, setzt 10 ccm verdünnte Salpetersäure hinzu, erwärmt bis nahe zum Sieden und filtriert. Das Filtrat darf durch Silbernitratlösung höchstens opalisierend getrübt werden.

Aether.

Läßt man 20 ccm Äther in einem mit Glasstopfen verschlossenen Glas vor Licht geschützt über frisch zerkleinertem Kaliumhydroxyd stehen, so darf sich innerhalb einer Stunde weder der Äther noch das Kaliumhydroxyd färben.

Die Probe bezweckt einen Nachweis von Aldehyd, der durch Kaliumhydroxyd in gelb bis braun gefärbte Aldehydharze verwandelt wird.

Das Ätzkali muß frisch zerkleinert sein, damit die Oberfläche des Kaliumhydroxyds nicht durch eine Schicht von Kaliumcarbonat vor der Einwirkung des Aldehyds geschützt ist.

Im Gegensatz zum Narkoseäther wird der gewöhnliche Äther nicht auf Peroxyde (Äthylperoxyd, Wasserstoffperoxyd) geprüft. Diese Peroxyde bilden sich bei der Aufbewahrung des Äthers in nicht ganz gefüllten, öfters geöffneten Flaschen durch Oxydation durch den Sauerstoff der Luft. Ihre Bildung ist kaum zu vermeiden. Bei der Verwendung des Äthers zur Herstellung von Arzneizubereitungen, wie Spiritus aethereus, Tinctura Valerianae aetherea, ist ein geringer Peroxydgehalt des Äthers belanglos. Zur Herstellung von Phosphorus solutus darf peroxydhaltiger Äther nicht verwendet werden, weil er Phosphor oxydiert. Man verwendet zu diesem Zweck, wenn der Äther Peroxyde enthält, Narkoseäther.

Sehr bedenklich ist die Verwendung vom peroxydhaltigen Äther bei der Bestimmung von Alkaloiden und anderen Stoffen, die als Abdampfrückstand einer ätherischen Ausschüttelung bestimmt werden. Beim Abdampfen von peroxydhaltigem Äther reichern sich die Peroxyde an und schließlich tritt eine heftige Explosion ein. Man verwende deshalb für diese Bestimmungen peroxydfreien Äther, nötigenfalls Narkoseäther.

Zur Prüfung des Äthers auf Peroxyde führt man die unter Aether pro narcosi angegebene Probe mit Kaliumjodid aus. Es genügt aber eine Beobachtungsdauer von $^1/_2$ Stunde. Peroxydfreien Äther füllt man zweckmäßig wie Narkoseäther in kleine Flaschen ab. Man kann den Äther in größeren Flaschen auch ziemlich peroxydfrei erhalten, wenn man einige Gramm Ferrum pulveratum hinzugibt und damit öfters durchschüttelt. Das Eisenpulver setzt sich rasch wieder ab, so daß man den Äther beim Gebrauch leicht klar abgießen kann.

Aether pro narcosi.

Narkoseäther muß den an Äther gestellten Anforderungen genügen, jedoch darf bei der Prüfung mit Kaliumhydroxyd selbst innerhalb 6 Stunden keine Färbung auftreten.

Werden 10 ccm Narkoseäther mit 1 ccm frisch bereiteter Kaliumjodidlösung in einem fast völlig gefüllten verschlossenen Glasstopfenglas unter Lichtabschluß häufig geschüttelt, so darf innerhalb 3 Stunden keine Färbung durch Jod auftreten (Wasserstoffperoxyd, Äthylperoxyd):

$$H_2O_2 + 2\,KJ = 2\,KOH + 2\,J,$$
$$(C_2H_5)_2O_2 + 2\,KJ + H_2O = 2\,KOH + (C_2H_5)_2O + 2\,J.$$

Eine schärfere, rascher auszuführende Probe auf Peroxyd ist folgende ebenfalls vorgeschriebene Probe:

Werden 10 ccm Narkoseäther mit 2 ccm Vanadinschwefelsäure geschüttelt, so darf sich diese weder rosarot noch blutrot färben.

Die gelbe Farbe der Vanadinschwefelsäure darf sich nicht verändern. Vanadinsäure wird durch Peroxyde ähnlich wie Chromsäure oxydiert, zu Übervanadinsäure, deren Lösung tief rot gefärbt ist.

Die Prüfung des Narkoseäthers auf Aldehyd und Vinylalkohol ist gegenüber der Probe des gewöhnlichen Äthers verschärft:

Werden 10 ccm Narkoseäther mit 1 ccm Nesslers Reagens wiederholt geschüttelt, so darf keine Färbung oder Trübung, höchstens eine weiße Opalescenz auftreten.

Aldehyd und Vinylalkohol reduzieren Quecksilbersalze in alkalischer Lösung zu Metall. Es tritt dann eine graue Trübung ein.

Folgende Probe auf Aceton bezweckt den Nachweis einer unzulässigen Darstellung des Äthers aus vollständig vergälltem Branntwein (Brennspiritus).

Werden 20 ccm Narkoseäther mit 5 ccm Wasser kräftig durchgeschüttelt, und wird das Wasser nach dem Trennen von dem Äther mit 1 ccm Natronlauge und 5 Tropfen Nitroprussidnatriumlösung versetzt und dann sofort mit 1,5 ccm verdünnter Essigsäure angesäuert, so darf die Flüssigkeit keine rötliche oder violette Färbung annehmen. (Sie muß rein gelb sein.)

Aether aceticus.

Mit Wasser befeuchtetes Lackmuspapier darf durch Essigäther nicht sofort gerötet werden (freie Säure).

Da es sich bei dem Nachweis freier Essigsäure im Essigäther um eine Ionenreaktion handelt, ist das Befeuchten des Lackmuspapieres vor dem Übergießen mit dem Essigäther nötig. Trockenes Lackmuspapier wird von dem Essigäther auch bei einem sehr beträchtlichen Gehalt an freier Essigsäure nicht sofort gerötet. Besonders wichtig ist die Probe auf freie Säure, wenn der Essigäther bei der Bestimmung des Morphins verwendet wird (siehe S. 161).

Völlig wasserfreier Essigäther bleibt auch bei langer Aufbewahrung säurefrei. Man kann den Essigäther, um ihn wasserfrei zu erhalten, über geglühtem Natriumsulfat aufbewahren.

10 ccm Wasser dürfen beim kräftigen Schütteln mit 10 ccm Essigäther höchstens um 1 ccm zunehmen (unzulässige Menge Wasser, Weingeist).

Man verwendet für die Probe den zur Bestimmung der Alkoholzahl von Tinkturen dienenden geteilten Meßzylinder.

Aether bromatus.

Äthylbromid enthält nach längerer Aufbewahrung, auch in braunen Flaschen, nicht selten freies Brom. Es ist dann nicht farblos, sondern mehr oder weniger gelb gefärbt. Da freies Brom sehr schädlich wirken kann, muß man älteres Äthylbromid vor der Abgabe darauf prüfen. Man gießt es in eine weiße Flasche oder einen Kolben. Es muß dann völlig farblos sein. Auch folgende Proben werden zweckmäßig vor der Abgabe wiederholt:

Schüttelt man 5 ccm Äthylbromid mit 5 ccm Jodzinkstärkelösung, so darf sich weder das Äthylbromid noch die Stärkelösung färben (freies Brom).

Schüttelt man 5 ccm Äthylbromid mit 5 ccm Wasser einige Sekunden lang und hebt von dem Wasser sofort die Hälfte ab, so darf dieses nach Zusatz von 1 Tropfen Silbernitratlösung innerhalb 5 Minuten höchstens opalisierend getrübt werden (Bromwasserstoff).

Amylium nitrosum.

Prüfung auf freie Säure. (Salpetrige Säure, Salpetersäure und Baldriansäure. Letztere kann durch Oxydation des Amylalkohols entstanden sein.)

5 ccm Amylnitrit dürfen beim Durchschütteln mit einer Mischung von 0,1 ccm Ammoniakflüssigkeit und 1 ccm Wasser deren alkalische Reaktion nicht aufheben.

Da es schwer ist, 0,1 ccm genau abzumessen, füllt man im Meßkolben von 100 ccm 9,6 g Ammoniakflüssigkeit mit Wasser bis zur Marke auf. Von der Mischung mißt man dann 1 ccm ab. Nach dem Durchschütteln mit dem Amylnitrit muß die wässerige Flüssigkeit Lackmuspapier noch bläuen. Man stellt dies fest, indem man ein Stückchen rotes Lackmuspapier in das Probierrohr gibt und nochmals durchschüttelt.

Apomorphinum hydrochloricum.

Apomorphinhydrochlorid darf bei etwa 100facher Vergrößerung nur nadelförmige Kristalle und deren Bruchstücke erkennen lassen. —

Es ist „falsches Apomorphinhydrochlorid" in den Handel gekommen, das aus Chloromorphidhydrochlorid bestand und amorph war. Unter dem Mikroskop zeigte es im auffallenden Licht das Aussehen des gefällten Schwefels bei gleicher Vergrößerung.

0,1 g Apomorphinhydrochlorid wird auf einem kleinen, trockenen Filter mit einer auf 10° abgekühlten Mischung von 1 g Salzsäure und 4 ccm Wasser übergossen; wird das Filtrat mit 1 Tropfen Mayers Reagens versetzt, so darf höchstens eine opalisierende Trübung eintreten (fremde Alkaloide.)

Apomorphinhydrochlorid ist in der verdünnten Salzsäure fast unlöslich, andere Alkaloidsalze, auch Chloromorphidhydrochlorid, lösen sich darin leicht. Das Filtrat gibt dann mit Mayers Reagens eine starke Trübung oder Niederschlag.

Argentum colloidale.

Von großer Wichtigkeit ist die Feststellung der völligen Löslichkeit des kolloiden Silbers.

Man löst 0,2 g kolloides Silber in 10 ccm Wasser und läßt die Lösung im Probierrohr 1 Stunde lang stehen.

Es darf sich dann kein Bodensatz gebildet haben, den man nach vorsichtigem Abgießen der dunklen Lösung erkennen kann.

Weiter ist folgende Probe wichtig:

Werden 5 ccm der wässerigen Lösung (0,1 g + 100 ccm) mit 5 ccm Natriumchloridlösung (1 + 19) versetzt, so muß die Mischung nach 1 Minute langem Schütteln in der Durchsicht rotbraun und klar, darf aber nicht schwärzlich undurchsichtig sein.

Argentum proteinicum.

Prüfung auf ionisierbare Silbersalze.

Die wässerige Lösung (1 + 49) darf Lackmuspapier schwach bläuen; sie darf beim Vermischen mit Natriumchloridlösung nicht sogleich getrübt und nach Zusatz von Ammoniakflüssigkeit durch 3 Tropfen Natriumsulfidlösung nur dunkel gefäbt werden; eine Fällung darf nicht eintreten. — Wird 1 g Albumosesilber mit 10 ccm 96%igem Alkohol 1 Minute lang geschüttelt, so darf das Filtrat durch verdünnte Salzsäure nicht verändert werden.

Balsamum peruvianum.

Perubalsam soll sich in der gleichen Menge Weingeist (90 Volumprozent) klar lösen.

Die Lösung wird bei weiterem Weingeistzusatz trübe.

1 g Perubalsam muß sich in einer Lösung von 3 g trockenem Chloralhydrat in 2 ccm Wasser klar lösen (fette Öle). — Schüttelt man in einem Probierrohr 5 Tropfen Perubalsam mit 6 ccm Petroläther, so müssen sich die ungelösten Teile des Perubalsams als klebrige Masse an der Wandung des Gefäßes festsetzen, dürfen aber nicht ganz oder teilweise pulverig zu Boden sinken (künstliche Balsame). — 2 g Perubalsam werden mit 10 ccm Petroläther kräftig durchgeschüttelt; dampft man 4 ccm des farblosen oder gelblichen Filtrats auf dem mäßig erwärmten Wasserbad ein, so darf der Rückstand nicht den Geruch des Benzaldehyds oder des Terpentinöls entwickeln. — Löst man 3 Tropfen des Rückstandes in 10 Tropfen Essigsäureanhydrid, so darf sich die Lösung nach Zusatz von 2 Tropfen Schwefelsäure nicht sofort rotviolett bis blauviolett färben (künstlicher Perubalsam, Gurjunbalsam). — Schüttelt man 4 ccm des filtrierten Petrolätherauszugs mit 10 ccm Kupferacetatlösung, so darf sich der Petroläther nicht grün färben (Kolophonium).

Die Harzsäuren des Kolophoniums geben mit Kupferacetat grünes, in Petroläther lösliches Kupferresinat.

Balsamum tolutanum.

5 g Tolubalsam werden mit 30 g Schwefelkohlenstoff in einem Kölbchen am Rückflußkühler unter Umschwenken auf dem Wasserbad gelinde erwärmt; die Schwefelkohlenstofflösung wird nach dem Filtrieren vorsichtig eingedunstet und der Rückstand mit 5 g Petroläther aufgenommen. Das Filtrat darf beim Schütteln mit 10 ccm Kupferacetatlösung nicht grün gefärbt werden (Kolophonium, vgl. Bals. peruvianum).

Barium sulfuricum.

Reines gefälltes Bariumsulfat wird als Kontrastmittel bei Röntgenaufnahmen des Magens und des Darmes angewandt, und zwar in Mengen von 100—150 g. Während das Bariumsulfat infolge seiner Unlöslichkeit völlig ungiftig ist, sind lösliche Bariumverbindungen sehr giftig. Es sind öfter tödliche Vergiftungen bei Anwendung des Bariumsulfates infolge einer Verunreinigung oder Verwechslung (mit Bariumsulfid, Barium sulfuratum, auch mit Bariumcarbonat und -phosphat) vorgekommen. Die beiden letzteren sind zwar in Wasser unlöslich, lösen sich aber im salzsäurehaltigen Magensaft. Eine sorgfältige Prüfung des Bariumsulfats auf lösliche Bariumverbindungen ist deshalb unbedingt nötig. Daneben ist auch eine Prüfung des physikalischen Zustandes erforderlich, da das Bariumsulfat bei der Anwendung in breiartigen Mischungen möglichst lange suspendiert bleiben soll. Hierfür ist folgende Probe vorgeschrieben:

Werden 5 g feingesiebtes Bariumsulfat in einem mit Teilung versehenen Glasstöpselzylinder von 50 ccm Inhalt, dessen Gradteilung 14 cm lang ist, nach Hinzufügen von Wasser bis zum Teilstrich 50 ccm 1 Minute lang geschüttelt und sodann der Ruhe überlassen, so darf die Bariumsulfataufschwemmung innerhalb einer Viertelstunde nicht unter den Teilstrich 15 ccm herabsinken.

Hierzu ist zu bemerken, daß die Angabe: feingesiebtes Bariumsulfat ebenso unangebracht ist, wie die gleiche Angabe bei der Vorschrift zur Prüfung der medizinischen Kohle (vgl. S. 82).

Für die chemische Prüfung sind folgende Proben vorgeschrieben:

5 g Bariumsulfat werden mit 5 ccm Essigsäure und 45 ccm Wasser zum Sieden erhitzt. Nach dem Absetzen des Bariumsulfats wird die Flüssigkeit filtriert. 25 ccm des Filtrats dürfen durch einige Tropfen verdünnte Schwefelsäure innerhalb 1 Stunde nicht verändert werden.

Durch diese Probe werden auch die kleinsten Mengen löslicher Bariumverbindungen erkannt.

Prüfung auf Bariumsulfid und andere Sulfide (Verwechslung mit Barium sulfuratum oder mit Lithopone, die aus einem Gemisch von Bariumsulfat und Zinksulfid besteht).

Erhitzt man 10 g Bariumsulfat mit 30 ccm Wasser und 20 ccm Salzsäure in einem Kolben, dessen Öffnung mit einem mit Bleiacetatlösung befeuchteten Stück Filtrierpapier bedeckt ist, allmählich bis zum Sieden, so darf das Papier nicht dunkel gefärbt werden (durch Bildung von Bleisulfid).

Wird die Flüssigkeit dann filtriert, nach Zusatz von einigen Tropfen Salpetersäure zum Sieden erhitzt, mit Ammoniakflüssigkeit bis zur alkalischen Reaktion versetzt und, falls eine Abscheidung eingetreten ist, filtriert, so darf nach Zusatz von 3 Tropfen Natriumsulfidlösung keine Dunkelfärbung, Trübung oder Abscheidung eines Niederschlags eintreten (Schwermetalle).

Spuren von Eisen dürfen vorhanden sein. Das Eisen wird bei dem Zusatz von Ammoniakflüssigkeit nach dem Erhitzen mit Salpetersäure als Hydroxyd ausgefällt.

Werden 2 g Bariumsulfat mit 10 ccm Salpetersäure zum Sieden erhitzt, so darf das nach dem Erkalten erhaltene Filtrat (die Hälfte) nach Zusatz von 6 ccm Ammoniummolybdatlösung innerhalb 1 Stunde keinen gelben Niederschlag (von Ammoniummolybdophosphat) abscheiden. Die andere Hälfte des Filtrats darf nach dem Verdünnen mit der gleichen Menge Wasser durch Silbernitratlösung nicht mehr als opalisierend getrübt werden (Chloride). — Ein Gemisch von 1 g Bariumsulfat, 10 ccm Wasser, 1 ccm verdünnte Schwefelsäure und 2 Tropfen Kaliumpermanganatlösung (1:1000) darf innerhalb 10 Minuten nicht farblos werden. (Schweflige Säure.) — Prüfung auf Arsen siehe S. 8.

Benzaldehyd.

Der Benzaldehyd kann Benzaldehydcyanhydrin enthalten oder damit verwechselt sein.

Werden 0,2 g Benzaldehyd mit 10 ccm Wasser und einigen Tropfen Natronlauge geschüttelt, und wird das Gemisch sodann nach Zusatz von wenig Ferrosulfat und 1 Tropfen Eisenchloridlösung mit 2 ccm Salzsäure erwärmt, so darf selbst nach mehrstündigem Stehen weder ein blauer Niederschlag noch eine grünblaue Färbung auftreten (Cyanwasserstoff).

Benzaldehydcyanhydrin wird durch Natriumhydroxyd unter Bildung von Natriumcyanid zerlegt:

$$C_6H_5CH(OH)CN + NaOH = C_6H_5CHO + NaCN.$$

Letzteres wird dann durch die bekannte Berlinerblaureaktion nachgewiesen.

Prüfung auf organische Chlorverbindungen (Chlorbenzaldehyd) siehe S. 36.

Der Benzaldehyd kann auch mit Nitrobenzol verfälscht oder damit verwechselt sein.

Die Lösung von 1 g Benzaldehyd in 25 ccm Weingeist wird mit 25 ccm Wasser und 10 ccm verdünnter Schwefelsäure sowie mit 3 g Zinkfeile versetzt und das Gemisch auf dem Wasserbad erwärmt, bis der Geruch des Benzaldehyds verschwunden ist. Befreit man sodann die Mischung durch Abdampfen in einer Porzellanschale vom Weingeist, filtriert und kocht das Filtrat mit einigen Tropfen Chlorkalklösung, so darf es sich nicht rot oder purpurviolett färben.

Bei dieser Probe wird der Benzaldehyd durch den entstehenden Wasserstoff zu Benzylalkohol, $C_6H_5CH_2OH$, und Hydrobenzoin (Diphenylglykol), $C_6H_5CH(OH) \cdot CH(OH)C_6H_5$ reduziert. Nitrobenzol wird zu Anilin reduziert, das in saurer Lösung mit Chlorkalk eine rote bis purpurrote Färbung gibt. Man kann das Filtrat auch mit Natronlauge übersättigen und dann mit Chlorkalklösung versetzen; bei Gegenwart von Anilin tritt dann eine blauviolette Färbung ein.

Einfacher ist folgende Probe von P. Hasse: In ein Probierrohr gibt man 1 Tropfen Benzaldehyd, füllt das Rohr halb mit Wasser, gibt 0,2 g Natriumbisulfit hinzu und schüttelt. Benzaldehyd wird hierbei in die geruchlose Natriumbisulfitverbindung, $C_6H_5CH(OH)OSO_2Na$, übergeführt. Der Geruch des Nitrobenzols bleibt. Zur Sicherheit gibt man dann noch etwas Natriumbisulfit hinzu. Tritt der Geruch des Schwefeldioxyds auf, so gibt man etwas neutrales Natriumsulfit hinzu, wodurch das Schwefeldioxyd gebunden wird.

Bismutum subcarbonicum.

Bei der Prüfung auf Silber ist auf 5 ccm der verdünnten Lösung (18 ccm der Lösung von 5 g Wismutcarbonat in 30 ccm werden mit 42 ccm Wasser verdünnt), 1 ccm Salzsäure statt verdünnter Salzsäure zuzusetzen. Andernfalls scheidet sich Wismutoxychlorid aus, das das Vorhandensein von Silber vortäuscht.

Calcium lacticum.

Die Lösung von 1 g Calciumlactat in 20 ccm Wasser muß klar und farblos sein. Sie darf durch Phenolphthaleinlösung nicht gerötet werden (Calciumoxyd); bis zum Eintritt der Rotfärbung dürfen höchstens 0,5 ccm $^1/_{10}$-n-Kalilauge verbraucht werden (unzulässige Menge freier Säure).

Dem Verbrauch von 0,5 ccm $^1/_{10}$-n-Kalilauge entspricht eine Menge von 4,5 mg freier Milchsäure in $1 g = 0,45\%$.

Carbo medicinalis.

Prüfung auf Cyanide. Die medizinische Kohle wird aus tierischen Stoffen, wie Blut, Fleisch u. a. und auch aus Pflanzenstoffen, wie z. B. Hefe, durch Eintrocknen unter Zusatz von Kaliumcarbonat und darauf folgendes Glühen unter Luftabschluß dargestellt. Durch das Glühen der stickstoffhaltigen Verbindungen mit Kaliumcarbonat entsteht Kaliumcyanid, das durch sorgfältiges Auswaschen aus der Kohle zusammen mit dem Kaliumcarbonat und anderen Salzen beseitigt werden muß.

5 g medizinische Kohle werden mit 50 ccm Wasser und 2 g Weinsäure in einen Kolben gebracht. Der Kolben wird sorgfältig mit einem langen Kühler verbunden, der durch ein gasdicht angeschlossenes, gebogenes Rohr unter den Flüssigkeitsspiegel eines Vorlegekölbchens führt. Das mit 10 Tropfen Kalilauge und 10 ccm Wasser beschickte Vorlegekölbchen wird mit Eis gekühlt; nun wird solange destilliert, bis etwa 25 ccm Flüssigkeit übergegangen sind. Werden 25 ccm des mit Wasser auf 50 ccm ergänzten Inhalts des Vorlegekölbchens mit etwa 0,05 g Ferrosulfat langsam bis zum gerade beginnenden Sieden erhitzt, so darf nach Zusatz von 2 Tropfen verdünnter Eisenchloridlösung (1 + 9) und vorsichtigem Übersättigen mit Salzsäure keine Blaufärbung entstehen (Cyanverbindungen).

Der durch die Weinsäure freigemachte Cyanwasserstoff wird von dem Kaliumhydroxyd in der Vorlage zu Kaliumcyanid gebunden, das dann durch die Berlinerblaureaktion nachgewiesen wird.

Cetaceum.

Prüfung auf Stearinsäure und Paraffine.

Erwärmt man 1 g Walrat mit 10 ccm Ammoniakflüssigkeit in einem Probierrohr, bis der Walrat geschmolzen ist, schüttelt gut durch und filtriert, so darf das Filtrat nicht milchig getrübt sein und beim Ansäuern mit Salzsäure nicht sofort eine flockige Ausscheidung geben.

Stearinsäure löst sich in Ammoniakflüssigkeit unter Bildung einer stark milchig getrübten Flüssigkeit, aus der sich beim Ansäuren mit Salzsäure die Stearinsäure flockig ausscheidet.

Werden 0,25 g Walrat 1 Minute lang mit 5 ccm weingeistiger Kalilauge (1 + 9) gekocht und die heiße Flüssigkeit mit 3 ccm Wasser von etwa 15° versetzt, so darf nicht sofort eine Trübung entstehen (Paraffine).

Chininum sulfuricum.

Prüfung auf Nebenalkaloide.

Man trocknet etwa 2,5 g Chininsulfat in einem Schälchen bei 40—50°, bis es völlig verwittert ist, d. h. das Kristallwasser verloren hat. Von dem verwitterten Chininsulfat verreibt man 2 g in einer kleinen Reibschale mit 20 ccm Wasser, bringt die Mischung ohne Nachspülen in ein Probierrohr und erwärmt sie eine halbe Stunde lang unter häufigem Umschütteln in einem Wasserbad von 60—65°. Dann bringt man das Probierrohr in Wasser von 15° und läßt es darin unter häufigem Umschütteln 2 Stunden lang stehen. Hierauf gibt man die Mischung auf ein trockenes Leinwandläppchen von etwa 100 qcm, preßt das ungelöste Chininsulfat ab und filtriert die abgepreßte Flüssigkeit durch ein Filter von 7 cm Durchmesser. 5 ccm (Pipette) des Filtrats werden in ein Probierrohr gebracht, einige Zeit in Wasser von 15° gestellt und dann mit 4 ccm (Pipette) Ammoniakflüssigkeit versetzt. Der entstehende Niederschlag muß sich beim Umschwenken wieder klar lösen.

Diese Probe nach Kerner-Weller beruht darauf, daß die Sulfate der Nebenalkaloide, Chinidin, Cinchonin und Cinchonidin, in Wasser viel leichter löslich sind als Chininsulfat. Von letzterem wird eine so geringe Menge gelöst, daß das aus der Lösung durch den Zusatz von Ammoniak anfangs ausgeschiedene freie Chinin(hydrat) durch die überschüssige Ammoniakflüssigkeit wieder gelöst wird. Sehr geringe Mengen von Nebenalkaloiden gehen auch wieder in Lösung. Sind aber Nebenalkaloide in unzulässiger Menge zugegen, so wird die Mischung nicht wieder klar, weil die überschüssige Menge Ammoniakflüssigkeit, bei Anwendung von 4 ccm, die genau abzumessen sind, zur Auflösung nicht ausreicht.

Das vorherige Trocknen des Chininsulfats (Verwitternlassen) hat den Zweck, Mischkristalle von Chininsulfat mit Sulfaten von Nebenalkaloiden zum Zerfall zu bringen. Andernfalls löst das Wasser die Sulfate von Nebenalkaloiden nur schwer aus den Mischkristallen heraus.

Chininum hydrochloricum.

Prüfung auf Nebenalkaloide. Für diese Probe muß das Chininhydrochlorid durch Umsetzen mit Natriumsulfat in Chininsulfat verwandelt werden.

2 g Chininhydrochlorid werden in einer erwärmten Reibschale in 20 ccm Wasser von 60° gelöst; die Lösung wird mit 1 g zerriebenem unverwittertem Natriumsulfat versetzt und die Mischung gleichmäßig verrieben. Nach dem Erkalten läßt man die Mischung unter wiederholtem Umrühren $^1/_2$ Stunde lang bei 15° stehen und preßt die Flüssigkeit, wie unter Chininum sulfuricum angegeben, durch ein Leinwandläppchen ab. Weiter verfährt man genau wie bei Chininsulfat. Auch in diesem Falle muß die Flüssigkeit nach dem Zusatz von 4 ccm Ammoniakflüssigkeit wieder klar werden.

Chininum tannicum.

Prüfung auf Nebenalkaloide.

In einem Arzneiglas von 300 ccm schüttelt man 10 g Chinintannat mit 150 g Äther an, fügt 40 g Natronlauge hinzu und schüttelt 5 Minuten lang kräftig. Nach dem Absetzen gießt man den Äther soweit wie möglich in ein anderes Arzneiglas ab, bindet etwa mit hineingelangte wässerige Flüssigkeit durch ein wenig Traganthpulver oder getrocknetes Natriumsulfat, filtriert den Äther in einen Erlenmeyerkolben von 300 ccm und destilliert ihn nach Zusatz weniger Sandkörnchen auf dem Wasserbad ab. Den letzten Rest des Äthers entfernt man durch Abdampfen mit 1—2 ccm Weingeist und Einblasen von Luft. Das so gewonnene Chinin wird in etwa 20 ccm Weingeist gelöst, die Lösung nach Zusatz von 2 Tropfen Methylrotlösung aus einer Bürette mit einer Mischung von 10 g verdünnter Schwefelsäure und 90 g Wasser titriert bis zum Farbenumschlag in Rot, wobei man gegen Ende der Titration die Flüssigkeit mit etwa 30 ccm Wasser verdünnt. Für 3 g Chinin sind etwa 27 ccm der etwa $^1/_{10}$-n-Schwefelsäure erforderlich. Dann fügt man so viel stark verdünnte Ammoniakflüssigkeit hinzu, daß die Flüssigkeit eben wieder gelb gefärbt ist und dampft sie dann in einer Porzellanschale auf dem Wasserbad zur Trockne. Das so gewonnene Chininsulfat wird, wie unter Chininum sulfuricum, S. 23, angegeben, auf Nebenalkaloide geprüft.

Chloroformium.

Schüttelt man 10 ccm Chloroform mit 5 ccm Wasser und hebt sofort etwa die Hälfte des Wassers ab, so darf dieses Lackmuspapier nicht röten und, wenn es vorsichtig über eine mit gleich viel Wasser verdünnte Silbernitratlösung geschichtet wird, keine Trübung hervorrufen (Salzsäure).

Zum Abheben des Wassers benutzt man eine Pipette, die man zweckmäßig mit einem Gummiball versieht (Abb. 1).

Diese Gummiballpipette ist auch für manche andere Zwecke sehr brauchbar, besonders zum Einblasen von Luft beim Verdampfen von Äther.

Bei dieser Probe wird nicht nur Chlorwasserstoff, sondern auch Phosgen, Kohlenoxychlorid, $COCl_2$, erkannt, das sich durch Oxydation des Chloroforms, besonders unter Mitwirkung des Lichtes bildet:

$$CHCl_3 + O = COCl_2 + HCl.$$

Durch den Alkohol, der dem Chloroform zur Erhöhung der Haltbarkeit zugesetzt wird, werden kleine Mengen Phosgen zu Kohlensäureäthylester und Chlorwasserstoff umgesetzt. Hat der Alkohol für diese Umsetzung nicht ausgereicht, dann kann neben Chlorwasserstoff noch Phosgen vorhanden sein, das mit Wasser Chlorwasserstoff gibt:

Abb. 1. $$COCl_2 + H_2O = CO_2 + 2 HCl.$$

Beim Schütteln von 2 ccm Chloroform mit 2 ccm Wasser und 10 Tropfen Jodzinkstärkelösung darf weder die Jodzinkstärkelösung gebläut noch das Chloroform gefärbt werden (Chlor). Chloroform darf nicht erstickend riechen (Phosgen).

Freies Chlor kann sich aus dem Chloroform ebenfalls durch Oxydation bilden:

$$2\,CHCl_3 + 5\,O = 2\,CO_2 + 3\,Cl_2 + H_2O.$$

Auch diese Oxydation wird durch den Alkoholzusatz verhütet, so daß man freies Chlor nur selten finden wird. Alkoholfreies Chloroform kann aber, wenn es nicht vor Licht geschützt aufbewahrt wird, leicht freies Chlor enthalten.

Mit Chloroform getränktes Filtrierpapier darf nach dem Verdunsten des Chloroforms keinen Geruch zeigen.

Läßt man 20 ccm Chloroform und 15 ccm konz. Schwefelsäure in einem 3 cm weiten, mit Schwefelsäure gereinigten Glasstopfenglas unter häufigem Umschütteln 1 Stunde lang stehen, so darf die Schwefelsäure nicht gefärbt werden (fremde organische Verbindungen).

Chloroform wird von konz. Schwefelsäure nicht verändert, wohl aber geben andere organische Stoffe, die als Verunreinigungen des Chloroforms vorkommen können (aus den Verunreinigungen des zur Darstellung des Chloroforms dienenden technischen Alkohols stammend), mit Schwefelsäure gelbe bis braune Färbungen. Das Glas muß durch Reinigung mit konz. Schwefelsäure von organischem Staub, der ebenfalls eine Färbung der Schwefelsäure geben könnte, befreit sein.

Ist scheinbar eine Färbung der Schwefelsäure eingetreten, so gibt man in ein gleiches gereinigtes Glas die gleiche Menge Schwefelsäure und vergleicht die Färbung in beiden Gläsern.

Chloroformium pro narcosi.

Die Prüfung des Narkosechloroforms ist gegenüber der des gewöhnlichen Chloroforms, das meist nur zu äußerlich anzuwendenden Arzneizubereitungen verwendet wird, erheblich verschärft.

25 ccm Narkosechloroform dürfen nach dem freiwilligen Verdunsten bei Zimmertemperatur keinen wägbaren Rückstand und keinen unangenehmen Geruch hinterlassen.

Bei Chloroform werden nur 5 ccm auf dem Wasserbad verdampft, wobei kein Rückstand hinterbleiben darf.

Die Prüfung auf freies Chlor ist die gleiche wie bei dem gewöhnlichen Chloroform.

Sehr verschärft sind die Proben auf Salzsäure, Phosgen, fremde organische Stoffe und Aldehyde.

Versetzt man 10 ccm Narkosechloroform mit 1 Tropfen einer Lösung von 0,01 g Dimethylaminoazobenzol in 10 ccm Narkosechloroform, so darf keine violettrote Färbung auftreten (Salzsäure).

Bei Abwesenheit von Salzsäure wird das Chloroform gelb gefärbt. Die geringsten Spuren von Chlorwasserstoff und Phosgen geben mit dem Dimethylaminoazobenzol das Hydrochlorid, das in Chloroform mit violettroter Farbe löslich ist.

Läßt man eine Lösung von 0,1 g Benzidin in 20 ccm Narkosechloroform in einem verschlossenen Glasstöpselglas 24 Stunden lang an einem vor Licht geschützten Orte stehen, so darf höchstens eine schwach gelbe, keinesfalls aber citronengelbe Färbung oder Trübung oder Ausscheidung von Flocken eintreten (Salzsäure, Phosgen).

In reinem Chloroform löst sich das Benzidin, p-Diaminodiphenyl, $NH_2C_6H_4 \cdot C_6H_4NH_2$, klar auf. Chlorwasserstoff und Phosgen bilden Benzidinhydrochlorid, das in Chloroform unlöslich ist und eine Trübung gibt. Freies Chlor bewirkt durch Oxydation des Benzidins eine blaue Färbung der Mischung.

Läßt man 20 ccm Narkosechloroform, 15 ccm Schwefelsäure und 4 Tropfen Formaldehydlösung in einem 3 cm weiten, mit Schwefelsäure gereinigten Glasstöpselglas unter häufigem Umschütteln ½ Stunde lang stehen, so darf die Schwefelsäure innerhalb dieser Zeit nicht gefärbt werden (fremde organische Stoffe).

Durch diese Probe werden Verunreinigungen durch organische Stoffe verschiedener Art nachgewiesen.

Werden 5 ccm Narkosechloroform in einem mit Narkosechloroform gut gespülten Glase nach Zusatz von 5 ccm Wasser und 3 Tropfen Nesslers Reagens gut durchgeschüttelt, so darf innerhalb einer Viertelstunde höchstens eine schwache Gelbfärbung eintreten (Aldehyd).

Außer Acetaldehyd, der wie bei Äther durch diese Probe erkannt wird, kann im Narkosechloroform auch Chloral enthalten sein, das ebenso wie Acetaldehyd mit der alkalischen Quecksilberjodidlösung eine Ausscheidung von grauem Quecksilber gibt.

Faex medicinalis.

Das Arzneibuch schreibt 2 Arten von medizinischer Hefe vor: 1. Ausgewaschene, entbitterte untergärige Bierhefe, die bei einer Temperatur von höchstens 40° getrocknet und dann mittelfein gepulvert ist. Diese Hefe besteht aus lebenden Zellen und nicht mehr lebenden Zellen, deren Enzyme aber noch erhalten sind.

0,1 g dieser Hefe muß in einer sterilisierten Lösung von 1 g Honig in 19 g Wasser eine lebhafte Gärung hervorrufen.

Man verwendet für die Probe ein kleines Gärungssaccharometer nach Einhorn. In einem Kolben von 150—200 ccm löst man 5 g Honig in 95 g Wasser, verschließt den Kolben mit einem dichten Wattebausch und erhitzt die Honiglösung mit kleiner Flamme ¼ Stunde lang zum Sieden. Nach dem Erkalten bringt man 0,5 g medizinische Hefe in die Honiglösung, verteilt sie durch Schütteln gleichmäßig und füllt mit der Mischung 1 oder 2 Gärungssaccharometer. Als solches kann auch folgende einfache Vorrichtung dienen (Abb. 2):

Man versieht ein Probierrohr oder Arzneiglas mit einem Stopfen, in den ein ∩-förmig gebogenes Glasrohr eingesetzt ist. Nach dem Einfüllen der mit Hefe versetzten Honiglösung bis an den Rand des Halses setzt man den Stopfen fest ein und stellt das Glas umgekehrt in ein Becherglas.

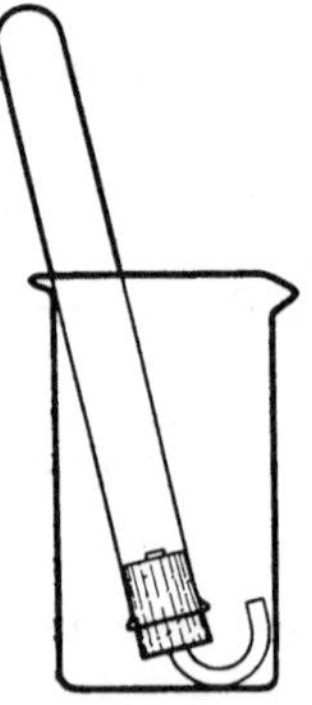

Abb. 2.

Die Gärung, die zum sehr kleinen Teil durch die lebenden Zellen, zum größten Teil durch die Enzyme der nicht mehr lebenden Zellen bewirkt wird, tritt nur sehr langsam ein. Der Beginn ist erst nach 5—6 Stunden zu beobachten und erst innerhalb eines Tages wird soviel Kohlendioxyd entwickelt, daß die Flüssigkeit aus dem Saccharometer verdrängt wird.

An Stelle von Honiglösung kann auch Traubenzuckerlösung verwendet werden. Die Prüfung kann erheblich beschleunigt werden, wenn man die Hefemenge vergrößert. Außerdem wird die Gärung durch einen sehr geringen Zusatz von Natriumbicarbonat günstig beeinflußt. Nach Th. Sabalitschka und R. Weidlich ist folgende Vorschrift zweckmäßig:

In einer mit 2 Tropfen einer Lösung von 0,2 g Natriumbicarbonat in 10 ccm Wasser versetzten Lösung von 0,5 g Traubenzucker in 10 ccm Wasser muß 1 g medizinische Hefe innerhalb 2—3 Stunden eine lebhafte Kohlendioxydentwicklung hervorrufen.

Zur Pillenbereitung darf nur eine medizinische Hefe verwendet werden, die 2 Stunden lang im Trockenschrank bei etwa 100° erhitzt worden ist. Dadurch werden die Enzyme und Hefezellen abgetötet.

Die Prüfung erfolgt genau wie bei der gärfähigen Hefe mit Honig- oder Traubenzuckerlösung; es darf keine Gärung eintreten.

Fructus Anisi.

Prüfung auf Früchte von Conium maculatum.

5 g zerquetschter Anis oder Anispulver werden in einem Kolben von 250 ccm Inhalt mit 75 ccm Wasser und 2 ccm Kalilauge mehrere Stunden lang stehengelassen. Das Gemisch wird nach Zusatz von 10 ccm einer wässerigen Lösung von Bariumchlorid (1 + 9) der Destillation unterworfen, bis etwa 10 ccm Flüssigkeit übergegangen sind. Das Destillat wird nach Zusatz einiger Tropfen Salzsäure mit Äther ausgeschüttelt und die wässerige Flüssigkeit in einer kleinen Glasschale auf dem Wasserbad verdampft, der Rückstand sodann mit einigen Tropfen Kalilauge aufgenommen und die erhaltene Lösung nach Auflegen eines Uhrglases auf die Glasschale auf dem Drahtnetz mit 1 cm hoher Flamme der Mikrodestillation unterworfen. Das an dem Uhrglas sich ansammelnde Destillat darf mit Jodlösung keine Trübung oder Fällung geben.

Die Schierlingfrüchte enthalten Coniin, das mit Wasserdampf flüchtig ist, und mit Jodlösung einen Niederschlag bildet, der aus einem Perjodid besteht.

Gelatina alba.

Der Weiße Leim enthält fast stets Schweflige Säure, die bei der Gewinnung zum Entfärben und zur Verhütung der Entwicklung von Bakterien und Schimmelpilzen auf den zu trocknenden Gallerttafeln zugesetzt wird, und die beim Trocknen zum Teil, gebunden von dem Leim, zurückbleibt. Der Gehalt an Schwefeldioxyd soll 0,05% nicht übersteigen.

In einem Kolben von 500 ccm läßt man 20 g weißen Leim in 60 ccm Wasser 2 Stunden lang quellen und erwärmt dann auf dem Wasserbad bis zur Lösung. Nach Zusatz von 50 ccm Wasser und 10 ccm Phosphorsäure wird der Kolben mit einem doppelt durchbohrten Stopfen verschlossen, der mit einem Dampfableitungs- rohr und einem Gaszuleitungsrohr versehen ist. Ersteres wird mit einem Kühler verbunden, letzteres taucht in die Flüssigkeit ein und dient zum Einleiten von Kohlendioxyd. Als Vorlage dient ein Arzneiglas von 30 ccm, das mit etwa 20 ccm $^1/_{10}$-n-Jodlösung beschickt ist, in die ein mit dem Kühler verbundenes Glasrohr eintaucht.

Zur Vermeidung einer Oxydation von Schwefliger Säure in dem Kolben wird zunächst solange Kohlendioxyd hindurchgeleitet, bis die Luft verdrängt ist.

Der Kolben wird dabei mit einer Klammer an einem Stativ befestigt, so daß er nachher in ein Wasserbad gesenkt werden kann.

Dann wird der Kolben im siedenden Wasserbad erhitzt und mindestens 1 Stunde lang Kohlendioxyd mäßig rasch hindurchgeleitet. Der Inhalt der Vorlage wird dann, unter Nachspülen mit Wasser, in ein Kölbchen gebracht, bis zur Entfernung des überschüssigen Jods gekocht und heiß mit einigen Tropfen Salzsäure und 0,8 ccm Bariumnitratlösung (1 + 19) versetzt. Nach dem Erkalten wird die Flüssigkeit filtriert. Das Filtrat darf bei weiterem Zusatz von einigen Tropfen Bariumnitratlösung nicht getrübt werden. Zum Abmessen der 0,8 ccm benutzt man eine in $^1/_{10}$ ccm geteilte Pipette von 1 ccm.

Das mit dem Kohlendioxyd übergehende Schwefeldioxyd wird in der Vorlage durch das Jod zu Schwefelsäure oxydiert:

$$SO_2 + 2\,H_2O + 2\,J = H_2SO_4 + 2\,HJ.$$

0,8 ccm der Bariumnitratlösung enthalten rund 0,04 g Bariumnitrat, die eine Schwefelsäuremenge fällen, die aus rund 0,01 g Schwefeldioxyd entstanden ist. 1 Mol. $Ba(NO_3)_2$, Mol.-Gew. 261,4, entspricht 1 Mol. SO_2, Mol.-Gew. 64,07.

$$261,4 : 64,07 = 0,04 : x \quad x = 0,01.$$

Diese Menge darf in 20 g weißem Leim enthalten sein $= 0,05\%$.

Gossypium depuratum.

Prüfung nach der Nachtragsverordnung zum Arzneibuch vom 2. Juli 1931.

15 g gereinigte Baumwolle werden in einem geräumigen Becherglas mit 150 g siedendem Wasser übergossen und damit eine Viertelstunde lang im siedenden Wasserbad erhitzt. Der durch Abpressen oder Absaugen erhaltene, meist leicht getrübte wässerige Auszug darf nach dem Erkalten rotes Lackmuspapier nicht verändern (Alkalien). 50 ccm des Auszuges müssen nach Zusatz von 3 Tropfen Phenolphthaleinlösung und 0,25 ccm $^1/_{10}$-n-Kalilauge nach dem Umschwenken eine Rosa- oder Rotfärbung aufweisen, die mindestens $^1/_2$ Minute lang bestehen bleibt (zulässiger Säuregehalt). Der klar filtrierte Auszug darf durch Silbernitratlösung (Salzsäure) höchstens opalisierend getrübt, durch Bariumnitratlösung (Schwefelsäure) und Ammoniumoxalatlösung (Calciumsalze) nicht sofort verändert werden. — Die in 10 ccm des Auszugs nach Zusatz von einigen Tropfen verdünnter Schwefelsäure und 3 Tropfen Kaliumpermanganatlösung entstehende Rotfärbung darf innerhalb 5 Minuten nicht verschwinden (reduzierende Stoffe).

Hydrargyrum cyanatum.

Beim schwachen Erhitzen eines Gemisches von 1 T. Quecksilbercyanid und 1 T. Jod im Probierrohr entsteht ein gelbes, später rot werdendes und darüber ein weißes, aus nadelförmigen Kristallen bestehendes Sublimat.

Bei dieser Probe entstehen Quecksilberjodid und Jodcyan:

$$Hg(CN)_2 + 4\,J = HgJ_2 + 2\,JCN.$$

Der Dampf des Quecksilberjodids verdichtet sich zu den gelben Kristallen der unbeständigen Form, die allmählich in die beständige rote Form übergehen. Das leichter flüchtige Jodcyan setzt sich in den höheren Teilen des Probierrohres in langen weißen Nadeln an.

Hydrargyrum oxydatum.

Wird 1 g Quecksilberoxyd mit 20 ccm Oxalsäurelösung 1 Stunde lang unter häufigem Umschütteln bei Zimmertemperatur stehengelassen, so darf es keine wesentliche Farbenänderung erleiden (gelbes Quecksilberoxyd).

Man vergleicht die Farbe nach 1 Stunde mit der Farbe einer frischen Anschüttelung von 1 g Quecksilberoxyd und 20 ccm Wasser. Vollkommene Farbengleichheit wird man nicht immer finden, da das rote Quecksilberoxyd je nach dem Feinheitsgrad mehr oder weniger in Quecksilberoxalat verwandelt wird.

Gelbes Quecksilberoxyd soll sich beim Schütteln mit Oxalsäurelösung (1 g und 20 ccm) allmählich in weißes kristallinisches Quecksilberoxalat verwandeln (rotes Quecksilberoxyd).

Eine Zeit ist nicht angegeben. Die Umwandlung in weißes Oxalat geht sehr langsam vor sich. Bei frisch dargestelltem gelben Quecksilberoxyd kann sie in 2 Stunden vollendet sein, während sie bei älteren Präparaten in 24 Stunden noch nicht beendet ist.

Hydrogenium peroxydatum solutum.

Versetzt man Wasserstoffsuperoxydlösung (5 ccm) mit etwa 10 Tropfen Schwefelsäure (verdünnt) und einigen Kubikzentimetern Kaliumpermanganatlösung, so tritt, besonders beim Umschütteln, eine Gasentwicklung ein, und die Farbe der Kaliumpermanganatlösung verschwindet. — Schüttelt man 1 ccm der mit einigen Tropfen verdünnter Schwefelsäure angesäuerten Wasserstoffsuperoxydlösung mit etwa 2 ccm Äther und setzt dann einige Tropfen Kaliumdichromatlösung hinzu, so färbt sich bei erneutem Schütteln die ätherische Schicht tiefblau.

Die als Reagens vorgeschriebene Kaliumpermanganatlösung 1 : 1000 ist viel zu schwach, um eine lebhafte Gasentwicklung hervorzubringen. Man verwendet besser eine Lösung 0,5 oder 1,0 : 100, die man der angesäuerten Wasserstoffsuperoxydlösung tropfenweise zusetzt. Nicht mit Schwefelsäure versetzte Wasserstoffsuperoxydlösung gibt schon mit sehr wenig Kaliumpermangatlösung eine lebhafte Gasentwicklung. Das Wasserstoffperoxyd wird dann durch das zuerst entstehende braune Mangandioxydhydrat katalytisch zerlegt.

Hydrogenium peroxydatum solutum concentratum.

Versetzt man 5 ccm konz. Wasserstoffsuperoxydlösung mit etwa 10 Tropfen Schwefelsäure und einigen Kubikzentimetern Kaliumpermanganatlösung, so tritt, besonders beim Umschütteln, eine Gasentwicklung ein, und die Farbe der Kaliumpermanganatlösung verschwindet.

Die Menge von 5 ccm der Lösung ist viel zu groß und die Menge des Kaliumpermanganats viel zu klein. Man verdünnt etwa 10 Tropfen konz. Wasserstoffsuperoxydlösung mit 5 ccm Wasser und verfährt dann weiter wie unter Hydrogenium peroxydatum solutum angegeben.

Jodum.

Schüttelt man 0,5 g zerriebenes Jod mit 20 ccm Wasser, filtriert und versetzt dann die Hälfte des Filtrats mit Schwefliger Säure bis zur Entfärbung, dann mit einem Körnchen Ferrosulfat, 1 Tropfen Eisenchloridlösung und 2 ccm Natronlauge und erwärmt gelinde, so darf sich die Flüssigkeit nach dem schwachen Ansäuern mit verdünnter Salzsäure nicht blau färben (Cyan). — Die andere Hälfte des Filtrats muß, mit 1 ccm Ammoniakflüssigkeit und 5 Tropfen Silbernitratlösung versetzt, ein Filtrat liefern, das beim Übersättigen mit 2 ccm Salpetersäure höchstens eine opalisierende Trübung, aber keinen Niederschlag gibt (Chlor).

Bei der Probe auf Cyan, das als Jodcyan, JCN, in dem aus der Asche von Seetangen gewonnenen Jod enthalten sein kann, wird das beim Schütteln mit Wasser außer dem Jodcyan in Lösung gegangene Jod durch Schweflige Säure zu Jodwasserstoff reduziert. Die Natronlauge fügt man besser vor dem Zusatz von Ferrosulfat (etwa 0,01 g) und Eisenchloridlösung hinzu.

Bei der Probe auf Chlor, das als Chlorjod, JCl, zugegen sein kann, erhält man leichter ein klares Filtrat, wenn man die Flüssigkeit nach dem Zusatz der Silbernitratlösung mit einigen Tropfen Äther versetzt und kräftig schüttelt. Silberchlorid bleibt in der Ammoniak enthaltenden Flüssigkeit gelöst und wird beim Ansäuern mit Salpetersäure ausgeschieden.

Kalium carbonicum.

Prüfung auf Kaliumcyanid.

5 ccm der wässerigen Lösung (1 + 19) werden mit der Lösung von etwa 0,01 g Ferrosulfat in 1—2 ccm Wasser und 1 Tropfen Eisenchloridlösung versetzt. Das Gemisch wird gelinde erwärmt und mit Salzsäure übersättigt. Blaufärbung durch Berlinerblau zeigt Kaliumcyanid an.

Prüfung auf Arsenverbindungen siehe S. 7. Die Prüfung auf Arsen ist besonders wichtig beim **Kalium carbonicum crudum**, das als Backpulver verwendet wird. Das rohe Kaliumcarbonat ist nicht selten mit Arsenverbindungen so stark verunreinigt, daß es bei der Verwendung als Backpulver zu Vergiftungen führen kann. Arsenhaltig kann das Kaliumcarbonat sein, wenn es aus den Abdampf- und Verkohlungsrückständen von Wollwaschwasser gewonnen wurde. Die Schafe werden häufig mit arsenikhaltigen Ungeziefermitteln behandelt, und das Arsen gelangt dann in das Wollwaschwasser und das daraus gewonnene Kaliumcarbonat.

Kalium jodatum.

Prüfung auf Kaliumcyanid.

5 ccm der wässerigen Lösung (1 + 19) werden mit 10 Tropfen Natronlauge, dann mit der Lösung von etwa 0,01 g Ferrosulfat in einigen Tropfen Wasser und 1 Tropfen Eisenchloridlösung versetzt. Das Gemisch wird gelinde erwärmt und mit Salzsäure übersättigt. Es darf keine blaue oder grünblaue Färbung auftreten.

Zu einer Lösung von 0,2 g Kaliumjodid in 8 ccm Ammoniakflüssigkeit gibt man unter Umschütteln 13 ccm $^1/_{10}$-n-Silbernitratlösung und schüttelt das Gemisch etwa 1 Minute lang kräftig durch. Das klare Filtrat darf sich nach dem Übersättigen mit Salpetersäure nicht dunkel färben (Thiosulfate) und darf innerhalb 5 Minuten keine stärkere Trübung zeigen, als eine Mischung von 0,6 ccm $^1/_{100}$-n-Salzsäure, 8 ccm Wasser und 1 ccm Salpetersäure nach Zusatz von 1 ccm $^1/_{10}$-n-Silbernitratlösung innerhalb der gleichen Zeit zeigt (Chloride, Bromide).

Statt 13 ccm $^1/_{10}$-n-Silbernitratlösung nimmt man besser 15 ccm; dann ist die Flüssigkeit nach dem Schütteln klar filtrierbar, bei 13 ccm nicht immer.

Bei dieser Probe gibt Kaliumjodid mit Silbernitrat Silberjodid, das in der ammoniakhaltigen Flüssigkeit unlöslich ist. Silberchlorid und Silberbromid bleiben gelöst und scheiden sich beim Ansäuern des klaren Filtrats mit Salpetersäure aus. Sehr geringe Spuren von Chlorid sind zulässig. Die Menge ist durch die Vergleichsprobe begrenzt. Durch die Probe wird auch ein Zusatz von Thiosulfaten erkannt. Natriumthiosulfat wird dem Kaliumjodid bisweilen zugesetzt, um eine Gelbfärbung durch Freiwerden von Jod zu verhüten.

Kalium tartaricum.

Wird die Lösung von 1 g Kaliumtartrat mit 5 ccm verdünnter Essigsäure geschüttelt, so scheidet sich ein weißer kristallinischer Niederschlag aus; die durch Abgießen von dem Niederschlag getrennte, mit der gleichen Menge Wasser verdünnte Flüssigkeit darf durch 4 Tropfen Ammoniumoxalatlösung innerhalb 1 Minute nicht verändert werden (Calcium).

Bei dieser Probe wird durch die Essigsäure der größte Teil der Weinsäure als Kaliumbitartrat ausgefüllt. Etwa vorhandenes Calciumtartrat gibt Calciumacetat, das dann mit Ammoniumoxalatlösung Calciumoxalat gibt. Die Flüssigkeit darf nicht durch Papier filtriert werden, weil dieses Calciumsalze in Spuren enthalten kann.

Kreosotum.

Kreosot muß in 3 Raumteilen einer Mischung von 1 T. Wasser und 3 T. Glycerin fast unlöslich sein (Steinkohlenteerkreosot, Phenol).

Man gibt in den zur Bestimmung der Alkoholzahl von Tinkturen dienenden Meßzylinder etwa 15 ccm einer Mischung von 5 g Wasser und 15 g Glycerin und mit einer Pipette 5 ccm Kreosot. Dann vermerkt man den Stand der Trennungsfläche an der Teilung des Zylinders, schüttelt kräftig durch, läßt den Zylinder bis zur vollständigen Trennung der Flüssigkeiten stehen und liest wieder ab. Die untere Schicht darf kaum zugenommen haben.

Eine Mischung von 1 ccm Kreosot und 10 ccm einer Lösung von 1 T. Kaliumhydroxyd in 4 T. absolutem Alkohol muß nach einiger Zeit zu einer festen kristallinischen Masse erstarrt sein.

Man löst 2,5 g Ätzkali in 10 g absolutem Alkohol, gibt 10 ccm der durch Absetzenlassen geklärten Lösung in ein Probierrohr, fügt 1 ccm Kreosot (Pipette) hinzu und mischt.

Diese vom Arzneibuch als Wertbestimmung bezeichnete Probe beruht auf der Bildung von Guajacolkalium, $CH_3OC_6H_4OK$, und Kreosolkalium, $CH_3OC_6H_3(CH_3)OK$, die beide in absolutem Alkohol fast unlöslich sind, während die Kaliumverbindungen der Kresole, $C_6H_4(CH_3)OH$, darin löslich sind. Die Probe gibt also einen Aufschluß über den Gehalt an Guajacol und Kreosol, die wirksamer sind als die Kresole.

Lactylphenetidinum und Phenacetinum.

Werden 0,5 g zerriebenes Laktyl-p-phenetidin mit 5 ccm Wasser etwa 1 Minute lang geschüttelt und das Filtrat mit 1—1,5 ccm Bromwasser versetzt, so darf innerhalb 1 Minute keine Trübung eintreten (Acetanilid).—Läßt man die Mischung einige Zeit lang stehen, so scheidet sich ein weißer kristallinischer Niederschlag ab.

Acetanilid wird von dem Wasser gelöst und gibt mit Brom weißes p-Bromacetanilid, $CH_3CONHC_6H_4Br[1,4]$, das in Wasser sehr schwer löslich ist. 1—2% Acetanilid lassen sich leicht nachweisen. Die sich bei längerem Stehen abscheidende kristallinische Verbindung besteht aus Laktyl-bromphenetidin.

Bei Phenacetin wird die Probe auf Acetanilid in gleicher Weise ausgeführt wie bei Laktylphenetidin. Das Filtrat darf ebenfalls innerhalb 1 Minute mit Bromwasser keine Trübung geben.

Liquor Aluminii acetici.

Werden 10 ccm Aluminiumacetatlösung mit einer Lösung von 0,2 g Kaliumsulfat in 10 ccm Wasser versetzt, und wird die Mischung im siedenden Wasserbad erhitzt, so gerinnt sie und wird nach dem Erkalten wieder flüssig.

Diese Probe beruht auf einer Ausscheidung von stärker basischem Aluminiumacetat beim Erhitzen der Mischung, die durch den Zusatz von Kaliumsulfat bewirkt wird; nach anderen Angaben besteht die gallertartige Ausscheidung aus basischem Aluminiumsulfat. Beim Erkalten löst sich die Ausscheidung wieder auf. Dabei kann die Flüssigkeit schwach trübe bleiben. Es gibt im Handel Aluminiumacetatlösungen, die diese Probe nicht halten, weil sie nicht vorschriftsmäßig hergestellt sind. Zur Erkennung solcher unvorschriftsmäßigen Präparate ist die Probe sehr wichtig.

Liquor Ammonii caustici.

Wird Ammoniakflüssigkeit mit Salpetersäure schwach übersättigt, so muß die Flüssigkeit farb- und geruchlos sein (Teerbestandteile); zur Trockne verdampft, muß sie eine farblose Salzmasse liefern, die sich bei stärkerem Erhitzen ohne Rückstand verflüchtigt.

Man versetzt in einem Porzellantiegel 2 ccm Ammoniakflüssigkeit mit 5 ccm Salpetersäure, dampft die Flüssigkeit auf dem Wasserbad ab und erhitzt schließlich den Tiegel mit freier Flamme. Manche Teerbestandteile, die in der aus Gaswaschwasser gewonnenen Ammoniakflüssigkeit enthalten sein können, geben mit Salpetersäure gelbe Nitroverbindungen.

Werden 5 ccm Ammoniakflüssigkeit mit 3 g gepulverter Weinsäure geschüttelt, so darf die Mischung höchstens einen schwachen Geruch nach Pyridin zeigen.

Durch die Weinsäure wird das Ammoniak gebunden, das viel schwächer basische Pyridin, C_5H_5N, nicht oder nur teilweise.

Liquor Ferri oxychlorati dialysatus.

Vermischt man 3 Tropfen dialysierte Eisenoxychloridlösung, so darf nach Zusatz von 4 Tropfen Kaliumferrocyanidlösung nur eine braune, aber keine grünbraune bis dunkelgrüne Färbung auftreten (Eisenchlorid).

Die dialysierte Eisenoxychloridlösung enthält stark basisches Eisenoxychlorid, das keine F$\cdots$-Ionen gibt und deshalb in der wässerigen Lösung mit Kaliumferrocyanid kein Berlinerblau bildet. Ist die Lösung nicht genügend dialysiert, oder ist sie einfach durch Auflösen von Eisenhydroxyd in Eisenchloridlösung hergestellt, so gibt sie beim Verdünnen mit Wasser Fe$\cdots$-Ionen und mit Kaliumferrocyanid Berlinerblau.

Liquor Ferri sesquichlorati.

Werden 3 Tropfen Eisenchloridlösung mit 10 ccm $^1/_{10}$-n-Natriumthiosulfatlösung langsam auf etwa 50° erwärmt, so müssen sich einige wenige Flöckchen Eisenhydroxyd abscheiden (freie Salzsäure).

Beim Vermischen der Eisenchloridlösung mit der Thiosulfatlösung tritt zunächst eine violette Färbung durch Bildung von Ferrithiosulfat, $Fe_2(S_2O_3)_3$, ein, die beim Erwärmen verschwindet infolge der Zerlegung der Ferrithiosulfats in farbloses Ferrothiosulfat und farbloses Ferrotetrathionat:

$$Fe_2(S_2O_3)_3 = FeS_2O_3 + FeS_4O_6 \, .$$

In stark verdünnter Lösung ist Eisenchlorid zum Teil hydrolytisch zerlegt: $FeCl_3 + 3\,H_2O = Fe(OH)_3 + 3\,HCl.$

Wenn die Eisenchloridlösung neutral ist, d. h. keine überschüssige freie Salzsäure enthält, dann scheidet sich die kleine Menge Eisenhydroxyd

in wenigen Flöckchen ab. Der Chlorwasserstoff wird von dem Natriumthiosulfat zu Natriumchlorid gebunden. Ist aber freie Salzsäure zugegen, also mehr Chlorwasserstoff als durch Hydrolyse gebildet wird,
so unterbleibt die Ausscheidung von Eisenhydroxyd. Auch kann dann
eine weiße Trübung durch Abscheidung von Schwefel eintreten:

$$Na_2S_2O_3 + 2\,HCl = 2\,NaCl + H_2O + SO_2 + S.$$

Liquor Natrii silicici.

Mit 20 Teilen Wasser verdünnte Natronwasserglaslösung darf nach dem Ansäuern mit verdünnter Essigsäure durch Bleiacetatlösung nicht dunkel gefärbt
werden (Natriumsulfid).

Das Wasserglas wird außer durch Zusammenschmelzen von Natriumcarbonat und Quarzsand auch durch Schmelzen von Natriumsulfat
mit Sand und Kohle gewonnen. Durch die Kohle wird das Natriumsulfat zum Teil zu Natriumsulfid, Na_2S, reduziert, das nachher als
Verunreinigung in der Wasserglaslösung enthalten ist und die Lösung
für manche Zwecke, besonders zum Einlegen von Eiern, untauglich
macht.

Beim Verreiben von je 15 g Natronwasserglaslösung und Weingeist in einer
Schale muß sich in reichlicher Menge ein körniges Salz ausscheiden; ein breiiges
oder schmieriges Salz darf sich nicht bilden (Mono- oder Disilikat). — 10 ccm
der von diesem Gemisch abfiltrierten, mit einigen Tropfen Phenolphthaleinlösung
versetzten Flüssigkeit müssen nach Zusatz von 0,1 ccm n-Salzsäure (besser 1 ccm
$^1/_{10}$-n-Salzsäure) farblos sein (unzulässige Menge Natriumhydroxyd).

Die Wasserglaslösung soll in der Hauptsache Natriumtrisilikat und
Natriumtetrasilikat enthalten, die beim Mischen mit Weingeist körnig
abgeschieden werden. Natriummono- und -disilikat geben dagegen eine
schmierige Abscheidung. Sind diese zugegen, so ist die Menge der
Kieselsäure zu gering und die Menge Alkali zu groß. 10 ccm des Filtrates verbrauchen dann mehr als 0,1 ccm n-Salzsäure zur Bindung
des Alkalis. Ein Gehalt an Natriumhydroxyd veranlaßt eine ätzende
Wirkung bei der Verwendung der Wasserglaslösung zu Verbänden.

Lithium carbonicum.

Die durch Erhitzen von Kohlendioxyd befreite und wieder abgekühlte Lösung
von 1 g Lithiumcarbonat in 10 ccm verdünnter Salzsäure darf durch 5 ccm
Natronlauge nicht verändert werden (Magnesium).

Bei Anwesenheit von Magnesiumsalzen gibt die Lösung beim Übersättigen mit Natronlauge eine weiße Trübung und flockige Abscheidung
von Magnesiumhydroxyd. Ein Gehalt von 1 % Magnesiumcarbonat
läßt sich noch leicht nachweisen.

Magnesia usta.

Zur Prüfung auf Magnesiumcarbonat sollen 0,8 g gebrannte
Magnesia mit 50 g heißem, frisch abgekochtem Wasser erhitzt werden.
Die abfiltrierte Magnesia soll auf dem Filter in 10 ccm verdünnter Essigsäure gelöst werden, wobei höchstens eine geringe Gasentwicklung auftreten darf. Man führt die Probe besser in folgender Weise aus:

0,5 g gebrannte Magnesia werden mit 5 ccm Wasser geschüttelt und das Gemisch
mit 5—6 ccm verdünnter Essigsäure versetzt. Es darf nur eine sehr schwache
Gasentwicklung erkennbar sein.

Magnesium sulfuricum.

0,5 g Magnesiumsulfat und 0,5 g Calciumhydroxyd werden mit 3 ccm Weingeist und 3 ccm Wasser fein verrieben und etwa 2 Minuten lang erwärmt. Nach Zusatz von 10 ccm absolutem Alkohol wird die Mischung filtriert. Das Filtrat darf durch 0,5 ccm Kurkumatinktur nicht rot gefärbt werden (Natriumsulfat).

Magnesiumsulfat gibt mit Calciumhydroxyd unlösliches Magnesiumhydroxyd, Natriumsulfat dagegen lösliches Natriumhydroxyd.

Mel.

Prüfung auf Kunsthonig nach Fiehe:

5 g Honig verreibt man in einer Reibschale mit etwa 10 g Äther, filtriert den Äther in ein Porzellanschälchen und läßt ihn bei gewöhnlicher Temperatur verdunsten. Befeuchtet man den Rückstand mit einigen Tropfen Resorcin-Salzsäure, so darf er sich nicht kirschrot färben (Kunsthonig, Invertzucker).

Der Invertzucker, der zur Herstellung von Kunsthonig dient, wird durch Erhitzen von Rübenzucker mit Säuren gewonnen. Dabei entsteht in kleiner Menge aus dem Zucker β-Oxy-d-methylfurfurol, das mit Resorcin-Salzsäure eine rote Färbung gibt, die ziemlich lange beständig ist. Eine schwache orange bis rosa Färbung kann auftreten, wenn der Naturhonig erhitzt wurde.

Prüfung auf Dextrin und Stärkesirup:

Werden 15 ccm einer wässerigen Honiglösung $(1+2)$ auf dem Wasserbad erwärmt, mit 0,5 ccm Gerbsäurelösung versetzt und nach der Klärung (nach längerem Stehen) filtriert, so darf 1 ccm des erkalteten klaren Filtrats nach Zusatz von 2 Tropfen rauchender Salzsäure durch 10 ccm absoluten Alkohol nicht milchig getrübt werden.

Durch die Gerbsäure werden Eiweißstoffe gefällt. Der Honig enthält kleine Mengen von dextrinartigen Stoffen, die aber durch den Alkohol nicht gefällt werden. Letzter scheidet aus der Mischung des Filtrats mit Salzsäure Stärkedextrin, das auch im Stärkesirup enthalten ist, als Trübung ab.

Zum Neutralisieren einer Lösung von 10 g Honig in 50 ccm Wasser dürfen zur Neutralisation höchstens 0,5 ccm n-Kalilauge verbraucht werden, Phenolphthalein als Indikator (verdorbener, saurer Honig).

Man titriert besser die Mischung mit $^1/_{10}$-n-Kalilauge, von der höchstens 5 ccm verbraucht werden dürfen.

Mel depuratum.

Zum Neutralisieren der Mischung von 10 g gereinigtem Honig und 50 ccm Wasser dürfen höchstens 0,4 ccm n-Kalilauge (4 ccm $^1/_{10}$-n-Kalilauge) verbraucht werden, Phenolphthalein als Indikator.

Auch hier titriert man die Mischung besser mit $^1/_{10}$-n-Kalilauge.

Natrium jodatum.

Die Prüfung auf Natriumbromid und -chlorid wird genau so ausgeführt wie bei Kalium jodatum, nur sind statt 13 ccm $^1/_{10}$-n-Silbernitratlösung 14 ccm vorgeschrieben. Man erhöht auch hier die Menge der Silbernitratlösung besser auf 15—16 ccm, um eine klar filtrierbare Mischung zu bekommen.

Natriumsalze.

Prüfung auf Kaliumsalze.

Die Prüfung erfolgt nicht mehr wie nach dem D.A.-B. 5 durch die Flammenfärbung, sondern durch eine chemische Probe mit Natrium-kobaltnitrit, $Na_3CO(NO_2)_6$, das in 10%iger Lösung verwendet wird und auch mit sehr geringen Mengen von Kaliumsalzen eine Ausscheidung von gelbem Kaliumkobaltnitrit, $K_3CO(NO_2)_6$, gibt, das in Wasser fast unlöslich ist. Die Probe wird in neutraler oder schwach essigsaurer Lösung ausgeführt.

Natrium bromatum, chloratum und nitricum.

Eine Lösung von 0,3 g des Salzes in 10 ccm Wasser darf nach Zusatz von 2 ccm Natriumkobaltnitritlösung innerhalb 2 Minuten nicht getrübt werden.

Natrium bicarbonicum und jodatum.

Die mit verdünnter Essigsäure schwach angesäuerte Lösung von 0,3 g des Salzes in 10 ccm Wasser darf nach Zusatz von 2 ccm Natriumkobaltnitritlösung innerhalb 2 Minuten nicht getrübt werden.

Natrium phosphoricum.

Die Lösung von 0,5 g des Salzes in 10 ccm Wasser darf nach Zusatz von 1 ccm verdünnter Essigsäure durch 2 ccm Natriumkobaltnitritlösung innerhalb 2 Minuten nicht getrübt werden.

Olea aetherea.

Allgemeine Prüfung auf fremde Beimischungen.

Prüfung auf fette Öle.

Bringt man einen Tropfen ätherisches Öl auf Filtrierpapier, so darf kein dauernder Fettfleck zurückbleiben.

Ätherische Öle verflüchtigen sich in einiger Zeit, während fette Öle zurückbleiben und einen durchscheinenden Fleck hinterlassen, der am besten zu erkennen ist, wenn man das Papier gegen das Licht hält. Es ist aber zu beachten, daß bei den gepreßten Ölen, wie Citronenöl, oder infolge von Verharzung nichtflüchtige Bestandteile zurückbleiben, die das Papier in geringem Maße durchscheinend machen. Die Zeit, nach welcher kein Fettfleck mehr erkennbar sein soll, ist nicht angegeben. Man läßt das Papier, auf das man an verschiedenen Stellen je 1 Tropfen des Öles gebracht hat, 24 Stunden lang bei gewöhnlicher Temperatur liegen. Mit größerer Sicherheit werden fette Öle, wenn sie in einer die Fälschung lohnenden Menge vorhanden sind, durch die Löslichkeit der ätherischen Öle in Weingeist von verschiedener Stärke erkannt (siehe S. 37).

Nachweis von Alkohol. Das Arzneibuch läßt einige ätherische Öle, Oleum Angelicae, Anisi, Citri, Eucalypti und Foeniculi auf eine Verfälschung mit Weingeist prüfen durch folgende Probe:

In ein völlig trockenes Probierrohr gibt man 1 ccm des Öles, verschließt das Rohr locker mit einem Wattebausch, der einen kleinen[1] Fuchsinkristall umschließt, und erhitzt das Öl über kleiner Flamme zum Sieden. Die entwickelten Dämpfe

---

[1] Im Reagentienverzeichnis des Arzneibuches ist Fuchsin in großen Kristallen vorgeschrieben. Für die Probe wird nur ein Bruchstückchen etwa von 1—2 mm Länge verwendet.

dürfen die Stelle der Watte, an der sich der Fuchsinkristall befindet, nicht rot färben.

Alkoholdämpfe verdichten sich in der Watte, und der Alkohol löst dann eine kleine Menge Fuchsin auf, so daß die Watte rot gefärbt wird.

Man kann zunächst auch eine Vorprobe ausführen, indem man eine Spur Fuchsin in etwa 1 ccm des Öles bringt. Färbt sich beim Schütteln das Öl nicht rot, so ist kein Alkohol zugegen.

Tritt bei dieser Probe eine Rotfärbung ein, so ist damit die Anwesenheit von Alkohol noch nicht erwiesen, weil auch andere Hydroxylverbindungen, die in den Ölen vorkommen, Fuchsin lösen. Die Probe ist dann in der vom Arzneibuch vorgeschriebenen Weise auszuführen.

Bei ätherischen Ölen, die Hydroxylverbindungen enthalten, wie z. B. Oleum Citronellae, Ol. Menthae piperitae und Ol. Santali läßt sich eine Beimischung von Alkohol durch diese Probe nicht nachweisen.

Prüfung auf Phthalsäureester. Ein beliebtes Fälschungsmittel für ätherische Öle, besonders solcher die Ester enthalten, ist Phthalsäurediäthylester, $C_6H_4(COOC_2H_5)_2$ [1, 2], der äußerlich einem ätherischen Öl ähnlich ist und geruchlos ist. Zum Nachweis dient folgende Probe:

Erhitzt man in einem Probierrohr 1 ccm ätherisches Öl mit 3 ccm einer frisch hergestellten filtrierten Lösung von 1 T. Kaliumhydroxyd in 9 T. absolutem Alkohol 2 Minuten lang im siedenden Wasserbad, so darf nach dem Abkühlen innerhalb $^1/_2$ Stunde nur bei Nelkenöl und Rosenöl eine kristallinische Ausscheidung erfolgen. Die bei diesen beiden Ölen entstehenden Ausscheidungen müssen sich wieder klar lösen, wenn das Gemisch zum Sieden erhitzt wird.

Ist Phthalsäurediäthylester zugegen, so wird dieser durch das Kaliumhydroxyd zerlegt unter Bildung von phthalsaurem Kalium, C_6H_4 $(COOK)_2$, das sich kristallinisch ausscheidet. Beim Nelkenöl entsteht auch bei Abwesenheit von Phthalsäureester eine kristallinische Ausscheidung, die aus Eugenolkalium, $C_6H_3(C_3H_5)$ $(OCH_3)OK$, besteht. Beim Rosenöl scheidet sich beim Abkühlen Stearopten aus, das ebenso wie Eugenolkalium beim Erhitzen wieder in Lösung geht, während phthalsaures Kalium sich nicht wieder löst. Auch Ester anderer Säuren, die zur Fälschung verwendet werden können, wie z. B. Bernsteinsäure, Zimtsäure u. a. werden bei dieser Probe durch die Bildung der in Alkohol schwer löslichen Kaliumsalze erkannt. Bei Lavendelöl wird eine besondere Probe auf Phthalsäureester ausgeführt (siehe S. 133).

Prüfung auf organische Halogenverbindungen. Zur Fälschung ätherischer Öle werden Tetrachlorkohlenstoff und andere organische Halogenverbindungen verwendet. Zum Nachweis des Chlors in einer organischen Chlorverbindung muß die Verbindung zerstört werden, was am einfachsten durch Verbrennen geschieht. Dabei entsteht Chlorwasserstoff, den man in einem feuchten Becherglas auffangen und dann mit Silbernitrat nachweisen kann.

Man verbrennt einen mit 2 Tropfen des ätherischen Öles getränkten Streifen Filtrierpapier von ungefähr 2 qcm Größe[1] in einer Porzellanschale und läßt die rußenden Dämpfe in ein vorher mehrmals mit Wasser ausgespültes Becherglas

---

[1] Man stellt den Filtrierpapierstreifen von 1 cm Breite und 2 cm Länge zusammengeknickt in das Schälchen, bringt 2 Tropfen des Öles darauf und zündet ihn an.

von ungefähr 1 Liter Inhalt eintreten. Dann spült man das Becherglas mit 10 ccm Wasser aus, filtriert den Ruß ab. Versetzt man das Filtrat mit einigen Tropfen Salpetersäure und Silbernitratlösung, so darf die Flüssigkeit nach 5 Minuten keine Opalescenz zeigen (sie muß klar bleiben).

Die gleiche Probe ist für Benzaldehyd vorgeschrieben, der von der Darstellung aus Benzalchlorid her Chlorbenzaldehyd, C_6H_4ClCHO, enthalten kann.

Auch Campher und Synthetischer Campher werden auf organische Halogenverbindung (Pinenhydrochlorid) geprüft.

Man verbrennt 0,1 g Campher auf einem Stück Kupferblech von 4 qcm, das in eine Porzellanschale gelegt ist. Im übrigen verfährt man genau wie bei den ätherischen Ölen.

Bei Campher darf die filtrierte Flüssigkeit nach Zusatz von Silbernitratlösung innerhalb 5 Minuten nicht verändert werden. Bei synthetischem Campher darf höchstens eine Opalescenz eintreten.

Löslichkeit ätherischer Öle in Weingeist. Da die Bestandteile der ätherischen Öle sehr verschieden sind, ist auch ihre Löslichkeit in Weingeist von verschiedener Stärke sehr verschieden. Das Arzneibuch läßt für die Löslichkeitsproben Weingeist von 70 Volumprozent (Dichte 0,886), 90 Volumprozent (Dichte 0,829) und eine Mischung von 4 ccm absolutem Alkohol und 1 ccm Wasser, in einem Falle eine Mischung von 4 Teilen absolutem Alkohol und 1 Teil Wasser verwenden. Diesen Weingeist-Wassermischungen entsprechen Spiritus dilutus, Spiritus und der Feinsprit des Handels (96 Volumprozent, Dichte 0,808). Während bei diesen aber kleine Schwankungen gestattet sind, muß die Dichte der 3 Weingeist-Wassermischungen für die Löslichkeitsprobe genau die angegebene sein.

Die Proben sind auszuführen bei einer Temperatur, die von 20° möglichst wenig abweicht. Bei Oleum Santali ist die Temperatur von 20° besonders angegeben, bei den übrigen Ölen nicht.

Die Mengen des Öles und des Lösungsmittels müssen genau abgemessen werden, am besten mit Vollpipetten von der entsprechenden Größe.

In Weingeist von 70 Volumprozent müssen löslich sein:

Oleum Caryophylli 1 ccm in 2 ccm.
Oleum Cinnamomi 1 ccm in 3 ccm.
Oleum Eucalypti 1 ccm in 3 ccm.
Oleum Lavandulae 1 ccm in 3 ccm.
Oleum Menthae piperitae 1 ccm in 5 ccm.
Oleum Santali 1 ccm in 5—7 ccm (bei 20°). Die Lösung muß auch bei weiterem Zusatz des Weingeistes klar bleiben.

In Weingeist von 90 Volumprozent müssen löslich sein:

Oleum Angelicae 1 ccm in 6 ccm (geringe Trübung gestattet).
Oleum Anisi 1 ccm in 3 ccm. Lösung darf Lackmuspapier (angefeuchtetes) nicht röten.
Oleum Calami 1 ccm in 0,5 ccm.
Oleum Carvi 1 ccm in 1 ccm.
Oleum Citri 1 ccm in 12 ccm (klar oder bis auf wenige Flocken).
Oleum Foeniculi 1 ccm in 0,5 ccm.
Oleum Myristicae 1 ccm in 3 ccm.
Oleum Rosmarini 1 ccm in 0,5 ccm.

Oleum Sinapis 1 ccm in 0,5 ccm.
Oleum Terebinthinae 1 ccm in 12 ccm.

In einer Mischung von 4 ccm absolutem Alkohol und 1 ccm Wasser müssen löslich sein:

Oleum Chenopodii 1 ccm in 1 ccm.
Oleum Thymi 1 ccm in 3 ccm.
Oleum Valerianae 1 ccm in 2,5 ccm (Opalescenz gestattet).

In einer Mischung von 4 Teilen absolutem Alkohol und 1 Teil Wasser muß klar löslich sein:

Oleum Citronellae 1 ccm in 2 ccm. Nach weiterem Zusatz von 8 ccm der Mischung darf die Lösung höchstens opalisierend getrübt werden.

Petroläther als Lösungsmittel.

Oleum Terebinthinae rectificatum. 1 ccm durch Schütteln mit getrocknetem Natriumsulfat von einem etwaigen Wassergehalt befreites gereinigtes Terpentinöl muß sich in 5 ccm Petroläther klar lösen; nach weiterem Zusatz von Petroläther muß die Lösung klar bleiben (verharztes Öl, Kienöle, nicht gereinigtes Terpentinöl).

Olea pinguia.

Elaidinprobe. Bei den fetten Ölen unterscheidet man nichttrocknende und trocknende Öle. Die ersteren bestehen in der Hauptmenge aus Ölsäureglycerinester, $C_3H_5(OOCC_{17}H_{33})_3$, die trocknenden Öle in der Hauptmenge aus den Glycerinestern der stärker ungesättigten Leinölsäuren, Linolsäureglycerinester, $C_3H_5(OOCC_{17}H_{31})_3$ und Linolensäureglycerinester, $C_3H_5(OOCC_{17}H_{29})_3$.

Die flüssige Ölsäure wird durch die Einwirkung von Salpetriger Säure in die isomere, feste Elaidinsäure umgewandelt, ebenso der flüssige Ölsäureglycerinester in den festen Elaidinsäureglycerinester. Der Unterschied zwischen Ölsäure und Elaidinsäure beruht auf einer Stereoisomerie, die auch bei den übrigen Säuren der Ölsäurereihe, den Olefinmonocarbonsäuren mit der Gruppe — CH=CH — auftritt. Man unterscheidet bei diesen Säuren in der räumlichen Anordnung der Atome und Atomgruppen an dem Kohlenstoffatompaar mit doppelter Bindung eine Cis- und eine Trans-Form. Die Ölsäure ist die Trans-Form,

$$\begin{array}{ccc} CH_3(CH_2)_7 & & H \\ & \diagdown C{=}C \diagup & \\ H & & (CH_2)_7COOH, \end{array}$$

die Elaidinsäure die Cis-Form,

$$\begin{array}{ccc} CH_3(CH_2)_7 & & (CH_2)_7COOH \\ & \diagdown C{=}C \diagup & \\ H & & H \end{array}$$

Der Glycerinester der Elaidinsäure bildet eine butterartig feste Masse. Bei den Glycerinestern der Leinölsäuren tritt eine solche Umwandlung nicht ein; sie bleiben flüssig. Die Elaidinprobe ermöglicht demnach eine Unterscheidung von nichttrocknenden und trocknenden Ölen. Sie wird z. B. beim Mandelöl in folgender Weise ausgeführt:

Man bringt in ein Probierrohr 10 ccm Salpetersäure und 2 g Mandelöl und gibt in kleinen Anteilen etwa 1 g Natriumnitrit hinzu. Nach 4—10stündigem Stehen an einem kühlen Ort muß das Öl zu einer weißen Masse erstarrt sein.

Außer bei Oleum Amygdalarum muß die in gleicher Weise ausgeführte Elaidinprobe positiv sein bei Oleum Olivarum und Oleum Persicarum.

Die Elaidinprobe muß negativ verlaufen bei:

Oleum Crotonis.

Innerhalb von 2 Tagen darf das Öl weder ganz noch teilweise erstarren.

Oleum Jecoris Aselli.

Innerhalb 4 Stunden dürfen feste Teile nicht oder nur in geringer Menge auskristallisieren.

Bei den übrigen fetten Ölen ist die Elaidinprobe nicht vorgeschrieben.

Weitere Proben.
Oleum Amygdalarum.

Werden 1 ccm rauchende Salpetersäure, 1 ccm Wasser und 2 g Mandelöl kräftig durchgeschüttelt, so muß ein weißliches Gemisch entstehen. Es darf keine rote oder braune Färbung auftreten (Pfirsichkernöl, Erdnußöl, Baumwollsamenöl, Mohnöl, Sesamöl).

Die gleiche Probe ist vorgeschrieben bei Oleum Olivarum, bei dem die Mischung nur eine grünlichweiße Färbung zeigen darf.

Da das Abmessen von 1 ccm rauchender Salpetersäure unbequem ist, wägt man in ein Probierrohr, das in ein Becherglas gestellt wird, auf der Rezepturwaage 1 g Wasser, 1,5 g rauchende Salpetersäure und dann 2 g des Öles. Es genügt aber auch, 20 Tropfen Wasser, 20 Tropfen rauchende Salpetersäure und etwa 2 g des Öles miteinander zu schütteln.

Nachweis von Baumwollsamenöl. Das von den festen Glyceriden durch Abkühlung und Abpressen befreite Baumwollsamenöl dient nicht selten zur Verfälschung teurerer Öle. Nach Halphen läßt sich Baumwollsamenöl durch folgende Probe nachweisen, z. B. im Oleum Arachidis:

Erhitzt man 5 g Erdnußöl in einem mit Rückflußkühler versehenen Kölbchen mit 5 ccm Amylalkohol, einer Lösung von 0,05 g Schwefel in 5 g Schwefelkohlenstoff $^1/_4$ Stunde lang auf dem Wasserbad, so darf weder hierbei noch nach weiterem Zusatz der gleichen Lösung von Schwefel in Schwefelkohlenstoff und weiterem viertelstündigen Erhitzen eine Rotfärbung des Gemisches eintreten.

Die gleiche Probe ist vorgeschrieben bei Oleum Sesami.

Da bei der Ausführung der Probe nach der Arzneibuchvorschrift trotz guter Rückflußkühlung leicht ein Teil des Schwefelkohlenstoffes entweicht, führt man die Probe nach E. Rupp am besten in der Weise aus, daß man das Gemisch in einem dicht geschlossenen Glasstopfenglas $^1/_2$ Stunde lang im Wasserbad erhitzt. Der Stopfen des Glases wird dabei durch Überbinden mit Pergamentpapier festgehalten. Man kann dazu auch die S. 161, Abb. 22 angegebene Drahtklammer benutzen.

Nachweis von Sesamöl. Zum Nachweis dieses verhältnismäßig billigen Öles in anderen Ölen dient die

Erkennungsreaktion des Sesamöles nach Baudouin:

Schüttelt man 1 Tropfen Sesamöl mit 3 Tropfen weingeistiger Furfurollösung und 3 ccm rauchender Salzsäure etwa 1 Minute lang, so färbt sich das Gemisch rot.

Oleum Arachidis.

Schüttelt man 5 g Erdnußöl mit 0,1 ccm (3 Tropfen) weingeistiger Furfurollösung und 10 ccm rauchender Salzsäure mindestens $^1/_2$ Minute lang kräftig, so
darf die wässerige Schicht nach der Trennung von der öligen keine stark rote
Färbung zeigen.

Eine schwache Rotfärbung ist zugelassen, weil sehr geringe Mengen
Sesamöl dadurch in das Erdnußöl gelangen können, daß gelegentlich
bei der Gewinnung der Öle die Pressen ohne vorherige Reinigung
nacheinander zum Pressen von Sesamsamen und Erdnüssen benutzt
werden. Bei einer Fälschung, die sich lohnt, ist die Menge des Sesamöles so groß, daß eine starke rote Färbung eintritt.

Diese Probe ist nur bei Oleum Arachidis vorgeschrieben. Es ist aber
zweckmäßig, sie auch bei Oleum Amygdalarum, Oleum Olivarum
und Oleum Persicarum auszuführen, besonders, wenn die für diese
Öle vorgeschriebenen Proben den Verdacht einer Fälschung erregen.

Oleum Amygdalarum.

4 g Mandelöl werden mit 50 ccm weingeistiger $^1/_2$-n-Kalilauge in einem Kolben
mit Rückflußkühler auf dem Wasserbad verseift ($^1/_2$ Stunde lang). Nach Zusatz
von 0,5 ccm Phenolphthaleinlösung wird tropfenweise Salzsäure hinzugefügt,
bis die Rotfärbung eben verschwindet. Dann wird der Kolben 10 Minuten lang
in Wasser von 15° gestellt und das ausgeschiedene Kaliumchlorid abfiltriert.
20 ccm des Filtrats werden in einem Probierrohr in Wasser von 9—10° gestellt.
Nach $^1/_2$ Stunde darf weder eine Trübung noch ein Niederschlag entstanden sein
(Erdnußöl, größere Mengen von Baumwollsamenöl oder Sesamöl).

Die Probe beruht darauf, daß die Kaliumsalze der Arachinsäure des
Erdnußöles und anderer Fettsäuren, die im Baumwollsamenöl und
Sesamöl enthalten sind, in Weingeist schwerer löslich sind als die
Kaliumsalze, die bei der Verseifung des Mandelöles entstehen (hauptsächlich ölsaures Kalium). Es ist aber zu beachten, daß bei der stärkeren Abkühlung des Filtrats von 15° auf 9—10° sich noch Kaliumchlorid abscheiden kann, das sich aber im Gegensatz zu den fettsauren
Kaliumsalzen rasch zu Boden setzt.

Die gleiche Probe ist vorgeschrieben bei Oleum Olivarum und
Oleum Persicarum.

Oleum Amygdalarum und Oleum Persicarum.

Zur Prüfung auf fremde Öle und Mineralöl dient auch folgende Probe:

Die bei der Bestimmung der unverseifbaren Anteile des Öles erhaltene Seifenlösung (vgl. S. 63) wird zur Abscheidung der Ölsäure mit überschüssiger Salzsäure
versetzt. Die Ölsäure wird nach der Trennung von der salzsauren Flüssigkeit
wiederholt mit warmem Wasser gewaschen, durch Erwärmen auf dem Wasserbad
vom Wasser befreit und muß nun nach einstündigem Stehen bei Zimmertemperatur
noch vollkommen flüssig sein (fremde Öle). — 1 ccm der Ölsäure muß mit 1 ccm
Weingeist eine klare Lösung geben, die bei Zimmertemperatur keine Fettsäuren
abscheiden und nach weiterem Zusatz von 1 ccm Weingeist nicht getrübt werden
darf (fremde Öle, flüssiges Paraffin).

Man benutzt nur die bei der ersten Verseifung des Öles (siehe S. 64)
erhaltene Seifenlösung, befreit diese durch Erhitzen auf dem Wasserbad
von den letzten Resten des Petroläthers, versetzt sie noch warm zur
Abscheidung der Fettsäuren mit Salzsäure und gibt sie durch einen

Trichter in den Scheidetrichter. Nach dem Absetzen läßt man die wässerige Flüssigkeit ablaufen und wäscht die Ölsäure einige Male mit warmem Wasser. Die Ölsäure wird dann in einer Porzellanschale durch Erhitzen auf dem Wasserbad vom Wasser befreit.

Oleum Lini.

Wird die Lösung von 2 g Leinöl in 5 ccm Äther mit einer Lösung von etwa 0,01 g Silbernitrat in 10 Tropfen Weingeist versetzt, so darf die Mischung nach mehrstündigem Stehen an einem dunkeln Ort weder eine Braunfärbung noch einen dunklen Niederschlag zeigen (Rüböl und andere Cruciferenöle).

Die Cruciferenöle enthalten kleine Mengen von Schwefelverbindungen, die aus Silbernitrat Silbersulfid abscheiden.

Diese Probe ist nur bei Oleum Lini vorgeschrieben, sie kann aber auch bei anderen Ölen zum Nachweis von Cruciferenölen verwendet werden.

Über die Bestimmung der Jodzahl der fetten Öle siehe S. 197, Bestimmung der Verseifungszahl S. 136 und Bestimmung der unverseifbaren Anteile S. 63.

Paraffinum liquidum.

Werden 3 g flüssiges Paraffin in einem mit warmer Schwefelsäure gereinigten Glase mit 6 g Schwefelsäure unter häufigem Durchschütteln 10 Minuten lang im siedenden Wasserbad erhitzt, so darf das Paraffin nicht verändert und die Säure nur wenig gebräunt werden (fremde organische Stoffe). — Werden 10 g flüssiges Paraffin mit 10 Tropfen Kaliumpermanganatlösung 5 Minuten lang unter gutem Umrühren in einer Porzellanschale auf dem Wasserbad erhitzt, so darf die rote Farbe nicht verschwinden (fremde organische Stoffe). — Werden 5 g flüssiges Paraffin mit 25 g Wasser von etwa 60° 1 Minute lang kräftig geschüttelt, so darf das wässerige Filtrat weder durch Bariumnitratlösung (Schwefelsäure), noch durch Silbernitratlösung (Salzsäure) verändert werden.

Werden 5 g flüssiges Paraffin mit 3 g Natronlauge und 20 ccm Wasser unter Umschütteln zum Sieden erhitzt, so darf die wässerige Flüssigkeit nach dem Erkalten beim Übersättigen mit Salzsäure keine Ausscheidung geben (verseifbare Fette, Harze). — Werden 5 g flüssiges Paraffin mit 20 g siedendem Wasser geschüttelt (in einem Kölbchen), so muß das Wasser nach Zusatz von 2 Tropfen Phenolphthaleinlösung farblos bleiben (Alkalien), nach darauffolgendem Zusatz von 0,1 ccm $^1/_{10}$-n-Kalilauge aber gerötet werden (Säuren).

Schüttelt man 3 g flüssiges Paraffin mit 15 ccm Weingeist, so dürfen nach dem Verdunsten des abgetrennten Weingeistes keine gelblich gefärbten Nadeln zurückbleiben (Nitronaphthalin).

Nitronaphthalin wird dem flüssigen Paraffin zugesetzt, um blaue Fluorescenz zu verdecken.

Paraffinum solidum.

Werden 3 g Ceresin in einem mit warmer Schwefelsäure gereinigten Glase mit 6 g Schwefelsäure unter häufigem Durchschütteln 10 Minuten lang im siedenden Wasserbad erhitzt, so darf das Ceresin nicht verändert und die Säure nur wenig gebräunt werden (fremde organische Stoffe). — Werden 10 g Ceresin mit 10 Tropfen Kaliumpermanganatlösung 5 Minuten lang unter gutem Umrühren in einer Porzellanschale auf dem Wasserbad erhitzt, so darf die rote Farbe nicht verschwinden (fremde organische Stoffe). — Werden 5 g geschmolzenes Ceresin mit 25 g Wasser von etwa 80° 1 Minute lang kräftig geschüttelt, so darf das wässerige Filtrat weder durch Bariumnitratlösung (Schwefelsäure) noch durch Silbernitratlösung (Salzsäure) verändert werden. — Wird 1 g Ceresin mit 3 ccm Weingeist und 2 Tropfen Phenolphthaleinlösung erhitzt, so muß das Gemisch farblos bleiben (Alkalien), nach darauffolgendem Zusatz von 0,1 ccm $^1/_{10}$-n-Kalilauge aber gerötet werden (Säuren).

Durch die Probe auf freie Säuren ist ein Gehalt von 0,25% Schwefelsäure gestattet. Die Probe wird besser verschärft und wie bei Paraffinum liquidum ausgeführt mit 5 g Ceresin und 20 ccm siedendem Wasser.

Paraldehyd.

Die Lösung von 5 ccm Paraldehyd in 50 ccm Wasser muß nach Zusatz von Phenolphthaleinlösung durch 5 Tropfen n-Kalilauge gerötet werden (zulässiger Gehalt an Essigsäure höchstens 0,3%). — Werden 6 ccm Paraldehyd mit einer Mischung von 2 ccm Kalilauge und 4 ccm Wasser geschüttelt, so darf die wässerige Schicht bei einer Temperatur von 15—18° innerhalb 1 Stunde keine gelbe oder braune Färbung annehmen (unzulässiger Gehalt an Acetaldehyd). — Wird eine Lösung von 5 ccm Paraldehyd in 100 ccm Wasser nach Zusatz von 10 ccm verdünnter Schwefelsäure tropfenweise mit 3,5 ccm $^1/_{10}$-n-Kaliumpermanganatlösung versetzt, so muß die Rotfärbung mindestens eine halbe Minute lang bestehen bleiben (Wasserstoffsuperoxyd und andere Per-Verbindungen).

Bei der Aufbewahrung kann der Gehalt an Essigsäure zunehmen.

Bei Abwesenheit von Acetaldehyd tritt nach G. Heyl bei der Probe mit verdünnter Kalilauge bei 18° innerhalb 24 Stunden keine Färbung ein; bei einem Gehalt von 0,2% nach 1 Stunde leichte Gelbfärbung, bei 0,3% nach 40 Minuten, bei 0,5% nach 20 Minuten und bei höherem Gehalt noch rascher.

Resina Jalapae.

Prüfung auf fremde Harze und andere Zusätze.

Wird 1 g gepulvertes Jalapenharz mit 10 g Äther etwa 6 Stunden lang in einer verschlossenen Flasche häufig geschüttelt, die Lösung filtriert und der Rückstand nebst Filter mit 5 ccm Äther nachgewaschen, so dürfen die vereinigten Filtrate beim Eindunsten und Trocknen höchstens 0,1 g Rückstand hinterlassen (Orizabaharz, Kolophonium, andere Harze). — Löst man diesen Rückstand in einigen Kubikzentimetern Weingeist und tränkt mit der Lösung einen Streifen Filtrierpapier, so darf dieser nach dem Trocknen durch 1 Tropfen verdünnte Eisenchloridlösung (1 + 9) nicht blau gefärbt werden (Guajakharz). — Eine Anreibung von 1 g Jalapenharz mit 10 g Wasser von 80° muß ein farbloses Filtrat geben (unvorschriftsmäßige Herstellung, Aloe). — Kocht man die Anreibung mit Wasser, so darf sie nach dem Abkühlen durch Jodlösung nicht blau gefärbt werden (Stärke).

Guajakharz läßt sich auch auf folgende Weise erkennen:

Man bringt auf den mit der Lösung des Rückstandes befeuchteten und wieder getrockneten Papierstreifen einen Tropfen Bittermandelwasser oder $^1/_{10}$-n-Ammoniumrhodanidlösung. Es darf keine Blaufärbung eintreten.

Saccharum Lactis.

Prüfung auf Zucker.

Wird eine Lösung von 1 g Milchzucker in 10 ccm Wasser nach Zusatz von 0,1 g Resorcin und 1 ccm Salzsäure 5 Minuten lang gekocht, so darf die Flüssigkeit nur eine gelbe, aber keine rote Färbung annehmen.

Durch diese Probe nach Seliwanoff wird der aus Rohrzucker durch die Einwirkung von Salzsäure entstehende Fruchtzucker erkannt. Die gleiche Reaktion geben auch andere Ketosen, die hier aber nicht in Frage kommen. Reiner Milchzucker gibt bei der Probe eine gelbe Färbung mit rötlichem Schein, sehr geringe Mengen Rohrzucker aber eine deutliche Rotfärbung.

Prüfung auf Eiweißstoffe.

Der Milchzucker kann Milcheiweißstoffe, Casein und Milchalbumin, enthalten, was allerdings wohl selten vorkommen dürfte.

Wird die Lösung von 1 g Milchzucker in 10 ccm Wasser mit 1 ccm (15—20 Tropfen) Natronlauge und 1 Tropfen (nicht mehr) Kupfersulfatlösung versetzt, so muß die Farbe der Mischung schwach blau, nicht aber violett sein.

Diese **Biuretreaktion** geben nicht nur das aus Harnstoff durch Erhitzen entstehende **Biuret**, $NH_2CO \cdot NH \cdot CO \cdot NH_2$, sondern auch Eiweißstoffe, deren Molekeln aus Aminofettsäuren aufgebaut sind.

Santoninum.

Santonin darf sich beim Befeuchten mit Salpetersäure nicht sofort verändern (**fremde organische Stoffe, Alkaloide**). — 0,2 g fein zerriebenes Santonin werden mit 2 ccm Wasser und 1 Tropfen verdünnter Schwefelsäure etwa 5 Minuten lang unter häufigem Umschütteln stehengelassen. Das Filtrat darf nicht bitter schmecken, nicht fluorescieren und durch **Mayers** Reagens nicht getrübt werden (**Alkaloide**). — Läßt man die Lösung von 1 g zerriebenem Santonin in 4 g Chloroform an der Luft bis zur starken Kristallbildung verdunsten und ergänzt dann das verdunstete Chloroform, so müssen sich die ausgeschiedenen Kristalle wieder vollkommen lösen (**Artemisin**).

Das ausgeschiedene Santonin löst sich nach Zusatz von Chloroform leicht wieder auf, während etwa vorhandenes Artemisin Kristallchloroform enthaltende Kristalle bildet, die in Chloroform sehr schwer löslich sind. Das Artemisin ist neben Santonin in der Zitwerblüte enthalten, ist aber unwirksam.

Sapo medicatus.

Prüfung auf freies Alkali.

Eine durch gelindes Erwärmen hergestellte Lösung von 1 g medizinischer Seife in 20 ccm Weingeist darf nach Zusatz von 0,5 ccm $^1/_{10}$-n-Salzsäure durch einige Tropfen Phenolphthaleinlösung nicht gerötet werden.

0,5 ccm $^1/_{10}$-n-Salzsäure entsprechen 0,002 g NaOH, 100 g medizinische Seife dürfen demnach 0,2 g NaOH enthalten.

Man gibt zuerst zu der weingeistigen Seifenlösung einige Tropfen Phenolphthaleinlösung; die dann auftretende Rotfärbung muß nach Zusatz von 0,5 ccm $^1/_{10}$-n-Salzsäure verschwinden.

Eine Seife, die bei dieser Probe mit Phenolphthaleinlösung keine Rotfärbung gibt, also kein freies Alkali enthält, entspricht zwar den Anforderungen des Arzneibuches; sie wird aber leichter ranzig, als Seife mit einem geringen Gehalt an freiem Alkali.

Sulfur depuratum und Sulfur praecipitatum.

Gereinigter Schwefel darf mit Wasser angefeuchtetes Lackmuspapier nicht röten (freie Säure).

Gefällter Schwefel darf mit Wasser angefeuchtetes Lackmuspapier nicht verändern.

Der gereinigte Schwefel wird nur auf Säure, der gefällte auch auf Alkali geprüft. Schwefel, besonders der fein verteilte gefällte, oxydiert sich an der Luft, wenn er nicht ganz trocken ist. Das Licht befördert diese Oxydation. Zur Ausführung der Probe verreibt man etwa 0,5 g des Schwefels mit einigen Tropfen Wasser und Weingeist (zur besseren

Benetzung) und drückt dann das Lackmuspapier darauf. Besser ist folgende Probe:

2 g gereinigter oder gefällter Schwefel werden mit 20 ccm Wasser und 2 bis 3 ccm Weingeist geschüttelt. Nach Zusatz von Phenolphthaleinlösung darf die nicht filtrierte Mischung nicht rot gefärbt sein; sie muß aber durch 0,1 ccm $^1/_{10}$-n-Kalilauge rot gefärbt werden.

Die Menge von 0,1 ccm $^1/_{10}$-n-Kalilauge entspricht einem Höchstgehalt von 0,025% Schwefelsäure.

1 g gereinigter Schwefel muß sich in einer Mischung von 20 ccm Natronlauge und 2 ccm Weingeist beim Kochen fast vollständig lösen.

Zur Ausführung dieser Probe gibt man 0,5 g Schwefel in ein Probierrohr, befeuchtet ihn mit etwa 20 Tropfen Weingeist, gibt etwa 10 ccm Natronlauge hinzu und kocht.

Der Schwefel löst sich auf unter Bildung von Natriumpentasulfid und Natriumthiosulfat:

$$12\,S + 6\,NaOH = 2\,Na_2S_5 + Na_2S_2O_3 + 3\,H_2O.$$

Mineralische Verunreinigungen bleiben ungelöst. Sicherer werden diese Verunreinigungen durch die Bestimmung des Verbrennungsrückstandes erkannt.

Tela depurata.

Aus Baumwolle hergestelltes, entfettetes und gebleichtes Gewebe.

Prüfung nach der Nachtragsverordnung zum Arzneibuch vom 2. Juli 1931.

Mit Wasser durchfeuchtet, darf Verbandmull Lackmuspapier nicht verändern (Säuren, Alkalien). Der mit der zehnfachen Menge siedendem Wasser bereitete Auszug darf nach dem Erkalten und Filtrieren durch Silbernitratlösung (Salzsäure) höchstens opalisierend getrübt, durch Bariumnitratlösung (Schwefelsäure) und Ammoniumoxalatlösung (Calciumsalze) nicht sofort verändert werden. Die in 10 ccm des Auszuges nach Zusatz von einigen Tropfen verdünnter Schwefelsäure und 3 Tropfen Kaliumpermanganatlösung entstehende Rotfärbung darf innerhalb 5 Minuten nicht verschwinden (reduzierende Stoffe). — Wird Verbandmull auf ausgekochtes und möglichst unter Luftabschluß abgekühltes Wasser geworfen, so muß er sich sofort voll Wasser saugen und untersinken. — 1 g Verbandmull darf nach dem Verbrennen höchstens 0,003 g Rückstand hinterlassen.

Vaselinum album und flavum.

Prüfung auf Alkalien und Säuren.

Werden 5 g weißes Vaselin mit 20 g siedendem Wasser geschüttelt, so muß die wässerige Flüssigkeit nach Zusatz von 2 Tropfen Phenolphthaleinlösung farblos bleiben, dagegen nach darauffolgendem Zusatz von 0,1 ccm $^1/_{10}$-n-Kalilauge gerötet werden.

Bei Vaselinum flavum sind statt 20 g Wasser 20 g siedender Weingeist vorgeschrieben, weil mit der Probe gleichzeitig eine Probe auf Teerfarbstoffe verbunden wird. Der Weingeist muß farblos bleiben.

Prüfung von Arzneigläsern, Ampullen und Glasgeräten.

Das gewöhnliche Glas, aus dem Fensterscheiben, Flaschen, (Standgefäße, Arzneiflaschen) und andere Gebrauchsgegenstände hergestellt werden, besteht aus Gemischen von Calcium- und Natriumpolysilikaten in wechselnden Mengenverhältnissen. Je größer der Gehalt des Glases an Natrium ist, desto niedriger ist der Schmelzpunkt und desto leichter läßt sich das Glas verarbeiten, desto leichter wird es aber von Wasser und Säuren angegriffen, die aus dem Glas Natriumsilikat herauslösen. Wird destilliertes Wasser in einer Flasche aus Glas mit hohem Natriumgehalt aufbewahrt, so zeigt es sehr bald alkalische Reaktion die mit empfindlichen Indikatoren (Methylrot) leicht nachgewiesen werden kann. Durch das von dem Wasser gelöste Natriumsilikat können viele Arzneistoffe zersetzt werden, besonders Alkaloidsalze, aus denen durch das Natriumsilikat die Basen frei gemacht werden, die sich allmählich kristallinisch ausscheiden, wenn sie, wie z. B. Morphin, in Wasser schwer löslich sind.

Das Arzneibuch schreibt deshalb eine Prüfung der Arzneigläser und Ampullen vor.

Die Prüfung der Gläser für Arzneimittel zum inneren Gebrauch und für Arzneimittel, die in der Form von Einspritzungen usw. den zum inneren Gebrauch bestimmten gleich zu erachten sind, hat in nachfolgender Weise zu geschehen:

a) Arzneigläser. Die Arzneigläser werden zu drei Viertel mit einer wässerigen Flüssigkeit gefüllt, die in 1000 ccm 1 ccm $^1/_{10}$-n-Salzsäure und 5 Tropfen Methylrotlösung enthält, und eine halbe Stunde lang im siedenden Wasserbad erhitzt. Nach dieser Zeit darf die rote Farbe der Flüssigkeit nicht vollständig verschwunden sein.

Bei dieser Probe ist zu beachten, daß das Wasser aus dem Standgefäß schon so viel Alkali aufgenommen haben kann, daß ein nicht unerheblicher Teil der Salzsäure gebunden wird. Man muß deshalb das Wasser vorher neutralisieren. Zunächst stellt man $^1/_{100}$-n-Salzsäure her, indem man 10 ccm $^1/_{10}$-n-Salzsäure im Meßkölbchen mit Wasser auf 100 ccm auffüllt. Man versetzt dann in einem Kolben 500 bis 600 ccm Wasser mit 3—4 Tropfen Methylrotlösung und fügt nun zu der in der Regel gelb gefärbten Mischung tropfenweise $^1/_{100}$-n-Salzsäure, bis eben eine deutliche Rotfärbung erkennbar ist. Dann bringt man in einen Meßkolben von 500 ccm 5 ccm $^1/_{100}$-n-Salzsäure und füllt mit dem neutralisierten Wasser bis zur Marke auf. Mit dieser Mischung füllt man eine Anzahl der zu prüfenden, vorher gut gespülten Arzneigläser zu drei Viertel und erhitzt sie im Wasserbad.

Durch die Nachtragsverordnung zum Deutschen Arzneibuch vom 2. Juli 1931 ist diese Probe mit Methylrot, die nach Angaben der Glashersteller zu scharf sein soll, durch folgende Probe mit Narkotinhydrochlorid, $C_{22}H_{23}O_7N \cdot HCl + H_2O$, ersetzt worden.

Die mit destilliertem Wasser gut gereinigten Arzneigläser werden mit einer wässerigen Lösung von Narkotinhydrochlorid (1+999) gefüllt, und zwar Gläser mit einem Inhalt bis 100 ccm bis zur Krümmung des Halsansatzes, größere Gläser bis etwa zur Hälfte. Die Narkotinhydrochloridlösung ist in einem vorher mit destilliertem Wasser ausgekochten Kolben aus Jenaer Glas auf kaltem Wege frisch herzustellen und nötigenfalls nach 24stündigem Stehen zu filtrieren. Nach Verlauf einer Stunde darf sich in den Arzneigläsern höchstens eine kaum wahrnehmbare kristallinische Abscheidung, jedoch kein wolkiger Niederschlag oder eine flockenartige Abscheidung von freier Narkotinbase zeigen.

b) Ampullengläser für Lösungen von Alkaloidsalzen. 5 g des grob zertrümmerten Ampullenglases werden mit 100 ccm Wasser, 0,3 ccm $^1/_{100}$-n-Salzsäure und 1 Tropfen Methylrotlösung in einem mit destilliertem Wasser ausgekochten Kolben aus Jenaer Glas eine halbe Stunde lang im siedenden Wasserbad erhitzt.

Nach dieser Zeit darf die rote Farbe der Flüssigkeit nicht vollständig verschwunden sein.

Auch in diesem Falle ist es unbedingt erforderlich, das Wasser vorher zu neutralisieren. Der Alkaligehalt des Wassers kann leicht so hoch sein, daß die auf 100 ccm zuzusetzende Menge von 0,3 ccm $^1/_{100}$-n-Salzsäure vollständig verbraucht wird. Man neutralisiert das Wasser vorher wie unter a) angegeben, gibt dann 1,5 ccm $^1/_{100}$-n-Salzsäure in einen Meßkolben von 500 ccm und füllt mit dem neutralisierten Wasser bis zur Marke auf.

Durch die Nachtragsverordnung zum Arzneibuch ist die Vorschrift dahin geändert worden, daß statt 0,3 ccm $^1/_{100}$-n-Salzsäure 0,4 ccm auf 100 ccm Wasser verwendet werden sollen. Außerdem soll das grobe Glaspulver von feinem Pulver, das von Wasser leichter angegriffen wird, befreit werden.

Die zur Prüfung bestimmten Ampullen werden grob gepulvert und durch Absieben mittels Sieb Nr. 5 von den feineren Anteilen befreit. 5 g des groben Pulvers werden in einem Kolben aus Jenaer Glas gegeben, der vorher mit destilliertem Wasser ausgekocht worden ist. Durch wiederholtes Abschlämmen mit destilliertem Wasser oder mit Weingeist wird sodann das Pulver von den noch anhaftenden letzten Resten Glasstaub befreit. Das so vorbereitete Glaspulver wird darauf mit 100 ccm Wasser, 0,4 ccm $^1/_{100}$-n-Salzsäure und 1—2 Tropfen Methylrotlösung eine halbe Stunde lang in siedendem Wasserbad erhitzt. Nach dieser Zeit darf die rote Farbe der Flüssigkeit nicht vollständig verschwunden sein.

Auch bei dieser abgeänderten Probe ist es erforderlich, das verwendete Wasser in der vorher angegebenen Weise zu neutralisieren.

Der Kolben, in dem die zertrümmerten Ampullen mit dem salzsäurehaltigen Wasser erhitzt werden sollen, soll aus Jenaer Geräteglas bestehen und vorher mit destilliertem Wasser ausgekocht werden. Das Jenaer Geräteglas von Schott hat folgende Zusammensetzung: 65,3% SiO_2, 15,0% B_2O_3, 12,0% BaO, 4,2% ZnO, 3,5% Al_2O_3. Es enthält also kein Alkalisilikat. Zweckmäßig ist es, den Kolben nicht mit reinem Wasser, sondern mit dem neutralisierten, mit Methylrot rotgefärbten Wasser auszukochen. Man erkennt dann auch, ob der Kolben Alkali abgibt. Dies darf nicht der Fall sein; das Wasser muß auch nach längerem Kochen die rote Farbe des Methylrots behalten.

Quantitative Prüfungsverfahren.
I. Gewichtsanalytische Verfahren.
Wägungen bei quantitativen Bestimmungen.

In vielen Fällen genügt das Abwägen der zu untersuchenden Arzneistoffe mit einer Handwaage und den Rezepturgewichten. Größere Mengen von flüssigen Arzneistoffen und Zubereitungen können auch mit genügender Genauigkeit auf der Rezepturwaage abgewogen werden.

In vielen Fällen ist genaues Wägen der zu untersuchenden Arzneistoffe und der zu bestimmenden Bestandteile auf der Analysenwaage erforderlich. Die in den Apotheken benutzten Analysenwaagen müssen das Wägen mit einer Genauigkeit von 1 mg ermöglichen.

Stehen Waagen zur Verfügung, die das Wägen bis auf zehntel Milligramm ermöglichen, so kann man natürlich die Wägungen mit noch größerer Genauigkeit ausführen. Praktisch genügen aber die Wägungen bis auf 1 mg.

In vielen Fällen können die zu untersuchenden Stoffe unmittelbar in offenen Gefäßen abgewogen werden, in denen sie weiter verarbeitet werden, z. B. in Kolben, Schalen oder Tiegeln.

Hygroskopische Stoffe müssen in dicht geschlossenen Gefäßen, Wägegläsern, abgewogen werden.

Sehr zweckmäßig sind flache Wägegläser in der durch die Abb. 3 wiedergegebenen Form.

Ein weiteres zweckmäßiges Wägeglas ist das durch Abb. 4 wiedergegebene Glaskölbchen von etwa 100 ccm mit eingeschliffenem Stopfen und Ausguß am Rande des Halses. Dieses Kölbchen dient besonders zum Abwägen von Stoffen, die nachher gelöst und in einen Meßkolben gebracht werden sollen. Sehr gut geeignet ist es für die Bestimmung des Morphins (vgl. S. 22).

Abb. 3. Abb. 4.

Kleine Mengen von festen und auch flüssigen Stoffen (Öle) können in Glasbecherchen, die auf ein Uhrglas gestellt werden, abgewogen werden. Diese Glasbecherchen, Fettgläschen (Abb. 26, S. 201), werden besonders bei der Bestimmung der Jodzahl benutzt, wenn man das Fett oder Öl nicht unmittelbar in einen Glasstopfenkolben abwägen will (vgl. S. 201).

Bestimmung des Wassergehalts.

Das Arzneibuch hat für eine große Zahl von Arzneistoffen einen Höchstgehalt an Wasser, Kristallwasser oder anhaftender Feuchtigkeit[1], festgesetzt. In einigen Fällen ist auch ein Mindestgehalt festgesetzt.

Zur Bestimmung des Wassergehaltes wägt man etwa 1 g des Stoffes im gewogenen flachen Wägeglas (Abb. 3) und trocknet etwa $^1/_2$ Stunde lang. In der Regel ist die Temperatur von 100° (Wasserbadtrockenschrank), in einigen Fällen eine höhere oder niedrigere Temperatur vorgeschrieben. Stoffe, die schon beim Erhitzen auf 100° eine Zersetzung erleiden können, werden im Exsikkator über Schwefelsäure getrocknet. Bei teuren Präparaten verwendet man statt etwa 1 g nur etwa 0,2 g.

In einigen Fällen ist zur Wasserbestimmung auch schwaches Glühen erforderlich.

An Stelle eines Wasserbadtrockenschrankes läßt sich sehr gut der bekannte doppelwandige Topf verwenden. Der Raum zwischen den Wandungen wird

---

[1] Alle „lufttrockenen" Stoffe enthalten kleine Mengen Feuchtigkeit, meist etwa 0,5—1%, in manchen Fällen aber auch viel mehr, wie z. B. Stärke, die 15% Wasser enthalten kann, ohne feucht zu erscheinen.

zur Hälfte mit Wasser gefüllt und der Topf auf freier Flamme oder auch auf dem Küchenherd erhitzt. In den Deckel läßt man einige Löcher bohren. Durch eines dieser Löcher wird ein Thermometer eingeführt.

Für Temperaturen über 100° benutzt man einen zweiten doppelwandigen Topf mit durchlochtem Deckel, dessen Zwischenraum zur Hälfte mit flüssigem Paraffin gefüllt ist. Auf den Boden des inneren Topfes legt man eine dicke Asbestplatte, damit das Wägeglas nicht mit dem Boden des Topfes in Berührung kommt, der heißer ist als der Luftraum. Das Thermometer wird bis auf die Asbestplatte eingesenkt.

Es sei noch bemerkt, daß für diese Bestimmungen nicht, wie das Arzneibuch vorschreibt, ein amtlich geprüftes und beglaubigtes Thermometer erforderlich ist. Ein von einer guten Firma bezogenes Thermometer mit Innenskala ist vollkommen genau genug. Temperaturunterschiede von 1—2° haben auf die Bestimmungen praktisch keinen Einfluß.

Bei 100° getrocknet werden:

	Gewichtsverlust höchstens %
Acidum gallicum, $C_6H_2(OH)_3COOH + H_2O$	10
Acidum tannicum	12
Adeps Lanae anhydricus darf, 1 Stunde bei 100° getrocknet, kaum an Gewicht verlieren	
Ammonium bromatum	1
Amylum Oryzae	15
Amylum Tritici	15
Atropinum sulfuricum 0,2 g, $(C_{12}H_{21}O_3N)_2H_2SO_4 + H_2O$	5
Chininum hydrochloricum 0,2 g, $(C_{20}H_{24}O_2N_2 \cdot HCl + 2 H_2O$	9
Chininum sulfuricum 0,2 g, $(C_{20}H_{24}O_2N_2)_2H_2SO_4 + 8 H_2O$	16
Chinium tannicum	10
Cocainum hydrochloricum 0,2 g. Kaum Gewichtsverlust	
Codeinum phosphoricum 0,2 g, $C_{18}H_{21}O_3N \cdot H_3PO_4 + 1^1/_2 H_2O$ mindestens 6%, höchsten 7% Gewichtsverlust	
Coffeinum-Natrium benzoicum 0,2 g	5
Coffeinum-Natrium salicylicum 0,2 g	5
Cotarninium chloratum 0,2 g, $C_{12}H_{14}O_3NCl + 2 H_2O$	12,5
Crocus 0,1 g	12
Dextrinum	10
Emetinum hydrochloricum 0,2 g	10
Eukodal 0,2 g, $C_{18}H_{21}O_4N \cdot HCl + 3 H_2O$	15
Folia Digitalis	3
Glandulae Thyreoideae siccatae 0,2 g	6
Manna	10
Methylenum caeruleum mindestens 18% höchstens 22% Gewichtsverlust	
Morphinum hydrochloricum 0,2 g, $C_{17}H_{19}O_3N \cdot HCl + 3 H_2O$	14,5
Natrium benzoicum 0,2 g	1
Natrium bromatum	5
Natrium jodatum	5
Opium concentratum 0,2 g	9
Opium pulveratum	8
Physostigminum salicylicum 0,2 g	1
Physostigminum sulfuricum 0,2 g	1
Pilocarpinum hydrochloricum 0,2 g	1
Saccharum amylaceum 0,2 g	1
Scopolaminum hydrobromicum 0,2 g, $C_{17}H_{21}O_4N \cdot HBr + 3 H_2O$	12,5
Strychninum nitricum	1
Succus Liquiritiae	17
Succus Liquiritiae depuratus	30
Theobromino-natrium salicylicum (einstünd. Trocknen)	5
Theophyllinum 0,2 g, $C_7H_8O_2N_4 + H_2O$	10
Yohimbinum hydrochloricum 0,2 g	2

Bei anderen Temperaturen werden getrocknet: Gewichtsverlust höchstens %

Aethylmorphinum hydrochloricum, 0,2 g (110°) $C_{17}H_{18}(OC_2H_5)O_2N \cdot HCl$
+ 2 H_2O 9,5
Argentum proteinicum, 1 g (80°) 3
Carbo medicinalis, 1 g (120°) 12
Natrium acetylarsanilicum, 0,4 g (105°), $CH_3CONH \cdot C_6H_4AsO_3HNa$
+ 4 H_2O mindestens 18,75%, höchstens 20,5% Gewichtsverlust
Strophantinum, 0,2 g (105—110°) mindestens 0,041 = 20,5%, höchstens
0,044 = 22% Gewichtsverlust

Über Schwefelsäure werden getrocknet:

Man läßt die Substanz im Wägeglas 24 Stunden im Schwefelsäure-Exsikkator stehen.

Apomorphinum hydrochloricum, 0,2 g, $C_{17}H_{17}O_2NHCl$ + $^3/_4$ H_2O, höchstens 4,5% Gewichtsverlust.
Arecolinum hydrobromicum, 0,2 g, kaum Gewichtsverlust (höchstens 0,5%).
Homatropinum hydrobromicum, 0,2 g, kaum Gewichtsverlust (höchstens 0,5%).
Jodoformium, 1 g, höchstens 0,01 g = 1% Gewichtsverlust.

Schwaches Glühen ist vorgeschrieben bei:

Magnesium sulfuricum siccatum, 1 g, Gewichtsverlust höchstens 30%.
Natrium sulfuricum siccatum, 1 g, Gewichtsverlust höchstens 11,4%.
Alumen ustum, 1 g, Gewichtsverlust höchstens 10%.

1 g gebrannter Alaun wird in einem kleinen Tiegel genau gewogen und dieser in einen größeren so eingehängt, daß der Abstand zwischen den Tiegelwandungen etwa 1 cm beträgt (Abb. 5). Der Boden des äußeren Tiegels wird bis zu schwacher Rotglut erhitzt. Das Einhängen des Tiegels ge-

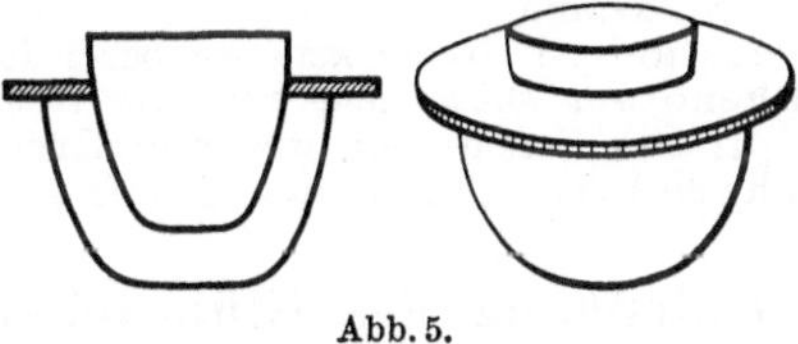

Abb. 5.

schieht mit Hilfe eines aus Asbestpappe geschnittenen Ringes. Durch diese Vorsichtsmaßregel wird verhütet, daß der Alaun sich bei zu starkem Erhitzen unter Abgabe von Schwefeltrioxyd zersetzt.

Bestimmung des Abdampfrückstandes.

Für die Bestimmung verwendet man genau gewogene Glas- oder Porzellanschälchen. Das Abdampfen geschieht auf dem Wasserbad. Der Abdampfrückstand wird, wenn nichts anderes angegeben, bei 100° getrocknet und gewogen. Kein wägbarer Rückstand ist höchstens 1 mg.

Acetonum, 10 ccm, kein wägbarer Rückstand.
Acetum, durch Verdünnen von Essigsäure hergestellt, 10 g, kein wägbarer Rückstand.
Acetum, Gärungsessig, 10 g höchstens 0,05 g Rückstand.
Aether chloratus, 5 ccm kein Rückstand.
Alcohol absolutus, 5 ccm kein wägbarer Rückstand.
Aqua destillata, 100 ccm höchstens 0,001 g Rückstand.
Chloroformium, 5 ccm kein Rückstand.
Chloroformium pro narcosi, 25 ccm kein Rückstand.
Collodium, Gehalt 4—4,2% Nitrocellulose.

Erwärmt man 10 g Kollodium auf dem Wasserbad und setzt tropfenweise unter beständigem Rühren 10 ccm Wasser hinzu, so scheiden sich gallertartige Flocken ab. Dampft man das Gemisch auf dem Wasserbad ein und trocknet den Rückstand bei 100°, so muß sein Gewicht 0,4—0,42 g betragen.

Die Bestimmung läßt sich einfacher auf folgende Weise ausführen:
In einem gewogenen flachen Glasschälchen läßt man 10 g Kollodium etwa 24 Stunden an einem warmen Ort stehen, trocknet den Rückstand bei 100° und wägt.

Die Bestimmung ist nötig, weil Kollodium mit sehr verschiedenem Gehalt, 2, 4, 5 und 6%, im Handel ist.

Hydrogenium peroxydatum solutum, 10 ccm höchstens 0,015 g.
Hydrogenium peroxydatum solutum concentratum, 10 ccm höchstens 0,03 g, nach Glühen höchstens 0,005 g.
Liquor Aluminii acetico-tartarici, Gehalt annähernd 45% Aluminiumacetotartrat.

Im flachen Wägegläschen wägt man etwa 1 g der Lösung genau, dampft sie auf dem Wasserbad zur Trockne ab und trocknet den Rückstand bei 100°. Das Gewicht des Trockenrückstandes muß für 1 g der Lösung mindestens 0,45 g betragen = 45%.

Liquor Ammonii anisatus, 5 ccm kein wägbarer Rückstand.
Mentholum, 0,2 g kein wägbarer Rückstand.
Oleum camphoratum, 5 g in 2 Stunden annähernd 0,5 g Gewichtsverlust.
Oleum camphoratum forte, 5 g in 3 Stunden annähernd 1 g Gewichtsverlust.
Oleum Chloroformii, 5 g nach halbstündigem Erhitzen 2,5 g Gewichtsverlust.
Oleum Terebinthinae, 1 g nach 2 Stunden höchstens 0,03 g Rückstand (Terpentin, Mineralöl, Kopalöl).
Oleum Terebinthinae rectificatum, 2 g nach 2 Stunden höchstens 0,005 g Rückstand.
Paraldehyd, 5 ccm kein wägbarer Rückstand.
Phenolum, 0,2 g kein wägbarer Rückstand.
Spiritus, 5 ccm kein wägbarer Rückstand.
Thymolum, 0,2 g kein wägbarer Rückstand.

Bestimmung des Glührückstandes von anorganischen und organischen Salzen.

Zur Feststellung der vorschriftsmäßigen Beschaffenheit von Arzneistoffen dient in einer Reihe von Fällen die Bestimmung des beim Glühen oder Verbrennen und Glühen hinterbleibenden Rückstandes.

Zur Ausführung der Bestimmungen benutzt man Porzellantiegel, meist von etwa 30 ccm Inhalt, am besten die weite Berliner Form. Auch Glühschälchen mit flachem Boden sind zweckmäßig. Tiegel und Schälchen werden vor der Benutzung kurze Zeit ausgeglüht und dann nach dem Erkalten gewogen. Beim Glühen der Tiegel erhitzt man sie zunächst vorsichtig mit bewegter Flamme und stellt dann die Flamme so unter den Tiegel, daß dieser von dem oberen Drittel der Flamme umspült und nicht von dem kälteren Luftkegel der Flamme berührt wird.

Wismutsalze.

Wismutnitrat, Wismutsubnitrat, Wismutcarbonat und die organischen Wismutsalze hinterlassen beim Glühen oder Verbrennen Wismutoxyd, Bi_2O_3. 1 g Bi_2O_3 = 0,897 g Bi.

Gefordert werden bei:

Bismutum bitannicum 0,5 g = mindestens 0,100 g Bi_2O_3 = 17,9% Bi.
„ nitricum 1 g = mindestens 0,469 g Bi_2O_3 = 42,1% Bi.
„ subcarbonicum 1 g = 0,900—0,920 g Bi_2O_3 = 80,7—82,5% Bi.
„ subgallicum 0,5 g = mindestens 0,26 g Bi_2O_3 = 46,6% Bi.

Bismutum subnitricum 1 g = 0,790—0,820 g Bi_2O_3 = 70,9—73,6% Bi.
„   subsalicylicum 0,5 g = 0,315—0,326 g Bi_2O_3 = 56,5—58,5% Bi.
„   tribromphenylicum 0,5 g = mindestens 0,250 g Bi_2O_3 = 44,9% Bi.

Das Wismutoxyd wird in allen Fällen auf Arsen geprüft (s. S. 7) mit Ausnahme von Bismutum subcarbonicum, das unmittelbar auf Arsen geprüft werden kann.

Anorganische Wismutverbindungen. In einem ausgeglühten und nach dem Erkalten im Exsikkator genau gewogenen Porzellantiegel wägt man etwa 1 g des Wismutsalzes genau. Wismutcarbonat und Wismutsubnitrat können dann ohne weiteres geglüht werden. Wismutnitrat wird zunächst bis zum Entweichen des Kristallwassers vorsichtig erhitzt und dann geglüht. Man glüht bis zum gleichbleibenden Gewicht. In der Regel genügt einmalige Wiederholung des Glühens und Wägens.

Organische Wismutsalze. Bei diesen sind bestimmte Verfahren angegeben, die bei den einzelnen verschieden sind, weil die organischen Wismutsalze sich beim Verbrennen verschieden verhalten.

Bismutum bitannicum.

In einem flachen, nicht zu kleinen Porzellantiegel werden etwa 0,5 g Wismutbitannat genau gewogen und erhitzt, bis die Masse vollständig verglimmt ist. Auf die verkohlte Masse gibt man nach dem Abkühlen einige Tropfen Salpetersäure, erhitzt zunächst vorsichtig auf einer Asbestplatte, bis die Salpetersäure verdampft ist und glüht dann auf freier Flamme kräftig. Das Befeuchten mit Salpetersäure, und das nachfolgende Glühen muß mehrmals wiederholt werden, bis zum gleichbleibenden Gewicht. Das Gewicht des Wismutoxyds aus 0,5 g Wismutbitannat muß mindestens 0,100 g betragen = mindestens 17,9% Bi.

Der Wismutgehalt darf den geforderten Mindestgehalt nur wenig überschreiten. Andernfalls kann eine Verwechslung mit oder Beimengung von Wismuttannat vorliegen, das etwa 36% Wismut enthält.

Bismutum subgallicum.

In einem Porzellantiegel von 30 ccm werden etwa 0,5 g Wismutsubgallat genau gewogen. Der Tiegel wird mit einem Uhrglas bedeckt und mit einer kleinen Flamme, die sich 6—8 cm unter dem Tiegelboden befindet, erhitzt, bis der Tiegelinhalt eine dunkle Färbung angenommen hat. Dann wird die Flamme entfernt und das Uhrglas ein wenig abgehoben. Das hierbei durch den Luftzutritt eintretende Verglimmen wird in der Weise geregelt, daß man das Uhrglas abwechselnd auflegt und wieder abhebt. Nach vollständigem Verglimmen erhitzt man den offenen Tiegel allmählich zum Glühen. Nach dem Erkalten wird der Tiegelinhalt mit einigen Tropfen Salpetersäure befeuchtet, diese vorsichtig verdampft und der Rückstand wieder geglüht und nach dem Erkalten gewogen. Das Abdampfen mit Salpetersäure und Glühen wird wiederholt bis zum gleichbleibenden Gewicht des Rückstandes.

0,5 g Wismutsubgallat sollen mindestens 0,260 g Wismutoxyd geben = 46,6% Wismut.

Bismutum subsalicylicum.

In einem Porzellantiegel werden etwa 0,5 g basisches Wismutsalicylat genau gewogen und zunächst vorsichtig, dann stärker, bis zum Glühen erhitzt. Nach dem Erkalten wird der Rückstand mit einigen Tropfen Salpetersäure befeuchtet, diese vorsichtig verdampft und der Rückstand wieder geglüht und nach dem Erkalten gewogen. Das Abdampfen mit Salpetersäure und Glühen wird bis zum gleichbleibenden Gewicht wiederholt.

4*

0,5 g basisches Wismutsalicylat müssen 0,315—0,326 g Wismutoxyd geben = 56,5—58,5% Wismut.

Bismutum tribromphenylicum.

Vor der Gehaltsbestimmung durch Glühen ist eine Abtrennung des Tribromphenols erforderlich, weil sich beim unmittelbaren Erhitzen des Präparates Wismutbromid bildet, das sich beim Glühen zum Teil verflüchtigt.

In einem Porzellantiegel von 30 ccm werden etwa 0,5 g Tribromphenolwismut genau gewogen und dann mit Äther durch einen Trichter in einen kleinen Scheidetrichter gespült. Nach Zusatz von 5 ccm Salpetersäure schüttelt man durch und läßt nach dem Absetzen die salpetersaure Lösung in den gewogenen Tiegel fließen. Das Ausschütteln des Äthers wird noch einmal mit 5 ccm Salpetersäure wiederholt, die man auch in den Tiegel fließen läßt. Die Salpetersäure wird auf dem Wasserbad verdampft und der Rückstand von Wismutnitrat erst vorsichtig erhitzt und dann geglüht.

0,5 g Tribromphenolwismut müssen mindestens 0,250 g Wismutoxyd geben = 44,9% Wismut.

Calcium phosphoricum.

Etwa 1 g Calciumphosphat, genau gewogen, wird in einem Porzellantiegel bis zum gleichbleibenden Gewicht geglüht.

Der Glührückstand von 1 g Calciumphosphat soll 0,738—0,750 g betragen.

Das sekundäre Calciumphosphat, $CaHPO_4 + 2 H_2O$, verliert beim Erhitzen zunächst das Kristallwasser. Beim stärkeren Erhitzen spaltet das wasserfreie Calciumphosphat Wasser ab und geht in Calciumpyrophosphat über. $2 CaHPO_4 = H_2O + Ca_2P_2O_7$. Für die Formel $CaHPO_4 + 2 H_2O$ berechnen sich 73,8% Calciumpyrophosphat. Wird ein höherer Glührückstand gefunden, so ist das Calciumphosphat wasserärmer als der Formel entspricht, oder es enthält tertiäres Calciumphosphat, $Ca_3(PO_4)_2$, das sich beim Glühen nicht verändert.

Cerussa.

Gehalt mindestens 85% Bleioxyd = 78,9% Blei.

In einem Porzellantiegel wird etwa 1 g Bleiweiß genau gewogen und geglüht, wodurch das basische Bleicarbonat, $2 PbCO_3 + Pb(OH)_2$, durch Abgabe von Wasser und Kohlendioxyd in Bleioxyd übergeht.

Der Glührückstand von 1 g Bleiweiß muß mindestens 0,85 g betragen.

Chininum ferro-citricum.

Gehalt 21% Eisen.

Etwa 1 g Eisenchinincitrat wird in einem ausgeglühten, genau gewogenen Porzellantiegel genau gewogen, mit Salpetersäure befeuchtet, die durch Erhitzen auf dem Wasserbad wieder verdampft wird und dann geglüht, bis die Kohle verbrannt ist. Es ist zweckmäßig, den Rückstand nach dem Erkalten noch einmal mit Salpetersäure zu befeuchten und ihn nach dem Abdampfen der letzteren noch einmal zu glühen. 1 g Eisenchinincitrat muß mindestens 0,3 g Eisenoxyd geben = 0,21 g Fe. 1 g Fe_2O_3 = 0,7 g Fe. Der Glührückstand wird mit 5 ccm Wasser erwärmt. Das Wasser darf keine alkalische Reaktion zeigen und nach dem Filtrieren beim Abdampfen auf einem Uhrglas keinen Rückstand hinterlassen (Alkalisalze).

Kalium bicarbonicum.

1 g über Schwefelsäure getrocknetes Kaliumbicarbonat darf sich beim Glühen auch nicht vorübergehend schwärzen (organische Verunreinigungen) und muß 0,69 g Rückstand hinterlassen.

In einem genau gewogenen Porzellantiegel trocknet man etwa 1 g Kaliumbicarbonat 24 Stunden über Schwefelsäure und wägt dann genau. Der Tiegel wird erst vorsichtig, dann bis zum Glühen erhitzt und nach dem Erkalten im Exsikkator gewogen.

$$2\,KHCO_3 = CO_2 + H_2O + K_2CO_3.$$

100,11 g völlig reines Kaliumbicarbonat geben 69,03 g Kaliumcarbonat = 68,95 %. Es wird also die berechnete Menge und damit völlig reines Kaliumbicarbonat gefordert. (Vgl. die Gehaltsbestimmung durch Titration, S. 111.)

Magnesium carbonicum.

0,2 g basisches Magnesiumcarbonat müssen beim Glühen mindestens 0,08 g Rückstand hinterlassen = mindestens 24 % Magnesium.

Etwa 0,2 g basisches Magnesiumcarbonat werden in einem Porzellantiegel genau gewogen und geglüht.

Das basische Magnesiumcarbonat hat je nach der Darstellungsweise (Temperatur, Konzentration der Lösungen bei der Fällung) wechselnde Zusammensetzung, z. B. $3\,MgCO_3 + Mg(OH)_2 + 3\,H_2O$, oder $4\,MgCO_3 + Mg(OH)_2 + 4\,H_2O$.

Beim Glühen gibt es unter Abgabe von Wasser und Kohlendioxyd Magnesiumoxyd, MgO, aus dessen Menge der Magnesiumgehalt berechnet wird.

$$1\,T.\,MgO = 0,603\,T.\,Mg. \quad 0,08\,g\,MgO = 0,04824\,g\,Mg.$$

Lithargyrum.

1 g Bleiglätte darf beim Glühen höchstens 0,01 g = 1 % an Gewicht verlieren (Feuchtigkeit, basisches Bleicarbonat).

Natrium bicarbonicum.

1 g über Schwefelsäure getrocknetes Natriumbicarbonat darf beim Glühen höchstens 0,638 g Rückstand hinterlassen = mindestens 98 % $NaHCO_3$.

In einem Porzellantiegel wägt man etwa 1 g Natriumbicarbonat genau, trocknet es 24 Stunden lang im Exsikkator über Schwefelsäure und wägt wieder. Der Gewichtsverlust (Feuchtigkeit) darf nicht höher sein als etwa 1 %. Dann wird das Natriumbicarbonat bis zum Glühen erhitzt und der Rückstand wieder gewogen.

$$2\,NaHCO_3 = CO_2 + H_2O + Na_2CO_3.$$

Völlig reines Natriumbicarbonat gibt beim Glühen 63,1 % Natriumcarbonat. Durch die Festsetzung der Höchstgrenze des Glührückstandes auf 63,8 % ist ein geringer Gehalt an Natriumcarbonat gestattet. (Vgl. Gehaltsbestimmung S. 112.)

Glührückstand flüchtiger oder verbrennbarer anorganischer Stoffe.

Bei den meisten dieser Stoffe ist vorgeschrieben, daß 0,2 g keinen wägbaren Rückstand hinterlassen dürfen. Das Erhitzen im Tiegel wird, wenn giftige oder unangenehme Dämpfe auftreten (besonders bei Quecksilbersalzen und Jod), unter dem Abzug vorgenommen.

Ammoniumsalze.

Zur Vorprobe erhitzt man eine kleine Menge des Salzes in einem Probierrohr. Bleibt ein deutlicher Rückstand, so wiederholt man die Probe mit einem gewogenen Tiegel.

Ammonium bromatum.

1 g Ammoniumbromid muß sich beim Erhitzen ohne wägbaren Rückstand verflüchtigen.

Ammonium carbonicum.

Werden 2 g Ammoniumcarbonat mit überschüssiger Salpetersäure auf dem Wasserbad zur Trockne verdampft, so muß ein weißer Rückstand hinterbleiben (empyreumatische Stoffe), der sich bei höherer Temperatur verflüchtigt, ohne einen wägbaren Rückstand zu hinterlassen.

Man führt die Probe wie bei den anderen Ammoniumsalzen mit 1 g Ammoniumcarbonat aus. Sie ist dann ebenso wie bei den anderen Ammoniumsalzen noch reichlich scharf. Bei anderen flüchtigen oder verbrennbaren Stoffen, wie z. B. bei den Quecksilbersalzen, bei Alkaloidsalzen und anderen organischen Verbindungen wird eine so große Reinheit nicht gefordert.

Man übergießt 1 g Ammoniumcarbonat in einem Porzellantiegel von 30 ccm (flache Form) nach und nach mit 6—7 ccm Salpetersäure und dampft auf dem Wasserbad ein. Der Rückstand von Ammoniumnitrat ist nicht weiß, sondern farblos. Bei Anwesenheit von empyreumatischen Stoffen ist er mehr oder weniger gelb gefärbt. Das Gewicht des Glührückstandes darf nicht höher als 0,001 g sein $= 0,1\%$.

Ähnlich wie Ammoniumcarbonat wird auch Liquor Ammonii caustici geprüft.

2 ccm Ammoniakflüssigkeit werden in einem Tiegel von 30 ccm mit etwa 5 ccm Salpetersäure versetzt und die Flüssigkeit auf dem Wasserbad abgedampft. Der Rückstand muß farblos sein (Teerbestandteile) und sich beim Erhitzen ohne wägbaren Rückstand verflüchtigen.

Ammonium chloratum.

Wird 1 g Ammoniumchlorid mit 1 ccm Salpetersäure (in einem Porzellantiegel) auf dem Wasserbad zur Trockne verdampft, so muß ein weißer Rückstand bleiben, der höchstens am Rande einen gelben Anflug zeigen darf (empyreumatische Stoffe), und der sich bei höherer Temperatur ohne wägbaren Rückstand verflüchtigen muß.

Quecksilberverbindungen.

Vorgeschrieben ist die Probe bei Hydrargyrum bichloratum, H. bijodatum, H. chloratum, H. chloratum vapore paratum, H. cyanatum (0,1 g ist im Probierrohr zu erhitzen), H. oxydatum, H. oxydatum via humida paratum, H. praecipitatum album (0,2 g müssen sich beim Erhitzen im Probierrohr ohne zu schmelzen ohne Rückstand verflüchtigen), H. sulfuratum rubrum. Nicht vorgeschrieben ist die Probe bei Hydrargyrum oxycyanatum und **Hydrargyrum salicylicum**, obgleich sie bei diesen beiden ebenso zweckmäßig wäre wie bei den übrigen.

Jodum.

Jod muß sich in der Wärme vollständig verflüchtigen.

Man erhitzt 0,2 g Jod im Probierrohr. Bleibt ein deutlicher, nichtflüchtiger Rückstand, so wiederholt man die Probe mit einem gewogenen Porzellantiegel.

Carbo Ligni pulveratus.

1 g Holzkohle darf beim Verbrennen höchstens 0,1 g Rückstand hinterlassen, = höchstens 10% Asche.

Carbo medicinalis.

0,5 g medizinische Kohle dürfen beim Verbrennen höchstens 0,02 g Rückstand hinterlassen, = höchstens 4% Asche. Zur Verhütung des Verstäubens wird die Kohle mit einigen Tropfen Weingeist befeuchtet.

Schwefel.

Der Schwefel wird im gewogenen Tiegel verbrannt und der Rückstand geglüht.

Sulfur depuratum, 1 g höchstens 0,01 g = 1% Rückstand.
Sulfur praecipitatum, 1 g höchstens 0,005 g = 0,5% Rückstand.
Sulfur sublimatum, 1 g höchstens 0,01 g = 1% Rückstand.

Bestimmung des Verbrennungsrückstandes organischer Verbindungen.

Das Arzneibuch fordert bei den meisten organischen Arzneistoffen, Alkaloiden und ihren Salzen, organischen Säuren und synthetischen Verbindungen, daß 0,2 g beim Verbrennen keinen wägbaren Rückstand, d. h. höchstens 0,001 g hinterlassen dürfen.

Man verbrennt zunächst eine kleine Menge der Substanz auf einem Glimmerblatt oder Platinblech. Bleibt dabei ein deutlicher Rückstand, so wiederholt man die Probe mit einem genau gewogenen Porzellantiegel. Bei der Verbrennung wird der Tiegel schräg gestellt, damit die Luft besser zu dem Tiegelinhalt hinzutreten kann. Die Substanz kann mit der Handwaage abgewogen werden.

Bei einigen Arzneistoffen dieser Klasse soll 1 g verbrannt werden, in einigen Fällen sind andere Mengen vorgeschrieben.

Acidum lacticum, 1 g höchstens 0,001 g Rückstand.
Chrysarobinum, 1 g höchstens 0,003 g Rückstand.
Dextrinum, 1 g höchstens 0,005 g Rückstand.
Glandulae Thyreoideae siccatae, 0,2 g höchstens 0,01 g Rückstand.
Gelatina alba, 1 g höchstens 0,02 g Rückstand.
Mel, 2 g nicht weniger als 0,002 g und nicht mehr als 0,016 g Rückstand.
Methylenum caeruleum, 1 g höchstens 0,01 g Rückstand.
Podophyllinum, 1 g höchstens 0,005 g Rückstand.
Saccharum Lactis, 2 g höchstens 0,005 g Rückstand.
Tannalbin, 0,25 g höchstens 0,002 g Rückstand.

Formaldehyd solutus.

Die beim Eindampfen von 10 g Formaldehydlösung hinterbleibende Masse [polymerer Formaldehyd, $(HCHO)_n$] darf beim Verbrennen höchstens 0,001 g Rückstand hinterlassen.

In einem genau gewogenen Porzellantiegel werden 10 g Formaldehyd (Rezepturwaage) auf dem Wasserbad verdampft. Der Rückstand wird bis zum Glühen des Tiegels erhitzt und letzterer nach dem Erkalten im Exsikkator gewogen.

In einigen Fällen entsteht beim Erhitzen einer organischen Substanz, z. B. bei Gelatina alba, Glandulae Thyreoideae, Tannalbin und anderen, zunächst eine sehr schwer verbrennbare Kohle. Für diese Fälle gibt das Arzneibuch folgendes Verfahren an:

Die Substanz wird in einem ausgeglühten und gewogenen, schräggestellten Tiegel durch eine mäßig starke Flamme verascht. In den Fällen, in denen sich bei der Veraschung schwerverbrennliche Kohle bildet, wird, um die Verbrennung der Hauptmenge der Kohle zu beschleunigen, die Flamme mehrmals für kurze Zeit entfernt. Wird durch fortgesetztes mäßiges Erhitzen eine weitere oder völlige Veraschung nicht erreicht, so wird die Kohle mit heißem Wasser übergossen, und der gesamte Tiegelinhalt durch ein Filter von bekanntem Aschengehalt filtriert. Das Filter wird mit möglichst wenig Wasser nachgewaschen, mit dem darauf verbliebenen Rückstand in den Tiegel gebracht, darin getrocknet und verascht. Sobald keine Kohle mehr sichtbar und der Tiegel erkaltet ist, wird das Filtrat und das zum Nachspülen benutzte Waschwasser in dem Tiegel auf dem Wasserbad eingedampft. Der nunmehr verbliebene Rückstand wird nochmals kurze Zeit schwach geglüht und nach dem Erkalten des Tiegels gewogen. Von dem ermittelten Gewicht ist der Aschengehalt des Filters abzuziehen.

Bestimmung des Aschengehaltes von Drogen.

Bei der Veraschung von Drogen wird, wenn nichts anderes vorgeschrieben ist, in folgender Weise verfahren:

Ein Porzellantiegel wird bis zu etwa einem Drittel mit gereinigtem Sand[1] gefüllt, geglüht und nach halbstündigem Stehen im Exsikkator gewogen. Von der zu veraschenden Substanz schichtet man, wenn nicht eine andere Menge vorgeschrieben ist, etwa 1 g (Handwaage) auf den Sand, wägt genau, mischt mit einem Glasstab oder Silberspatel die Substanz unter den Sand und wischt den Glasstab oder Spatel mit einer Federfahne über dem Tiegel ab. Die Verbrennung leitet man unter Schrägstellung des Tiegels vom Rande des letzteren aus mit möglichst kleiner Flamme ein und schiebt, indem man die Flamme vergrößert, allmählich den Brenner nach dem Boden des Tiegels hin. In den meisten Fällen geht auf diese Weise die Veraschung glatt und rasch vor sich, was an der Farbe des Sandes leicht zu erkennen ist. Verascht die Substanz sehr träge, so läßt man erkalten, bringt durch Schräghalten des Tiegels und leichtes Gegenklopfen den Inhalt in die Lage, daß er einen Teil des Tiegelbodens frei läßt. Auf diesen träufelt man nun 5—10 Tropfen rauchende Salpetersäure, bringt den Sand wieder in horizontale Lage und erhitzt auf einer Asbestplatte über ganz kleiner Flamme bis zur Trockne und glüht alsdann über freier Flamme. Nun mischt man den erkalteten Tiegelinhalt mit etwas gepulverter Oxalsäure, glüht nochmals kurze Zeit und wägt nach halbstündigem Stehenlassen im Exsikkator.

Den Sand kann man wiederholt zu Veraschungen benutzen. Bei Safran (0,2 g) empfiehlt es sich, diesen erst auf dem Sand zur Verkohlung zu bringen und dann nach genügender Abkühlung die Kohle unter den Sand zu mischen.

Das Glühen mit Oxalsäure hat den Zweck, das durch die Behand-

---

[1] **Gereinigter Sand.** Gleichmäßig gesiebter, von Staub und gröberen Teilen befreiter **Seesand** wird mit Salzsäure gut durchfeuchtet einen Tag lang an einem warmen Ort stehengelassen, dann mit Wasser ausgewaschen, getrocknet und geglüht.

lung mit Salpetersäure und Glühen aus Calciumnitrat entstandene
Calciumoxyd wieder in Calciumcarbonat überzuführen, d. h. in
die Form, in der das Calcium sonst in der Asche enthalten ist.

Höchster zulässiger Aschengehalt von Drogen.

	%			%
Aloe	1,5	Herba Cardui benedicti	. . .	20,0
Ammoniacum	7,5	„ Centaurii		8,0
Amylum Oryzae	1,0	„ Lobeliae		12,0
Amylum Tritici	1,0	„ Thymi		12,0
Asa foetida	15,0	Kamala		6,0
Balsamum tolutanum	1,0	Lycopodium		3,0
Benzoe	1,0	Manna		3,0
Bulbus Scillae	5,0	Mel	0,1—0,8	
Cantharides	8,0	Myrrha		7,0
Carrageen	16,0	Pericarpium Aurantii		6,0
Catechu	6,0	Placenta Seminis Lini		6,0
Cortex Chinae	5,0	Radix Althaeae		7,0
„ Cinnamomi	5,0	„ Angelicae		14,0
„ Condurango	12,0	„ Colombo		9,0
„ Frangulae	10,0	„ Gentianae		5,0
„ Granati	17,0	„ Ipecacuanhae		5,0
„ Quercus	8,0	„ Levistici		8,5
„ Quillaiae	18,0	„ Liquiritiae		6,5
Crocus	6,5	„ Ononidis		7,0
Euphorbium	10,0	„ Pimpinellae		6,5
Flores Caryophylli	8,0	„ Ratanhiae		5,0
„ Koso	14,0	„ Sarsaparillae		8,0
Folia Althaeae	16,0	„ Senegae		5,0
„ Belladonnae	15 0	„ Valerianae		15,0
„ Digitalis	13,0	Resina Jalapae		1,0
„ Hyoscyami	30,0	Rhizoma Calami		6,0
„ Juglandis	10,0	„ Filicis		4,0
„ Malvae	17,0	„ Galangae		6,0
„ Melissae	14,0	„ Hydrastis		6,0
„ Menthae	12,0	„ Iridis		5,0
„ Salviae	8,0	„ Rhei (ohne Sand ver-		
„ Sennae	12,0	aschen)		28,0
„ Stramonii	20,0	Rhizoma Tormentillae		6,0
„ Uvae Ursi	4,0	„ Veratri		12,0
Fructus Anisi	10,0	„ Zedoariae		7,0
„ Aurantii immaturi	6,5	„ Zingiberis		7,0
„ Capsici	8,0	Semen Arecae		2,5
„ Cardamomi	10,0	„ Colchici		4,5
„ Carvi	8,0	„ Foenugraeci		5,0
„ Cubebae	8,0	„ Lini		5,0
„ Foeniculi	10,0	„ Sabadillae		8,0
„ Juniperi	5,0	„ Sinapis		5,0
„ Lauri	3,0	„ Strophanti		7,0
„ Piperis nigri	5,0	„ Strychni		8,0
Gossypium depuratum	0,3	Tragacantha		3,5
Gummi arabicum	4,0	Tubera Jalapae		6,5
Gutti	1,0	„ Salep		3,0
Herba Absinthii	10,0			

Bei Rhizoma Rhei ist außer der Bestimmung des Aschengehaltes
eine Bestimmung des in Salzsäure unlöslichen Anteiles der
Asche vorgeschrieben. Dieser Anteil der Asche ist erhöht, wenn der Rha-
barber, was besonders bei käuflichem Pulver vorkommt, Sand enthält.

1 g Rhabarberpulver wird im Tiegel für sich, ohne Sand, verascht. Die Asche
wird nach dem Wägen mit 5 ccm verdünnter Salzsäure kurze Zeit erwärmt (auf dem
Wasserbad). Der unlösliche Anteil wird mit Wasser auf ein glattes Filter von
bekanntem Aschengehalt gespült und bis zum Verschwinden der sauren Reaktion
ausgewaschen. Das Filter wird dann mit dem Rückstand in einem genau gewogenen Tiegel verbrannt und der Rückstand gewogen. Das Gewicht darf nach
Abzug der Asche des Filters höchstens $0,005\,g = 0,5\%$ des Rhabarberpulvers
betragen.

Bestimmung des Extraktgehaltes von Drogen.

Pulpa Tamarindorum cruda.

Gehalt mindestens 50% wasserlösliches Extrakt.

Werden 20 g gut durchmischtes Tamarindenmus mit 190 ccm Wasser übergossen und durch Schütteln völlig ausgezogen, so müssen beim Abdampfen von
50 g des Filtrats mindestens 2,5 g trockenes Extrakt zurückbleiben.

Zur Erlangung eines richtigen Durchschnittsmusters nimmt man
besser die doppelte Menge Tamarindenmus.

In einem Kolben von etwa 500 ccm wägt man auf der Rezepturwaage 40 g
gut durchmischtes Tamarindenmus und 380 g Wasser, läßt das Gemisch unter
öfterem Durchschütteln einige Stunden lang stehen und filtriert. In einer gewogenen flachen Glas- oder Porzellanschale dampft man 50 g des Filtrats = 5 g
Tamarindenmus ab, trocknet den Rückstand bei 100° und wägt. 2,5 g Extrakt
= 50%.

Pulpa Tamarindorum depurata.

Wassergehalt höchstens 40%.

In einem flachen Glasschälchen oder im flachen Wägeglas wägt man etwa 1 g
ger. Tamarindenmus genau, gibt etwa 10 ccm Wasser hinzu, verteilt das Mus darin
und dampft das Wasser auf dem Wasserbad ab. Der Rückstand wird bei 100°
getrocknet und gewogen.

1 g ger. Tamarindenmus muß dabei mindestens 0,6 g Trockenrückstand geben.

Radix Gentianae.

Extraktgehalt mindestens 33%. Fermentierte und alte Enzian-
wurzeln enthalten viel weniger Extrakt, so daß die Bestimmung des
Extraktgehaltes für die Beurteilung der Frische und Güte der Droge
wichtig ist. Nach der Vorschrift des Arzneibuches soll 1 g grobgepulverte Enzianwurzel zweimal je 1 Stunde lang mit 25 ccm verdünntem
Weingeist am Rückflußkühler ausgezogen werden. Einfacher ist
folgendes Verfahren:

1,5 g grobgepulverte Enzianwurzel (Handwaage) werden in einem auf der
Rezepturwaage gewogenen Kolben von 100—150 ccm mit 30 g verdünntem Weingeist übergossen. Das Gewicht des Kolbens mit Inhalt wird vermerkt. Der Kolben
wird dann mit aufgesetztem Kühlrohr 1 Stunde lang auf dem Wasserbad erhitzt.
Nach dem Erkalten wird das Gewicht mit verdünntem Weingeist wieder ergänzt.
20,3 g des filtrierten Auszugs = 1 g Enzianwurzel werden in einer genau gewogenen
flachen Schale auf dem Wasserbad abgedampft, der Rückstand bei 100° getrocknet und gewogen. Das Gewicht muß mindestens 0,33 g betragen.

Manna.

Gehalt mindestens 75% Mannit, $C_6H_8(OH)_6$.

Etwa 1 g Manna wird in einem Kölbchen von 100—150 ccm genau gewogen
und mit 1 ccm Wasser auf dem Wasserbad bis zur fast völligen Lösung erwärmt.
Dann fügt man 20 ccm Weingeist hinzu und erhitzt mit aufgesetztem Kühlrohr

1 Stunde lang auf dem Wasserbad. Die Lösung wird heiß durch ein Wattebäuschchen in ein genau gewogenes Erlenmeyerkölbchen von 100 ccm filtriert; Kolben und Filter werden dabei mit 5 ccm heißem Weingeist nachgewaschen. (Man gibt in den Kolben 5 ccm Weingeist, erhitzt auf dem Wasserbad und gießt dann den Weingeist durch das Wattebäuschchen.) Das Filtrat wird auf dem Wasserbad bis zur Trockne eingedampft und der Rückstand bei 100° getrocknet und gewogen.

$$\frac{\text{Gewicht} \cdot 100}{s} = \text{Prozent Mannit}$$

s = abgewogene Menge Manna.

Das Gewicht muß für 1 g Manna mindestens 0,75 g betragen = 75%.

Tubera Jalapae.

Gehalt mindestens 10% Harz.

3 g feingepulverte Jalapenwurzel (Handwaage) werden in einem Arzneiglas von 50 ccm mit 30 g Weingeist übergossen und in dem verschlossenen Glas unter öfterem Umschütteln 24 Stunden lang bei 35—40° stehengelassen. Dann wird die Mischung filtriert. 20 g des Filtrats = 2 g Jalapenwurzel werden in einer kleinen, genau gewogenen flachen Schale mit Ausguß auf dem Wasserbad abgedampft. Der Rückstand wird mehrere Male (3—4mal) mit je 20 ccm Wasser von 50° gewaschen, bis das Waschwasser farblos bleibt. Das Waschwasser wird durch ein kleines glattes Filter abgegossen, um Harzteilchen zurückzuhalten. Diese bringt man nach dem Trocknen des Filters wieder in die Schale zurück, indem man etwa 10 ccm heißen Weingeist durch das Filter gießt. Der Weingeist wird auf dem Wasserbad abgedampft, der Rückstand etwa 2 Stunden lang bei 100° getrocknet und gewogen.

Das Gewicht des Harzes muß mindestens 0,2 g betragen = 10%.

Succus Liquiritiae.

Das Arzneibuch läßt nur den Gehalt an in Wasser unlöslichen Anteilen bestimmen, der bei dem nicht getrockneten Süßholzsaft mit einem zulässigen Wassergehalt bis zu 17% nicht höher als 25% sein soll.

Zweckmäßig ist es, eine Extraktgehaltsbestimmung damit zu verbinden.

Man bringt 5 g grob zerkleinerten Süßholzsaft und etwa 25 ccm Wasser in ein Meßkölbchen von 100 ccm und läßt das Kölbchen unter öfterem Umschwenken an einem warmen Ort (etwa 30°) bis zum Zerfall der Stückchen stehen. Dann füllt man mit Wasser bis zur Marke auf, wobei man etwa vorhandenen Schaum durch Auftröpfeln von Weingeist beseitigt. Der Inhalt des Kölbchens wird dann durch ein glattes Filter filtriert. 20 ccm des Filtrats werden in einem flachen Schälchen wie bei anderen Extraktbestimmungen auf dem Wasserbad abgedampft, der Rückstand bei 100° getrocknet und gewogen.

Das Gewicht muß mindestens 0,62 g betragen, wenn der Wassergehalt des Süßholzsaftes die Höchstgrenze von 17% erreicht. Ist der Wassergehalt geringer, so muß der Extraktgehalt entsprechend höher sein. Bei einem Wassergehalt von z. B. 12% müssen für 1 g Süßholzsaft mindestens 0,66 g Extrakt gefunden werden, oder auf wasserfreien Süßholzsaft berechnet soll der Extraktgehalt mindestens 75% betragen. Die Menge des Mindestgewichts des Extrakts aus 1 g ergibt sich nach dem Ansatz $(100 - \% \text{ Wasser}) \cdot 0{,}0075$ g, z. B. $(100—12) \cdot 0{,}0075 = 0{,}66$ g.

Bestimmung des Gehaltes an in Wasser unlöslichen Anteilen siehe S. 61.

Rhizoma Filicis.

Gehalt mindestens 8% ätherlösliches Extrakt.

Gehaltsbestimmung. 50 g gepulverte Farnwurzel werden mit Hilfe eines Scheidetrichters mit Äther perkoliert (20 Tropfen in der Minute), bis der Äther farblos abläuft. Wird der Äther in einem gewogenen Kölbchen abdestilliert, so muß der bei 100° getrocknete Rückstand mindestens 4 g wiegen.

In einen Scheidetrichter bringt man einen kleinen Bausch Verbandwatte oder Mull, den man mit einem Glasstab festdrückt. Dann gibt man in den Scheidetrichter etwa 50 ccm Äther, dann 50 g gepulverte Farnwurzel und nach einiger Zeit noch so viel Äther, daß das Pulver gut durchfeuchtet ist. Den Scheidetrichter läßt man 24 Stunden stehen, gießt noch so viel Äther auf, daß das Pulver 1—2 cm damit bedeckt ist und beginnt dann mit der Perkolation, wobei man von Zeit zu Zeit Äther nachgießt.

Das Perkolat wird in einem Kolben von 400 ccm aufgefangen. Das Pulver ist meist vollständig ausgezogen, wenn etwa 200—250 ccm Perkolat abgelaufen sind. Man destilliert dann den Äther ab, bis der Rückstand im Kolben etwa 15 ccm beträgt. Der Rückstand wird nach dem Erkalten in ein genau gewogenes Kölbchen von etwa 100 ccm gebracht unter Nachspülen des Kolbens mit abdestilliertem Äther. Der Äther wird dann auf dem Wasserbad abgedampft und der Rückstand unter Einblasen von Luft in den Kolben noch solange erwärmt, bis er nicht mehr nach Äther riecht. Nach dem Erkalten wird der Rückstand genau gewogen. Das Gewicht soll mindestens 0,4 g betragen.

Das vom Arzneibuch vorgeschriebene Trocknen des Rückstandes bei 100° ist nicht angebracht, weil der Mindestgehalt des Rückstandes an Rohfilicin genau wie beim Extractum Filicis, das nicht bei 100° getrocknet wird, auf 25% festgesetzt ist.

Bestimmung unlöslicher Anteile anorganischer Stoffe.

Ferrum pulveratum.

1 g gepulvertes Eisen darf beim Lösen in 15 ccm verdünnter Salzsäure höchstens 0,01 g Rückstand hinterlassen (Kohlenstoff, Kieselsäure); das entweichende Gas darf einen mit Bleiacetatlösung benetzten Papierstreifen höchstens bräunlich färben (Schwefelwasserstoff).

Lithargyrum.

Werden 5 g Bleiglätte mit 5 ccm Wasser geschüttelt, und wird das Gemisch alsdann mit 20 ccm verdünnter Essigsäure einige Minuten lang gekocht und nach dem Erkalten filtriert, so darf das Gewicht des Rückstandes nach dem Auswaschen und Trocknen höchstens 0,05 g betragen (metallisches Blei, unlösliche Verunreinigungen).

Minium.

2,5 g Mennige (Handwaage) werden in eine Mischung von 10 ccm Salpetersäure und 10 ccm Wasser eingetragen (Becherglas oder Erlenmeyerkölbchen). Dadurch wird die Mennige, die im wesentlichen aus Bleiplumbat $Pb^{IV}O_4Pb_2^{II}$ besteht, zum Teil in Bleinitrat, zum Teil in unlösliches braunes Bleidioxyd, PbO_2, übergeführt.

Der braune Niederschlag muß sich beim Hinzufügen einer Mischung von 1 ccm konz. Wasserstoffsuperoxydlösung und 9 ccm Wasser bis auf höchstens 0,035 g (= 1,4%) Rückstand lösen.

Durch das Wasserstoffperoxyd wird das Bleidioxyd unter Sauerstoffentwicklung zu Bleioxyd reduziert, das sich dann in der Salpetersäure löst:

$$PbO_2 + H_2O_2 = PbO + H_2O + O_2.$$

Das Ungelöste wird auf einem bei 100° getrockneten und gewogenen Filter gesammelt, bei 100° getrocknet und gewogen. Wenn die Menge des Rückstandes augenscheinlich kleiner ist als 0,035 g, ist das Wägen nicht nötig. Mennige ist nicht selten mit Schwerspat oder Ziegelmehl gestreckt. Die Menge des Unlöslichen ist dann erheblich erhöht.

Stibium sulfuratum nigrum.

2 g feingepulverter Spießglanz (Handwaage) werden in einem Erlenmeyerkölbchen von 100 ccm mit 20 ccm Salzsäure erst gelinde erwärmt und dann unter Umschwenken gekocht. Das Ungelöste wird auf einem bei 100° getrockneten, im Wägeglas genau gewogenen Filter gesammelt, zuerst mit verdünnter Salzsäure und dann mit Wasser ausgewaschen, bei 100° getrocknet und gewogen. Das Gewicht darf höchstens 0,02 g betragen = 1%.

Bestimmung unlöslicher Anteile von Harzen und Gummiharzen.

Das Arzneibuch läßt die in siedendem Weingeist unlöslichen Anteile bestimmen bei

Ammoniacum, höchstens 40%.   Catechu, höchstens 30%.
Asa foetida, höchstens 50%.   Euphorbium, höchstens 50%.
Benzoe, höchstens 2%.   Galbanum, höchstens 50%.
                Myrrha, höchstens 66,6%.

Bei Ammoniacum und Myrrha sollen je 3 g, bei den übrigen je 1 g mit siedendem Weingeist ausgezogen werden. 1 g ist auch bei Ammoniacum und Myrrha genügend.

In einem Erlenmeyerkolben von 100—150 ccm wägt man 1 g des wenn möglich zerriebenen Harzes oder Gummiharzes genau, gibt etwa 20 ccm Weingeist hinzu und erhitzt den Kolben mit aufgesetztem Kühlrohr $^1/_2$—1 Stunde auf dem Wasserbad. In einem Wägeglas wird ein glattes Filter bei 100° getrocknet und mit dem Wägeglas genau gewogen. Durch dieses Filter gießt man den weingeistigen Auszug von dem Unlöslichen ab und erhitzt letzteres noch einmal $^1/_2$ Stunde mit 20 ccm Weingeist. Dann bringt man das Unlösliche auf das Filter, wäscht Kolben und Filter mit heißem Weingeist nach, läßt das Filter auf dem Trichter trocknen, bringt es dann in das Wägeglas, trocknet bei 100° und wägt.

Die in Wasser unlöslichen Anteile werden bestimmt bei Catechu und Succus Liquiritiae.

Catechu.

In Wasser unlöslische Anteile höchstens 15%.
In einem Erlenmeyerkolben von 100—150 ccm wägt man 1 g zerriebenes Catechu genau, übergießt es mit etwa 30 ccm Wasser und erhitzt kurze Zeit zum Sieden. Das Unlösliche wird auf ein bei 100° getrocknetes und genau gewogenes Filter gebracht. Kolben und Filter werden im heißem Wasser nachgewaschen. Das Filter wird erst auf dem Trichter, dann im Wägeglas bei 100° getrocknet und gewogen.

Succus Liquiritiae.

In Wasser unlösliche Anteile höchstens 25%. Das Verfahren des Arzneibuches ist recht umständlich. Einfacher ist folgendes Verfahren:

Man zerreibt ein Durchschnittsmuster von etwa 10 g Süßholzsaft möglichst fein, wägt in einem Erlenmeyerkolben von 100 ccm etwa 1 g des Pulvers genau, übergießt es mit etwa 50 ccm Wasser und läßt es damit unter öfterem Schütteln 24 Stunden lang stehen. Dann wird das Unlösliche auf ein bei 100° getrocknetes

Filter gebracht, Kolben und Filter werden mit Wasser nachgewaschen, das Filter erst auf dem Trichter an der Luft, dann im Wägeglas bei 100° getrocknet und gewogen.

Trocknet der Süßholzsaft bei der Aufbewahrung ein, so steigt natürlich der Gehalt an wasserunlöslichen Anteilen, und er kann dann auch über 25% betragen. Auf wasserfreien Süßholzsaft berechnet könnte der Gehalt an wasserunlöslichen Anteilen bis zu 30% steigen. Die Zulassung von 25% an wasserunlöslichen Anteilen in dem nicht getrockneten Süßholzsaft mit bis zu 17% Wasser ist zu hoch; es dürfen nicht mehr als 25% berechnet auf wasserfreien Süßholzsaft gefunden werden. Der zulässige Höchstgehalt an wasserunlöslichen Anteilen in Prozenten berechnet sich nach der Gleichung: $x = (100 - \%\ \text{Wasser}) \cdot 0,25$. Bei einem Wassergehalt von 17% dürfen also höchstens $(100 - 17) \cdot 0,25 = 20,75\%$ gefunden werden.

Bestimmung des Gehaltes an ätherischen Ölen in Drogen.

Die Bestimmung wird in folgender Weise ausgeführt:

10 g des Drogenpulvers, bei Flores Caryophylli 5 g, — unzerkleinerte Drogen sind in ein grobes Pulver zu verwandeln — werden in einem Rundkolben von etwa 1 Liter Inhalt mit 300 ccm Wasser übergossen und nach Hinzufügung einiger Siedesteinchen unter Verwendung eines zweimal rechtwinklig gebogenen, etwa 30 cm langen Destillationsrohrs und eines senkrecht absteigenden, kurzen Kühlers, dessen Rohr

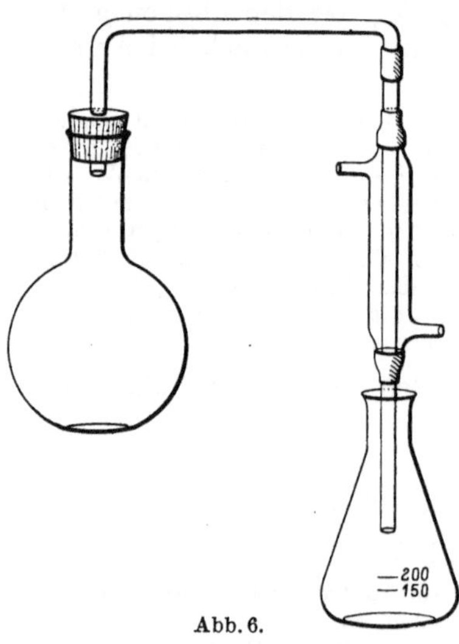

Abb. 6.

etwa 55 cm und dessen Kühlmantel etwa 22 cm lang ist, der Destillation unterworfen (Abb. 6). Die Erhitzung des Kolbens erfolgt auf dem Drahtnetz mit Hilfe eines kräftigen Bunsenbrenners. Als Vorlage dient ein Kolben oder Scheidetrichter von etwa 300 ccm Inhalt, den man bei 150 und 200 ccm mit einer Marke versehen hat. Sobald 150 ccm Destillat übergegangen sind, wird die Flamme entfernt und nach dem Aufhören des Siedens der Inhalt des Kolbens ohne Lösung der Verschlüsse durch vorsichtiges Umschwenken in drehende Bewegung versetzt, bis die der Kolbenwand anhaftenden Pulverteilchen wieder in der Flüssigkeit verteilt sind. Sodann wird erneut zum Sieden erhitzt, bis nochmals 50 ccm übergegangen sind. Hierbei ist die Kühlung vorübergehend abzustellen, falls das Kühlrohr durch Abscheidung von ätherischem Öl verursachte Trübungen erkennen läßt, jedoch nur eben bis zum Verschwinden dieser Trübungen. Ein Eintauchen des Kühlrohrs in das Destillat ist zu vermeiden. Das Destillat, etwa 200 ccm, wird im Scheidetrichter mit 60 g Natriumchlorid versetzt und die Lösung dreimal mit je 20 ccm Pentan ausgeschüttelt. Die Ausschüttelungen werden in einem Kölbchen gesammelt und zum Absetzen der wässerigen Flüssigkeit, die mit hineingelangt ist, einige Minuten lang stehengelassen. Dann führt man sie in ein gewogenes, weithalsiges Kölbchen von 100 ccm Inhalt über, wobei genau darauf zu achten ist, daß keine Tröpfchen der Salzlösung mit in das Kölbchen gelangen. Am besten filtriert man das Pentan dabei durch ein kleines, glattes Filter und spült das Kölbchen und das Filter mit Pentan nach. Das Pentan wird sodann auf einem mäßig erwärmten Wasserbad vorsichtig abdestilliert. Die letzten Anteile des Pentans entfernt man durch sehr vorsichtiges Einblasen (oder Durchsaugen) von trockener Luft, setzt das Kölbchen eine halbe Stunde lang in den Exsikkator und stellt das Gewicht fest. Nach weiterem viertelstündigem Stehenlassen im Exsikkator darf der Gewichtsverlust nur wenige Milligramm betragen, andernfalls ist das Kölbchen im Exsikkator solange zu belassen, bis die Differenz der in viertelstündigen Zwischenräumen erfolgenden Wägungen höchstens 0,002 g beträgt.

Der Zusatz von Natriumchlorid vor dem Ausschütteln hat den Zweck, die Löslichkeit der ätherischen Öle in Wasser herabzusetzen, die Öle auszusalzen.

Zum Durchsaugen von Luft zur Entfernung der letzten Anteile des Pentans benutzt man die unter Cortex Granati (S. 160) angegebene Vorrichtung. Mit dem Eintrittsrohr für die Luft wird ein Chlorcalciumrohr zum Trocknen der Luft verbunden. Aus feuchter Luft verdichtet sich durch die Verdunstungskälte des Pentans Wasser.

Das Arzneibuch fordert folgenden Mindestgehalt an ätherischem Öl:

Cortex Cinnamomi	10 g	= 0,1 g	=	1,0%
Flores Caryophylli	5 g	= 0,8 g	=	16%
Flores Chamomillae	10 g	= 0,04 g	=	0,4%
Folia Menthae piperitae	10 g	= 0,07 g	=	0,7%
Folia Salviae	10 g	= 0,15 g	=	1,5%
Fructus Anisi	10 g	= 0,15 g	=	1,5%
Fructus Carvi	10 g	= 0,4 g	=	4,0%
Fructus Foeniculi	10 g	= 0,45 g	=	4,5%
Fructus Juniperi	10 g	= 0,1 g	=	1,0%
Rhizoma Calami	10 g	= 0,25 g	=	2,5%
Rhizoma Galangae	10 g	= 0,05 g	=	0,5%
Rhizoma Zedoariae	10 g	= 0,08 g	=	0,8%
Rhizoma Zingiberis	10 g	= 0,15 g	=	1,5%

Terebinthina.

Terpentin enthält 70—85% Harz und 30—15% Terpentinöl. Mindestgehalt 15% Terpentinöl.

10 g Terpentin werden unter Zusatz von etwa 100 ccm Wasser mit Wasserdampf destilliert, in gleicher Weise wie bei Liquor Cresoli saponatus angegeben (siehe S. 72). Es werden etwa 250 ccm Destillat aufgefangen. Das Destillat wird im Scheidetrichter mit 50 g Natriumchlorid versetzt und 3mal mit je 25 ccm Petroläther ausgeschüttelt. Die Ausschüttelungen werden in einem Kolben gesammelt und nach dem Absetzen der mit hineingelangten wässerigen Flüssigkeit mit der gleichen Vorsicht wie das Pentan bei der Bestimmung der ätherischen Öle in Drogen in ein gewogenes, weithalsiges Kölbchen von 150 ccm gebracht und abdestilliert. Der Kolbeninhalt wird im Exsikkator getrocknet und gewogen. Das Gewicht muß mindestens 1,5 g betragen. Das Terpentinöl muß farblos sein.

Bestimmung der unverseifbaren Anteile von fetten Ölen.

Fette und fette Öle enthalten außer den verseifbaren Glycerinestern geringe Mengen, etwa 1—2%, unverseifbare Stoffe, besonders Cholesterin, $C_{27}H_{45}OH$, in tierischen Fetten und Phytosterin, $C_{27}H_{45}OH$, in pflanzlichen Fetten. Wird die Menge der unverseifbaren Anteile größer gefunden, so kann eine Verfälschung mit Mineralöl vorliegen. Verseifungszahl (s. S. 136) und Jodzahl (s. S. 197) werden dann erniedrigt sein.

10 g Öl werden mit 5 g Kaliumhydroxyd und 50 ccm Weingeist verseift; die Seifenlösung wird mit 60 ccm Wasser verdünnt und dreimal mit je 30 ccm Petrol-

äther ausgeschüttelt. Die mit Wasser gewaschene Petrolätherlösung wird verdunstet, der Rückstand nochmals mit weingeistiger Kalilauge verseift und die Seifenlösung in der gleichen Weise mit Wasser verdünnt und mit Petroläther ausgeschüttelt. Die durch Schütteln mit Calciumsulfatlösung von den letzten Seifenanteilen befreite Petrolätherlösung wird in einem genau gewogenen Kölbchen verdunstet, der Rückstand getrocknet und gewogen.

Die erste Verseifung hat durch Kochen am Rückflußkühler (Kühlrohr) zu geschehen. Die Lösung des Kaliumhydroxyds in Weingeist ist jedesmal frisch zu bereiten. Nach halbstündigem Sieden ist abzukühlen und mit 60 ccm Wasser zu verdünnen, indem die Seifenlösung in einen Scheidetrichter gegossen und der Verseifungskolben mit dem Wasser nachgespült wird. Dann wird, wie vorgeschrieben, dreimal mit je 30 ccm Petroläther ausgeschüttelt. Beim Ausschütteln ist nicht zu heftig durchzuschütteln, sonst entstehen leicht Emulsionen, die nur schwer trennbar sind. Dies ist besonders dann der Fall, wenn viel Unverseifbares zugegen ist. Da geringe Mengen Seife stets in den Petroläther übergehen, die auch nicht durch das Waschen mit Wasser völlig entfernt werden können, und da viele Fette Bestandteile enthalten, die schwer verseifbar sind und daher bei der ersten Verseifung unverseift bleiben können, so kann der nach dem Abdestillieren des Petroläthers verbleibende Rückstand noch nicht als Unverseifbares gewogen werden. Der Rückstand muß vielmehr einer weiteren Reinigung unterworfen werden. Zu diesem Zwecke wird er nochmals verseift. Die zweite Verseifung kann mit einer kleineren Menge Ätzkali und weniger Alkohol vorgenommen werden. Eine orientierende Wägung ist daher zu empfehlen, um die Mengenverhältnisse dem ersten Verseifungsansatz anpassen zu können. 0,5—1 g Ätzkali in 10 ccm Weingeist dürften stets ausreichen. Die Petroläthermenge darf aber nicht entsprechend verkleinert werden, da zwar die Menge des Verseifbaren, nicht aber die des Unverseifbaren kleiner geworden ist. Das Schütteln mit Calciumsulfatlösung bezweckt die Überführung der letzten Seifenreste in Kalkseife, die in Petroläther ganz unlöslich ist; es kann dann eine Filtration des Petroläthers erforderlich werden.

Der Petroläther ist sorgfältig zu prüfen, ob er nicht höhersiedende Anteile enthält, die Unverseifbares vortäuschen. Am besten verwendet man frisch destillierten Petroläther (Siedepunkt 40—60°).

Für folgende Öle sind die zulässigen Höchstmengen an unverseifbaren Anteilen angegeben:

Oleum Amygdalarum	.	höchstens	1,5%	Oleum Olivarum	. .	höchstens	1,5%
„ Arachidis	. . .	„	1,5%	„ Persicarum	.	„	1,5%
„ Jecoris Aselli	.	„	2,0%	„ Rapae	. . . .	„	1,5%
„ Lini	. . . . . .	„	2,5%	„ Sesami	. . .	„	1,5%

Verschiedene gewichtsanalytische Prüfungsverfahren.

Cantharides.

Gehalt mindestens 0,7% Cantharidin.

9 g mittelfein gepulverte spanische Fliegen übergießt man in einem Arzneiglas mit 20 g Chloroform und 1 g Salzsäure, läßt das Gemisch unter häufigem Umschütteln 24 Stunden lang stehen und fügt 40 g Äther hinzu. Nun schüttelt man

das Gemisch 5 Minuten lang und filtriert nach halbstündigem Stehen 41 g der Äther-Chloroformlösung (= 6 g spanische Fliegen) durch ein trockenes, gut bedecktes Filter von 8 cm Durchmesser in ein gewogenes Kölbchen. Hierauf destilliert man die Äther-Chloroformlösung bei mäßiger Wärme bis auf etwa 5 g ab und läßt das zurückbleibende Chloroform aus dem schräggestellten Kölbchen an der Luft verdunsten. Nachdem man die letzten Anteile des Chloroforms durch Einblasen von Luft entfernt hat, übergießt man den Rückstand mit 10 ccm einer Mischung von 19 Raumteilen Petroleumbenzin und 1 Raumteil absolutem Alkohol und läßt das verschlossene Kölbchen unter zeitweiligem Umschwenken 12 Stunden lang stehen. Alsdann gießt man die Flüssigkeit durch einen mit einem Wattebäuschchen verschlossenen Trichter und wäscht den kristallinischen Rückstand unter leichtem Umschwenken etwa viermal mit je 5 ccm der Petroleumbenzin-Alkoholmischung nach, bis diese farblos abläuft. Die auf die Watte gelangten Kristalle löst man durch Auftropfen von 5 ccm Chloroform und gibt die Lösung in das Kölbchen zurück. Das Chloroform läßt man unter gelindem Erwärmen verdunsten und trocknet den Rückstand 12 Stunden lang im Exsikkator. Das Gewicht des Rückstandes muß mindestens 0,042 g betragen = mindestens 0,7% Cantharidin.

Ist das so erhaltene Cantharidin nicht gut kristallinisch, sondern harzig und dunkel gefärbt, so löst man es in dem Kölbchen durch dreimal zu wiederholendes, mäßiges Erwärmen mit je 2 ccm Natronlauge, vereinigt die alkalischen Lösungen in einem Scheidetrichter und spült das Kölbchen dreimal mit je 2 ccm Wasser nach. Nachdem man diese Lösung mit Salzsäure angesäuert hat, gibt man 10 ccm Chloroform in den Scheidetrichter und schüttelt 10 Minuten lang. Nach vollständiger Klärung gießt man die Chloroformlösung in ein gewogenes Kölbchen und wiederholt die Ausschüttelung noch zweimal mit je 5 ccm Chloroform in der gleichen Weise. Hierauf destilliert man die vereinigten Chloroformlösungen bei mäßiger Wärme bis auf etwa 5 g ab und behandelt den Rückstand mit der Petroleumbenzin-Alkoholmischung in der vorher beschriebenen Weise.

Durch den Zusatz von Salzsäure wird das neben freiem Cantharidin in Form von cantharidinsauren Salzen vorhandene Cantharidin frei gemacht. Das Abdampfen des Äther-Chloroformgemisches darf nicht bis zur Trockne geschehen, weil dann ein Verlust an Cantharidin durch Verflüchtigung eintreten kann. Auch wird dann die Reinigung des Cantharidins schwieriger. Der Rest des Chloroforms muß deshalb bei gewöhnlicher Temperatur verdunstet werden. Um Verluste an Cantharidin zu vermeiden, darf man es nur im Exsikkator trocknen.

Die zweite Reinigung des Cantharidins erübrigt sich, wenn das Gewicht des unreinen Cantharidins geringer ist als 0,042 g. Die spanischen Fliegen enthalten dann natürlich weniger als 0,7% reines Cantharidin.

Bei der Reinigung wird das Cantharidin, das ein Säureanhydrid ist, in wasserlösliches cantharidinsaures Natrium übergeführt, aus dem dann das Cantharidin durch den Salzsäurezusatz wieder abgeschieden wird.

Tinctura Cantharidum.

Gehalt mindestens 0,07% Cantharidin. Die Tinktur wird hergestellt aus 1 T. grob gepulverten Spanischen Fliegen, 10 T. Aceton und 0,1 T. Weinsäure. Letztere hat den Zweck, das neben freiem Cantharidin in Form von cantharidinsauren Salzen vorhandene Cantharidin frei zu machen.

60 g Spanischfliegentinktur destilliert man auf dem Wasserbad in einem kleinen Kölbchen bis auf etwa 2 g ab und entfernt die letzten Anteile des Acetons ohne Erwärmen durch Einblasen oder Durchsaugen von Luft. Den Rückstand nimmt man mit 20 g Chloroform auf und fügt 40 g Äther sowie 3 g getrocknetes Natriumsulfat hinzu. Nach halbstündigem Stehen filtriert man 50 g der Äther-Chloroform-

mischung (= 50 g Spanischfliegentinktur) durch ein trockenes, gut bedecktes Filter in ein gewogenes Kölbchen und verfährt dann weiter wie unter Cantharides angegeben. Das Gewicht des Cantharidins muß mindestens 0,035 g betragen = mindestens 0,07% Cantharidin.

Da die Tinktur Weinsäure enthält, ist ein Zusatz von Salzsäure, wie bei der Gehaltsbestimmung der Spanischen Fliegen, nicht nötig.

Cresolum crudum.

Gehalt mindestens 50% m-Kresol.

Vor der Gehaltsbestimmung wird die Löslichkeitsprobe mit Natronlauge und Wiederabscheidung des Kresols mit Salzsäure ausgeführt.

Schüttelt man 10 ccm rohes Kresol (Pipette) in einem Meßzylinder von 200 ccm mit 50 ccm Natronlauge und 50 ccm Wasser, so dürfen nach halbstündigem Stehen nur wenige Flocken ungelöst sein (Naphthalin). Ölige Tröpfchen dürfen nicht vorhanden sein. Fügt man dann 30 ccm Salzsäure und 10 g Natriumchlorid hinzu und schüttelt kräftig durch, so müssen sich beim ruhigen Stehen allmählich mindestens 9 ccm Kresol abscheiden.

Gehaltsbestimmung: In einem Kolben von 1 Liter mit weitem Hals erhitzt man 10 g rohes Kresol mit 30 g konz. Schwefelsäure 1 Stunde lang auf dem Wasserbad. Nach dem Abkühlen auf Zimmertemperatur fügt man (unter dem Abzug!) 90 ccm rohe Salpetersäure in einem Gusse hinzu und schwenkt kräftig um, bis eine gleichmäßige Mischung entstanden ist. Nach etwa 1 Minute tritt eine sehr lebhafte Reaktion ein unter Entweichen großer Mengen von giftigen Stickoxyden. Nach Ablauf der Reaktion läßt man den Kolben noch $^1/_4$ Stunde lang stehen und gießt dann den Inhalt in eine Porzellanschale, die 40 ccm Wasser enthält. Der Kolben wird mit 40 ccm Wasser nachgespült. Nach 2 Stunden zerkleinert man die gelbe Masse mit einem Pistill, bringt sie auf ein kleines Saugfilter und wäscht mit 100 ccm Wasser nach, mit dem auch der Kolben und die Schale nachgespült werden. Das so gewonnene Trinitro-m-Kresol wird auf der Nutsche zunächst bei etwa 50° getrocknet. Dann wird es mit der Filterscheibe in ein gewogenes Porzellan- oder Glasschälchen gebracht und 2 Stunden lang bei 100° (Wasserbadtrockenschrank) getrocknet und gewogen. Das Gewicht soll mindestens 8,7 g betragen.

Für die Wägung genügt die Rezepturwaage. Als Gegengewicht für die Filterscheibe benutzt man eine Scheibe von gleicher Größe.

Der Schmelzpunkt des Trinitro-m-Kresols darf nicht unter 105° liegen.

Das rohe Kresol ist in der Hauptsache ein Gemisch von m- und p-Kresol, $C_6H_4(CH_3)OH[1,3]$ und [1,4], enthält aber auch noch kleine Mengen von o-Kresol und anderen Phenolen (Xylenole u. a.). Beim Erhitzen mit konz. Schwefelsäure werden die Phenole in Sulfonsäuren übergeführt, das m-Kresol in die Sulfonsäure $C_6H_3(CH_3)(OH)SO_2OH$ [1, 3, 6].

Durch die starke rohe Salpetersäure wird die m-Kresolsulfonsäure in Trinitro-m-Kresol, $C_6H(CH_3)(OH)(NO_2)_3$, übergeführt. Dabei wird die Sulfonsäuregruppe SO_2OH als Schwefelsäure abgespaltet und durch eine Nitrogruppe ersetzt. Die 3 Nitrogruppen stehen in der Stellung 2, 4, 6, also symmetrisch am Benzolkern.

Die Sulfonsäuren der übrigen Phenole werden durch die Salpetersäure teils weitgehend zu wasserlöslichen Verbindungen oxydiert, teils in wasserlösliche Nitroverbindungen übergeführt, während das Trinitro-m-Kresol in Wasser sehr schwer löslich ist und sich beim Eingießen in Wasser abscheidet.

Enthält das rohe Kresol größere Mengen von o-Kresol, so verläuft die Oxydationsreaktion äußerst stürmisch, so daß ein Teil der Flüssigkeit mit dem in besonders großer Menge entweichenden Stickoxyden aus dem Kolben herausgeschleudert werden kann. Zur Vermeidung dieser unangenehmen Erscheinung empfiehlt es sich, vor der Ausführung der Probe die **Destillationstemperatur** des rohen Kresols zu bestimmen (siehe S. 240) und die Nitrierung nur dann auszuführen, wenn die Destillationstemperatur vorschriftsmäßig ist. Dann sind höchstens geringe Mengen des bei 190° siedenden o-Kresols vorhanden.

Es soll auch der **Schmelzpunkt** des Trinitro-m-Kresols bestimmt werden, der nicht unter 105° liegen soll. Reines Trinitro-m-Kresol schmilzt bei 106°. Durch Beimengung anderer Nitroverbindungen wird der Schmelzpunkt herabgedrückt, unter Umständen so weit, daß das Trinitro-m-Kresol bereits im Wasserbadtrockenschrank schmilzt.

Crocus.

Bestimmung der in Petroläther löslichen Anteile (**Fett**, höchstens 5%).

0,1 g Safran darf an Petroleumbenzin höchstens 0,005 g lösliche Stoffe abgeben.

Statt 0,1 g Safran nimmt man besser eine etwas größere Menge und statt Petroleum **benzin Petroläther**, der, wie durch eine Probe (10 ccm) festzustellen ist, beim Abdampfen auf dem Wasserbad keinen Rückstand hinterläßt. In einem Kölbchen werden etwa 0,3 g Safran genau gewogen und mit 5 ccm Petroläther übergossen. Nach einstündigem Stehen im geschlossenen Kölbchen wird der Petroläther durch ein Wattebäuschchen in ein genau gewogenes Kölbchen oder Schälchen abfiltriert, unter Nachspülen mit 2 mal je etwa 3 ccm Petroläther. Der Petroläther wird auf dem Wasserbad oder an einem warmen Ort abgedampft, der Rückstand bei 100° getrocknet und gewogen. 0,3 g Safran dürfen höchstens 0,015 g Rückstand geben.

Extractum Filicis.

Gehalt mindestens 25% Rohfilicin. Als Rohfilicin bezeichnet man das Gemisch der Stoffe saurer Natur, die aus dem Farnextrakt mit Barytwasser ausgeschüttelt werden und dann durch Ansäuern und Ausschütteln mit Äther isoliert werden können.

In einem Scheidetrichter von 200 ccm wägt man 5 g des bei 50° gut durchgemischten Farnextraktes, löst es in 30 g Äther, wägt 100 g Barytwasser hinzu und schüttelt 5 Minuten lang kräftig.

(Man kann auch, wie das Arzneibuch vorschreibt, das Farnextrakt in einem Arzneiglas von 200 ccm wägen, es in dem Äther lösen, die Lösung mit dem Barytwasser schütteln und dann die Mischung in den Scheidetrichter bringen.)

Nach dem Absetzen wird die wässerige Flüssigkeit sofort durch ein nicht angefeuchtetes Faltenfilter in einen trockenen Kolben oder Arzneiglas filtriert.

In den entleerten, durch Spülen mit Äther, Weingeist und Wasser gereinigten Scheidetrichter wägt man 86 g[1] des Filtrats mit 5 g Salzsäure und schüttelt die Mischung mit 25 ccm Äther. Nach dem Absetzen läßt man die wässerige Flüssigkeit in einen Kolben abfließen und filtriert den Äther durch ein doppeltes glattes Filter in ein gewogenes Kölbchen von 100—150 ccm. Die wässerige Flüssigkeit wird in den Scheidetrichter zurückgebracht und mit 15 ccm Äther geschüttelt, der in gleicher Weise von der wässerigen Flüssigkeit getrennt und durch das gleiche Filter in das Kölbchen filtriert wird. Die Ausschüttelung wird dann noch einmal in gleicher Weise mit 10 ccm Äther wiederholt. Dann wird der Äther auf dem Wasserbad abgedampft oder abdestilliert, der Rückstand bei 100° getrocknet und gewogen. Das Gewicht soll mindestens 1 g betragen = mindestens 25% Rohfilicin.

Von der mit 100 g Barytwasser erhaltenen Ausschüttelung werden 86 g weiterverarbeitet. Diese Menge entspricht vier Fünftel des angewandten Farnextrakts = 4 g, weil die Menge der wässerigen Flüssigkeit durch Aufnahme des Rohfilicins und von Äther sich vermehrt hat. Man erhält also das Rohfilicin aus 4 g Farnextrakt. 1 g Rohfilicin = 25%.

Rhizoma Filicis.

Das bei der Gehaltsbestimmung erhaltene **Extrakt** (siehe S. 60) soll mindestens 25% **Rohfilicin** enthalten. Die Bestimmung erfolgt in gleicher Weise wie bei Extractum Filicis, nur mit einer kleineren Menge.

Man wägt aus dem Kölbchen unter Rückwägung 3 g des Extraktes in einen Scheidetrichter, löst es in 25 g Äther und schüttelt die Lösung mit 60 g Barytwasser. 43 g der filtrierten Ausschüttelung = 2 g Extrakt, werden in gleicher Weise wie bei Extractum Filicis nach Zusatz von 2,5 g Salzsäure mit 20, 10 und 10 ccm Äther ausgeschüttelt. Der Äther wird in ein gewogenes Kölbchen filtriert, abgedampft und der Rückstand nach dem Trocknen bei 100° gewogen. Das Gewicht des Rückstandes muß mindestens 0,5 g betragen = 25%.

Aspidinolfilicinum oleo solutum.

Das **Aspidinolfilicinöl** oder **Filmaronöl** ist eine 10%ige Lösung der gereinigten, in dem Rohfilicin enthaltenen Säuren in einem fetten Öl (Ricinusöl).

Die Gehaltsbestimmung wird in gleicher Weise ausgeführt wie die Gehaltsbestimmung von Farnwurzelextrakt.

5 g Aspidinolfilicinöl werden in einem Arzneiglas von 150 ccm in 30 g Äther gelöst. Die Lösung wird mit 50 g Barytwasser 5 Minuten lang mäßig stark geschüttelt. Der Inhalt des Arzneiglases wird dann in einen Scheidetrichter gebracht. (Man kann auch das Öl und den Äther in den Scheidetrichter hineinwägen und dann das Ausschütteln mit Barytwasser vornehmen.) Nach dem Absetzen wird die wässerige Flüssigkeit abgelassen und filtriert. 43 (nicht 45) g des Filtrats = 4 g Aspidinolfilicinöl werden in einem Scheidetrichter mit 2,5 g Salzsäure versetzt und nacheinander mit 15, 10 und 10 ccm Äther ausgeschüttelt. (Wie bei Extractum Filicis.) Der Äther wird durch ein doppeltes glattes Filter in ein genau gewogenes Kölbchen filtriert und auf dem Wasserbad abgedampft. Das Gewicht des bei 60° getrockneten Rückstandes muß mindestens 0,4 g betragen = mindestens 10%.

---

[1] Das Arzneibuch schreibt 82 g vor. Diese Menge entspricht aber nicht der in der ursprünglichen Vorschrift von Fromme angegebenen.

Flores Cinae.

Gehalt mindestens 2% Santonin. Die Gehaltsbestimmung ist von großer Wichtigkeit, weil häufig Zitwerblüten in den Handel kommen, die kein Santonin enthalten.

Als qualitative Vorprobe auf Santonin ist folgende vorgeschrieben: Zitwerblütenpulver färbt sich mit weingeistiger $^{1}/_{2}$-n-Kalilauge sofort tief orange. Santoninfreie Zitwerblüten werden bräunlich gefärbt.

Gehaltsbestimmung: 10 g mittelfein gepulverte Zitwerblüten übergießt man in einem Arzneiglas von etwa 150 ccm mit 100 g Benzol und läßt das Gemisch unter häufigem Umschütteln eine halbe Stunde lang stehen.

Hierauf filtriert man 80 g der Benzollösung (= 8 g Zitwerblüten) durch ein trocknes, gut bedecktes Faltenfilter von 18 cm Durchmesser in einen Kolben von 150—200 ccm, destilliert das Benzol ab und entfernt die letzten Anteile des Benzols durch Einblasen von Luft.

Den Rückstand übergießt man mit 40 ccm einer Mischung von 15 g absolutem Alkohol und 85 g Wasser und erhitzt eine Viertelstunde am Rückflußkühler. Die heiße Lösung gießt man durch einen mit einem Wattebäuschchen verschlossenen Trichter in einen zweiten Kolben und wäscht den ersten Kolben und das Wattebäuschchen zweimal mit je 5 ccm der heißen Alkohol-Wassermischung nach.

Nach dem Erkalten gibt man etwa 0,1 g weißen Ton hinzu und erhitzt wiederum eine Viertelstunde lang am Rückflußkühler.

Danach filtriert man die heiße Lösung durch ein glattes Filter von 6 cm Durchmesser in ein gewogenes Kölbchen, wäscht Filter und Kölbchen dreimal mit je 5 ccm der Alkohol-Wassermischung nach und läßt das Kölbchen von 100 ccm verschlossen unter zeitweiligem, leichtem Umschwenken an einem vor Licht geschützten Ort bei etwa 15—20° (besser bei höchstens 15°) 24 Stunden lang stehen.

Dann filtriert man die Lösung, ohne auf die an den Wänden des Kölbchens haftenden Kristalle Rücksicht zu nehmen, durch ein glattes Filter von 6 cm Durchmesser, spült dieses sowie das Kölbchen dreimal mit je 2 ccm Wasser nach und trocknet beide.

Darauf wird das auf dem Filter befindliche Santonin durch Auftropfen von 5 ccm Chloroform gelöst und die Lösung in das Kölbchen zurückgegeben. Das Chloroform läßt man unter gelindem Erwärmen verdunsten und trocknet den Rückstand 1 Stunde lang bei 100°. Das Gewicht des kristallinischen Rückstandes muß nach Addition von 0,04 g mindestens 0,16 g betragen = mindestens 2% Santonin.

Das zum Ausziehen des Zitwerblütenpulvers verwendete Benzol löst leicht das Santonin und nur wenig Extraktivstoffe, von denen das Santonin dann durch Auflösen in 15%igem Alkohol größtenteils befreit wird. Eine weitere Reinigung wird durch das Erhitzen der filtrierten Lösung mit weißem Ton erzielt, der Verunreinigungen durch Adsorption beseitigt. Schließlich erhält man das Santonin rein durch Auskristallisierenlassen möglichst bei nicht über 15° unter öfterem Umschwenken. Letzteres befördert das Auskristallisieren. Die Mutterlauge wird durch ein kleines Filter abgegossen, das auf das Filter gelangte Santonin wird nach dem Trocknen des Filters mit Hilfe von Chloroform wieder in das Kölbchen zurückgebracht. Beim Auskristallisieren bleiben etwa 0,036 g Santonin in der Mutterlauge gelöst. Es werden deshalb zu der gefundenen Menge 0,04 g hinzugerechnet.

Gummi arabicum.

Werden 2 g gepulvertes Gummi arabicum mit 10 ccm verdünntem Weingeist eine halbe Stunde unter wiederholtem Umschütteln stehengelassen, so dürfen 5 ccm des Filtrats = 1 g Gummi arabicum beim Abdampfen und Trocknen bei

100° höchstens 0,01 g Rückstand hinterlassen. Zucker oder Traubenzucker, die in verdünntem Weingeist löslich sind, erhöhen die Menge des Rückstandes.

Liquor Aluminii acetici.

Gehalt mindestens 7,5% basisches Aluminiumacetat, $(CH_3COO)_2AlOH$, = 2,36% Aluminiumoxyd, Al_2O_3.

In einem Becherglas von 400 ccm werden 5 g Aluminiumacetatlösung mit 1 g Ammoniumchlorid versetzt. Nachdem dieses gelöst ist, werden 2,5 ccm Ammoniakflüssigkeit und 250 ccm heißes Wasser hinzugefügt. Die Mischung wird 1 Minute lang zum Sieden erhitzt. Nach dem Absetzen des Niederschlags wird die darüberstehende Flüssigkeit durch ein glattes Filter (11 cm ⌀) abgegossen. Der Niederschlag wird durch fünfmaliges Dekantieren mit heißem Wasser ausgewaschen und dann auf das Filter gebracht. Nach dem Trocknen wird das Filter in einem Porzellantiegel verbrannt und das Aluminiumoxyd stark geglüht. Das Gewicht muß mindestens 0,118 g betragen.

Das Aluminium wird aus der mit Ammoniumchlorid versetzten, nicht verdünnten Lösung durch Ammoniak als Aluminiumhydroxyd, $Al(OH)_3$, gefällt. Dadurch wird erreicht, daß der Niederschlag dichter wird und sich nachher in der mit Wasser verdünnten Mischung gut absetzt und sich gut auswaschen läßt. Das Ammoniumchlorid bewirkt eine Ausflockung des kolloidlöslichen Aluminiumhydroxyds. Das Aluminiumoxyd muß stark geglüht werden, weil seine Hydrate die letzten Anteile Wasser erst bei hoher Temperatur abgeben.

Nach H. Matthes muß bei der vorgeschriebenen Dichte, mindestens 1,044, der Gehalt an basischem Aluminiumacetat mindestens 9,0% betragen.

Liquor Cresoli saponatus.

Gehalt annähernd 50% Rohkresol und eine etwa 25% Fettsäuren entsprechende Menge Seife.

Vor der quantitativen Bestimmung des Kresol- und Fettsäuregehaltes führt man zweckmäßig folgende Vorproben aus. Kresolseifenlösungen, die diese Proben nicht halten, sind minderwertig; eine weitere Untersuchung ist bei diesen nicht nötig.

Löslichkeit in Wasser.

In ein Kölbchen von 50—100 ccm wägt man 2 g Kresolseifenlösung, fügt tropfenweise Wasser hinzu und mischt. Es muß eine Trübung und eine gallertartige Verdickung der Mischung eintreten. Bei weiterem Zusatz von im ganzen 6 bis höchstens 8 g Wasser muß die Lösung klar sein und bei weiterem Wasserzusatz klar bleiben.

Annähernde Bestimmung der Gesamtmenge von Kresol und Fettsäuren.

In den zur Bestimmung der Alkoholzahl von Tinkturen dienenden Meßzylinder (siehe S. 76) gibt man 4 ccm gesättigte Natriumchloridlösung und 6 ccm verdünnte Salzsäure, mischt und fügt mit einer Pipette 5 ccm Benzol oder Petroleumbenzin hinzu. Dann läßt man langsam 10 ccm Kresolseifenlösung zufließen und schüttelt einige Male schnell und kräftig.

Darauf läßt man den Zylinder bis zur Trennung der Flüssigkeiten stehen, wobei man die vollständige Trennung zum Schluß durch quirlende Bewegung des Zylinders erreichen kann. Das Kresol und die durch die Salzsäure abgeschiedenen Fettsäuren lösen sich in dem Benzol oder Benzin. Das in der Kresolseifenlösung enthaltene Wasser, Glycerin und der Alkohol mischen sich mit der wässerigen Flüssigkeit. Letztere darf bis auf höchstens 13 ccm zunehmen, die obere Schicht muß mindestens 12 ccm betragen. Ist sie geringer, so ist der Kresol- oder der Fettsäuregehalt zu niedrig.

Auch die Probe mit **Magnesiumsulfat** gibt einen Anhalt für den Seifengehalt:

10 ccm einer Verdünnung von 1 g Kresolseifenlösung mit 99 g Wasser müssen mit 2 ccm Magnesiumsulfatlösung (1 + 9) eine starke Ausscheidung geben.

Die Probe auf **überschüssiges Alkali** wird ebenfalls vor der quantitativen Prüfung ausgeführt.

1 g Kresolseifenlösung wird in etwa 20 ccm Weingeist gelöst und die Lösung mit 1 ccm Phenolphthaleinlösung versetzt. Eine etwa auftretende Rotfärbung muß auf Zusatz von höchstens 2 Tropfen n-Salzsäure verschwinden.

Bestimmung des Kresolgehaltes.

In einem Destillierkolben von etwa 1 Liter werden 40 g Kresolseifenlösung mit 100 ccm Wasser verdünnt und nach Zusatz von 10 Tropfen Methylorangelösung mit verdünnter Schwefelsäure angesäuert (bis zur Rotfärbung). Hierauf wird mit Wasserdampf destilliert. Das Destillat wird in einem Kolben von etwa $^3/_4$ Liter aufgefangen. Sobald das anfangs milchig trübe Destillat klar übergeht, wird die Kühlung abgestellt und weiter destilliert, bis aus dem Kühlrohr Dampf austritt. Dann wird die Kühlung wieder angestellt und die Destillation noch 5 Minuten lang fortgesetzt. Das Destillat (500—600 ccm) wird für je 100 ccm mit 20 g Natriumchlorid versetzt und nach dessen Auflösung in einem Scheidetrichter mit 100 ccm Petroläther kräftig durchgeschüttelt. Nach dem Absetzen läßt man die wässerige Flüssigkeit wieder in den Kolben laufen und filtriert den Petroläther in einen gewogenen (Rezepturwaage) Erlenmeyerkolben von 400 ccm. Die Ausschüttelung wird noch zweimal mit je 50 ccm Petroläther in gleicher Weise wiederholt. Der Petroläther wird auf dem Wasserbad abdestilliert und das Kresol im aufrechtstehenden Kolben 2 Stunden lang bei 100° getrocknet und gewogen. Das Gewicht muß mindestens 19 g betragen = 47,5%.

Das Ansäuern mit Schwefelsäure hat den Zweck, die Seife zu zerlegen und dadurch das Schäumen bei der Destillation zu verhüten.

Durch das dem Destillat zugesetzte Natriumchlorid wird das in dem Wasser zum Teil gelöste Kresol ausgesalzen. Es läßt sich dann vollständig mit Petroläther ausschütteln.

Bei der Destillation soll gegen Ende die Kühlung abgestellt werden und Dampf durch das Kühlrohr gehen. Dadurch werden etwa hängengebliebene Kresoltröpfchen in die Vorlage gebracht. Das Wiederanstellen der Kühlung muß sehr vorsichtig geschehen, damit der Kühler nicht springt. Fast immer tritt das Springen ein, wenn das Kühlrohr mit dem Mantel verschmolzen ist. Man verwende einen Kühler, bei dem Rohr und Mantel durch Gummischlauch verbunden sind.

Der Petroläther soll keine über 60° siedenden Anteile enthalten. Am besten wird er vorher destilliert.

Die vorschriftsmäßige Beschaffenheit des isolierten Kresols ergibt sich durch die Löslichkeitsprobe mit Natronlauge und Wiederabscheidung mit Salzsäure.

Werden 5 ccm des Kresols (Pipette) im Meßzylinder von 100 ccm mit 25 ccm Natronlauge und 25 ccm Wasser geschüttelt, so müssen sie sich bis auf geringe Spuren lösen (**Naphthalin**). Ölige Tröpfchen dürfen nicht vorhanden sein. Nach Zusatz von 15 ccm Salzsäure und 5 g Natriumchlorid wird geschüttelt, bis das Natriumchlorid gelöst ist. Beim ruhigen Stehen müssen sich mindestens 4,5 ccm Kresol abscheiden.

Zur Ausführung dieser Probe läßt sich auch sehr gut das Zimtöl kölbchen verwenden. Nach dem Zusatz der Salzsäure und des Natriumchlorids gibt man noch so viel Natriumchloridlösung (1 + 9) hinzu, daß das Kresol in den geteilten Hals steigt.

Außer dieser Probe wird auch die Nitrierung ausgeführt, in gleicher Weise wie bei Cresolum crudum. 10 g des Kresols müssen mindestens 7,4 g Trinitro-m-Kresol liefern, dessen Schmelzpunkt nicht unter 100° liegen darf.

Destillation mit Wasserdampf.

Viele organische flüssige (auch feste) Verbindungen lassen sich mit Wasserdampf überdestillieren, auch wenn ihr Siedepunkt weit über 100° liegt. Hierauf beruht z. B. die Gewinnung der ätherischen Öle. Diese Erscheinung erklärt sich folgendermaßen (nach L. Gattermann: Die Praxis des organischen Chemikers):

Nehmen wir an, daß wir eine Mischung zweier Flüssigkeiten haben, die ineinander absolut unlöslich sind, so wird keine den Dampfdruck der anderen beeinflussen, d. h. jede wird stets den Dampfdruck besitzen, den sie ausübte, wenn sie allein vorhanden wäre. Als Beispiel dieser Art sei die Destillation einer Mischung von Wasser und Brombenzol (Siedepunkt 155°) angeführt. Erwärmen wir eine solche Mischung, so werden die Dampfdrucke beider Stoffe immer größer, und die Erscheinung des Siedens wird eintreten, wenn die Summe der Dampfdrucke gleich dem herrschenden Barometerstand ist, den wir zu 760 mm annehmen wollen. Das Sieden der Mischung tritt bei 95,25° ein, denn dann ist der Dampfdruck des Wassers = 639 mm und der des Brombenzols = 121 mm, zusammen also 760 mm.

Das Mengenverhältnis der bei der Destillation übergehenden beiden Flüssigkeiten ergibt sich aus folgenden Erwägungen: bei gleicher Temperatur und gleichem Druck enthalten nach der Regel von Avogadro gleiche Volume aller idealen Gase die gleiche Anzahl von Molekeln. Sind die Temperaturen gleich, die Drucke aber verschieden, so stehen die Molekelzahlen gleicher Volume zueinander im Verhältnis der Drucke. Da nun in dem Dampfgemisch von Wasser und Brombenzol die Temperatur gleich ist, der Druck des Wassers 639 mm und der des Brombenzols 121 mm beträgt, so verhalten sich die Molekelzahlen der beiden Verbindungen in dem Dampfgemisch wie 639:121, d. h. auf 639 Mol. Wasser kommen 121 Mol. Brombenzol; die Gewichtsmengen ergeben sich dann durch Multiplikation mit dem Molekelgewicht, auf $639 \times 18 =$ rund 1150 Teile Wasser kommen $121 \times 157 =$ rund 1900 Teile Brombenzol, das Mengenverhältnis ist also rund 3 Teile Wasser und 5 Teile Brombenzol. In der Praxis ergeben sich Abweichungen von dieser Rechnung, weil es keine Stoffe gibt, die ineinander vollkommen unlöslich sind, so daß eine gegenseitige Beeinflussung des Dampfdruckes doch stattfindet, die aber nicht sehr groß ist. Auch entsprechen solche Dämpfe nicht streng genau der Avogadroschen Regel. Die Verhältnisse werden auch dadurch verschoben, daß man bei der Ausführung der Wasserdampfdestillation meistens Wasserdampf in einem besonderen Gefäß entwickelt und diesen durch die Mischung von Wasser und der zu destillierenden Verbindung hindurchleitet.

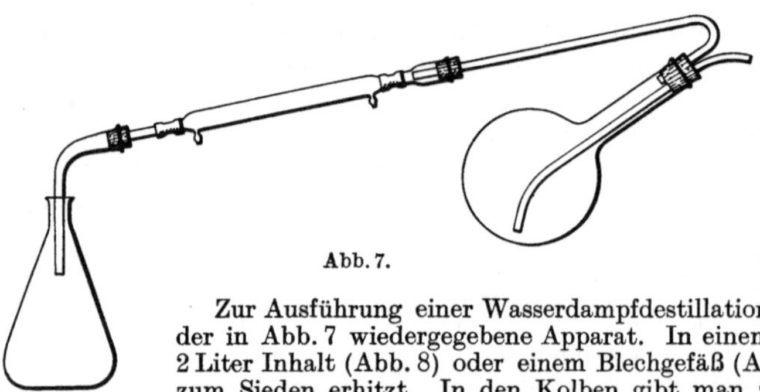

Abb. 7.

Zur Ausführung einer Wasserdampfdestillation im kleinen dient der in Abb. 7 wiedergegebene Apparat. In einem Kolben von 1 bis 2 Liter Inhalt (Abb. 8) oder einem Blechgefäß (Abb. 9) wird Wasser zum Sieden erhitzt. In den Kolben gibt man zur Verhütung des Siedeverzugs und des Stoßens einige Tonstückchen. In dem doppelt durchbohrten Stopfen des Kolbens ist außer dem Dampfableitungsrohr ein kurzes gerades, mit einem Stückchen Gummischlauch und Quetschhahn verschlossenes Glasrohr angebracht. Die zu destillierende Flüssigkeit wird zusammen mit etwas Wasser in den schräggestellten Rundkolben (Abb. 7) gebracht und mit untergelegtem Drahtnetz oder Sandbad durch einen Brenner bis zum Sieden erhitzt. Das Dampfeinleitungsrohr ist so gebogen, daß das Ende im Kolben ziemlich senkrecht nach unten gerichtet ist. Das Rohr soll fast bis auf den Boden des Kolbens gehen. Nach beendeter Destillation öffnet man den Quetschhahn des Dampfentwicklers oder löst die Gummiverbindung des Dampfrohres, damit nicht nach der Entfernung der Flamme die Flüssigkeit aus dem Kolben zurückgesogen wird.

Das Blechgefäß von etwa 3 Litern Inhalt ist mit einem Wasserstandsrohr und einem seitlich angesetzten Dampfableitungsrohr versehen. Durch den Stopfen wird ein etwa 70 cm langes Glasrohr bis fast auf den Boden des Gefäßes geführt.

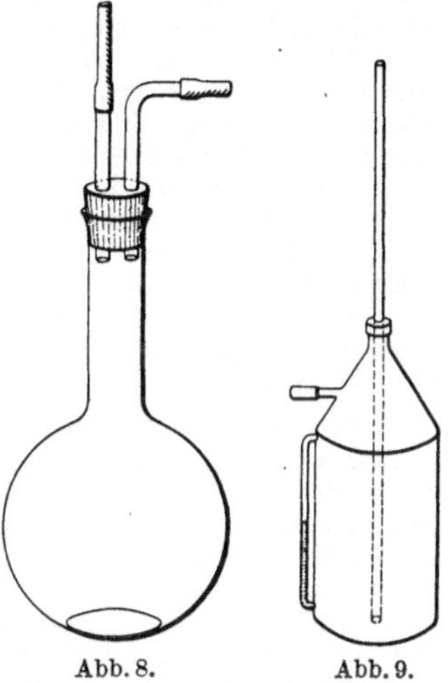

Abb. 8.   Abb. 9.

Bestimmung des Fettsäuregehaltes.

Bei der Dampfdestillation bleiben die Fettsäuren (Ölsäuren) in dem Kolben zurück. Nach dem Erkalten wird der Inhalt des Kolbens in einen Scheidetrichter gebracht und mit 100 ccm Petroläther, mit dem man zunächst den Kolben nachspült, ausgeschüttelt in gleicher Weise, wie bei der Kresolbestimmung. Die Ausschüttelung wird zweimal mit je 50 ccm Petroläther wiederholt. Der Petroläther wird auf dem Wasserbad abdestilliert, der Rückstand eine halbe Stunde lang bei 100° getrocknet; sein Gewicht muß mindestens 9,5 g betragen = 23,75 %.

Pastilli Santonini.

Gehalt einer Pastille etwa 0,025 g Santonin.

Werden vier feingepulverte Santoninpastillen mit warmem Chloroform ausgezogen, so darf das Gewicht des nach dem Verdunsten des Chloroforms hinterbleibenden Rückstandes nicht weniger als 0,09 g und nicht mehr als 0,10 g betragen. Hinsichtlich seiner Reinheit muß der Rückstand den an Santonin gestellten Anforderungen genügen.

Sind die Santoninpastillen mit Schokoladenmasse hergestellt, so ist das Santonin vor dem Wägen mit kaltem Petroläther vom Fett zu befreien.

Die Bestimmung läßt sich sehr einfach in folgender Weise ausführen: Man bringt das Pulver von 5 Pastillen in ein Kölbchen von 50—100 ccm, wägt 25 g Chloroform hinein, vermerkt das Gewicht des Kölbchens mit Inhalt und erwärmt das Kölbchen einige Minuten lang auf dem Wasserbad bis zum Sieden des Chloroforms. Nach dem Erkalten ergänzt man das verdampfte Chloroform durch Auffüllen auf das vermerkte Gewicht, filtriert nach dem Mischen und verdampft 20 g des Chloroforms = 4 Pastillen in einem gewogenen Kölbchen oder Becherglas.

Das Santonin wird bei 100° getrocknet und gewogen. Zur Prüfung des Santonins auf Reinheit ist vor allem die Bestimmung des Schmelzpunktes erforderlich.

Sapo kalinus und Sapo kalinus venalis.

Gehalt an Fettsäuren mindestens 40 %.

Die Lösung von 2,5 g Kaliseife in 50 g heißem Wasser wird in einem Arzneiglas mit 5 ccm verdünnter Schwefelsäure versetzt und im Wasserbad solange erwärmt, bis die ausgeschiedenen Fettsäuren klar auf der wässerigen Flüssigkeit schwimmen. Der erkalteten Flüssigkeit setzt man 10 ccm Petroläther zu und schwenkt vorsichtig um, bis die Fettsäuren in dem Petroläther gelöst sind. Dann gibt man die gesamte Flüssigkeit in einen Scheidetrichter, spült das Arzneiglas zuerst mit 10 ccm, dann mit 5 ccm Petroläther nach und schüttelt die im Scheidetrichter vereinigten Flüssigkeiten nochmals kräftig durch. Nach dem Absetzen der wässerigen Flüssigkeit läßt man diese möglichst vollständig abfließen, setzt zu der Petrolätherlösung 25 ccm Wasser hinzu, schüttelt durch und läßt nach dem Absetzen die wässerige Flüssigkeit wieder möglichst vollständig abfließen. Nun gibt man zu der Petrolätherlösung 1 g getrocknetes Natriumsulfat, schüttelt kräftig durch, läßt noch eine halbe Stunde lang ruhig stehen und filtriert dann durch ein Wattebäuschchen in ein gewogenes Kölbchen. Den Scheidetrichter mit dem Natriumsulfat und das Wattebäuschchen spült man zweimal mit je 5 ccm Petroläther nach und destilliert die vereinigten Petrolätherlösungen bei gelinder Wärme auf dem Wasserbad ab. Der Rückstand wird bei einer 75° nicht übersteigenden Temperatur getrocknet. Sein Gewicht muß mindestens 1 g betragen = mindestens 40% Fettsäuren.

Einfacher ist folgendes Verfahren:

Man wägt auf einem Stückchen dünnen Pergamentpapier 3 g Kaliseife, bringt sie mit dem zusammengerollten Papier in ein Arzneiglas von 100 ccm, löst sie in 50 ccm heißem Wasser, gibt 10 ccm verdünnte Schwefelsäure hinzu und erhitzt im Wasserbad, bis die Fettsäuren sich klar abgeschieden haben. Nach dem Erkalten wägt man 30 g Petroläther hinzu, verschließt das Glas und schüttelt gelinde, bis die Fettsäuren in dem Petroläther gelöst sind. Dann wird die Flasche umgekehrt und durch vorsichtiges Lüften des Stopfens die wässerige Flüssigkeit bis auf etwa 1—2 ccm ablaufen gelassen. Darauf bringt man 0,5 g Traganthpulver in die Flasche und schüttelt kräftig. In ein genau gewogenes Kölbchen wägt man auf der Rezepturwaage 20,8 g des Petroläthers, dampft ihn auf dem Wasserbad ab, trocknet die Fettsäuren bei nicht über 75° und wägt genau. Das Gewicht muß mindestens 0,8 g betragen = 40% Fettsäuren.

Der Petroläther darf keine über 60° siedenden Anteile enthalten; er wird am besten vorher frisch destilliert.

Semen Strophanthi.

Gehalt mindestens 4% wasserfreies g-Strophanthin, $C_{30}H_{46}O_{12}$.
7 g grob gepulverter Strophanthussamen werden in einem gewogenen Kölbchen von 150 ccm 1 Stunde lang mit 70 g absolutem Alkohol am Rückflußkühler erhitzt. Nach dem Erkalten bringt man mit absolutem Alkohol auf das ursprüngliche Gewicht und filtriert durch ein gut bedecktes Faltenfilter von 10 cm Durchmesser. 51,5 g des Filtrats (= 5 g Strophanthussamen) dampft man in einem gewogenen Kölbchen bis auf etwa 1—2 g ab, ergänzt mit absolutem Alkohol auf 5 g und versetzt ohne Filtration unter Umschwenken mit 30 g Petroleumbenzin und, falls innerhalb einer halben Stunde kein Absetzen erfolgt ist, unter kräftigem Umschütteln mit 2—3 Tropfen verdünntem Weingeist. Dann läßt man das Kölbchen solange stehen, bis der flockige Niederschlag fest an dem Boden des Kölbchens haftet, gießt die Alkohol-Petroleumbenzinmischung vorsichtig ab, wäscht das Kölbchen unter gelindem Umschwenken zweimal mit je 5 g Petroleumbenzin nach und läßt das schräggestellte Kölbchen an der Luft trocknen. Hierauf erwärmt man den Niederschlag unter wiederholtem Umschwenken auf dem Wasserbad mit 10 ccm Wasser, gibt zu der heißen Lösung 5—6 Tropfen Bleiessig hinzu und erwärmt einige Minuten lang. Die heiße Lösung filtriert man durch ein glattes Filter von 6 cm Durchmesser in ein Kölbchen von 50 ccm Inhalt und wäscht Kölbchen und Filter viermal mit je 5 g heißem Wasser nach. In das warme Filtrat leitet man Schwefelwasserstoff bis zur Sättigung ein, erwärmt 2 Stunden lang auf dem Wasserbad, filtriert durch ein glattes Filter von 6 cm Durchmesser in eine Porzellanschale von 100 ccm Inhalt und wäscht Kölbchen und Filter zweimal mit 5 g heißem Wasser nach. Die filtrierte Lösung dampft man auf dem Wasserbad bis auf etwa 5 g ein, führt sie in ein gewogenes zylindrisches Gläschen von etwa 4 cm

Durchmesser und 2 cm Höhe über (Abb. 10), spült die Porzellanschale dreimal mit je 1 g heißem Wasser nach und dampft auf dem Wasserbad bis auf etwa 2—2,5 g ein. Nun läßt man zur Kristallisation etwa 24 Stunden lang stehen, bis das Gewicht auf ungefähr 1 g zurückgegangen ist, gießt die Mutterlauge vorsichtig ab und schwenkt dreimal mit je 0,5 ccm Wasser leicht um und gießt die Waschflüssigkeit vorsichtig ab, so daß kein Verlust an Strophanthinkristallen entsteht. Der nach zweistündigem Trocknen bei 105—110° hinterbleibende Rückstand muß mindestens 0,2 g betragen = mindestens 4% wasserfreies Strophanthin.

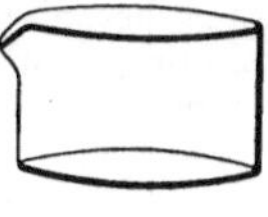

Abb. 10.

Durch den Zusatz des Petroleumbenzins zu der alkoholischen Lösung werden das Strophanthin und verschiedene Extraktivstoffe ausgefällt, während das von dem absoluten Alkohol aus den Samen aufgenommene Fett in Lösung bleibt. Aus der heißen Lösung des Niederschlages werden durch Bleiessig die Extraktivstoffe größtenteils ausgefällt. Von den noch gelöst bleibenden Extraktivstoffen wird das Strophanthin durch Auskristallisierenlassen getrennt.

Tinctura Strophanthi.

Gehaltsbestimmung. Gehalt 0,39—0,41% wasserfreies g-Strophanthin.

50 g der Tinktur dampft man in einem gewogenen Kölbchen von etwa 100 ccm Inhalt im siedenden Wasserbad auf 5 g ein, fügt zu dem Rückstand 10 g heißes Wasser hinzu, versetzt die heiße Flüssigkeit mit 15 Tropfen Bleiessig und erwärmt noch einige Minuten lang. Die heiße Lösung filtriert man durch ein glattes Filter von 6 cm Durchmesser in ein Kölbchen von 50 ccm Inhalt und wäscht Kölbchen und Filter viermal mit je 5 g heißem Wasser nach. Darauf Einleiten von Schwefelwasserstoff und weitere Behandlung wie bei Semen Strophanthi. Es müssen 0,195—0,205 g = 0,39—0,41% Strophanthin gefunden werden. Ist der Gehalt höher, so wird er durch Verdünnen der Tinktur mit verdünntem Weingeist auf 0,4% eingestellt.

Da die Tinktur aus entfettetem Strophanthussamen hergestellt wird, ist die bei der Gehaltsbestimmung der Samen vorgeschriebene Behandlung mit Petroleumbenzin nicht nötig.

Verschiedene quantitative Gehaltsbestimmungen von Arzneistoffen und Zubereitungen.

Bestimmung des Alkoholgehaltes von Tinkturen.

Die Bestimmung des Alkoholgehaltes kann mit praktisch genügender Genauigkeit durch die Bestimmung der **Alkoholzahl** erfolgen, die in folgender Weise ausgeführt wird.

Man benutzt dazu den zur Bestimmung des Siedepunktes dienenden Apparat (siehe S. 237) mit dem Siedekolben a_2 und angeschlossenem Kühler. Hierbei wird das untere Ende des Kühlers mit einem Vorstoß, dessen oberer Teil bei 1,3 cm lichter Weite 2,5 cm und dessen unterer Teil bei 0,5 cm lichter Weite 15 cm lang ist, derart verbunden, daß der absteigende Teil des Vorstoßes senkrecht steht. Die Verbindung erfolgt mit Hilfe eines Gummischlauches, der über das weitere Ende des Vorstoßes und das Kühlrohr gezogen wird, so daß letzteres in den Vorstoß hineinragt. In den Siedekolben wird zur Verhütung des Siedeverzugs ein Siedestäbchen (oder Stückchen von porösem Ton) gegeben. Als Vorlage dient ein in $^1/_{10}$ ccm eingeteilter Glaszylinder von 25 ccm Inhalt (Abb. 11).

In dem Siedekolben werden, sofern nicht besondere Vorschriften gegeben sind, 10 g der zu prüfenden Tinktur, auf der Rezepturwaage möglichst genau gewogen, mit 5 g Wasser versetzt. Dann wird der mit einem Korkstopfen verschlossene Aufsatz ohne Thermometer auf den Siedekolben gesetzt und mit dem Kühler verbunden. Darauf wird mit etwas seitlich gestellter Flamme das in der Mitte der Asbestplatte befindliche Drahtnetz derart erhitzt, daß es in seiner ganzen Ausdehnung rotglühend wird. Bei beginnendem Sieden ist die Höhe der Flamme so einzustellen, daß die Flüssigkeit gleichmäßig und stark siedet. Bei den mit ver-

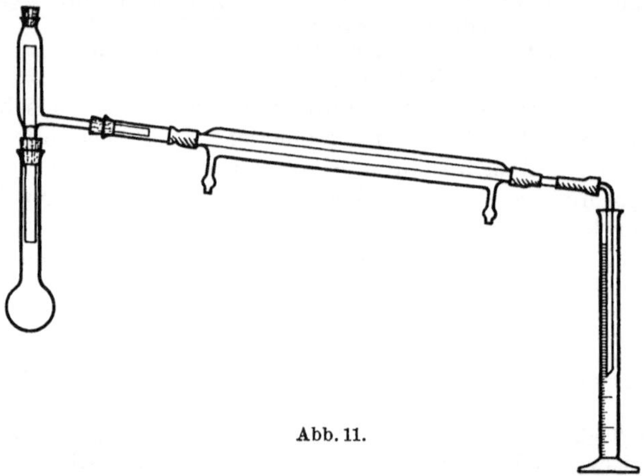

Abb. 11.

dünntem Weingeist bereiteten Tinkturen sind etwa 11 ccm, bei den mit Weingeist bereiteten etwa 13 ccm, bei Tinctura Opii crocata und Tinctura Opii simplex etwa 9 ccm abzudestillieren.

Das in dem Glaszylinder aufgefangene Destillat wird zur Abscheidung des Alkohols mit so viel Kaliumcarbonat kräftig durchgeschüttelt, daß eine mindestens 0,5 cm hohe Schicht von Kaliumcarbonat ungelöst bleibt. Bei den mit verdünntem Weingeist bereiteten Tinkturen sind etwa 6—7 g, — bei den Opiumtinkturen etwas mehr —, bei den mit Weingeist bereiteten Tinkturen etwa 3—4 g Kaliumcarbonat erforderlich. Wird zu reichlich Kaliumcarbonat zugesetzt, so findet keine scharfe Scheidung der Flüssigkeiten statt. In diesem Falle ist mit einigen Tropfen Wasser erneut durchzuschütteln, bis bei ruhigem Stehen eine scharfe Scheidung eintritt.

Nach dem Abkühlen auf 20° durch halbstündiges Einstellen in Wasser von 20° wird die Anzahl Kubikzentimeter der oberen, alkoholischen Schicht abgelesen. Diese Zahl ist die Alkoholzahl.

Durch das Kaliumcarbonat wird dem abdestillierten Alkohol-Wassergemisch der größte Teil des Wassers entzogen; es scheidet sich Äthylalkoholhydrat, $C_2H_5OH + H_2O$ ab, das mit der gesättigten wässerigen Kaliumcarbonatlösung nicht mischbar ist.

Eine Multiplikation der Alkoholzahl mit 7,43 ergibt den Alkoholgehalt in Gewichtsprozent.

Die Alkoholzahl soll nach dem Arzneibuch betragen bei:

		nicht unter	% Alkohol			nicht unter	% Alkohol
Tinctura	Absinthii . . .	7,5	55,7	Tinctura	Calami	7,7	57,2
„	Aloes	9,5	70,6	„	Capsici	10,8	80,2
„	Aloes composita	7,7	57,2	„	Catechu	7,3[1]	54,2
„	amara	7,5	55,7	„	Chinae	7,3	54,2
„	Arnicae	7,7	57,2	„	Chinae composita	7,3	54,2
„	aromatica . . .	7,7	57,2	„	Cinnamomi . .	7,5[1]	55,7
„	Aurantii	7,4	55,0	„	Colchici	7,7	57,2
„	Benzoes	9,0	66,9	„	Colocynthidis . .	11,5[2]	85,4

nicht unter		$\frac{\%}{\text{Alkohol}}$	nicht unter		$\frac{\%}{\text{Alkohol}}$
Tinctura Gallarum	. . . 6,5	48,3	Tinctura Ratanhiae	. . . 7,4[1]	55,0
„ Gentianae	. . . 7,3	54,2	„ Scillae	. . . . 6,8[2]	50,5
„ Ipecacuanhae	. 8,0	59,4	„ Strophanthi	. . 7,5	55,7
„ Lobeliae	 8,0	59,4	„ Strychni	 7,5	55,7
„ Myrrhae	. . . 10,2	75,8	„ Tormentillae	. . 7,7[1]	57,2
„ Opii benzoica	. 7,4	55,0	„ Valerianae	. . . 7,5	55,7
„ Opii crocata	. . 3,5	26,0	„ Veratri	 7,7	57,2
„ Opii simplex	. . 3,5	26,0	„ Zingiberis	. . . 7,7	57,2
„ Pimpinellae	. . 7,3	54,2			

[1] Bei diesen Tinkturen wird zur Verhütung des Schäumens bei der Destillation dem Gemisch von Tinktur und Wasser zur Ausfällung der das Schäumen verursachenden Gerbsäure Bleiacetatlösung zugesetzt: Tinctura Catechu: 10 g Tinktur, 5 g Wasser, 5 g Bleiacetatlösung; Tinctura Cinnamomi: 10 g Tinktur, 10 g Bleiacetatlösung; Tinctura Ratanhiae: 10 g Tinktur, 5 g Wasser, 5 g Bleiacetatlösung. Tinctura Tormentillae: 25 g Tinktur, 15 g Wasser und 10 g Bleiacetatlösung werden gemischt und die Mischung durch ein nichtangefeuchtetes Filter filtriert. 20 g des Filtrats = 10 g Tormentilltinktur werden destilliert.

[2] Bei diesen Tinkturen werden zur Verhütung des Schäumens dem Gemisch von 10 g Tinktur und 5 g Wasser zur Ausfällung von Schleimstoffen 0,5 g Gerbsäure zugesetzt.

Im Anschluß an die Bestimmung der Alkoholzahl schreibt das Arzneibuch eine Prüfung des abdestillierten Alkohols auf **Methylalkohol und Aceton** und damit auf gereinigten vergällten **Branntwein, Brennspiritus,** vor (siehe S. 14).

Olea aetherea.

Die Gehaltsbestimmung der ätherischen Öle, die Ester und Alkohole enthalten, wie **Lavendelöl, Baldrianöl, Methylsalicylat, Citronellöl, Pfefferminzöl** und **Sandelöl,** ist in dem Abschnitt **Bestimmung der Esterzahl** ausführlich beschrieben (siehe S. 127 u. f.).

Oleum Carvi.

Gehalt mindestens 50 Volumprozent Carvon.

In den Zimtölkolben (Abb. 12) bringt man 5 ccm (Pipette) Kümmelöl und 50 ccm (Meßglas) frisch bereitete und filtrierte Natriumsulfitlösung (aus 60 g Na_2SO_3 + 7 H_2O und 90 g Wasser) und etwa 5 Tropfen Phenolphthaleinlösung und erhitzt den Kolben unter häufigem Schütteln im siedenden Wasserbad. Dabei entsteht aus dem Keton **Carvon,** $C_9H_{14}CO$, die in Wasser lösliche Bisulfitverbindung und daneben Natriumhydroxyd:

$$C_9H_{14}CO + Na_2SO_3 + H_2O = C_9H_{14}C\!\!\begin{array}{l}\diagup OH \\ \diagdown OSO_2Na\end{array} + NaOH.$$

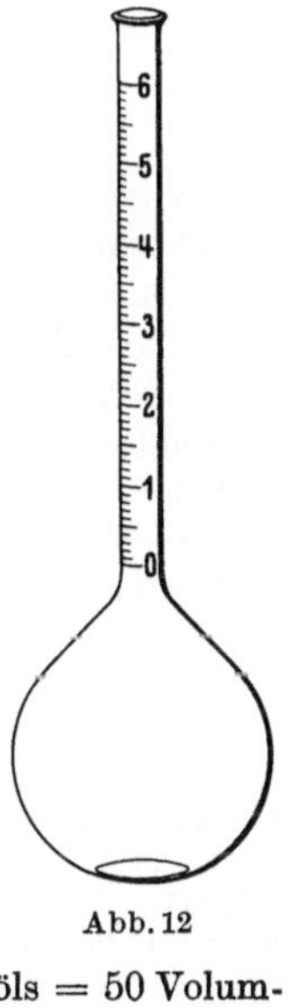

Das Natriumhydroxyd wird von Zeit zu Zeit durch Zusatz von verdünnter Essigsäure gebunden. Man erhitzt solange, bis keine Rotfärbung mehr eintritt, also kein Natriumhydroxyd mehr entsteht. Dann wird das ungelöste Öl durch weiteren Zusatz von Natriumsulfitlösung in den eingeteilten Hals des Kolbens getrieben und die Menge nach dem Abkühlen abgelesen. Sie darf nicht mehr als 2,5 ccm betragen, so daß 2,5 ccm des Kümmelöls = 50 Volumprozent gelöst sind.

Abb. 12

Oleum Caryophylli.

Gehalt 80—96 Volumprozent Eugenol (einschließlich Acetyleugenol).

5 ccm Nelkenöl (Pipette) werden im Zimtölkolben mit 70 ccm (Meßglas) einer Mischung von 15 g Natronlauge und 60 g Wasser unter häufigem kräftigem Umschütteln eine Viertelstunde lang im siedenden Wasserbad erhitzt. Durch Zugabe von kaltgesättigter Natriumchloridlösung treibt man dann das nichtgelöste Öl in den geteilten Hals. Hängenbleibende Öltröpfchen bringt man durch quirlende Bewegung des Kölbchens und Beklopfen ebenfalls in den Hals. Man läßt dann das Kölbchen solange stehen, bis sich das Öl von der wässerigen Flüssigkeit vollkommen getrennt hat. Die Menge des nichtgelösten Öles darf nicht mehr als 1 ccm und nicht weniger als 0,2 ccm betragen, so daß 4—4,8 ccm des Öles gelöst sind = 80—96 Volumprozent.

Das Eugenol (Allylguajacol), $C_6H_3(C_3H_5)(OCH_3)OH$ [1, 3, 4] gibt mit Natriumhydroxyd Eugenolnatrium, $C_6H_3(C_3H_5)(OCH_3)ONa$, das in Wasser löslich ist. Acetyleugenol, $C_6H_3(C_3H_5)(OCH_3)O \cdot OCCH_3$, wird durch Natronlauge beim Erhitzen verseift, wobei ebenfalls Eugenolnatrium entsteht. Der Zusatz von Natriumchlorid hat den Zweck, die Löslichkeit des ungelösten Öles (Kohlenwasserstoffe und andere Nichtphenole) herabzusetzen.

Oleum Chenopodii anthelminthici.

Gehalt annähernd 60% Ascaridol. Das Ascaridol, $C_{10}H_{16}O_2$, hat nach O. Wallach die Konstitutionsformel

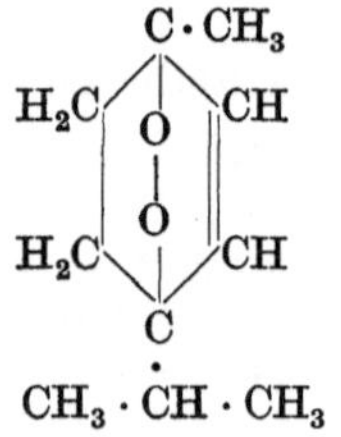

$$
\begin{array}{c}
C \cdot CH_3 \\
H_2C \diagup \;\;\; \diagdown CH \\
O \\
| \\
O \\
H_2C \diagdown \;\;\; \diagup CH \\
C \\
CH_3 \cdot CH \cdot CH_3
\end{array}
$$

Es ist ein Peroxyd eines Terpens, das sich beim Erhitzen explosionsartig zersetzt. In Mischungen mit den anderen Stoffen, die im Wurmsamenöl enthalten sind, zersetzt es sich beim Erhitzen unter lebhaftem Aufschäumen und Gelbfärbung, wenn der Gehalt an Ascaridol etwa 60% beträgt.

Erhitzt man in einem Probierrohr 1 ccm Wurmsamenöl (nicht mehr!) über freier Flamme etwa 1 Minute lang zum Sieden, so muß es sich unter stürmischem Aufsieden tief dunkelgelb färben.

Gutes Wurmsamenöl enthält 60—75% Ascaridol.

Oleum Cinnamomi.

Gehalt 66—76 Volumprozent Zimtaldehyd.

In den Zimtölkolben mit eingeteiltem Hals (Cassiakölbchen) bringt man 5 ccm Zimtöl (Pipette) und mit dem Meßglas 5 ccm Natriumbisulfitlösung. Die Lösung wird frisch hergestellt aus 40 g Natriumbisulfit, $NaHSO_3$ und 75 g Wasser und filtriert. Der Kolben wird im siedenden Wasserbad unter häufigem Schütteln erwärmt, bis die zuerst entstandene Ausscheidung wieder gelöst ist. Dann werden weiter je 5 ccm Natriumbisulfitlösung zugesetzt und erhitzt, bis schließlich ein weiterer Zusatz von Natriumbisulfitlösung keine Ausscheidung mehr hervorruft.

Der Kolben wird dann mit Natriumbisulfitlösung so weit angefüllt, daß das ungelöste Öl in den eingeteilten Hals des Kolbens getrieben wird. Öltröpfchen, die noch an der oberen Wandung des Kolbens haften, werden durch drehende Bewegung des Kolbens zum Aufsteigen gebracht. Die Menge des ungelösten Öles wird nach dem Abkühlen abgelesen. Sie darf nicht mehr als 1,7 ccm und nicht weniger als 1,2 ccm betragen, so daß 3,3—3,8 ccm des Öles gelöst sind = 66 bis 76 Volumprozent.

Der Zimtaldehyd, $C_6H_5 \cdot CH:CH \cdot CHO$, vereinigt sich mit Natriumbisulfit zunächst zu der Aldehydbisulfitverbindung:

$$C_6H_5 \cdot CH:CH \cdot C{\overset{\displaystyle H}{\underset{\displaystyle OSO_2Na}{\Big\langle} OH}}$$

die in Wasser schwer löslich ist und sich ausscheidet. Beim Erwärmen wird von dieser Bisulfitverbindung weiter Natriumbisulfit angelagert, und es entsteht die Verbindung

$$C_6H_5 \cdot CH_2 \cdot \underset{\displaystyle OSO_2Na}{CH} \cdot C{\overset{\displaystyle H}{\underset{\displaystyle OSO_2Na}{\Big\langle} OH}},$$

die in Wasser löslich ist.

Wird der Gehalt an Zimtaldehyd höher gefunden als 76 Volumprozent, so hat wahrscheinlich ein Zusatz von Cassiaöl stattgefunden, das bis zu 90% Zimtaldehyd enthält. Ein Zusatz von Zimtblätteröl erniedrigt den Gehalt an Zimtaldehyd.

Oleum Eucalypti.

Es ist das ätherische Öl von Eucalyptus globulus Labillardière vorgeschrieben, das mindestens 50% Eucalyptol oder Cineol, $C_{10}H_{18}O$, enthalten soll. Der Gehalt an Eukalyptol kann aber auch bis zu 80% betragen. Andere Eucalyptusöle enthalten weniger Cineol und mehr oder weniger Phellandren, $C_{10}H_{16}$. Das Arzneibuch schreibt außer der Bestimmung der Destillationstemperatur (siehe S. 239) folgende Probe vor:

Schüttelt man 1 ccm Eucalyptusöl mit 1 ccm konz. Phosphorsäure (80% H_3PO_4) kräftig durch, so muß das Gemisch innerhalb einer halben Stunde eine feste oder halbfeste Kristallmasse bilden.

Es entsteht dabei eine kristallinische Molekelverbindung von Eucalyptol mit Phosphorsäure, $C_{10}H_{18}O \cdot H_3PO_4$. Wenn der Gehalt an Eukalyptol mindestens 50% beträgt, erstarrt die Mischung schon sofort nach dem Durchschütteln zu einer Kristallmasse.

Phellandrenhaltige Eucalyptusöle werden durch folgende Probe erkannt.

Eine Lösung von 1 ccm Eucalyptusöl in 2 ccm Petroläther wird mit 1 ccm kalt gesättigter Natriumnitritlösung (2 g Natriumnitrit in 3 ccm Wasser gelöst) und dann unter Umschütteln tropfenweise mit 1 ccm Essigsäure versetzt. Die Petrolätherschicht darf höchstens getrübt werden; es dürfen sich aber keine flockig vereinigten Kristalle abscheiden.

Bei Anwesenheit großer Mengen von Phellandren bildet die Petrolätherschicht einen Kristallbrei. Die Probe beruht auf der Bildung der kristallinischen Additionsverbindung von Phellandren und Stickstofftrioxyd, $C_{10}H_{16} \cdot N_2O_3$.

Eucalyptolum.

Das Eucalyptol oder Cineol, $C_{10}H_{18}O$, wird aus Eucalyptusöl durch fraktionierte Destillation gewonnen. Zur Feststellung der Reinheit des Eucalyptols dient außer der Bestimmung des Erstarrungspunktes (0—1°) eine Probe, die auf der Bildung einer kristallinischen Molekelverbindung von Eucalyptol und Resorcin beruht.

Schüttelt man 1 ccm Eucalyptol mit 2 ccm Resorcinlösung (1 + 1), so erstarrt das Gemisch innerhalb 5 Minuten vollständig zu einer festen Kristallmasse.

Das Erstarren tritt schon kurz nach dem Mischen ein.

Auch beim Verreiben von 1 ccm Eucalyptol mit 1 ccm konz. Phosphorsäure bildet sich eine feste Kristallmasse.

Zum Nachweis einer Verfälschung mit Terpentinöl dient folgende Probe:

Versetzt man eine Lösung von 1 ccm Eukalyptol in 5 ccm Weingeist unter Umschütteln tropfenweise mit Bromwasser, so dürfen höchstens 10 Tropfen verbraucht werden, um eine etwa $^1/_2$ Stunde lang bleibende Gelbfärbung zu erzielen. Das Bromwasser muß gesättigt sein.

Eine Beimischung von Terpentinöl und anderen Stoffen erniedrigt auch den Erstarrungspunkt sehr stark.

Oleum Thymi.

Gehalt mindestens 20 Volumprozent Thymol und Carvacrol.

Im Zimtölkolben werden 5 ccm (Pipette) Thymianöl mit 50 ccm (Meßglas) einer Mischung von 35 ccm Natronlauge mit 70 ccm Wasser kräftig geschüttelt. Dabei lösen sich die Phenole Thymol, $C_6H_3(CH_3)$ $(C_3H_7)OH$ [1, 4, 3], und Carvacrol $C_6H_3(CH_3)$ $(C_3H_7)OH$ [1, 4, 6] als Phenolate, $C_6H_3(CH_3)$ $(C_3H_7)ONa$, in der verdünnten Natronlauge. Das ungelöste Öl wird durch weiteren Zusatz der verdünnten Natronlauge in den Hals des Kolbens getrieben und die Menge nach der Trennung von der wässerigen Flüsigkeit abgelesen. Man braucht nicht zu warten, bis das ungelöste Öl klar geworden ist, es muß sich nur scharf von der wässerigen Flüssigkeit getrennt haben. Die Menge des ungelösten Öles darf höchstens 4 ccm betragen, so daß mindestens 1 ccm gelöst ist = 20%.

Phenolum liquefactum.

Der Gehalt dieser Mischung von 10 T. Phenol und 1 T. Wasser an Phenol läßt sich mit praktisch genügender Genauigkeit durch folgende Probe feststellen:

10 ccm verflüssigtes Phenol dürfen bei 20° durch einen Zusatz von 2,3 ccm Wasser nicht getrübt werden; nach weiterem Zusatz von 0,5 ccm Wasser muß die Mischung eine Trübung zeigen. Diese trübe Mischung muß mit 115 ccm Wasser eine Lösung geben, die höchstens opalisierend getrübt sein darf.

Eine Beimischung von Kresolen schon in einer Menge von 1% gibt eine trübe Lösung. Da bei Phenol vorgeschrieben ist, daß die Lösung 1 + 15 klar sein soll, müßte auch die Lösung von verflüssigtem Phenol klar sein. Die Beobachtung wird hier aber an einer viel größeren Menge vorgenommen.

Enthält das verflüssigte Phenol die vorgeschriebene Menge Phenol, so kann es noch Wasser ohne Trübung aufnehmen bis zur Bildung des Hydrates $C_6H_5OH + 2 H_2O$. Bei einem weiteren Zusatz von Wasser scheidet sich dieses Hydrat als Trübung und schließlich in öligen Tröpfchen ab. Tritt die Trübung bei einem Zusatz von weiteren 0,5 ccm

Wasser noch nicht ein, so ist der Wassergehalt des verflüssigten Phenols kleiner als vorgeschrieben. Die Temperatur von 20° ist möglichst genau innezuhalten.

Spiritus camphoratus.

10 g Campherspiritus werden in einem Kölbchen bei Zimmertemperatur (15—20°) nach und nach mit Wasser von gleicher Temperatur versetzt. Eine bleibende Ausscheidung von Campher darf erst erfolgen, wenn mindestens 4,6 ccm Wasser zugesetzt sind. Sie muß eingetreten sein, wenn höchstens 5,3 ccm Wasser zugesetzt sind.

Die Ausscheidung des Camphers ist abhängig von dem Campher- und Weingeistgehalt. Tritt sie schon bei einem kleineren Zusatz als 4,6 ccm Wasser ein, so ist der Weingeistgehalt zu niedrig, tritt sie erst ein, wenn mehr als 5,3 ccm Wasser nötig sind, so ist der Camphergehalt zu niedrig oder der Weingeistgehalt zu hoch. Letzteres dürfte aber kaum einmal der Fall sein.

Eine Bestimmung des Camphergehaltes durch Polarisation ist nur möglich, wenn natürlicher Campher verwendet wurde. In diesem Falle ist bei richtigem Camphergehalt die Drehung im 20 cm-Rohr bei 17° $= + 6,9°$. Da zur Herstellung von Campherspiritus aber auch synthetischer Campher verwendet werden darf, kann der Campherspiritus auch inaktiv sein.

Spiritus aethereus.

5 ccm Ätherweingeist müssen beim Schütteln mit 5 ccm Kaliumacetatlösung (Liquor Kalii acetici) 2,5 ccm Äther abscheiden. Die Probe wird mit einem Meßzylinder von 10 ccm oder mit dem für die Bestimmung der Alkoholzahl von Tinkturen bestimmten Zylinder von 25 ccm ausgeführt.

Tinctura Valerianae aetherea.

5 ccm ätherische Baldriantinktur müssen beim Schütteln mit 5 ccm Kaliumacetatlösung 2—2,5 ccm ätherische Flüssigkeit abscheiden.

Pepsinum.

0,1 g Pepsin sollen 10 g gekochtes Eiweiß in Gegenwart von Salzsäure innerhalb 3 Stunden bei 45° bis auf wenige Häutchen auflösen. Ein Hühnerei, am besten nicht weniger als 5 Tage und nicht mehr als 12 Tage alt, wird 10 Minuten lang in kochendes Wasser gelegt und dann mit kaltem Wasser abgekühlt. Das Eiweiß wird durch ein Sieb (für grobes Pulver) gerieben.

In einem Kolben von 150—200 ccm wägt man etwa 0,1 g Pepsin genau und löst es in 100 ccm Wasser von 50°. Zu der Lösung gibt man 1 ccm verdünnte Salzsäure und für je 0,1 g Pepsin 10 g des zerkleinerten Eiweißes. Nach kräftigem Schütteln wird der Kolben in ein nicht zu kleines Wasserbad gehängt (Kochkessel von mehreren Litern), das mit einer kleinen Flamme auf der Temperatur von 45—50° gehalten wird. Die Mischung wird alle Viertelstunden umgeschwenkt. Nach 3 Stunden muß das Eiweiß bis auf wenige gelblichweiße Häutchen gelöst sein.

Zum Vergleich wird gleichzeitig eine zweite Probe angesetzt mit ebenfalls 10 g Eiweiß, 100 ccm Wasser, 1 ccm verdünnter Salzsäure, aber 0,5 g Pepsin (Handwaage). Bei der Probe mit 0,1 g Pepsin darf die Menge des ungelöst bleibenden Anteiles des Eiweißes nicht wesentlich größer sein als bei der Probe mit 0,5 g Pepsin. Zum besseren Vergleich gießt man die Flüssigkeiten in einen Meßzylinder von 100 ccm und läßt das Ungelöste sich absetzen.

Vinum Pepsini.

10 g hartgekochtes durch ein Sieb geriebenes Hühnereiweiß (vgl. Pepsinum) werden in einem Kolben von 150—200 ccm in 100 ccm Wasser von 50° und 1 ccm verdünnte Salzsäure verteilt. Nach Zusatz von 5 ccm Pepsinwein wird der Kolben 3 Stunden lang im Wasserbad von 45° erwärmt. Dabei wird die Mischung alle Viertelstunden umgeschwenkt. Das Eiweiß muß nach 3 Stunden bis auf wenige Flocken gelöst sein.

Tannalbin.

Tannalbin ist eine Gerbsäure-Eiweißverbindung, die durch Erhitzen auf 110—120° schwerlöslich gemacht ist, so daß sie sich in salzsäurehaltiger Pepsinlösung und ebenso im Magensaft nur teilweise, zu etwa 42—50%, auflöst.

In einem Erlenmeyerkolben werden 2 g Tannalbin genau gewogen, mit 100 g Wasser von 40°, 2 g verdünnter Salzsäure und 0,25 g Pepsin gemischt und 3 Stunden lang ohne Umschütteln im Wasserbad von 40° erwärmt (wie bei der Prüfung von Pepsin).

Der ungelöst bleibende Anteil wird auf einem bei 100° getrockneten und gewogenen Filter gesammelt, wobei Kolben und Filter dreimal mit je 10 ccm kaltem Wasser ausgewaschen werden. Das Filter mit dem Rückstand wird zuerst auf dem Trichter, dann im Wägeglas bei 100° getrocknet und gewogen. Das Gewicht des Rückstandes von 2 g Tannalbin muß 1,00—1,15 g betragen = 50—57,5%.

Carbo medicinalis.

Die Wirkung der medizinischen Kohle beruht auf der Adsorption von giftigen Ausscheidungen von Bakterien und von Bakterien selbst. Die Adsorptionsfähigkeit ist abhängig von der Feinheit und Beschaffenheit der einzelnen Teilchen.

Praktisch läßt sich der Wirkungsgrad der Kohle ermitteln durch Feststellung der Adsorptionsfähigkeit gegenüber Farbstoffen und Metallsalzen. Das Arzneibuch läßt Methylenblau und Quecksilberchlorid verwenden.

Wertbestimmung. Feststellung der Adsorptionskraft gegenüber Methylenblau. In einem mit einem Glasstopfen verschlossenen Glaszylinder schüttelt man 0,1 g bei 120° getrocknete und feingesiebte medizinische Kohle mit 25 ccm Methylenblaulösung, fügt nach der Entfärbung weitere 5 ccm Methylenblaulösung zu, schüttelt und wiederholt den Zusatz von je 5 ccm Methylenblaulösung solange, wie nach kräftigem Umschütteln noch Entfärbung eintritt. Hierbei müssen insgesamt 35 ccm Methylenblaulösung innerhalb 5 Minuten entfärbt werden.

Diese Vorschrift entspricht nicht den Bedürfnissen der Praxis. Die Kohle darf nicht erst durch Trocknen bei 120° und Sieben in probehaltenden Zustand versetzt werden, sondern sie muß in dem Zustand geprüft werden, in dem sie in die Apotheke gelangt und abgegeben wird. Da die Kohle bis 12% Wasser enthalten darf, muß vielleicht die Menge Methylenblaulösung, die entfärbt werden soll, etwas herabgesetzt werden. Die zu entfärbende Menge Methylenblaulösung braucht nicht in Anteilen zugesetzt zu werden.

Einige Schwierigkeit macht die Erkennung der Entfärbung. Die Flüssigkeit darf nicht durch Papier filtriert werden, weil dieses noch gelöstes Methylenblau adsorbiert. Man kann die Flüssigkeit durch Asbest filtrieren, am besten durch rasches Absaugen mit der Nutsche. Völlige Entfärbung tritt nicht ein. Die Blaufärbung darf aber nicht stärker sein als die einer Mischung von 1 Tropfen Methylenblaulösung und 50 ccm Wasser. Bei der nicht filtrierten Flüssigkeit erkennt man die Entfärbung mit ziemlicher Sicherheit daran, daß die Flüssigkeit beim Schütteln keinen Schaum mehr bildet, während ein blauer Schaum entsteht, wenn noch Methylenblau gelöst ist. Statt eines Glasstopfenzylinders läßt sich auch ein Arzneiglas verwenden.

Folgende Vorschrift hat sich als praktisch erwiesen: Werden 0,2 g medizinische Kohle in einem Arzneiglas mit 60 ccm Methylenblaulösung 5 Minuten kräftig geschüttelt, so darf die Flüssigkeit keinen blauen Schaum mehr zeigen. Die Blaufärbung der durch Asbest filtrierten Flüssigkeit darf nicht stärker sein als die einer Mischung von 50 ccm Wasser und 1 Tropfen Methylenblaulösung.

Da der Wassergehalt des Methylenblaus von 18—22% schwanken darf, enthält die vorgeschriebene Lösung 0,15 : 100 nicht immer die gleiche Menge Farbstoff. Der Gehalt kann um 5% schwanken. Zweckmäßig ist es, eine Lösung herzustellen, die in 100 ccm 0,12 g wasserfreies Methylenblau enthält.

In ein genau gewogenes Kölbchen mit Glasstopfen bringt man 0,8 g Methylenblau (Handwaage), trocknet es bei 100°, wägt genau und berechnet, wieviel Lösung hergestellt werden muß, damit in 500 ccm 0,6 g wasserfreies Methylenblau enthalten sind.

Beispiel: 0,624 g wasserfreies Methylenblau geben

$$\frac{0,624 \cdot 500}{0,6} = 520 \text{ ccm Lösung.}$$

Man spült das Methylenblau mit Wasser in einen Meßkolben von 500 ccm, füllt auf, gibt in einen trockenen Kolben 20 ccm Wasser, dazu die Methylenblaulösung und gießt die Mischung noch einmal in den Meßkolben und wieder zurück.

Über die Feststellung der Adsorptionskraft gegenüber Quecksilberchlorid s. S. 196.

Bolus alba.

Wertbestimmung, Feststellung der Adsorptionskraft.

Schüttelt man in einem mit Glasstopfen verschlossenen Glaszylinder 7 g weißen Ton mit 65 ccm Methylenblaulösung und 35 ccm Wasser 2 Minuten lang kräftig, so muß die nach einiger Zeit über dem blauen Bodensatz stehende klare Flüssigkeit farblos sein.

Über die Herstellung der Methylenblaulösung siehe unter Carbo medicinalis. An Stelle des Glasstopfenzylinders kann man auch ein gewöhnliches Arzneiglas von 150 ccm mit Korkstopfen nehmen.

Crocus.

Bestimmung der Färbekraft.

0,1 g über Schwefelsäure getrockneter Safran wird mit 100 ccm Wasser 3 Stunden lang unter wiederholtem Schütteln bei Zimmertemperatur stehengelassen und die Flüssigkeit dann filtriert. Wird 1 ccm des Filtrats mit 9 ccm Wasser verdünnt, so muß die Flüssigkeit, in einem Probierrohr von oben betrachtet, mindestens die gleiche Farbentiefe haben wie eine gleich hohe Schicht einer Lösung von 0,05 g Kaliumdichromat in 100 ccm Wasser.

Im genau gewogenen Glasstopfenkölbchen von 100 ccm trocknet man etwa 0,1 g Safran im Exsikkator über Schwefelsäure und wägt im geschlossenen Kölbchen genau. Dann gibt man auf je 0,1 g Safran 100 g Wasser hinzu, z. B. auf 0,094 g Safran 94 g, verschließt den Kolben, läßt ihn unter wiederholtem Umschütteln 3 Stunden lang stehen und filtriert die Flüssigkeit. 10 ccm des Filtrats bringt man in einen Meßkolben von 100 ccm und füllt mit Wasser bis zur Marke auf.

Die Vergleichslösung stellt man her, indem man 1 g Kaliumdichromat im Meßkolben in Wasser zu 100 ccm auflöst und 5 ccm der Lösung wieder im Meßkolben auf 100 ccm auffüllt. Man kann auch 10,2 ccm $^1/_{10}$-n-Kaliumdichromatlösung im Meßkolben auf 100 ccm verdünnen. Zum Vergleich füllt man mit den beiden Lösungen zwei Bechergläser von etwa 100 ccm bis zur gleichen Höhe und stellt sie auf weißes Papier.

Maßanalytische Bestimmungen.

Das Arzneibuch läßt Gehalts- und Wertbestimmungen von Arzneistoffen und Zubereitungen in sehr vielen Fällen maßanalytisch ausführen.

Bei der Maßanalyse benutzt man für bestimmte chemische Umsetzungen Reagenslösungen von bekanntem Gehalt, Titrierlösungen (le titre, der Gehalt) oder volumetrische Lösungen. Das Wesen der Maßanalyse ist nicht eigentlich das Messen der für eine chemische Umsetzung erforderlichen Lösung. Man könnte die Menge der für die Umsetzung nötigen Lösung auch durch Wägung feststellen. Die Hauptsache ist, daß der Gehalt der Reagenslösung bekannt ist, und das Messen ist nur eine sehr große Vereinfachung der Titrieranalyse.

Den Unterschied zwischen der Maßanalyse und Gewichtsanalyse möge ein Beispiel zeigen: Es sei die Aufgabe gestellt, den Gehalt einer Kalilauge an Kaliumhydroxyd zu bestimmen. Gewichtsanalytisch läßt sich die Bestimmung ausführen, indem man eine gewogene Menge der Lauge mit einem Überschuß von Schwefelsäure von beliebiger Konzentration versetzt, die Mischung in einer Platinschale oder Porzellantiegel abdampft, den Rückstand glüht und das Kaliumsulfat wägt.

Maßanalytisch läßt sich die Bestimmung sehr viel einfacher ausführen. Man braucht nur festzustellen, wieviel Schwefelsäurelösung von bekanntem Gehalt nötig ist, um eine gewogene Menge der Kalilauge zu neutralisieren und kann dann aus dem Verbrauch an Schwefelsäure die Menge des Kaliumhydroxyds berechnen nach der Gleichung:

$$2\,\mathrm{KOH} + \mathrm{H_2SO_4} = \mathrm{K_2SO_4} + 2\,\mathrm{H_2O}\,.$$

Mit der Schwefelsäure von bekanntem Gehalt kann man nicht nur Alkalihydroxyde, sondern auch Carbonate, Borate und andere Verbindungen bestimmen. Umgekehrt kann man mit einer Alkalilauge von bekanntem Gehalt alle möglichen Säuren bestimmen.

Volumetrische Lösungen.

Wie groß der Gehalt einer Titrierlösung oder volumetrischen Lösung ist, ist im Grunde genommen einerlei; er muß nur genau bekannt sein. Die Berechnung der Menge des zu bestimmenden Stoffes wird aber erheblich vereinfacht, wenn man Lösungen mit einem Gehalt an Reagens verwendet, der in einem bestimmten Verhältnis zu dem Molekelgewicht des Reagens steht. Nach der Gleichung:

$$2\ KOH + H_2SO_4 = K_2SO_4 + 2\ H_2O$$
$$2 \times 56{,}11 \quad 98{,}08$$

neutralisieren 98,08 g Schwefelsäure 112,22 g Kaliumhydroxyd. Würde man eine Schwefelsäurelösung verwenden, die in einem Liter genau 98,08 g H_2SO_4 enthält, so würde 1 ccm dieser Lösung 112,22 mg Kaliumhydroxyd neutralisieren, und die Menge des Kaliumhydroxyds in der abgewogenen Menge Kalilauge ergäbe sich ohne weiteres aus der Anzahl der Kubikzentimeter der zur Neutralisation erforderlichen Schwefelsäurelösung durch Multiplikation mit 112,22 mg. Umgekehrt könnte man mit einer Kaliumhydroxydlösung, die in einem Liter 112,22 g KOH enthält, Schwefelsäurebestimmungen ausführen. 1 ccm der Kaliumhydroxydlösung würde 98,08 mg H_2SO_4 neutralisieren. Nun will man mit einer Kaliumhydroxydlösung nicht nur Schwefelsäure, sondern auch andere Säuren, z. B. Salzsäure, Essigsäure usw. bestimmen.

Da ist es nun zweckmäßiger, eine Kaliumhydroxydlösung zu verwenden, die in einem Liter nicht 112,22 g, sondern 56,11 g KOH enthält. Ein Liter einer solchen Kaliumhydroxydlösung neutralisiert immer 1 Mol (Molekelgewicht in Gramm) einer einbasischen Säure und $^1/_2$ Mol einer zweibasischen Säure, also 49,04 g H_2SO_4. Auf Grund der Gleichung: $KOH + HCl = KCl + H_2O$ entsprechen 56,11 g KOH der Menge Wasserstoff, die in 1 Mol HCl, in 36,47 g HCl, enthalten ist. Das sind 1,008 g H. Diese Menge wird als ein **Grammatom Wasserstoff** bezeichnet, und die Menge irgendeines Stoffes, die einem Grammatom Wasserstoff $= 1{,}008$ g H oder einem halben Grammatom Sauerstoff $= 8$ g O entspricht (äquivalent ist), wird als das **Normalgewicht** des Stoffes bezeichnet. Das Normalgewicht des Kaliumhydroxyds ist also $= 1$ Mol KOH $= 56{,}11$ g, das des Chlorwasserstoffs $= 1$ Mol HCl $= 36{,}47$ g, das der Schwefelsäure $= {}^1/_2$ Mol H_2SO_4 $= 49{,}04$ g.

Normallösungen.

Als Normallösung wird eine volumetrische Lösung bezeichnet, die in einem Liter das Normalgewicht des betreffenden Stoffes enthält, also die Menge, die einem Grammatom Wasserstoff $= 1{,}008$ g H gleichwertig ist.

Normal-Kalilauge (n-Kalilauge) enthält demnach in 1 Liter 56,11 g KOH, Normal-Salzsäure (n-Salzsäure) 36,47 g HCl, Normal-Schwefelsäure 49,04 g H_2SO_4.

Außer Normallösungen werden auch $^1/_2$-Normal- und $^1/_{10}$-Normallösungen verwendet, die $^1/_2$ oder $^1/_{10}$ Normalgewicht in 1 Liter enthalten.

Bei Alkalien und Säuren ersieht man das Normalgewicht ohne weiteres aus der Umsetzungsgleichung an der Zahl der H-Atome der Säuren, so z. B. auch bei der Bestimmung von Ammoniak:

$$NH_3 + HCl = NH_4Cl.$$
$$17{,}03 \quad 36{,}47$$

Das Normalgewicht des Ammoniaks ist danach $= 1$ Mol $= 17{,}03$ g, und 1 ccm n-Salzsäure entspricht $17{,}03$ mg NH_3.

Das Normalgewicht ist auch die Grundlage für die Berechnung der Menge des zu bestimmenden Stoffes. 1 Liter n-Kalilauge neutralisiert $36{,}47$ g HCl, $49{,}04$ g H_2SO_4, $63{,}018$ g HNO_3, $46{,}016$ g $HCOOH$, $60{,}032$ g CH_3COOH usw.; 1 ccm n-Kalilauge neutralisiert ebensoviel **Milligramm** der betreffenden Säure. Andererseits neutralisiert 1 ccm n-Säure, einerlei ob n-Schwefelsäure oder n-Salzsäure $56{,}11$ mg KOH, $40{,}01$ mg $NaOH$, $69{,}10$ mg K_2CO_3 $53{,}00$ mg Na_2CO_3 usw. Aber auch bei der Bestimmung anderer Stoffe als Alkalien und Säuren sind die Normalgewichte der für die Bestimmung verwandten oder der zu bestimmenden Stoffe leicht zu berechnen.

So ergibt sich das Normalgewicht des Natriumthiosulfats, das zur Bestimmung von Jod und solcher Stoffe dient, die aus Jodiden Jod freimachen, nach der Umsetzungsgleichung: $2\,Na_2S_2O_3 + 2J = 2\,NaJ + Na_2S_4O_6$. Nach dieser Gleichung entspricht 1 Mol $Na_2S_2O_3$ einem Grammatom Jod ($126{,}92$ g Jod) und damit 1 Grammatom H, weil 1 Atom Jod 1 Atom Wasserstoff gleichwertig ist. Das Normalgewicht des wasserfreien Natriumthiosulfats ist deshalb $= 1$ Mol $= 158{,}1$ g, das des wasserhaltigen $Na_2S_2O_3 + 5\,H_2O = 248{,}2$ g. Das Normalgewicht des Jods ist $= 1$ Grammatom $= 126{,}92$ g. Nach der Gleichung $FeCl_3 + HJ = FeCl_2 + J + HCl$ entspricht 1 Atom Eisen 1 Atom Jod. Das Normalgewicht des Eisens ist deshalb $= 1$ Grammatom $Fe = 55{,}84$ g.

Die Herstellung einer Normallösung (oder $^1/_2$ oder $^1/_{10}$-n) wäre nun eine höchst einfache Sache, wenn man das Normalgewicht (oder den entsprechenden Teil) des betreffenden Stoffes auf der analytischen Waage genau abwägen könnte; dann brauchte man nur diese Menge in einem richtigen Literkolben zu 1 Liter in dem Lösungsmittel (meist Wasser) aufzulösen. Leider geht dies nur bei sehr wenigen Lösungen, z. B. bei der $^1/_{10}$-n-Natriumchloridlösung, $^1/_{10}$-n-Kaliumbromatlösung und $^1/_{10}$-n-Silbernitratlösung. Für andere Lösungen steht der betreffende Stoff nicht in solcher Reinheit oder in einer solchen Form zur Verfügung, daß man das Normalgewicht genau abwägen könnte. In diesen Fällen bleibt nichts anderes übrig, als zuerst eine etwas zu starke Lösung herzustellen und diese nach Feststellung des Gehaltes entsprechend zu verdünnen. Oder aber man stellt annähernd richtige Lösungen her und berücksichtigt bei der Benutzung den **Wirkungswert** (W.-W.) oder **Faktor** (F.) dieser Lösungen.

Das Arzneibuch schreibt vor: „Die volumetrischen Lösungen sind vor dem Gebrauch nach den gegebenen Vorschriften auf ihren jeweiligen Wirkungswert zu prüfen. Der nach diesen Vorschriften zu berechnende **Faktor** (F) gibt an, wieviel Kubikzentimeter einer Lösung von dem genau vorgeschriebenen Gehalt (normal, $^1/_{2}$-, $^1/_{10}$- oder $^1/_{100}$-n) einem Kubikzentimeter der zu prüfenden Lösung entsprechen. Dieser Faktor ist unter Angabe des Datums auf der Vorratsflasche zu vermerken. Die bei maßanalytischen Bestimmungen jeweils verbrauchte Anzahl Kubikzentimeter ist mit diesem Faktor zu multiplizieren, wodurch man die Anzahl Kubikzentimeter einer genauen Lösung (normal, $^1/_2$-, $^1/_{10}$- oder $^1/_{100}$-n) erhält."

Die Ermittlung des Wirkungswertes oder Faktors einer Lösung erfolgt mit Hilfe von **Urtiterstoffen.** Als solche dienen Stoffe, die leicht chemisch rein hergestellt werden können, die bequem genau abgewogen werden können und die der Menge nach genau bestimmte Umsetzungen in der gewünschten Richtung geben.

Das Arzneibuch läßt folgende Urtiterstoffe zur Herstellung genauer Lösungen oder zur Errechnung des Wirkungswertes verwenden: Kaliumbicarbonat (siehe S. 97), Kaliumdichromat (siehe S. 172), Kaliumbromat (siehe S. 193) und Natriumchlorid (siehe S. 205).

Das Arzneibuch schreibt weiter vor:

„Soll eine bestimmte Anzahl Kubikzentimeter einer genauen Normal-, $^1/_2$-n-, $^1/_{10}$-n- oder $^1/_{100}$-n-Lösung verwendet werden (wenn etwa zurückzutitrieren ist), so ist bei Verwendung einer nicht genauen Lösung die angegebene Anzahl Kubikzentimeter mit $\frac{1}{F}$ zu multiplizieren, um die erforderliche Anzahl Kubikzentimeter dieser Lösung zu ermitteln."

Diese Bestimmung ist praktisch kaum durchführbar, und sie ist überflüssig, wenn man Lösungen verwendet, deren Wirkungswert (Faktor) etwas über 1, etwa zwischen 1 und 1,1 liegt. Bei der Gehaltsbestimmung von Liquor Ammonii caustici (siehe S. 110) sollen 30 ccm n-Salzsäure angewandt werden. Hat nun die Salzsäure etwa den Faktor 1,03, dann müßten nach dem Arzneibuch statt 30 ccm $\frac{30}{F}$ also $\frac{30}{1,03} =$ 29,126 oder 29,13 ccm angewandt werden. Das genaue Abmessen dieser Menge ist sehr umständlich. Nimmt man nun 30 ccm der Lösung mit dem Faktor 1,03, so hat man 30,9 ccm n-Salzsäure, und es ändert sich weiter nichts, als daß man beim Zurücktritieren mehr n-Kalilauge verbraucht, als wenn man nur 29,13 ccm n-Salzsäure angewandt hätte.

Die Meßgeräte.

Als Meßgeräte oder Meßgefäße bezeichnet man Glasgefäße, die das Abmessen bestimmter Flüssigkeitsmengen ermöglichen. Die Meßgeräte sollen nach dem wahren Liter eingeteilt sein: ein Meßkolben von 1 Liter soll bei mittlerer Temperatur (20°) bis zur Marke 1 kg Wasser von 4°, im luftleeren Raume gewogen, fassen. Als Kilogramm bezeichnet man allgemein das Gewicht eines Kubikdezimeters Wasser von 4° im luftleeren Raume. Die von uns benutzten Gewichte sind alle hergestellt nach einem in Paris aufbewahrten Urkilogramm aus Platin, das nach späteren Feststellungen um etwa 50 mg schwerer ist, als das Gewicht eines Kubikdezimeters Wasser von 4° im luftleeren Raume. Infolgedessen faßt ein unter Benutzung von Gewichten hergestellter Meßkolben von 1 Liter bis zur Marke etwa 0,05 ccm mehr als 1 cdm oder 1000 ccm. Genau genommen besteht also zwischen 1000 ccm und 1 Liter ein geringer Unterschied, praktisch aber können wir unbedenklich 1 Liter = 1000 ccm setzen, besonders auch, weil die unvermeidlichen und zulässigen Fehler größer sind, als die angegebene Abweichung.

In den Handel kommen geeichte und ungeeichte Meßgeräte. Die geeichten Meßgeräte sind von dem Normaleichungsamt in Berlin nachgeprüft und mit dem eingeätzten Eichungsstempel versehen, der dicht neben und unter der Marke, bei Pipetten auch an der Ausflußspitze angebracht wird. Nach der Eichordnung für das Deutsche Reich vom 8. November 1911 § 144 dürfen die geeichten Meßgeräte höchstens folgende Abweichungen zeigen:

Meßgeräte ohne Einteilung.

Kolben auf Einguß (E)

	von	50	100	250	500	1000 ccm
Abweichungen:		0,02	0,05	0,08	0,14	0,18 ccm

Vollpipetten auf Ablauf (A)

			2	5	10	20	30	50	100	150 ccm
von mehr als. .			2	5	10	20	30	50	100	150 ccm
bis einschließlich		2	5	10	20	30	50	100	150	250 ccm
Abweichungen:		0,006	0,01	0,015	0,02	0,025	0,035	0,05	0,07	0,08 ccm

Meßgeräte mit Einteilung.

Meßgläser (Zylinder) auf Einguß (E)

	von	50	100	200	500	1000 ccm
Abweichungen:		0,08	0,15	0,40	1,5	2,0 ccm

Büretten und Meßpipetten (A)

	von	2	10	30	50	75 ccm
Abweichungen:		0,008	0,02	0,03	0,04	0,06 ccm

Ferner darf bei allen Meßgeräten mit Einteilung der Fehler des von zwei Marken eingeschlossenen Raumgehaltes nicht größer sein, als die Hälfte des für den Gesamtraumgehalt zulässigen Fehlers, falls dieser Teilraumgehalt die Hälfte des Gesamtraumgehalts nicht erreicht. Er darf nicht größer sein, als der für den Gesamtraumgehalt zulässige Fehler, wenn der Teilraumgehalt mindestens gleich der Hälfte des Gesamtraumgehaltes ist.

Bei der Herstellung der Meßgeräte ist die Temperatur, bei der das Auswägen erfolgt, von Bedeutung. Ein Meßkolben von 1000 ccm, der bei 20° ausgewogen ist, faßt bei 15° etwas mehr als 1 kg Wasser von 4°, weil die Dichte des Wassers bei 15° (0,99913) größer ist als bei 20° (0,99823). Der Unterschied beträgt fast $^1/_{1000}$, also 1 ccm. Die Temperatur, bei der die Meßgefäße ausgewogen sind, ist mit eingeätzten Zahlen auf ihnen angegeben.

Da 20° als Normaltemperatur gilt, sollten die Meßgefäße auch bei dieser Temperatur ausgewogen sein, man findet aber viel häufiger Meßgefäße, die bei 15° ausgewogen sind. Bei der Beschaffung von Meßgefäßen ist darauf zu achten, daß sie alle, Kolben, Pipetten, Büretten u. a., bei der gleichen Temperatur ausgewogen sind, und bei der Benutzung der Meßgefäße, besonders bei der Benutzung von Meßkolben zur Herstellung von Normallösungen und anderen Lösungen mit bestimmtem Gehalt ist die auf ihnen angegebene Temperatur möglichst innezuhalten. Werden die Meßgefäße bei anderen Temperaturen benutzt, so ergeben sich Abweichungen, die zwischen 15° und 25° 0,1 bis

0,2% betragen. Praktisch können solche Abweichungen aber vernachlässigt werden.

Die geeichten Meßgeräte sind, abgesehen von den zulässigen Abweichungen, zuverlässig richtig, sie sind aber erheblich teurer als nicht geeichte Meßgeräte. In den Apotheken dürfen nach der Vorschrift des Arzneibuches nur amtlich geprüfte und beglaubigte, also geeichte Meßgeräte verwendet werden. Im pharmazeutisch-chemischen Praktikum an den Hochschulen können natürlich auch gute, nicht geeichte Meßgeräte benutzt werden. Die nicht geeichten Meßgeräte des Handels sind in ihrer „Richtigkeit" sehr verschieden. Die besten nicht geeichten Meßgeräte sind die im Handel als eichungsfähig bezeichneten, die in ihrer Genauigkeit keine größeren Abweichungen zeigen, als die geeichten und nur nicht vom Normaleichungsamt nachgeprüft und abgestempelt sind. Diese eichungsfähigen Meßgeräte sollten auch in den Apotheken neben geeichten zulässig sein. Zweckmäßig wäre dann die Bestimmung, daß Meßgeräte mit größeren Abweichungen, als den in der Deutschen Eichordnung festgesetzten, in den Apotheken nicht benutzt werden dürfen.

Genaue Meßgeräte sind Meßkolben, Pipetten (Vollpipetten und Teilpipetten) und Büretten. Dagegen sind Meßzylinder ungenau; sie sollten nur für rohe Messungen benutzt werden. Die bei Meßzylindern zulässigen Abweichungen sind rund 10mal so groß wie bei Meßkolben. Die Ursache der Ungenauigkeit der Meßzylinder ist die verhältnismäßig große Oberfläche der Flüssigkeit, die keine genaue Festlegung der Marke gestattet.

Die Meßgeräte sind auf Einguß oder auf Ablauf geeicht.

Meßkolben sind auf Einguß geeicht (mit dem Buchstaben E bezeichnet), d. h. sie enthalten bei der Füllung bis zur Marke die angegebene Menge Flüssigkeit.

Meßkolben. Für die Genauigkeit eines Meßkolbens ist die Halsweite nicht ohne Bedeutung. Sie soll dort, wo die Marke angebracht ist, in der Regel nicht mehr betragen als bei Kolben

von 25—50	50—200	200—500	500—1000	1000—1500	1500—2000 ccm.
10	13	15	18	20	25 mm

Die Marke eines Meßkolbens muß am Halse mindestens 2 cm über der Ausbauchung sitzen, sie soll auch vom oberen Ende des Halses mindestens 2 cm entfernt sein. Kolben mit hoch angebrachter Marke sind aber unbequem zu benutzen, weil man in ihnen Flüssigkeiten nach dem Auffüllen bis zur Marke schlecht mischen kann. Für die Herstellung von Normallösungen besonders brauchbar sind Kropfkolben, die oberhalb der Marke eine Erweiterung des Halses haben, über der auch noch wieder eine Marke angebracht sein kann. Abb. 13 zeigt einen solchen Kolben, der bis zur unteren Marke 1000 ccm, bis zur oberen 1100 ccm faßt.

Die Meßkolben sind häufig mit eingeschliffenem Glasstopfen versehen; man kann aber ebensogut auch stopfenlose Kolben verwenden, die man beim Gebrauch mit guten Korkstopfen verschließt.

Prüfung der Meßkolben. Meßgeräte mit einem Inhalt bis 100 ccm lassen sich mit der in den Apotheken gebräuchlichen analytischen Waage nachprüfen. Als Beispiel sei zunächst die Nachprüfung eines Meßkolbens von 100 ccm mit der Angabe $\frac{15°}{4°}$ gewählt. Die Aufgabe besteht darin, festzustellen, ob der Kolben bis zur Marke bei der Lufttemperatur von 15° 100 g Wasser von 4°, in der Luftleere gewogen, faßt. Diese Feststellung ist nur indirekt möglich auf Grund der für jede Temperatur bekannten Dichte des Wassers.

Man wägt zunächst den leeren, trocknen Kolben genau, füllt ihn dann bis zur Marke mit luftfreiem (d. h. ausgekochtem und wieder auf Zimmerwärme abgekühltem) destillierten Wasser und wägt wieder, nachdem der Kolben mit dem Wasser etwa $\frac{1}{2}$ Stunde in dem Waagengehäuse gestanden hat. Nach der Wägung wird auch die Temperatur des Wassers gemessen. In folgender Tabelle ist das Gewicht des Wassers angegeben, das ein richtiger 100 ccm-Kolben bei verschiedenen Temperaturen enthält (unter der Voraussetzung, daß der Barometerstand annähernd 760 mm ist):

10°	99,8529 g	99,17°	99,7792 g	24°	99,6502 g
11°	8461 g	18°	7640 g	25°	6276 g
12°	8381 g	19°	7475 g	26°	6042 g
13°	8287 g	20°	7301 g	27°	5798 g
14°	8181 g	21°	7117 g	28°	5545 g
15°	8063 g	22°	6922 g	29°	5284 g
16°	7934 g	23°	6717 g	30°	5013 g

Abb. 13.

Da ein geeichter 100 ccm-Kolben nach der Eichordnung nicht mehr als 0,05 ccm nach unten oder oben abweichen darf, so darf das gefundene Wassergewicht von den angegebenen Zahlen nicht mehr als 0,05 g abweichen[1], also um 5 in der 2. Stelle nach dem Komma. Z. B. muß bei 18° das gefundene Wassergewicht zwischen 99,7140 und 99,8140 liegen.

Nach der Vorschrift des Normal-Eichungsamtes soll die Feststellung des Wassergewichtes durch Differenzwägung erfolgen. Man setzt den leeren Kolben und ein 100 g-Gewicht auf die eine Schale der Waage und tariert auf der anderen Seite genau. Dann wird der Kolben mit Wasser bis zur Marke gefüllt, das 100 g-Gewicht weggenommen und nun das zur Erzielung des Gleichgewichts nötige Gewicht zu dem Kolben gelegt; diese „Zulage" entspricht bei den verschiedenen Temperaturen dem Unterschied zwischen 100 g und den in der Tabelle angegebenen Wassergewichten. In den Apotheken ist die Ausführung der Differenzwägung meistens nicht möglich, weil die Schalen der gebräuchlichen Analysenwaagen nicht so groß sind, daß man neben den 100 ccm-Kolben noch ein 100 g-Gewicht stellen kann; die bei Analysen übliche Art der Wägung ist aber auch für die Prüfung der Meßgeräte praktisch genügend genau. Die für die Wassergewichte angegebene Tabelle ist genau richtig nur bei einem Barometerstand von 760 mm und bei Übereinstimmung der Lufttemperatur mit der Wassertemperatur; sie kann unbedenklich angewandt werden, wenn der Barometerstand von 760 mm nur wenig abweicht und wenn die Lufttemperatur mit der Temperatur des Wassers annähernd übereinstimmt. Will man die Abweichungen des Barometers und der Lufttemperatur berücksichtigen, so sind die Zahlen der Tabelle für jedes Millimeter Barometerstand über 760 mm um 0,14 mg zu verringern, für jedes Millimeter unter 760 mm um 0,14 mg zu vergrößern und für jeden Grad der Lufttemperatur unter 15° um 0,4 mg zu verringern, für jeden Grad über 15° um 0,4 mg zu vergrößern. Beträgt z. B. der Barometerstand 730 mm, die Wassertemperatur 18° und die Lufttemperatur 24°, so ist die in der Tabelle für 18° angegebene Zahl 99,7640 g für die Abweichung des Barometerstandes um $30 \times 0,14$ mg $= 4,2$ mg zu vergrößern und für die Abweichung der Lufttemperatur um $9 \times 0,4$ mg $= 3,6$ mg zu ver-

---

[1] Bei der Kleinheit der Abweichung kann man ohne weiteres ccm = g setzen.

größern; zusammen also um 7,8 mg zu vergrößern; das Wassergewicht ist also
bei 730 mm Barometerstand und 18° richtig, wenn es 99,7640 g + 0,0078 g
= 99,7718 g beträgt. Bei einem Barometerstand von 780 mm, Wassertemperatur 18° und Lufttemperatur 22° wäre die für 18° angegebene Zahl um
20 × 0,14 mg = 2,8 mg zu verringern und um 7 × 0,4 mg = 2,8 mg zu vergrößern, sie bliebe also unverändert.

Die Prüfung größerer Kolben, von 200 ccm, 500 ccm, 1000 ccm, durch
Wägung ist in den Apotheken und auch in vielen chemischen Laboratorien
nicht möglich, weil die Analysenwaagen nicht für so große Gewichte ein-
gerichtet sind und Analysengewichte in dem nötigen Umfange auch nur selten
zur Verfügung stehen. Man muß sich bei der Prüfung der größeren Kolben mit
dem Ausmessen mit geeichten oder nachgeprüften Pipetten begnügen. Ist ein
Analysengewichtssatz bis 1000 g vorhanden, so kann die Prüfung der größeren
Kolben auch mit Hilfe einer guten Tarierwaage erfolgen, die bei einer Be-
lastung mit 1 kg noch mit 5 cg einen Ausschlag gibt. Ein richtiger 1000 ccm-
Kolben enthält bis zur Marke bei verschiedenen Temperaturen das Zehnfache des
in der Tabelle für einen 100 ccm-Kolben angegebenen Wassergewichts. Da die
Abweichung eines 1000 ccm-Kolbens nach der Eichordnung nach unten und nach
oben 0,18 ccm betragen darf, so muß z. B. bei 18° das Wassergewicht zwischen
997,82 und 997,46 g liegen. Solche Unterschiede lassen sich auf einer guten Tarierwaage mit analytischen Gewichten noch einigermaßen sicher feststellen, nicht aber
mit den gewöhnlichen Rezepturgewichten.

Will man einen 1000 ccm-Kolben durch Ausmessen nachprüfen, so läßt man
in den trockenen Kolben 10mal den Inhalt einer geprüften 100 ccm-Pipette laufen,
deren Abweichung bekannt ist (siehe Prüfung der Pipetten). Das Auslaufenlassen
der Pipette muß jedesmal genau in der bei der Prüfung der Pipetten beschriebenen
Weise geschehen. Nach der letzten Pipette stellt man mit Hilfe eines Maßstabes
fest, um wieviel Millimeter der Stand des Wassers von der Marke abweicht. Dann
bringt man in den Hals des Kolbens mit einer 10 ccm-Pipette noch 10 ccm Wasser
und mißt die Höhe dieser Wassersäule von 10 ccm nach Millimetern. Angenommen,
10 ccm Wasser nähmen im Kolbenhals die Höhe von 50 mm ein, dann bedeutet
eine Abweichung von 1 mm Höhe über oder unter der Marke eine Abweichung
von 0,2 ccm. Zeigte die zur Prüfung benutzte 100 ccm-Pipette keine Abweichung,
dann darf bei der Füllung des 1000 ccm-Kolbens die Abweichung von der Marke
0,9 mm = 0,18 ccm nach oben und nach unten betragen. Man sieht daraus, daß
die Feststellung der zulässigen Abweichung eines 1000 ccm-Kolbens durch Ausmessen ziemlich ungenau sein muß. Zeigt die zur Prüfung benutzte Pipette selbst
schon Abweichungen, so müssen diese bei der Berechnung berücksichtigt werden.
Hat z. B. die Pipette eine Abweichung von + 0,04 ccm, dann ist der 1000 ccm-
Kolben richtig, wenn der Stand der Füllung von 10 Pipetten 2 mm = 0,4 ccm
über der Marke steht.

Vollpipetten. Vollpipetten sind stets auf Auslauf (*A*) geeicht, d. h.
aus ihnen fließt unter bestimmten Bedingungen die angegebene Flüssigkeitsmenge aus, wenn sie bis zur Marke gefüllt worden sind. Vollpipetten sind zulässig in einer Größe bis 300 ccm; am meisten gebraucht
werden Pipetten von 5, 10, 15, 20, 25, 50 und 100 ccm. Für manche
Zwecke sind auch kleinere Vollpipetten von 1, 2, 3 und 4 ccm sehr
zweckmäßig. Die Marke soll mindestens 10 mm über der Ausbauchung der
Pipette sitzen, darf aber auch nicht so hoch sitzen, daß die richtige Füllung der Pipette unbequem wird; die Marke soll mindestens 11 cm vom
oberen Ende entfernt sein. Es gibt auch Pipetten mit zwei Marken,
eine auf dem oberen und eine auf dem unteren Rohr. Aus diesen fließt
die angegebene Flüssigkeitsmenge von der oberen bis zur unteren Marke
aus. Diese Pipetten sind nicht genauer, als die mit einer Marke und
völligem Auslauf; ihr Gebrauch ist unbequemer, als der der gewöhnlichen
Pipetten. Für das Abmessen von ätzenden und schlechtschmeckenden

Flüssigkeiten sind Pipetten mit kugeliger Erweiterung über der Marke zweckmäßig, die ein Aufsaugen der Flüssigkeit in den Mund verhütet.

Bei der Benutzung der Pipetten spielen die Art des Auslaufs und die Auslaufszeit eine große Rolle. Zur Füllung der Pipette saugt man die Flüssigkeit mit dem Munde bis über die Marke an, verschließt die Öffnung rasch mit dem schwach angefeuchteten Zeigefinger und läßt die Flüssigkeit durch sanftes Lüften des Fingers so weit abfließen, daß der untere Meniscus mit der in Augenhöhe gehaltenen Marke abschneidet. Das Ansaugen der Flüssigkeit darf nicht zu stark geschehen, weil sich sonst auf der Oberfläche leicht Schaumblasen bilden, die das genaue Einstellen auf die Marke verhindern. Die Spitze der Pipette muß in die Flüssigkeit so tief eintauchen, daß keine Luft mit angesogen werden kann.

Bei der Prüfung, wie auch bei jeder Benutzung, läßt man die Pipette so ablaufen, daß die Ausflußöffnung mit der Wandung des Aufnahmegefäßes in Berührung bleibt. Eine Viertelminute (wenn nicht auf der Pipette eine andere Wartezeit angegeben ist) nach dem Auslaufen streicht man die Spitze an der feuchten Wandung des Aufnahmegefäßes ab.

Prüfung der Pipetten. Zur Prüfung füllt man die Pipette mit luftfreiem destillierten Wasser von Zimmertemperatur bis zur Marke und läßt sie in der eben geschilderten Weise in einen trockenen, genau gewogenen Glasstopfenkolben auslaufen. Man läßt dann den Kolben $^1/_2$ Stunde in dem Waagengehäuse stehen und wägt dann. Das Wassergewicht einer richtigen 100 ccm-Pipette ist für die verschiedenen Temperaturen das in der Tabelle S. 90 angegebene. Für kleinere Pipetten ist das Wassergewicht nach der Tabelle leicht zu berechnen. Die Abweichungen von den in der Tabelle angegebenen oder danach berechneten Zahlen dürfen nicht größer sein als die S. 88 für Vollpipetten angegebenen. Das Wassergewicht einer 100 ccm-Pipette muß z. B. bei 18° zwischen 99,8140 und 99,7140 liegen. Größere Abweichungen des Barometerstandes und der Lufttemperatur sind in der gleichen Weise zu berücksichtigen wie bei der Prüfung eines Meßkolbens (siehe S. 90).

Pipetten müssen, wie alle Meßgeräte, besonders aber die auf Ausfluß geeichten, innen so vollkommen sauber sein, daß die nach dem Ablaufen zurückgebliebene Flüssigkeit die Wandung vollkommen gleichmäßig benetzt; es darf keine Tropfenbildung an der Wandung stattfinden.

Zur Reinigung spült man neue Pipetten zuerst mit etwas Salzsäure und Wasser aus, darauf mit Natronlauge und Wasser. Zeigt sich dann noch eine ungleichmäßige Benetzung beim Auslaufenlassen, so wird die Pipette mit Chromsäurelösung gereinigt (siehe S. 96). Ebenso reinigt man auch schon gebrauchte Pipetten, wenn sie ungleichmäßige Benetzung zeigen.

Teilpipetten sind Meßröhren, die oben mit verjüngtem Ansaugrohr und unten mit enger Ausflußöffnung versehen sind. Die Teilung ist wie die der Büretten. Man benutzt die Teilpipetten zum Abmessen, wenn es auf große Genauigkeit nicht ankommt. Für genaue Messungen sind Vollpipetten besser geeignet.

Die Prüfung der Teilpipetten kann wie bei den Büretten (s. S. 95) ausgeführt werden, indem man die Pipette mit einem Quetschhahn versieht.

Büretten. Als Büretten bezeichnet man in ganze Kubikzentimeter und Teile davon, meistens $^1/_{10}$ ccm, eingeteilte Meßröhren, aus denen die Flüssigkeiten in beliebigen Teilmengen der Füllung abgelassen werden können. Am besten für alle Zwecke geeignet sind Glashahnbüretten von 50 ccm in der durch Abb. 14 wiedergegebenen Form. Andere Formen der Glashähne sind weniger zweckmäßig.

Die Glashähne müssen sorgfältig eingefettet werden, nachdem man sie vorher mit einem Tuch völlig trocken gewischt hat. Zum Einfetten ist nur Vaselin oder Paraffinsalbe zu verwenden, kein Schweineschmalz oder Pflanzenfett. Beim Einfetten ist darauf zu achten, daß die Öffnung des Kükens nicht verschmiert wird. Die Fettschicht soll möglichst dünn sein, muß aber doch so stark sein, daß das Küken des Hahns sich ohne jede Reibung leicht drehen läßt.

Für Quetschhahnbüretten verwendet man meistens den bekannten Mohrschen Quetschhahn oder auch den sehr einfachen Glasstabquetschhahn nach Bunsen. Bei diesem ist der Schlauch durch ein hineingeschobenes Stückchen Glasstab von etwa 1,5 cm Länge geschlossen; beim sanften Drücken des Schlauches entstehen neben dem Glasstab zwei Rinnen, durch die die Flüssigkeit abläuft. Bei den Quetschhahnbüretten darf der Gummischlauch nicht zu dünnwandig und nicht klebrig sein. Flüssigkeiten, die auf Kautschuk einwirken, können in Quetschhahnbüretten nicht benutzt werden.

Feinbürette. Nach Vorschrift des Arzneibuches ist in den Fällen, in denen Flüssigkeiten mit einer über 0,1 ccm hinausgehenden Genauigkeit abgemessen werden sollen, eine Feinbürette zu verwenden. Eine Feinbürette ist eine Bürette von etwa 60 cm Länge, die 10 ccm Flüssigkeit faßt und deren Skala in $^1/_{50}$ ccm (0,02 ccm) geteilt ist. Die Abflußvorrichtung muß so beschaffen sein, daß etwa 40 Tropfen Wasser 1 ccm entsprechen.

Streng genommen müßte eine Feinbürette immer verwendet werden, wenn Kubikzentimeterzahlen mit 2 Dezimalstellen angegeben sind. In sehr vielen dieser Fälle kann aber ebensogut mit praktisch genügender Genauigkeit eine gewöhnliche Bürette benutzt werden, bei der eine Ablesung bis auf 0,05 ccm sehr gut möglich ist, besonders bei Verwendung des Ableseblättchens (siehe S. 95). Die durch die Angabe der Kubikzentimeterzahlen bis auf 2 Dezimalstellen beabsichtigte größere Genauigkeit ist oft nur scheinbar.

Im Nachfolgenden ist bei den Titrationen dieser Art die Benutzung der Feinbürette nur dann vorgeschrieben, wenn sie wirklich erforderlich ist. Die Feinbürette hat den Nachteil, daß sie sich nur schwer füllen läßt.

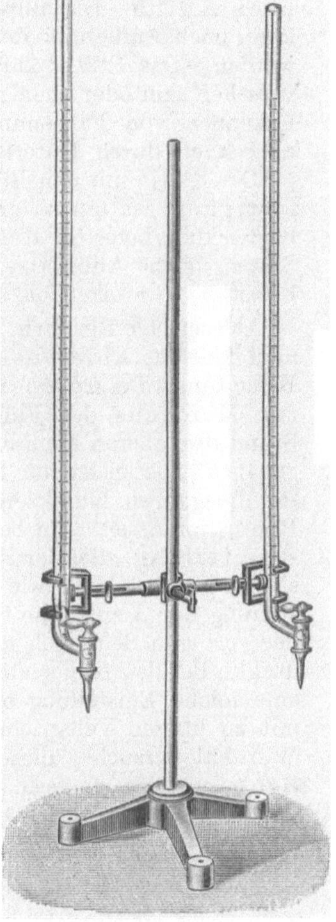

Abb. 14.

Man muß dazu einen Trichter mit feinem Rohr von bestimmter Weite verwenden. Außerdem ist die Abflußspitze des Hahns sehr empfindlich, so daß sie leicht abgestoßen wird.

Bei der Benutzung müssen die Büretten senkrecht an einem Stativ befestigt sein. Eine sehr zweckmäßige Einrichtung zum Befestigen der Büretten am Stativ ist der in Abb. 14 wiedergegebene Bürettenhalter nach Allihn. Die Bürette wird durch Federdruck festgehalten und kann nach Aufhebung des Federdruckes sehr bequem herausgenommen werden. Das Stativ kann mit einem nicht zu kurzbeinigen Dreifuß versehen sein oder auch mit einer Platte aus weißem Milchglas, die das Erkennen von Farbenumschlägen erleichtert. Letzterer Zweck wird aber auch durch Unterlegen von weißem Papier ebensogut erreicht.

Das Stativ mit den Büretten soll möglichst fest stehen. Die Standfestigkeit ist um so größer, je tiefer der Schwerpunkt des Ganzen liegt. Man befestigt deshalb den Halter so tief wie möglich an der Stange (siehe Abb. 14). Wird dagegen der Halter oben an der Stange befestigt, so wackelt das Stativ bei der kleinsten Erschütterung.

Ablesen der Büretten. Bei der Benutzung einer Bürette ist die Genauigkeit des Ablesens des jeweiligen Flüssigkeitsstandes von größter Bedeutung. Bei durchsichtigen Lösungen wird der Stand des unteren Meniscus der Flüssigkeit, bei undurchsichtigen Lösungen der Stand des oberen Meniscus an der Teilung der Bürette abgelesen. Ein genaues Ablesen ist nur möglich, wenn die Teilungsstriche, wenigstens für die ganzen Kubikzentimeter, mindestens den halben Umfang des Rohres umfassen. Am besten ist die ganz um das Rohr herumgehende Ringteilung. Bei der Ablesung ist es unbedingt nötig, daß das Auge sich in gleicher Höhe wie der Flüssigkeitsstand befindet, und diese Einstellung der Augenhöhe ist nur dann erreicht, wenn der Teilstrich auf der vorderen Seite sich mit seiner Verlängerung auf der hinteren Seite deckt. Bei den früher allgemein gebräuchlichen kurzen Teilstrichen ist eine solche Einstellung nicht möglich, und deshalb sind bei Büretten mit zu kurzen Teilstrichen parallaktische Ablesefehler unvermeidlich. Man hat versucht, diese Ablesefehler durch die Anwendung von Schwimmern zu vermeiden.

Ein Schwimmer ist ein hohler Glaskörper mit einer ringförmigen Linie, die sich unterhalb der Oberfläche der Flüssigkeit auf einen bestimmten Teilstrich der Bürette einstellt. Dieser Teilstrich wird dann als Stand der Flüssigkeit gerechnet.

Die Anwendung von Schwimmern ist aber nur ein Notbehelf und keineswegs zu empfehlen.

Bei der Ringteilung oder einer mindestens den halben Umfang des Rohres umfassenden Teilung kann man die Genauigkeit noch erhöhen durch Anwendung einer Blende. Als solche dient ein weißes Kartenblatt, das man zur Hälfte mit schwarzem Papier beklebt hat. Hält man dieses Kartenblatt mit der schwarzen Hälfte nach unten hinter die Bürette, so daß die Trennungslinie zwischen Weiß und Schwarz sich in der Höhe der Oberfläche der Flüssigkeit befindet, so hebt sich der untere Rand des Meniscus sehr deutlich gegen den weißen Untergrund ab (Abb. 15).

Büretten nach Schellbach (mit Schellbach-Streifen) sind auf der Rückseite mit einem breiten weißen Milchglasstreifen versehen, auf dem sich ein schmälerer farbiger Streifen befindet. Dieser letztere zeigt beim Stand der Flüssigkeitsoberfläche das durch Abb. 16 wiedergegebene Bild. Man liest an dem Schnittpunkt des Streifens mit dem Meniscus der Flüssigkeit ab. Die Ablesung wird aber auch bei diesen Büretten nur dann genau, wenn das Auge sich genau in der Höhe des Meniscus befindet.

Ein sehr genaues Ablesen bei allen Büretten, auch bei denen mit kurzen Teilstrichen und bei den Schellbach-Büretten, ermöglicht das Ableseblättchen nach G. Frerichs.

In ein Stück photographischen Film (möglichst stark) von etwa 5—6 cm Länge und 4 cm Breite,

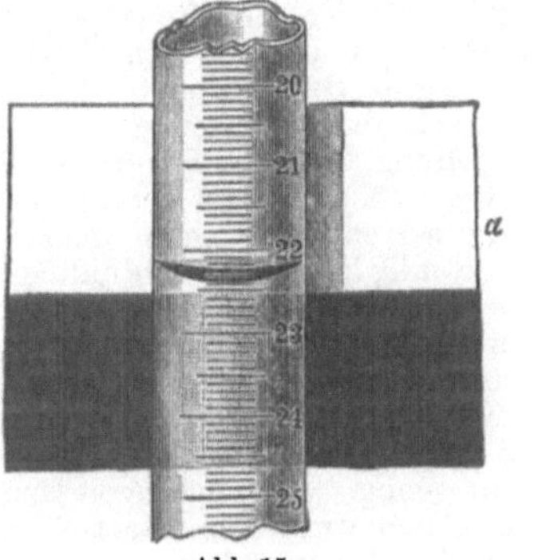
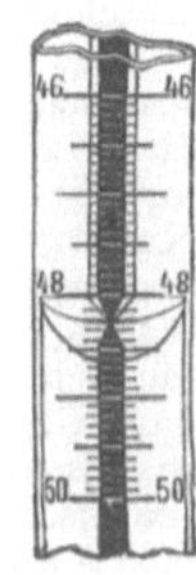

Abb. 15.   Abb. 16.

das man durch Waschen mit warmem Wasser von der Gelatineschicht befreit hat, schneidet man mit einem scharfen Messer in der Mitte zwei parallele Schnitte von etwa 3—3,5 cm Länge, im Abstand von 1 cm. Durch die beiden Schlitze des Blättchens steckt man die Bürette, so daß der schmale Streifen des Blättchens nach vorn kommt.

Beim Ablesen stellt man die untere Schnittlinie auf den unteren Rand des Meniscus ein. Das Auge ist in richtiger Höhe, wenn die Kanten des unteren Schlitzes scharf als eine Linie erscheinen; die Kanten des oberen Schlitzes zeigen dann deutlich einen Abstand voneinander. Den Ort der eingestellten Linie kann man besonders genau nach dem Ablaufen der Flüssigkeit feststellen; dabei darf das Blättchen natürlich nicht verschoben werden. Diese Ablesevorrichtung kann von der Firma C. Gerhardt, Bonn a. Rh., bezogen werden. Noch zweckmäßiger als farblose Filmblättchen sind gefärbte. Mit diesen erkennt man Abweichungen von der richtigen Augenhöhe noch sicherer, weil die Verbreiterung der Schlitze bei falscher Augenhöhe dann deutlicher hervortritt.

Zum scharfen Ablesen kann man auch eine Lupe oder einen mit Wasser gefüllten Rundkolben von etwa 150 cm benutzen. Bei der Benutzung der Bürette erreicht man die größte Genauigkeit, wenn man die Bürette zu jeder Messung wieder auf 0 auffüllt. Dadurch werden auch Irrtümer beim Ablesen leichter vermieden. Hat man mehrere Titrationen mit kleinen Mengen von Normallösungen auszuführen, so füllt man meistens die Bürette nicht jedesmal wieder auf 0 auf. (Es ist dann sehr zweckmäßig, den jedesmaligen oberen Stand der Bürette mit dem Ableseblättchen festzuhalten.) Die Titrationen werden um so genauer, je größer die Menge der nötigen Normallösung ist. Wenn die zur Untersuchung zur Verfügung stehende Substanzmenge es gestattet, wendet man in der Regel eine solche Menge an, daß man etwa 20 bis 30 ccm der Normallösung nötig hat. Vor dem Ablesen wartet man $^1/_2$ Minute, damit die an der Glaswand haftende Flüssigkeit zusammenläuft.

Prüfung der Büretten. Die Bürette wird mit luftfreiem Wasser bis über den Nullpunkt gefüllt. Dann läßt man etwas Wasser in vollem Strahl ausfließen, um die Luft aus dem Hahn zu entfernen und stellt dann genau auf 0 ein, wobei man einen etwa an der Ablaufspitze hängenden Tropfen entfernt. In einem trockenen, genau gewogenen Glasstopfenkolben läßt man dann 10 ccm Wasser ablaufen, zunächst etwa 9,5 ccm und nach einer halben Minute den Rest bis zur Marke, wobei ein an der Ablaufspitze hängender Tropfen an der Wandung des Kolbens abgestrichen wird. Das Wasser wird dann genau wie bei der Prüfung eines Meßkolbens oder einer Pipette gewogen und seine Temperatur festgestellt. Das Wassergewicht beträgt, wenn der geprüfte Abschnitt der Bürette richtig ist, den 10. Teil des in der Tabelle S. 90 angegebenen Gewichts. In gleicher Weise prüft man die Abschnitte 0—20 ccm, 0—30 ccm, 0—40 ccm und 0—50 ccm.

Das genaue Ablassen bis zu einer bestimmten Marke gelingt am besten, wenn man nach Einstellung auf 0 die Bürette so hoch stellt, daß die neu einzustellende Marke sich in Augenhöhe befindet (man kann dabei das Ableseblättchen, siehe S. 95, auf diese Marke setzen), und wenn man die Hahnspitze an die Wandung des Kolbens hält, so daß keine Tropfenbildung stattfindet. Ist etwas mehr Wasser abgelaufen, als man beabsichtigt hat, so kann man die Wägung trotzdem zu Ende führen. Man liest dann den Stand der Bürette genau ab und rechnet mit der tatsächlich abgelassenen Menge. Angenommen, es seien 20,05 ccm Wasser abgelassen, dann findet man das richtige Wassergewicht für den Raum bis zur Marke 20 ccm, wenn man das 20fache des gefundenen Wassergewichts durch 20,05 dividiert oder praktisch genau genug, wenn man von dem gefundenen Wassergewicht einfach 0,05 g abzieht. Auch wenn man statt 20 ccm 20,1 ccm Wasser abgelassen hat, genügt es, einfach 0,1 g von dem gefundenen Wassergewicht abzuziehen.

Die Abweichung der ganzen Füllung einer 50 ccm-Bürette darf nicht mehr als 0,04 ccm betragen (siehe S. 88), das Wassergewicht darf also von der Hälfte des in der Tabelle S. 90 angegebenen um nicht mehr als 0,04 g abweichen. Teilmengen bis 25 ccm dürfen um 0,02 ccm abweichen, Teilmengen von über 25 ccm um 0,04 ccm.

Reinigung der Meßgeräte.

Alle Meßgeräte müssen immer vollkommen rein sein. Sie sind es nicht, wenn die Flüssigkeit nach dem Auslaufen die Wandungen nicht gleichmäßig benetzt, sondern Tropfenbildung zeigt. In diesem Falle ist besonders bei Pipetten und Büretten eine Reinigung erforderlich, die am besten mit Kaliumdichromatlösung und konz. Schwefelsäure erfolgt.

Pipetten. Man versetzt Kaliumdichromatlösung (etwa 1 + 9) mit etwa der doppelten Menge konz. Schwefelsäure und saugt diese Mischung noch heiß in die Pipette hinein, die man am oberen Ende mit einem Gummischlauch versehen hat. Nach einigen Augenblicken läßt man die Pipette leerlaufen und wiederholt das Ausspülen mit der Säuremischung, bis die zum Schluß mit Wasser ausgespülte Pipette gleichmäßige Benetzung zeigt. In hartnäckigen Fällen läßt man die mit der Säuremischung gefüllte Pipette nach Verschluß des Gummischlauchs mit einem Quetschhahn längere Zeit stehen.

Büretten. Man füllt die Bürette zu etwa einem Drittel mit der Kaliumdichromatlösung und gibt dann konz. Schwefelsäure hinzu, bis die Bürette bis oben gefüllt ist. Man läßt die Bürette so gefüllt bis zum Erkalten stehen, läßt die Säuremischung ablaufen und spült mit Wasser nach. Das Einfetten des Hahnes geschieht nach dem Reinigen. Die Chromsäure-Schwefelsäure kann aufbewahrt und für weitere Reinigungen benutzt werden.

Zur Ausführung von Titrationen benutzt man entweder Titrierkolben mit weitem Hals (Abb. 17 u. 18) oder Erlenmeyerkolben. Rundkolben mit engem Hals werden bei der Bestimmung von Esterzahlen und Verseifungszahlen benutzt. In manchen Fällen sind Erlenmeyerkolben mit eingeschliffenen Stopfen zu benutzen, z. B. bei der Bestimmung der Jodzahl. Auch weithalsige Flaschen mit eingeriebenem Stopfen lassen sich in manchen Fällen verwenden. Bechergläser, in denen man die Flüssigkeit mit einem Glasstab umrühren muß, sind weniger praktisch. Bei Benutzung von Kolben genügt ein Umschwenken während der Titration.

Die im Arzneibuch vorgeschriebenen maßanalytischen Gehalts- und Wertbestimmungen können in 3 Klassen eingeteilt werden:

Abb. 17. Abb. 18.

1. Alkalimetrie und Acidimetrie.
2. Jodometrie.
3. Argentometrie und Rhodanometrie (Fällungsanalysen).

Eine weitere Klasse ist die Oxydimetrie, die das Arzneibuch nicht anwenden läßt, die aber auch besprochen werden soll.

Die Herstellung der für die einzelnen Klassen erforderlichen volumetrischen Lösungen ist in den einzelnen Abschnitten genau besprochen.

Alkalimetrie und Acidimetrie.

Erforderliche Lösungen: n-Salzsäure, n-Kalilauge, $^1/_{10}$-n-Salzsäure, $^1/_{10}$-n-Kalilauge.

Urtitersubstanz: Besonders gereinigtes Kaliumbicarbonat, $KHCO_3$, Mol.-Gew. 100,11, Normalgewicht = 1 Mol = 100,11 g.

Eine filtrierte Lösung von 50 g Kaliumbicarbonat in 225 g kaltem Wasser wird unter Umrühren mit 100 g Weingeist versetzt. Das abgeschiedene Kristallmehl wird abgesaugt, mit einer Mischung von 2 T. Wasser und 1 T. Weingeist gewaschen und erst an der Luft, dann über Schwefelsäure getrocknet. Das so gewonnene reine Kaliumbicarbonat wird in einem Glas mit dicht schließendem Glasstopfen aufbewahrt. Vor dem Gebrauch wird es, wenn es nicht fein gepulvert ist, zerrieben und nochmals über Schwefelsäure getrocknet.

Wird 1 g besonders gereinigtes Kaliumbicarbonat in einem Porzellantiegel bis zum gleichbleibenden Gewicht geglüht, so muß das Gewicht des Rückstandes (Kaliumcarbonat) 0,6903 g betragen.

$$2 KHCO_3 = K_2CO_3 + CO_2 + H_2O.$$

An Stelle des ziemlich teuren, besonders gereinigten Kaliumbicarbonats läßt sich auch Kaliumbicarbonicum pro analysi verwenden, das man zerreibt und über Schwefelsäure trocknet.

n-Salzsäure. Genaue n-Salzsäure mit dem Faktor 1,000 enthält in 1 Liter 36,47 g HCl (Mol.-Gew. 36,47, Normalgew. = 1 Mol = 36,47 g).

Vorschrift des Arzneibuches: Etwa 150 ccm (es muß heißen 150 g) Salzsäure (25%) werden zu 1 Liter aufgefüllt. Zur Einstellung werden etwa 2 g besonders gereinigtes Kaliumbicarbonat genau gewogen = a, in 20 ccm Wasser gelöst und nach Zusatz von 2 Tropfen Methylorangelösung als Indikator (siehe S. 103) mit der einzustellenden Salzsäure titriert. Wenn hierzu b ccm erforderlich sind, so ist der Faktor der Salzsäure

$$F_{HCl} = 9,99 \cdot \frac{a}{b}.$$

· Wäre das Normalgewicht des Kaliumbicarbonats genau 100 g, dann wäre der Faktor $= 10 \cdot \dfrac{a}{b}$. Da das Normalgewicht des Kaliumbicarbonats aber 100,11 g ist, ist der Faktor um $^1/_{1000}$ kleiner, also $9{,}99 \cdot \dfrac{a}{b}$.

Das Arzneibuch läßt nur den Faktor der Säure feststellen, zweckmäßiger aber ist es, richtige n-Salzsäure mit dem Faktor 1,000 herzustellen, die haltbar ist.

Da die Verdünnung einer zu starken Säure auf den richtigen Gehalt am einfachsten ausführbar ist, wenn man nach der Ermittelung des Faktors noch mindestens 1 Liter zur Verfügung hat, ist es zweckmäßig, nicht nach der Vorschrift des Arzneibuches nur 1 Liter der zu starken Säure herzustellen, sondern etwa 1200 ccm. Es ist auch durchaus überflüssig, die 150 g Salzsäure genau auf 1 Liter aufzufüllen.

Bei der Herstellung von ungenauen Lösungen hat die Verwendung von Meßkolben keinen Zweck. Gewöhnliche Kolben oder Flaschen von passender Größe genügen vollkommen.

170 g Salzsäure (25%) werden mit ungefähr 1000 g (oder ccm) Wasser gemischt. Diese Lösung wird dann zunächst roh eingestellt. Man wägt zu diesem Zweck mit der Handwaage 2 g nicht getrocknetes gewöhnliches Kaliumbicarbonat ab, bringt es in einen Titrierkolben, löst es in etwa 20 ccm Wasser, fügt 2 Tropfen Methylorangelösung hinzu und titriert mit der einzustellenden Säure bis zum Farbenumschlag in Rot.

Der Verbrauch an Säure muß etwas unter 20 ccm (etwa 19—19,5 ccm) betragen. Werden mehr als 20 ccm Säure verbraucht, so ist die Säure zu schwach; man verstärkt dann die Säure durch einen kleinen Zusatz von Salzsäure und wiederholt die rohe Einstellung.

Zur genauen Einstellung wägt man in einem trockenen Titrierkolben oder Erlenmeyerkolben auf der analytischen Waage 2—2,5 g über Schwefelsäure getrocknetes reinstes Kaliumbicarbonat genau ab (bis auf 1 mg), löst es in etwa 20—30 ccm Wasser und titriert nach Zusatz von 2 Tropfen Methylorangelösung mit der Säure. Man wiederholt den Versuch noch zweimal mit einer neuen Menge Kaliumbicarbonat.

Der Wirkungswert der Säure ergibt sich durch folgende Rechnung: Nach der Gleichung

$$\underset{100{,}11}{KHCO_3} + \underset{36{,}47}{HCl} = KCl + CO_2 + H_2O$$

verbrauchen 100,11 g Kaliumbicarbonat 36,47 g HCl oder 1 Liter n-Salzsäure. Man kann nun zunächst mit dem abgerundeten Normalgewicht des Kaliumbicarbonats $= 100$ g rechnen. Danach verbraucht 0,1 g Kaliumbicarbonat 1 ccm n-Salzsäure, und der Wirkungswert der Säure ergibt sich dadurch, daß man die Zahl der Dezigramme des angewandten Kaliumbicarbonats durch die Zahl der Kubikzentimeter der verbrauchten Säure dividiert.

Angenommen es seien:

   1. für 2,010 g Kaliumbicarbonat 19,50 ccm,
   2. für 2,358 g   ,,   22,85 ccm, ·
   3. für 2,483 g   ,,   24,10 ccm der Säure verbraucht worden.

Dann berechnet sich der Wirkungswert zu:

   1. $20,10 : 19,50 = 1,031$
   2. $23,58 : 22,85 = 1,032$ im Mittel 1,031.
   3. $24,83 : 24,10 = 1,030$

Diese Berechnung stimmt nun nicht ganz genau, weil wir mit dem abgerundeten Normalgewicht des Kaliumbicarbonats, 100 g, statt des genauen, 100,11 g, gerechnet haben. Um den dadurch entstandenen Fehler auszugleichen, müßte man den vorher berechneten Wirkungswert noch durch 100,11 dividieren (oder mit 0,999 multiplizieren). Praktisch genügend genau erhält man den richtigen Wirkungswert, wenn man in der 3. Dezimalstelle 1 abzieht. Der richtige Wirkungswert der Säure in dem Beispiel ist hiernach also **1,030,** d. h. 1 ccm der Säure = 1,030 ccm n-Säure oder 1 Liter der Säure = 1030 ccm n-Säure. Zur Herstellung richtiger n-Säure müssen also 1000 ccm der Säure mit 30 ccm Wasser versetzt werden. Diese Verdünnung wird am einfachsten mit Hilfe eines Kropfkolbens von 1 Liter ausgeführt (Abb. 13, S. 90). Man füllt in den trockenen oder mit einer kleinen Menge der Säure einige Male ausgespülten Kolben 1000 ccm der Säure, gibt 30 ccm Wasser (mit der Pipette gemessen) hinzu und mischt gut durch.

Hat man keinen Kropfkolben zur Verfügung, so mißt man mit einem gewöhnlichen Meßkolben von 1 Liter (trocken oder mit der Säure ausgespült) 1000 ccm ab, gibt dann in eine trockene Flasche die zur Verdünnung nötige Menge Wasser und gibt die Säure aus dem Meßkolben hinzu. Durch wiederholtes Umgießen aus der Flasche in den Meßkolben und zurück wird die Flüssigkeit gemischt.

Man kann die Verdünnung auch noch in der Weise ausführen, daß man berechnet, wieviel der Säure auf 1000 ccm zu verdünnen ist.

Nach der Gleichung: $1000 : 1030 = x : 1000$ sind in dem Beispiel $1000 : 1,03 = 971$ ccm auf 1000 zu verdünnen. Diese Verdünnung wird dadurch ausgeführt, daß man in den trockenen Meßkolben 29 ccm Wasser gibt und mit der Säure auf 1000 ccm auffüllt.

Nach der Verdünnung ist in jedem Falle die Richtigkeit der Säure nachzuprüfen mit einer genau gewogenen Menge getrocknetem Kaliumbicarbonat; es müssen jetzt für je 1,0011 g Kaliumbicarbonat 10 ccm der Säure verbraucht werden.

$^1/_2$-n-Salzsäure. Genaue $^1/_2$-n-Salzsäure enthält in 1 Liter 18,235 g HCl.

In einen Meßkolben von 500 ccm mißt man 500 ccm n-Salzsäure ($F = 1,000$) ab, gießt sie ohne Verlust (Trichter!) unter Nachspülen des Kolbens mit Wasser in einen Meßkolben von 1000 ccm und füllt mit Wasser bis zur Marke auf. Hat die n-Salzsäure einen anderen Faktor als 1,000, so hat die $^1/_2$-n-Salzsäure den gleichen Faktor. Zweckmäßig ist es aber auch hier, genaue $^1/_2$-n-Salzsäure herzustellen. Man kann auch aus 90 g Salzsäure und 1100 ccm Wasser eine etwas zu starke halbnormale Salzsäure herstellen, diese dann genau wie n-Salzsäure mit Kaliumbicarbonat einstellen und sie zu richtiger $^1/_2$-n-Säure verdünnen.

$^1/_{10}$-**n-Salzsäure.** In einen Meßkolben von 1000 ccm bringt man mit einer Pipette 100 ccm n-Salzsäure und füllt mit Wasser bis zur Marke auf.

Der Faktor der Säure ist der gleiche wie der der n-Salzsäure, also 1,000, wenn letztere genau war.

n-Kalilauge. Enthält 56,11 g KOH (Mol.-Gew. 56,11, Normalgew. = 1 Mol = 56,11 g) in 1 Liter. Die Lösung soll möglichst frei sein von Kaliumcarbonat. Das käufliche Kaliumhydroxyd (Ätzkali) enthält stets kleine Mengen von Kaliumcarbonat, besonders auf der Oberfläche infolge der Aufnahme von Kohlendioxyd aus der Luft. Eine genügend carbonatfreie Kalilauge erhält man, wenn man Kali causticum alcohole depuratum in Stangen durch Abspülen mit Wasser (kurzes Eintauchen der Stangen mit einer Tiegelzange in Wasser) von der carbonathaltigen Schicht befreit. Von dem abgespültem Ätzkali wägt man etwa 65 g in einer Porzellanschale ab und löst diese Menge in Wasser zu ungefähr 1 Liter auf.

Die so hergestellte Lauge ist zwar nicht völlig frei von Carbonat, aber für alle Zwecke der Praxis brauchbar.

Fast carbonatfrei ist das Kali causticum in rotulis von E. Merck. Wenn es in dicht mit paraffinierten Stopfen verschlossenen Gläsern aufbewahrt wird, bleibt es auch carbonatfrei. Es bleibt trocken und backt nicht zusammen und kann dann ohne Abspülen zur Herstellung von n-Kalilauge verwendet werden.

Bestimmung der Wirkungswerte der n-Kalilauge. Eine carbonathaltige Lauge hat bei Verwendung verschiedener Indikatoren verschiedene Wirkungswerte. Das Arzneibuch läßt folgende Indikatoren anwenden (siehe S. 103): Phenolphthalein, Methylorange, Methylrot und Lackmus.

Es soll nun zunächst erläutert werden, wodurch der Unterschied bei der Benutzung von Phenolphthalein einerseits und Methylorange andrerseits bedingt ist. (Das Methylrot kann zunächst außer Betracht bleiben.)

Man erkennt den Unterschied am besten, wenn man folgenden Versuch ausführt:

Man füllt mit der Lauge eine Bürette und läßt nach der Einstellung auf 0 etwa 20 ccm in einen Titrierkolben fließen. Dann fügt man etwa 1 ccm Phenolphthaleinlösung hinzu und titriert aus einer zweiten Bürette mit n-Salzsäure bis zur Entfärbung. Dann ruft man die Rotfärbung mit einigen Tropfen aus der Laugenbürette wieder hervor und titriert nun vorsichtig mit der Säure, bis 1 Tropfen die Entfärbung bewirkt. Nötigenfalls wiederholt man das Hin- und Hertitrieren mit der Lauge und Säure, bis 1 Tropfen der Säure die Entfärbung bewirkt. Dann wird der Stand beider Büretten abgelesen (I. Ablesung). Angenommen, es seien für 20,2 ccm Lauge 20,85 ccm n-Salzsäure verbraucht worden.

Zu der entfärbten Flüssigkeit fügt man nun 2 Tropfen Methylorangelösung. Die Flüssigkeit ist dann gelb gefärbt, sie ist gegen Methylorange noch alkalisch, während sie gegen Phenolphthalein schon neutral ist. Man titriert nun vorsichtig mit n-Salzsäure weiter bis zur Rotfärbung, wozu noch etwa 0,2—0,4 ccm n-Salzsäure erforderlich sind. Der Stand der Säurebürette wird dann wieder abgelesen (II. Ablesung). Angenommen, der Stand der Bürette bei der 2. Ablesung sei 21,15 ccm.

Für die in diesem Versuch angenommenen 20,2 ccm der Kalilauge sind also mit Phenolphthalein 20,85 und mit Methylorange 21,15 ccm n-Salzsäure verbraucht worden. Daraus berechnen sich die beiden Wirkungswerte:

$$\text{Phenolphthalein} \quad 20{,}85 : 20{,}2 = 1{,}032,$$
$$\text{Methylorange} \ldots \quad 21{,}15 : 20{,}2 = 1{,}047.$$

Der Verlauf der Titration mit Phenolphthalein ist folgender: Die Lauge enthält KOH und K_2CO_3. Zuerst wird durch die Säure das Kaliumhydroxyd in Kaliumchlorid übergeführt. Es tritt ein Punkt ein, an dem die Flüssigkeit KCl und K_2CO_3 enthält. Die Flüssigkeit ist dann noch rot gefärbt, weil K_2CO_3 gegen Phenolphthalein alkalisch ist.

Kommt nun weiter Säure hinzu, so tritt folgende Umsetzung ein: $K_2CO_3 + HCl = KHCO_3 + KCl$. Es entsteht **Kaliumbicarbonat**, das gegen Phenolphthalein neutral ist. Die Entfärbung tritt also ein, wenn das in der Lauge enthaltene Kaliumcarbonat in Kaliumbicarbonat übergeführt ist. Der Wirkungswert der Lauge mit Phenolphthalein als Indikator setzt sich demnach zusammen aus der Menge des Kaliumhydroxyds und der **halben** Menge des Kaliumcarbonats.

Gegen Methylorange ist das Kaliumbicarbonat alkalisch (sonst könnte man nicht Carbonate und Bicarbonate unter Anwendung von Methylorange titrieren).

Bei weiterem Zusatz von Säure erfolgt die Umsetzung: $KHCO_3 + HCl = KCl + CO_2 + H_2O$, und der Umschlag von Gelb in Rot erfolgt, sowie eine Spur Säure im Überschuß ist.

Der Wirkungswert der Lauge mit Methylorange als Indikator setzt sich demnach zusammen aus der Menge des Kaliumhydroxyds und der **ganzen** Menge des Kaliumcarbonats. Er ist gegenüber dem Wirkungswert mit Phenolphthalein um so größer, je größer der Gehalt der Lauge an Carbonat ist. In der Regel wird man Unterschiede im Wirkungswert von etwa 1—2%, also 1—2 in der 2. Dezimalstelle finden. Ist die Lauge stark carbonathaltig, so läßt sich der Wirkungswert mit Methylorange zwar genau ermitteln, nicht aber der mit Phenolphthalein, weil dann bei der Titration Kohlendioxyd entweichen kann, wodurch die Feststellung des Wirkungswertes unsicher wird.

Das Arzneibuch läßt den Wirkungswert der n-Kalilauge nicht durch Titration der Lauge mit n-Salzsäure, sondern umgekehrt durch Titration einer bestimmten Menge n-Salzsäure mit der Lauge, und zwar in getrennten Versuchen mit den 3 Indikatoren feststellen. Das ist insofern richtiger, weil fast in allen Fällen eine Säure mit der n-Kalilauge titriert wird. Der Unterschied im Wirkungswert ist gegenüber der Titration der Lauge mit der Säure nur gering. Ein Unterschied besteht darin, daß in dem einen Falle auf sauer, mit einem geringen Säureüberschuß, im anderen auf alkalisch, mit einem geringen Alkaliüberschuß titriert wird.

Nach dem Arzneibuch werden 20 ccm n-Salzsäure mit der einzustellenden Lauge titriert unter Anwendung von 1. Phenolphthalein, 2. Methylorange und 3. Methylrot als Indikator.

Der Faktor der Lauge ist dann:

$$F_{KOH} = F_{HCl} \cdot \frac{20}{\text{verbrauchte Anzahl ccm Lauge}} \, .$$

Methylrot kommt als Indikator bei der Titration mit n-Kalilauge nicht vor, sondern nur bei Titration von Alkaloiden mit $^1/_{10}$-n-Kalilauge. Mit diesem Indikator braucht deshalb der Wirkungswert der n-Kalilauge nicht bestimmt zu werden. Der Wirkungswert der Lauge ist übrigens bei Anwendung von Methylrot der gleiche wie bei Anwendung von Methylorange.

Die Wirkungswerte der Lauge werden auf der Standflasche vermerkt und bei der Benutzung der Lauge berücksichtigt. Von Zeit zu Zeit werden die Wirkungswerte der Lauge mit der n-Salzsäure nachgeprüft. Der Wirkungswert mit Methylorange ändert sich kaum, wohl aber der mit Phenolphthalein infolge von Kohlendioxydaufnahme aus der Luft.

Zur Feststellung des Wirkungswertes der Lauge mit Phenolphthalein als Indikator sind auch einige organische Säuren vorzüglich geeignet, besonders Camphersäure (nach Frerichs und Mannheim) und Salicylsäure (nach Heiduschka).

Die zweibasische Camphersäure, $C_8H_{14}(COOH)_2$, hat das Mol.-Gew. 200,13; das Normalgewicht ist demnach $= ^1/_2$ Mol $= 100,065$ g oder praktisch genügend genau $= 100$ g. 100 mg Camphersäure neutralisieren 1 ccm n-Lauge (Phenolphthalein als Indikator). Die Camphersäure wird 1—2 Tage über Schwefelsäure getrocknet. Dann wägt man 2—2,5 g der Säure in einem Erlenmeyerkolben genau ab, löst die Säure in etwa 10 ccm Weingeist, verdünnt mit etwa 20 ccm Wasser und titriert nach Zusatz von etwa 1 ccm Phenolphthaleinlösung mit der einzustellenden Lauge bis zum Umschlag in Rot.

Angenommen, es seien für 2,3943 g Camphersäure 23,2 ccm der Lauge verbraucht worden; dann ist der Wirkungswert $= 23,943 : 23,2 = 1,032$.

Das Normalgewicht der Salicylsäure, $C_6H_4(OH)COOH$, ist $= 1$ Mol $= 138,05$ g oder praktisch genügend genau $= 138$ g. 138 mg Salicylsäure neutralisieren 1 ccm n-Lauge. Man wägt etwa 3—4 g über Schwefelsäure getrocknete Salicylsäure genau ab, löst sie in etwa 10 ccm Weingeist und titriert nach Zusatz von etwa 1 ccm Phenolphthaleinlösung mit der Lauge. Angenommen, es seien für 3,464 g Salicylsäure 24,3 ccm der Lauge verbraucht worden, dann ist der

$$\text{Wirkungswert der Lauge} = \frac{3464}{138 \cdot 24,3} = \frac{25,1}{24,3} = 1,033 \, .$$

Weingeistige $^1/_2$-n-Kalilauge. Enthält in 1 Liter 28,055 g KOH. Man verwendet meist eine Lösung, die nur annähernd $^1/_2$-normal ist und bestimmt beim Gebrauch den Wirkungswert.

Zur Herstellung der Lauge löst man etwa 33—35 g Ätzkali (Kali causticum fusum) in etwa 30—40 ccm Wasser und gießt die Lösung in etwa 960 ccm Weingeist von 95—96 Vol.-% (Feinsprit des Handels). Steht letzterer nicht zur Verfügung, so löst man das zerriebene Ätzkali ohne Wasserzusatz in etwa 1 Liter Weingeist von 90—91 Vol.-%. Nach 1—2tägigem Stehen wird die Lösung von dem Bodensatz (Kaliumcarbonat) klar abgegossen, oder sie wird durch ein Faltenfilter filtriert.

Die Lösung wird an einem möglichst hellen Ort aufbewahrt (im Fenster). Im Dunkeln färbt sie sich gelb.

Der Wirkungswert der Lauge wird mit Hilfe von $^1/_2$-n-Salzsäure bestimmt (Phenolphthalein als Indikator). Angenommen, es seien auf 20 ccm $^1/_2$-n-Salzsäure 18,3 ccm der Lauge verbraucht worden: dann ist der Wirkungswert $= 20:18,3 = 1,093$. Auch mit Camphersäure läßt sich der Wirkungswert der Lauge bestimmen (Phenolphthalein als Indikator). Bei der Berechnung verdoppelt man die abgewogene Menge der Camphersäure und dividiert die Zahl der Dezigramme durch die Zahl der Kubikzentimeter der verbrauchten Lauge. Sind z. B. für 1,066 g Camphersäure 19,5 ccm der Lauge verbraucht worden, so ist der Wirkungswert $= 21,32:19,5 = 1,093$. An Stelle von Camphersäure läßt sich auch Salicylsäure verwenden. 1 ccm $^1/_2$-n-Kalilauge $= 69$ mg Salicylsäure. Sind z. B. für 1,5235 g Salicylsäure 20,2 ccm der Lauge verbraucht worden, dann ist der Wirkungswert $= \dfrac{1523,5}{69 \cdot 20,2} = \dfrac{22,08}{20,2} =$ 1,093. Außer dem Wirkungswert der weingeistigen $^1/_2$-n-Kalilauge kann man auch die Zahl der Milligramm KOH, die 1 ccm der Lauge enthält, feststellen. Richtige $^1/_2$-n-Lauge enthält in 1 ccm 28,055 mg KOH, eine Lauge mit dem Wirkungswert 1,093 enthält $28,055 \cdot 1,093 = 30,66$ mg KOH in 1 ccm. Man vermerkt diese Zahl neben dem Wirkungswert auf der Standflasche. Durch die einmalige Berechnung dieser Zahl wird z. B. bei der Bestimmung der Säurezahl, Esterzahl und Verseifungszahl die Berechnung vereinfacht.

$^1/_{10}$-n-Kalilauge. In einem Meßkolben werden 100 ccm n-Kalilauge, deren Wirkungswerte bestimmt sind, mit Wasser auf 1000 ccm verdünnt. Die so hergestellte Lauge hat dann als $^1/_{10}$-Normallauge die gleichen Wirkungswerte, wie die Normallauge hatte, z. B. 1,032 mit Phenolphthalein und 1,047 mit Methylorange. Zur Nachprüfung titriert man mit der Lauge 20 ccm $^1/_{10}$-n-Salzsäure. Für die Alkaloidbestimmungen wird der Wirkungswert der $^1/_{10}$-n-Kalilauge auch mit Methylrot als Indikator festgestellt.

Indikatoren.

Bei den alkalimetrischen und acidimetrischen Bestimmungen lassen sich zur Erkennung des Endpunktes der Umsetzung zahlreiche Stoffe als Indikatoren verwenden, meist Farbstoffe, die in alkalischer Lösung eine andere Farbe zeigen als in saurer Lösung. Das Arzneibuch läßt als Indikatoren Methylorange, Methylrot, Phenolphthalein und Lackmus verwenden.

Methylorangelösung. 0,1 g Methylorange $=$ Dimethylaminoazobenzolsulfonsaures Natrium,

$$(CH_3)_2NC_6H_4N:NC_6H_4SO_2ONa \quad [1,4:1,4]$$

wird in 100 g Wasser gelöst.

Methylrotlösung. 0,2 g Methylrot $=$ Dimethylaminoazobenzolcarbonsäure, $\quad (CH_3)_2NC_6H_4N:NC_6H_4COOH \quad [1,4:1,2]$,

werden in 100 g Weingeist gelöst.

Phenolphthaleinlösung. 1 g Phenolphthalein,

$$C_6H_4\underset{CO}{\overset{C(C_6H_4OH)_2}{<}}O\,,$$

wird in 100 g verdünntem Weingeist gelöst.

Die Indikatorlösungen werden am besten in Tropfgläsern aufbewahrt.

Das Wesen der Indikatoren für die Alkalimetrie und Acidimetrie besteht darin, daß sie **Wasserstoffionen** (sauer) oder **Hydroxylionen** (alkalisch) anzeigen.

Methylorange oder Dimethylaminoazobenzolsulfonsaures Natrium (Formel s. S. 103), ist das Natriumsalz einer Verbindung, die durch die Sulfonsäuregruppe die Eigenschaften einer verhältnismäßig starken Säure, zugleich aber durch die Dimethylaminogruppe die Eigenschaften einer schwachen Base hat.

Bei der Anwendung von **Methylorange** bei der Titration von **Kalilauge** mit **Salzsäure** ist der Verlauf der chemischen Umsetzungen folgender:

Die zu titrierende Lösung enthält Kaliumhydroxyd und Methylorange als Natriumsalz; sie ist gelb gefärbt durch die —Ionen des Natriumsalzes. Beim Titrieren mit Salzsäure wird das Kaliumhydroxyd in Kaliumchlorid übergeführt. Wenn diese Umsetzung beendet ist, enthält die Lösung Kaliumchlorid und Methylorange als Natriumsalz. Sie ist noch gelb gefärbt. Der nächste Tropfen Salzsäure bewirkt einen Umschlag von Gelb in Zwiebelrot, weil die Salzsäure das Methylorange-Natriumsalz in die freie Sulfonsäure überführt, deren Lösung zwiebelrot ist. Durch einen weiteren Tropfen Salzsäure wird nun die Flüssigkeit rein rot gefärbt, indem das **Hydrochlorid der Dimethylaminoazobenzolsulfonsäure**

$$(CH_3)_2NC_6H_4N:NC_6H_4SO_2OH,$$
$$\overset{\frown}{H\,Cl}$$

gebildet wird, dessen +Ionen die Flüssigkeit rot färben.

Methylorange läßt sich als Indikator nicht nur bei der Titration von Alkalihydroxyden, sondern auch bei der Titration von **Alkalicarbonaten** und anderen Salzen von Alkalien mit **sehr schwachen Säuren** verwenden, z. B. **Boraten.** Kohlensäure und Borsäure sind viel schwächere Säuren als die Dimethylaminoazobenzolsulfonsäure. Sie sind deshalb ohne Einfluß auf den Verlauf der Umsetzung; der Farbenumschlag von Gelb in Rot tritt genau in dem Punkt ein, in dem die Basen der Carbonate oder der Borate in die Hydrochloride übergeführt sind und das Hydrochlorid der Dimethylaminoazobenzolsulfonsäure gebildet wird.

Methylorange läßt sich aber auch bei der Titration von **schwachen und sehr schwachen Basen** verwenden, weil es durch die Sulfonsäuregruppe eine verhältnismäßig starke Säure ist, die auch mit sehr schwachen Basen Salze gibt, deren —Ionen eine Gelbfärbung der Lösung bewirken.

Da die Dimethylaminoazobenzolsulfonsäure eine stärkere Säure ist als organische Carbonsäuren, z. B. Essigsäure, zerlegt sie Salze dieser schwächeren Säuren, und diese Salze sind deshalb gegenüber Methylorange mehr oder weniger alkalisch. Aus diesem Grunde läßt sich Methylorange bei Titrationen von schwachen Säuren nicht verwenden.

Methylrot. Dieser bei Alkaloidbestimmungen angewandte Indikator ist Dimethylaminoazobenzolcarbonsäure (Formel s. S. 103).

Das Methylrot hat an Stelle der Sulfonsäuregruppe des Methylorange eine Carboxylgruppe und ist infolgedessen eine schwächere Säure als Methylorange. Methylrot läßt sich deshalb bei der Titration von äußerst schwachen Basen, bei denen Methylorange anwendbar ist, z. B. bei der Titration von Narkotin und Hydrastin, nicht mehr verwenden, wohl aber bei der Titration von stärker basischen Alkaloiden.

Die Titration eines Alkaloides mit Methylrot als Indicator wird entweder direkt, z. B. bei den Chinaalkaloiden, oder wie in den meisten Fällen indirekt ausgeführt.

Bei der direkten Titration der Chinaalkaloide verläuft die Umsetzung in folgender Weise: Die weingeistig-wässerige Lösung der Alkaloide wird mit Methylrotlösung versetzt, wobei sich ein kleiner Teil der Alkaloide mit dem Methylrot zu Salzen verbindet, deren —Ionen wie die der Alkalisalze des Methylrots gelb gefärbt sind. Beim Titrieren mit Salzsäure werden zuerst die freien Alkaloide in die Hydrochloride übergeführt, und es tritt ein Punkt ein, in dem neben den Alkaloidhydrochloriden noch die kleine Menge des Alkaloidsalzes des Methylrots vorhanden ist. Die Flüssigkeit ist dann noch gelb gefärbt. Der nächste Tropfen Salzsäure zerlegt dann das Alkaloidsalz des Methylrots und bildet mit letzterem das Hydrochlorid:

$$(CH_3)_2NC_6H_4N:NC_6H_4COOH,$$
$$\widehat{H\ Cl}$$

dessen +Ionen die Rotfärbung der Lösung bewirken.

Bei der indirekten Titration eines Alkaloides mit Methylrot als Indikator wird das Alkaloid durch einen Überschuß von $^1/_{10}$-n-Salzsäure in das Hydrochlorid übergeführt und der Überschuß an Säure mit $^1/_{10}$-n-Kalilauge zurücktitriert.

Die zu titrierende Flüssigkeit enthält Alkaloidhydrochlorid, freie Salzsäure und das Hydrochlorid des Methylrots, das die Flüssigkeit rot färbt. Beim Zurücktitrieren mit Kalilauge wird zuerst die Salzsäure neutralisiert, und es tritt ein Punkt ein, in dem die Lösung Alkaloidhydrochlorid, Kaliumchlorid und das Hydrochlorid des Methylrots enthält. Durch weiteren Zusatz von Kalilauge wird das Hydrochlorid des Methylorange zerlegt. Es tritt ein Punkt ein, in dem die Flüssigkeit neben Alkaloidhydrochlorid und Kaliumchlorid das Methylrot als freie Carbonsäure enthält: die Flüssigkeit ist noch rot gefärbt. Sie wird aber auf weiteren Zusatz von Kalilauge gelb, weil nun das Kaliumhydroxyd aus dem Alkaloidhydrochlorid Alkaloid frei macht, das mit dem Methylrot ein Salz bildet, dessen —Ionen die Flüssigkeit gelb färben.

Phenolphthalein. Das Phenolphthalein (Formel s. S. 104) ist ein Indikator mit sehr schwacher Säurenatur, die durch die Phenolhydroxylgruppen bedingt ist. Es ist ein einseitiger Indikator, der nur Hydroxylionen (Alkalien) anzeigt, und zwar nur dann, wenn diese in ziemlich starker Konzentration vorhanden sind. Versetzt man eine Phenolphthalein enthaltende Flüssigkeit mit Kalilauge, so wird sie durch die —Ionen der Kaliumverbindung des Phenolphthaleins rot gefärbt. Leitet man in die rote Lösung dann Kohlendioxyd ein, so wird zunächst das überschüssige Kaliumhydroxyd in Kaliumcarbonat und weiter in Kaliumbicarbonat übergeführt.

Bei weiterer Einwirkung von Kohlendioxyd wird auch die Kaliumverbindung des Phenolphthaleins zerlegt und die Flüssigkeit entfärbt:

$$C_6H_4\!\!<^{C\,<^{C_6H_4OK}_{C_6H_4OK}}_{\qquad O} + 2\,CO_2 + 2\,H_2O = 2\,KHCO_3 + C_6H_4\!\!<^{\ddot{C}\,<^{C_6H_4OH}_{C_6H_4OH}}_{\qquad O}\,.$$

Die Lösung enthält dann freies Phenolphthalein und **Kaliumbicarbonat.** Letzteres ist gegen Phenolphthalein neutral, während **Kaliumcarbonat** alkalisch ist, weil es in wässeriger Lösung Hydroxylionen gibt und mit Phenolphthalein die Kaliumverbindung bildet, deren —Ionen die Lösung rot färben:

$$C_6H_4\!\!<^{C(C_6H_4OH)_2}_{\qquad CO}\!\!>O \;+\; 2\,K_2CO_3 = C_6H_4\!\!<^{C(C_6H_4OK)_2}_{\qquad CO}\!\!>O \;+\; 2\,KHCO_3\,.$$

Phenolphthalein läßt sich deshalb als Indikator bei der Titration von Carbonaten nicht verwenden. Versetzt man eine Lösung von Kalium- oder Natriumcarbonat mit Phenolphthaleinlösung, so wird sie zwar rot gefärbt, und bei der Titration mit Salzsäure verschwindet schließlich die Rotfärbung. Die Entfärbung sollte eintreten, wenn nach der Gleichung: $K_2CO_3 + HCl = KCl + KHCO_3$ das Kaliumcarbonat in Kaliumbicarbonat übergeführt ist. Es läßt sich aber bei der Titration von stärkeren Carbonatlösungen nicht vermeiden, daß beim Titrieren mit Salzsäure an der Einflußstelle ein Überschuß an Säure ist und ein Entweichen von Kohlendioxyd bewirkt:

$$K_2CO_3 + 2\,HCl = 2\,KCl + CO_2 + H_2O\,.$$

Nur bei sehr schwachen Carbonatlösungen unterbleibt das Entweichen von Kohlendioxyd, so z. B. bei der Einstellung einer carbonathaltigen Normallauge (siehe S. 100), und das Carbonat läßt sich auf Grund der Gleichung $K_2CO_3 + HCl = KHCO_3 + KCl$ titrieren.

Stärkere Lösungen von Carbonaten lassen sich mit Phenolphthalein als Indikator titrieren, wenn man sie zum Sieden erhitzt. Dann erfolgt die Umsetzung unter Entweichen der Gesamtmenge des Kohlendioxyds nach der Gleichung $K_2CO_3 + 2\,HCl = 2\,KCl + CO_2 + H_2O$.

Bei der Titration schwacher Basen, wie Ammoniak, ist Phenolphthalein als Indikator auch nicht geeignet. Eine wässerige Lösung von Ammoniak wird durch Phenolphthalein zwar rot gefärbt; titriert man dann aber mit Salzsäure, so tritt die Entfärbung eher ein, als die Umsetzung $NH_3 + HCl = NH_4Cl$ vollendet ist. Der Grund hierfür ist der, daß das Ammoniumchlorid in wässeriger Lösung teilweise hydrolytisch zerlegt ist in NH_3 und HCl, und daß die saure Reaktion des Chlorwasserstoffs die alkalische des Ammoniaks stark überwiegt.

Lösungen sehr schwacher Basen, wie Alkaloide, werden durch Phenolphthalein nicht rot gefärbt, weil sie Hydroxylionen nur in sehr geringer Konzentration enthalten. Für diese Basen ist Phenolphthalein als Indikator ebenfalls nicht anwendbar. Wohl aber kann man die Säure mancher Alkaloidsalze unter Anwendung von Phenolphthalein als Indikator mit Kalilauge titrieren. Die Umsetzung erfolgt dann scharf nach der Gleichung: Alk.HCl + KOH = Alk. + KCl + H_2O. Die Rotfärbung tritt in dem Augenblick ein, in dem die Säure in das Kaliumsalz übergeführt ist und eine Spur Kaliumhydroxyd hinzukommt. Das beim Zusatz der Lauge von Anfang an freiwerdende Alkaloid wirkt auf das Phenolphthalein nicht ein. (Vgl. Papaverinhydrochlorid S. 126).

Vorzüglich geeignet als Indikator ist das Phenolphthalein bei der Titration von Säuren. Nicht nur starke Säuren, wie die Mineralsäuren, sondern auch schwache Säuren, wie die organischen Säuren, lassen sich mit Phenolphthalein als Indikator titrieren, weil sie stärker sauer sind als das Phenolphthalein, dessen Säurenatur nur der eines Phenols entspricht.

Schon die Kohlensäure läßt sich in sehr verdünnter Lösung mit Phenolphthalein als Indikator mit Kalilauge titrieren.

Das Arzneibuch läßt Phenolphthalein als Indikator bei der Titration von Ameisensäure, Essigsäure, Milchsäure und anderen Carbonsäuren verwenden, besonders auch bei der Bestimmung des Säuregrades von fetten Ölen, der Säurezahl, Esterzahl und Verseifungszahl von Wachs, Balsamen, Harzen und ätherischen Ölen (s. S. 127 u. f.).

Lackmus. Der Lackmusfarbstoff wird in Form des blauen und roten Lackmuspapiers fast nur zum qualitativen Nachweis von Säuren (Wasserstoffionen) und Alkalien (Hydroxylionen) verwendet. Er ist ein Indikator mit schwachen Säureeigenschaften. Die blauen Alkaliverbindungen werden schon durch schwache Säuren wie Essigsäure und andere Carbonsäuren zerlegt, so daß auch diese Säuren blaues Lackmuspapier röten. Trockenes Lackmuspapier wird von (fast) wasserfreier Essigsäure nicht gerötet, weil diese keine Wasserstoffionen enthält. Erst bei Gegenwart von Wasser, also bei Anwendung von mit Wasser angefeuchtetem Lackmuspapier, tritt die Rotfärbung ein.

Die Anschauung, daß der Farbenumschlag eines Indikators auf der verschiedenen Färbung der Ionen in alkalischer oder saurer Lösung beruht, ist zuerst von W. Ostwald ausgesprochen worden. Nach Hantzsch beruht der Farbenwechsel auf einer Konstitutionsänderung des Indikators. Hantzsch nahm an, daß Methylorange in alkalischer Lösung eine azoide, in saurer Lösung eine chinoide Form hat. In alkalischer Lösung: $(CH_3)_2NC_6H_4 \cdot N:N \cdot C_6H_4SO_2ONa$

azoide Form.

In saurer Lösung:

$$(CH_3)_2N:C_6H_4:N\cdot NHC_6H_4SO_2OH$$
$$\overset{\centerdot}{Cl}$$

chinoide Form.

Phenolphthalein hat in farbloser neutraler oder saurer Lösung
die Lactonform

$$C_6H_4\Big\langle\begin{matrix}C(C_6H_4OH)_2,\\ >O\\ CO\end{matrix}$$

in roter alkalischer Lösung die chinoide Form

$$C_6H_4\Big\langle\begin{matrix}C\diagup^{C_6H_4OK}_{\diagdown C_6H_4O}\cdot\\ COOK\end{matrix}$$

Wasserstoffionenkonzentration (Wasserstoffzahl).

Die Verschiedenheit der Indikatoren in ihrer Anwendbarkeit für
alkalimetrische und acidimetrische Bestimmungen läßt sich zahlenmäßig
ausdrücken durch die Wasserstoffionen-Konzentration oder die
Wasserstoffzahl der Lösungen beim Farbenumschlag der verschiedenen Indikatoren.

Die Molekeln des Wassers sind zu einem sehr geringen Anteil
in die Ionen H· und OH′ gespalten. Nach dem Massenwirkungsgesetz
ist das Verhältnis des Ionenproduktes zu den nicht gespaltenen Molekeln konstant:

$$\frac{[H\cdot]\cdot[OH']}{H_2O}=K.$$

Der Wert des Ionenproduktes schwankt etwas mit der Temperatur;
bei mittlerer Temperatur ist er annähernd $= 10^{-14}$.

Da nun in dem Wasser die Zahl der H·-Ionen und der OH′-Ionen
der gespaltenen Molekeln gleich ist, kann man für $[H\cdot]\cdot[OH']=10^{-14}$
auch setzen: $[H\cdot]\cdot[H\cdot]=10^{-14}$; dann ist die Wasserstoffionenkonzen-
tration $[H\cdot]=\sqrt{10^{-14}}=10^{-7}$, d. h. in 10000000 Liter reinsten Wassers
ist 1 g H·-Ionen enthalten. Die Hydroxylionenkonzentration $[OH']$ ist
natürlich ebenfalls $= 10^{-7}$, und in 10000000 Liter Wasser sind 17 g
OH′-Ionen enthalten. Sind die Konzentrationen beider Ionen gleich,
wie beim Wasser, dann liegt wahre Neutralität vor. Ist die Wasser-
stoffionenkonzentration größer als 10^{-7}, also z. B. 10^{-4}, dann ist die
Flüssigkeit sauer, ist sie kleiner als 10^{-7}, z. B. 10^{-9}, dann ist die Hydroxylionenkonzentration größer als 10^{-7} ($= 10^{-5}$), und die Flüssigkeit ist
alkalisch. An Stelle der Werte 10^{-7} usw. setzt man nach einem Vorschlag von Sörensen einfach den negativen dekadischen Logarithmus,
7 usw., und nennt diesen Wert die Wasserstoffzahl, p_H. Eine Flüssigkeit zeigt wahre Neutralität, wenn $p_H = 7$ ist. Ist p_H kleiner oder größer
als 7, dann ist sie sauer oder alkalisch. Eine Flüssigkeit mit $p_H = 3$
rötet Lackmuspapier, mit $p_H = 9$ bläut sie es. Sie erscheint gegenüber

dem Lackmusfarbstoff neutral, wenn p_H zwischen 6 und 8 liegt, wenn also annähernd wahre Neutralität vorliegt. Das Umschlagsintervall des Lackmusfarbstoffes liegt bei p_H-6 bis 8. Die Umschlagsintervalle der vom Arzneibuch verwendeten Indikatoren sind nun sehr verschieden:

<pre>
Methylorange . . . . p_H 3,1—4,4
Methylrot . . . . p_H 4,2—6,3
Lackmus . . . . p_H 6,0—8,0
Phenolphthalein . . . . p_H 8,2—10,0.
</pre>

Eine Flüssigkeit zeigt gegenüber den Indikatoren, deren Umschlagsintervalle von etwa p_H 7 abweicht, neutrale Reaktion, d. h. relative Neutralität, wenn p_H innerhalb des Umschlagsintervalls des betreffenden Indikators liegt.

Wird eine Lösung einer starken Base (KOH) mit der äquivalenten Menge einer starken Säure (HCl) versetzt, so zeigt die Flüssigkeit praktisch wahre Neutralität. Wird aber eine starke Säure mit der äquivalenten Menge einer schwachen Base oder umgekehrt eine schwache Säure mit der äquivalenten Menge einer starken Base zusammengebracht, so zeigt die Flüssigkeit relative Neutralität, die nur mit bestimmten Indikatoren zu erkennen ist, weil infolge der hydrolytischen Spaltung der Salze starker Basen mit schwachen Säuren und schwacher Basen mit starken Säuren die Wasserstoffzahl nicht bei 7 liegt, sondern nach oben oder unten abweicht.

Schwache Säuren, wie die organischen Säuren, lassen sich unter Verwendung von Phenolphthalein gut titrieren, weil dann p_H innerhalb des Umschlagsintervalles des Phenolphthaleins, p_H 8,2—10,0 liegt, wenn auf 1 Äquivalent Säure 1 Äquivalent Base vorhanden ist. Methylorange und Methylrot sind bei der Titration schwacher Säuren nicht verwendbar, wohl aber bei der Titration schwacher Basen wie Ammoniak und Alkaloide, weil dann die Wasserstoffzahl der Flüssigkeit innerhalb des Umschlagsintervalls dieser Indikatoren liegt, wenn auf 1 Äquivalent Base 1 Äquivalent Säure vorhanden ist.

Titrationen mit n-Salzsäure und $^1/_{10}$-n-Salzsäure.

Kali causticum fusum.

Gehalt mindestens 85 % KOH, Mol.-Gew. 56,11; Normalgewicht $= 1$ Mol $= 56,11$ g; 1 ccm n-Säure $= 56,11$ mg KOH, log 74 904.

Etwa 5 g Ätzkali werden im geschlossenen Glasstopfenkölbchen (Abb. 4, S. 47) genau gewogen, in Wasser gelöst, die Lösung in einen Meßkolben von 100 ccm gespült und bis zur Marke aufgefüllt. Man titriert je 20 ccm der Lösung (Methylorange). Für 1 g Ätzkali müssen mindestens 15,15 ccm n-Säure verbraucht werden.

15,15 ccm n-Säure $= 15,15 \cdot 56,11$ mg $= 850$ mg KOH in 1 g Ätzkali $= 85 \%$.

$$KOH + HCl = KCl + H_2O.$$

Trotz der Angabe der Kubikzentimeterzahl mit 2 Dezimalstellen ist die Benutzung der Feinbürette nicht nötig, da nur der Mindestgehalt bestimmt wird.

Liquor Kali caustici.

Gehalt: 14,8—15,0% KOH = 56,11; Normalgewicht = 56,11 g; 1 ccm n-Säure = 56,11 mg KOH, log 74 904.

Arzneibuch: Etwa 5 g Kalilauge werden genau gewogen, mit etwa 20 ccm Wasser versetzt und mit n-Säure titriert (Methylorange). Für 5 g Kalilauge müssen 13,2—13,4 ccm n-Säure verbraucht werden = 14,8—15,0% KOH.

Einfacher: Man wägt auf der Rezepturwaage in einem Meßkolben von 100 ccm mit aufgesetztem Trichter 20 g Kalilauge, spült den Trichter mit Wasser nach, füllt bis zur Marke auf, mischt und titriert je 25 ccm = 5 g Kalilauge mit n-Säure (Methylorange). 13,2 ccm n-Säure = 13,2 mal 56,11 mg = 740 mg KOH in 5 g = 14,8%; 13,4 ccm = 752 mg = 15%.

Kaliumcarbonat wird hierbei als Kaliumhydroxyd mitbestimmt. Der Gehalt an Kaliumcarbonat ist durch die Probe mit Kalkwasser auf etwa 1,1% begrenzt.

Liquor Natri caustici.

Gehalt: 14,8—15,4% NaOH; Mol.-Gew. 40,01; Normalgewicht = 1 Mol = 40,01 g; 1 ccm n-Säure = 40,01 mg NaOH, log 60217.

Für 5 g Natronlauge sollen 18,5—18,8 ccm n-Säure zur Neutralisation verbraucht werden.

Ausführung wie bei Liquor Kali caustici. 20 g im Meßkolben: 100 ccm verdünnen, 25 ccm titrieren. 18,5 ccm n-Säure = 18,5 · 40,01 mg = 740 mg NaOK in 5 g Natronlauge = 14,8% · 18,8 ccm = 18,8 · 40,01 mg = 752 mg = 15,04%.

Aqua Calcariae.

Gehalt 0,15—0,17% Calciumhydroxyd, $Ca(OH)_2$, Mol.-Gew. 74,09; Normalgewicht = $^1/_2$ Mol = 37,045; 1 ccm n-Salzsäure = 37 mg, $Ca(OH)_2$, log 56 873.

Zum Neutralisieren von 100 ccm Kalkwasser dürfen nicht weniger als 4 und nicht mehr als 4,5 ccm n-Säure verbraucht werden (Phenolphthalein als Indikator).

$$4 \cdot 0,037 \text{ g} = 0,148 \text{ g}, \quad 4,5 \cdot 0,037 = 0,167 \text{ g}.$$

Bei einem größeren Verbrauch als 4,5 ccm n-Salzsäure ist ein Gehalt an Alkalihydroxyd anzunehmen, da die Löslichkeit des Calciumhydroxyds in Wasser nicht größer ist als rund 0,17 g in 100 ccm.

Liquor Ammonii caustici.

Gehalt 9,94—10,0% NH_3; Mol.-Gew. 17,032; Normalgewicht = 1 Mol = 17,032 g. 1 ccm n-Säure = 17,032 mg NH_3, log 23126.

Arzneibuch: Etwa 4 g Ammoniakflüssigkeit werden in einem Kölbchen mit eingeriebenem Glasstopfen, das 30 ccm n-Salzsäure enthält, genau gewogen. Die Mischung wird mit n-Kalilauge neutralisiert (Methylorange). Je 4 g Ammoniakflüssigkeit müssen hierbei 23,35—23,49 ccm n-Salzsäure verbrauchen, so daß zum Zurücktitrieren des Säureüberschusses nicht mehr als 6,65 und nicht weniger als 6,51 ccm n-Kalilauge erforderlich sind = 9,94—10% Ammoniak. ·

Einfacher: Man tariert auf der Rezepturwaage einen etwa zur Hälfte mit Wasser gefüllten Meßkolben von 100 ccm mit aufgesetztem Trichter, wägt 20 g Ammoniakflüssigkeit hinein, spült den Trichter mit Wasser nach, füllt bis zur Marke auf und mischt. In einen Titrierkolben läßt man aus der Bürette 20 ccm n-Salzsäure laufen, fügt 20 ccm der Ammoniaklösung = 4 g Ammoniakflüssigkeit hinzu und titriert nach Zusatz von 2—3 Tropfen Methylorangelösung mit der n-Salzsäure weiter bis zum Farbenumschlag in Rot. Es müssen 23,35—23,5 ccm n-Säure verbraucht werden.

$$\frac{\text{ccm n-Säure} \cdot 0{,}017032 \cdot 100}{4} = \% \ NH_3$$

23,35 ccm n-Säure $= 23{,}35 \cdot 17{,}032$ mg $= 397{,}7$ mg NH_3 in 4 g $= 9{,}94\,\%$

23,5 ccm n-Säure $= 23{,}5 \cdot 17{,}032$ mg $= 400$ mg $= 10{,}0\,\%$.

Wird die Mischung von 20 ccm n-Salzsäure und 20 ccm Ammoniaklösung durch Methylorangelösung nicht gelb, sondern rot gefärbt, so ist der Gehalt der Ammoniakflüssigkeit geringer als 8,5%. Man titriert dann den Überschuß an Säure mit n-Kalilauge und berechnet den Gehalt aus der Differenz.

Kalium carbonicum.

Gehalt mindestens 94,7% K_2CO_3; Mol.-Gew. 138,2; Normalgewicht $= ^1/_2$ Mol $= 69{,}1$ g. 1 ccm n-Salzsäure $= 69{,}1$ mg K_2CO_3, log 83948.

Arzneibuch: Zum Neutralisieren einer Lösung von 1 g Kaliumcarbonat in 50 ccm Wasser müssen mindestens 13,7 ccm n-Säure verbraucht werden (Methylorange) $=$ mindestens 94,7% K_2CO_3,

Im geschlossenen Glasstopfenkölbchen werden etwa 5 g Kaliumcarbonat genau gewogen, in Wasser gelöst und die Lösung im Meßkolben auf 100 ccm aufgefüllt. Je 20 ccm werden mit n-Salzsäure titriert (Methylorange). Für 1 g Kaliumcarbonat müssen mindestens 13,7 ccm n-Salzsäure verbraucht werden.

$$K_2CO_3 + 2\,HCl = 2\,KCl + CO_2 + H_2O$$

$13{,}7 \cdot 69{,}1$ mg $= 946{,}7$ mg in 1 g Kaliumcarbonat $= 94{,}7\%$.

Kalium carbonicum crudum.

Gehalt mindestens 89,8% K_2CO_3.

Zum Neutralisieren einer Lösung von 1 g Pottasche in 50 ccm Wasser müssen mindestens 13 ccm n-Säure verbraucht werden. Ausführung wie bei Kalium carbonicum. Abwägen von 5 g mit Handwaage genügt.

13 ccm n-Salzsäure $= 13 \cdot 69{,}1$ mg $K_2CO_3 = 89{,}83\%$.

Kalium bicarbonicum.

$KHCO_3$, Mol.-Gew. $= 100{,}11$.

Normalgewicht $= 1$ Mol $= 100{,}11$ g; 1 ccm n-Salzsäure $= 100{,}11$ mg $KHCO_3$, log 00047.

Zum Neutralisieren einer Lösung von 2 g des über Schwefelsäure getrockneten Kaliumbicarbonats in 50 ccm Wasser müssen 20 ccm n-Säure verbraucht werden.

Ausführung wie bei der Einstellung der n-Salzsäure mit Kaliumbicarbonat (siehe S. 97).

$$KHCO_3 + HCl = KCl + CO_2 + H_2O.$$

20 ccm n-Salzsäure $= 20 \cdot 100{,}11$ mg $KHCO_3 = 2002{,}2$ mg $= 100{,}11\%$. Werden für 2 g Kaliumbicarbonat mehr als 20 ccm n-Salzsäure verbraucht, so ist mehr als eine Spur von Kaliumcarbonat vorhanden. Bei der Glühprobe (vgl. S. 97) findet man dann auch mehr als 69% Glührückstand.

Natrium carbonicum.

$$Na_2CO_3 + 10\,H_2O.$$

Gehalt mindestens 37% wasserfreies Natriumcarbonat.
Na_2CO_3, Mol.-Gew. 106; **Normalgewicht** $= {}^1/_2\,\text{Mol} = 53{,}0\,\text{g}$; 1 ccm
n-Salzsäure $= 53{,}0\,\text{mg}\ Na_2CO_3$, log 72428.

Zum Neutralisieren einer Lösung von 2 g Natriumcarbonat in 50 ccm Wasser
müssen mindestens 14 ccm n-Salzsäure verbraucht werden (Methylorange).

Man wägt mit der Handwaage 10 g Natriumcarbonat ab, löst es in
einem Kölbchen in Wasser, bringt die Lösung unter Nachspülen mit
Wasser in einen Meßkolben von 100 ccm, füllt bis zur Marke auf, mischt
und titriert je 20 ccm der Lösung $= 2$ g Natriumcarbonat.

$$Na_2CO_3 + 2HCl = 2\,NaCl + CO_2 + H_2O,$$

$$\frac{14 \cdot 0{,}0560 \cdot 100}{2} = \frac{78{,}4}{2} = 39{,}2\ \%\ Na_2CO_3\,.$$

Wenn das Natriumcarbonat verwittert ist, wird ein höherer Gehalt
gefunden.

Für die Formel $Na_2CO_3 + 10\,H_2O$ berechnet sich ein Gehalt von
37,04% Na_2CO_3.

Natrium carbonicum siccatum.

Gehalt mindestens 74% wasserfreies Natriumcarbonat.

Zum Neutralisieren einer Lösung von 1 g Getrocknetem Natriumcarbonat in
50 ccm Wasser müssen mindestens 14 ccm n-Salzsäure erforderlich sein (Methylorange).

Man wägt mit der Handwaage 5 g Getrocknetes Natriumcarbonat
ab, löst es in Wasser, füllt die Lösung in Meßkolben auf 100 ccm auf
und titriert je 20 ccm der Lösung $= 1$ g Getrocknetes Natriumcarbonat.

$$14 \cdot 0{,}0530 \cdot 100 = 74{,}2\%\ Na_2CO_3.$$

Das Getrocknete Natriumcarbonat des Handels ist oft völlig oder
fast völlig wasserfrei. Es sollte deshalb auch eine Höchstgrenze für den
Gehalt an wasserfreiem Natriumcarbonat festgesetzt werden.

Natrium bicarbonicum.

$$NaHCO_3.$$

Mol.-Gew. $= 84{,}01$; **Normalgewicht** $= 1\,\text{Mol} = 84{,}01$ g, 1 ccm
n-Säure $= 84{,}01\,\text{mg}\ NaHCO_3$, log 92433.

1 g über Schwefelsäure getrocknetes Natriumbicarbonat darf beim Glühen
höchstens 0,638 g Rückstand hinterlassen $=$ mindestens 98 % $NaHCO_3$ in dem
getrockneten Salz.

Zum Neutralisieren (Methylorange) einer Lösung von 2 g über Schwefelsäure
getrocknetem Natriumbicarbonat in etwa 40 ccm Wasser dürfen höchstens 24,1 ccm
n-Salzsäure verbraucht werden $=$ mindestens 98% $NaHCO_3$.

Man trocknet etwa 5 g Natriumbicarbonat 24 Stunden lang im
Exsikkator über Schwefelsäure.

Für die Glühprobe wird dann etwa 1 g in einem vorher ausgeglühten
Porzellantiegel genau gewogen und für die Titration etwa 2 g, ebenfalls
genau, in einem Titrierkolben. Die Titration verläuft wie bei Kaliumbicarbonat: $NaHCO_3 + HCl = NaCl + CO_2 + H_2O$. Reines Natrium-

bicarbonat erfordert für 2 g 23,83 ccm n-Säure; durch den zulässigen Mehrverbrauch von 0,3 ccm ist ein Gehalt von rund 2% **Natriumcarbonat**, Na_2CO_3, gestattet.

Ein größerer Gehalt an Natriumcarbonat wird auch durch die qualitative Probe mit Phenolphthalein erkannt: Die bei einer 15° nicht übersteigenden Temperatur unter leichtem Umschwenken hergestellte Lösung von 1 g Natriumbicarbonat darf nach Zusatz von 3 Tropfen Phenolphthaleinlösung höchstens schwach gerötet sein.

Lithium carbonicum.

$$Li_2CO_3 = 73,88.$$

Normalgewicht $= ^1/_2$ Mol $= 36,94$ g.   1 ccm n-Säure $= 36,94$ mg Li_2CO_3, log 56750.

Zum Neutralisieren von 0,5 g bei 100° getrocknetem Lithiumcarbonat müssen mindestens 13,4 ccm n-Salzsäure verbraucht werden = mindestens 99% Li_2CO_3.

Im genau gewogenen Glasstopfenkölbchen trocknet man etwa 0,5 g Lithiumcarbonat bei 100° und wägt nach dem Erkalten im Exsikkator genau. Man fügt etwa 30 ccm Wasser hinzu und titriert mit n-Salzsäure (Methylorange), bis die Rotfärbung bestehen bleibt.

$$Li_2CO_3 + 2\,HCl = 2\,LiCl + CO_2 + H_2O.$$

13,4 ccm n-Säure für 0,5 g Lithiumcarbonat $= 13,4 \cdot 36,94$ mg $= 495$ mg $Li_2CO_3 = 99\%$ Li_2CO_3.

Borax.

$$Na_2B_4O_7 + 10\,H_2O = 381,44.$$

Gehalt 52,3—54,3% **wasserfreies** $Na_2B_4O_7$; Mol.-Gew. 201,28; **Normalgewicht** $= ^1/_2$ Mol $= 100,64$ g; 1 ccm n-Säure $= 100,64$ mg $Na_2B_4O_7$, log 00277.

Zum Neutralisieren einer Lösung von 2 g Borax in 50 ccm Wasser dürfen nicht weniger als 10,4 und nicht mehr als 10,8 ccm n-Salzsäure verbraucht werden $= 52,3$—54,3% wasserfreies Natriumtetraborat.

4 g Borax, mit der Handwaage gewogen, werden im Titrierkolben in etwa 100 ccm Wasser gelöst und die Lösung mit n-Salzsäure titriert (Methylorange).

$$Na_2B_4O_7 + 2\,HCl + 5\,H_2O = 2\,NaCl + 4\,H_3BO_3.$$

Für 4 g Borax müssen 20,8—21,6 ccm n-Säure verbraucht werden. 20,8 ccm n-Säure $= 20,8 \cdot 100,64$ mg $= 2,093$ g $Na_2B_4O_7$ in 4 g $= 52,3\%$; 21,6 ccm $= 21,6 \cdot 100,64$ mg $= 2,174$ g $= 54,35\%$.

Calcium lacticum.

$$[CH_3CH(OH)COO]_2Ca + 5\,H_2O.$$

Gehalt an Calcium 17,2—18,4%. Ca, Atom.-Gew. $= 40,07$; **Normalgewicht** $= ^1/_2$ Grammatom $= 20,035$ g; 1 ccm n-Salzsäure $= 20,035$ mg Ca, log 30179.

1 g Calciumlactat darf durch Trocknen bei 100° nicht mehr als 0,295 g und nicht weniger als 0,270 g an Gewicht verlieren $= 27,0$—29,5% Wasser.

Werden 0,5 g des bei 100° getrockneten Salzes (etwa 0,5 g, genau gewogen) in einem Porzellantiegel verascht und geglüht, und wird der Rückstand in 10 ccm n-Salzsäure gelöst, so dürfen zum Neutralisieren dieser Lösung (Methylorange) nicht mehr als 5,7 und nicht weniger als 5,4 ccm n-Kalilauge verbraucht werden, so daß 4,3—4,6 ccm n-Salzsäure zur Bindung des Calciums verbraucht sind.

$$\frac{4,3 \cdot 20,035 \cdot 100}{0,5} = 17,23\% \text{ Ca},$$

$$\frac{4,6 \cdot 20,035 \cdot 100}{0,5} = 18,43\% \text{ Ca}.$$

Das Calciumlactat läßt sich nur schwer vollständig bis zum kohlefreien Calciumoxyd oder Calciumcarbonat verbrennen. Die vollständige Verbrennung ist aber auch nicht nötig.

Man befeuchtet den kohlehaltigen Glührückstand mit Wasser, gibt mit der Pipette 10 ccm n-Salzsäure hinzu, filtriert die Lösung unter Nachspülen mit Wasser und titriert nach Zusatz von Methylorangelösung mit n-Kalilauge.

Die Gehaltsbestimmung kann auch sehr einfach zusammen mit der Wasserbestimmung gewichtsanalytisch ausgeführt werden.

Man wägt in einem Porzellantiegel etwa 1 g Calciumlactat genau und trocknet es bei 100°. Nach Feststellung des Gewichtsverlustes (Wasser) befeuchtet man das Calciumlactat mit konz. Schwefelsäure und erhitzt, bis keine Schwefelsäuredämpfe mehr entweichen. Nach dem Erkalten befeuchtet man den Tiegelinhalt wieder mit einigen Tropfen Schwefelsäure und erhitzt bis zum Glühen. Das Gewicht des Calciumsulfats muß 0,41—0,45 g betragen. 1,00 g Calciumlactat, $[CH_3CH(OH)COO]_2Ca + 5 H_2O$, ergibt 0,440 g Calciumsulfat.

Reines wasserfreies Calciumlactat enthält 18,37% Ca. Damit stimmt der geforderte Höchstgehalt = 18,4% praktisch überein. Aus dem gestatteten Mindestgehalt von 17,2% berechnet sich, daß das bei 100° getrocknete Präparat nur 93,64% reines wasserfreies Calciumlactat zu enthalten braucht. Es ist damit eine Verunreinigung mit calciumfreien oder calciumärmeren Stoffen gestattet. In Frage kommen Mannit, wenn das Calciumlactat durch Umkristallisieren des bei der Milchsäuregärung unter Calciumcarbonatzusatz erhaltenen rohen Calciumlactats gewonnen wurde oder lactylmilchsaures Calcium, $[CH_3CH(OH)CO \cdot OCH(CH_3)COO]_2Ca$, mit nur rund 11% Calcium, wenn das Calciumlactat aus Milchsäure durch Umsetzen mit Calciumcarbonat unter unzureichendem Erhitzen dargestellt wurde.

Calcium glycerino-phosphoricum.

$$CH_2(OH) \cdot CH(OH) \cdot CH_2OP \underset{\displaystyle O}{\overset{\displaystyle O}{\Big\langle}} \underset{O}{\overset{O}{{}\quad}} Ca + 2 H_2O.$$

Mol.-Gew. 246,20; wasserfrei: Mol.-Gew. = 210,17; Normalgewicht = 1 Mol = 210,17 g; 1 ccm n-Säure = 210,17 mg wasserfreies Calciumglycerinophosphat, log 32 257.

Wird die Lösung von etwa 1 g glycerinphosphorsaurem Calcium, genau gewogen, in 50 ccm Wasser nach Zusatz von 2 Tropfen Methylorangelösung mit n-Salzsäure titriert, so müssen für 1 g bis zum Farbenumschlag mindestens 4 ccm verbraucht werden = mindestens 84% wasserfreies glycerinphosphorsaures Calcium. Fügt man zu der gegen Methylorange neutralen Lösung Phenolphthaleinlösung und titriert nun mit n-Kalilauge, so müssen bis zum Eintritt der Rotfärbung ebensoviel Kubikzentimeter n-Kalilauge verbraucht werden, wie zur ersten Titration n-Salzsäure erforderlich waren.

$$2 CH_2(OH) \cdot CH(OH) \cdot CH_2OPO_3Ca + 2 HCl$$
$$= [CH_2(OH) \cdot CH(OH) \cdot CH_2OPO_3H]_2Ca + CaCl_2$$
gegen Methylorange neutral, gegen Phenolphthalein sauer
$$[CH_2(OH)CH(OH)CH_2OPO_3H]_2Ca + 2 KOH$$
$$= CH_2(OH) \cdot CH(OH) \cdot CH_2OPO_3K_2 + CH_2(OH)CH(OH)CH_2OPO_3Ca + 2 H_2O$$
gegen Phenolphthalein neutral, gegen Phenolphthalein neutral.

Das Calciumglycerinophosphat des Handels enthält nicht selten beträchtliche Mengen von Citronensäure, die zur Erhöhung der Löslichkeit in Wasser zugesetzt wird. Ein solches Präparat entspricht nicht den Anforderungen des Arzneibuches. Die Titration ergibt dann stark abweichende Werte, und die Mengen n-Säure und n-Lauge stimmen nicht überein. Citronensäure enthaltendes Calciumglycerinophosphat ist gegen Phenolphthalein nicht neutral, sondern sauer. Die Citronensäure läßt sich mit n-Lauge titrieren (Phenolphthalein als Indikator).

Wenn keine Citronensäure zugegen ist, wird die Lösung von 1 g Calciumglycerinophosphat nach Zusatz von Phenolphthaleinlösung durch 1 Tropfen n-Lauge gerötet. Man führt zuerst diese Probe aus und titriert, wenn die Rötung eingetreten ist, nach Zusatz von Methylorange mit n-Säure. Tritt die Rötung durch 1 Tropfen n-Lauge nicht ein, so titriert man mit n-Lauge bis zur Rötung und berechnet aus dem Verbrauch die Menge der Citronensäure (1 ccm n-Lauge = 64 mg Citronensäure).

Hydrargyrum oxycyanatum.
Cyanidhaltiges Quecksilberoxycyanid.

Ein Gemisch von etwa 34% $Hg(CN)_2 \cdot HgO$ und etwa 66% $Hg(CN)_2$ = etwa 16% HgO und 84% $Hg(CN)_2$. Die Zusammensetzung entspricht ungefähr der Formel $4 Hg(CN)_2 + HgO$; Normalgewichte: $HgO = {}^1/_2 Mol = 108,3$ g, $Hg(CN)_2 \cdot HgO = {}^1/_2 Mol = 234,6$ g; $Hg(CN)_2 = {}^1/_2 Mol = 126,3$ g; 1 ccm n-Säure = 108,3 mg HgO, log 03463; = 234,6 mg $Hg(CN)_2HgO$, log 37033 und = 126,3 mg $Hg(CN)_2$, log 10140.

Die vorschriftsmäßige Zusammensetzung wird durch 2 Titrationen ermittelt.

Eine Lösung von 1 g Quecksilberoxycyanid und 1 g Natriumchlorid in 50 ccm warmem Wasser wird nach dem Erkalten mit 3 Tropfen Methylorangelösung versetzt und mit n-Salzsäure bis zum Farbenumschlag titriert. Hierzu müssen 1,42—1,50 ccm n-Salzsäure verbraucht werden = 15,37—16,25% Quecksilberoxyd oder 33,3—35,2% Quecksilberoxycyanid.

Nach Zusatz von 4 g Kaliumjodid wird die hellgelb gewordene Lösung wiederum mit n-Salzsäure bis zum Farbenumschlag titriert. Hierzu müssen 6,64—6,70 ccm n-Salzsäure verbraucht werden = 83,8—84,6% Gesamtquecksilbercyanid.

In einem Titrierkolben von 100—150 ccm wird etwa 1 g Quecksilberoxycyanid genau gewogen.

1. Titration. $HgO + 2 HCl = HgCl_2 + H_2O$. Der Zusatz von Natriumchlorid ist nötig zur Aufhebung der Hydrolyse des entstehenden Quecksilberchlorids. Es bildet sich das gegen Methylorange neutrale komplexe Quecksilberchlorid-Natriumchlorid, $HgCl_4Na_2$.

1,42—1,50 ccm n-Salzsäure entsprechen:

$$1,42 \cdot 108,3 \text{ mg} = 153,786 \text{ mg HgO in 1 g} = 15,38\%$$
$$1,50 \cdot 108,3 \text{ mg} = 162,45 \text{ mg HgO in 1 g} = 16,25\%$$

oder:

$$1,42 \cdot 234,6 \text{ mg} = 333 \quad \text{mg } Hg(CN)_2 \cdot HgO \text{ in 1 g} = 33,3\%$$
$$1,50 \cdot 234,6 \text{ mg} = 351,9 \text{ mg } Hg(CN)_2 \cdot HgO \text{ in 1 g} = 35,2\%$$

2. Titration. Nach Zusatz von Kaliumjodid enthält die Lösung Kaliumcyanid, das mit n-Säure titriert wird. Daneben ist gegen Methylorange neutrales Quecksilberkaliumjodid entstanden:

$$Hg(CN)_2 + 4 KJ = 2 KCN + HgJ_4K_2$$
$$2 KCN + 2 HCl = 2 KCl + 2 HCN.$$

6,64—6,70 ccm n-Säure entsprechen:

$$6{,}64 \cdot 126{,}3 \text{ mg} = 838{,}6 \text{ mg } Hg(CN)_2 \text{ in } 1 \text{ g} = 83{,}86\%$$
$$6{,}70 \cdot 126{,}3 \text{ mg} = 846{,}2 \text{ mg } Hg(CN)_2 \text{ in } 1 \text{ g} = 84{,}62\%$$

Nach E. Rupp und F. Lewy kann das Kaliumjodid durch Natriumthiosulfat ersetzt werden:

$$Hg(CN)_2 + 2 Na_2S_2O_3 = 2 NaCN + Hg(S_2O_3)_2Na_2 \,.$$

Die Benutzung der Feinbürette kann durch Titration mit $^1/_{10}$-n-Säure umgangen werden.

Nach dem Verfahren von Rupp und Lewy wird die Gehaltsbestimmung in folgender Weise ausgeführt:

1. Etwa 0,5 g Quecksilberoxycyanid (im Titrierkolben genau gewogen) werden unter Zusatz von 0,6 g Natriumchlorid in etwa 50 ccm lauwarmem Wasser gelöst. Nach dem Erkalten fügt man 3 Tropfen Methylorangelösung hinzu und titriert mit $^1/_{10}$-n-Säure bis zur Rotfärbung. 1 ccm $^1/_{10}$-n-Säure $= 10{,}83$ mg HgO oder 23,46 mg $Hg(CN)_2HgO$. Es müssen für 0,5 g Quecksilberoxycyanid 7,1—7,5 ccm $^1/_{10}$-n-Säure verbraucht werden.

2. Nach Zusatz von 2 g zerriebenem Natriumthiosulfat wird wieder mit $^1/_{10}$-n-Säure bis zur Rotfärbung titriert. Es müssen für 0,5 g Quecksilberoxycyanid 33,2—33,5 ccm $^1/_{10}$-n-Säure verbraucht werden. 1 ccm $^1/_{10}$-n-Säure $=$ 12,63 mg $Hg(CN)_2$.

Pastilli Hydrargyri oxycyanati.

Die Pastillen bestehen aus je 1 g oder 2 g eines Gemisches von 10 T. Hydrargyrum oxycyanatum, 4 T. Natrium bicarbonicum und 6 T. Natrium chloratum und einem blauen Farbstoff. Das Arzneibuch läßt den Gehalt der Pastillenmasse bestimmen, die noch dazu überflüssigerweise vorher im Exsikkator getrocknet werden soll. Zweck hat nur eine Bestimmung des Gehaltes der einzelnen Pastillen (vgl. S. 195, Pastilli Hydrargyri bichlorati). Eine Bestimmung des Quecksilberoxyds wie bei Hydrargyrum oxycyanatum ist bei den Pastillen wegen des Gehalts an Natriumbicarbonat nicht möglich. Es wird eine Bestimmung des Gesamtgehaltes an Quecksilbercyanid und weiter eine Bestimmung des Quecksilbergehaltes (siehe S. 196) ausgeführt.

Arzneibuch: 4 Pastillen von je 1 g Gewicht oder 2 Pastillen von je 2 g Gewicht werden zerrieben, im Exsikkator getrocknet, genau gewogen und in Wasser gelöst; die Lösung wird auf 200 ccm aufgefüllt.

1. Bestimmung des Gesamtquecksilbercyanids. 100 ccm der Lösung werden nach Zusatz von 3 Tropfen Methylorangelösung mit n-Salzsäure versetzt, bis die grüne Farbe der Flüssigkeit in Violett umschlägt. Nach Zusatz von 4 g Kaliumjodid wird sodann mit n-Salzsäure bis zum Umschlag von Grün in Violett titriert. Bei dieser zweiten Titration müssen für je 2 g Pastillenmasse mindestens 6,5 ccm n-Salzsäure verbraucht werden $=$ mindestens 41% Gesamtquecksilbercyanid [1 ccm n-Salzsäure $= 0{,}1263$ g $Hg(CN)_2$].

2. Bestimmung des Gesamtquecksilbergehaltes. Diese wird jodometrisch ausgeführt (siehe S. 196).

Man löst 2 Pastillen von 1 g Gewicht oder 1 Pastille von 2 g in einem Titrierkolben von 150—200 ccm in etwa 100 ccm Wasser und läßt nach Zusatz von Methylorangelösung aus der gewöhnlichen Bürette n-Säure zufließen, bis die grüne Farbe in Violett umschlägt.

Die grüne Farbe ist die Mischfarbe des gelben Methylorange mit dem blauen Farbstoff der Pastillen. Bei den käuflichen Pastillen genügen die vorgeschriebenen 3 Tropfen Methylorangelösung oft nicht, um die rein grüne Mischfarbe hervorzurufen. Man nimmt dann 6 Tropfen. Durch den Zusatz von n-Säure wird das Natriumbicarbonat in Natriumchlorid und das Quecksilberoxyd in Quecksilberchlorid übergeführt, und 1 Tropfen n-Säure im Überschuß bewirkt den Umschlag in die violette Mischfarbe des roten Methylorange mit dem blauen Farbstoff.

Nach Zusatz von Kaliumjodid kann nun der Gesamtgehalt an Quecksilbercyanid wie bei Hydrargyrum oxycyanatum durch Titration mit n-Säure bestimmt werden.

Es müssen für 2 Pastillen von 1 g oder für 1 Pastille von 2 g mindestens 6,5 ccm n-Säure verbraucht werden $= 6{,}5 \cdot 126{,}3$ mg $= 0{,}821$ g $Hg(CN)_2$. Als Höchstgrenze kann man einen Verbrauch von 6,7 ccm n-Säure festsetzen $= 0{,}846$ g $Hg(CN)_2$.

Auch bei dieser Bestimmung des Quecksilbercyanids läßt sich nach Rupp und Lewy das Kaliumjodid durch Natriumthiosulfat (etwa 3,5 g) ersetzen.

Hydrargyrum praecipitatum album.

$$NH_2HgCl = 252{,}1.$$

Normalgewicht $= ^1/_2$ Mol $= 126{,}05$ g; 1 ccm $^1/_{10}$-n-Säure $=$ 12,605 mg NH_2HgCl, log 10055.

Etwa 0,2 g fein zerriebenes weißes Quecksilberpräzipitat, in einem Titrierkolben genau gewogen, werden mit etwa 50 ccm Wasser übergossen, mit 2 g Kaliumjodid versetzt und unter häufigem Umschütteln etwa 10 Minuten lang bis zur vollständigen Lösung stehengelassen. Die Lösung wird sodann nach Zusatz von 2 Tropfen Methylorangelösung mit $^1/_{10}$-n-Salzsäure bis zum Farbenumschlag titriert. Hierbei müssen für je 0,2 g weißes Quecksilberpräzipitat mindestens 15,6 ccm $^1/_{10}$-n-Salzsäure verbraucht werden $=$ mindestens 98,3% weißes Quecksilberpräzipitat.

Durch Umsetzung des Quecksilberamidchlorids mit Kaliumjodid entsteht Ammoniak und Kaliumhydroxyd:

$$NH_2HgCl + 4\,KJ + H_2O = NH_3 + KOH + HgJ_4K_2$$

15,6 ccm $^1/_{10}$-n-Säure $= 15{,}6 \cdot 12{,}605$ mg $= 196{,}6$ mg NH_2HgCl in 0,2 g $= 98{,}3\%$.

Natrium diaethylbarbituricum.

$$\begin{array}{c} C_2H_5 \\ \diagdown \\ C_2H_5 \end{array} C \begin{array}{c} CO - NNa \\ \diagup \qquad \diagdown \\ CO - NH \end{array} CO \qquad \text{Mol.-Gew. } 206{,}1.$$

Bestimmt wird der Gehalt an Natrium, Normalgewicht $=$ 1 Grammatom $= 23{,}0$ g; 1 ccm $^1/_{10}$-n-Säure $= 2{,}3$ mg Na. Aus der Formel berechnet sich ein Gehalt von 11,16% Na, log 36173.

Werden 0,2 g diäthylbarbitursaures Natrium, im Titrierkolben genau gewogen, in 100 ccm Wasser gelöst, so muß nach Zusatz von 3 Tropfen Methylorangelösung die gelbe Farbe der Lösung nach Zusatz von 9,3 ccm $^1/_{10}$-n-Salzsäure für 0,2 g unverändert bleiben, nach weiterem Zusatz von 0,5 ccm $^1/_{10}$-n-Salzsäure jedoch in Rot umschlagen.

9,3 ccm n-Säure $= 9,3 \cdot 2,3$ mg $= 21,4$ mg Na in 0,2 g $= 10,70\%$.

9,8 ccm $= 9,8 \cdot 2,3$ mg, 22,54 mg $= 11,27\%$.

Natrium phenyläthylbarbituricum.

$$\begin{matrix} C_6H_5 \\ \\ C_2H_5 \end{matrix} \Big\rangle C \Big\langle \begin{matrix} CO-NNa \\ \\ CO-NH \end{matrix} \Big\rangle CO \qquad \text{Mol.-Gew. } 254,1.$$

Gehalt an Natrium 9,05%.

Werden etwa 0,2 g phenyläthylbarbitursaures Natrium, im Titrierkolben genau gewogen, in 100 ccm Wasser gelöst, so muß nach Zusatz von 3 Tropfen Methylorangelösung die gelbe Farbe der Lösung nach Zusatz von 7,5 ccm $^1/_{10}$-n-Salzsäure für 0,2 g unverändert bleiben, nach weiterem Zusatz von 0,4 ccm $^1/_{10}$-n-Salzsäure jedoch in Rot umschlagen.

7,5 ccm n-Säure $= 7,5 \cdot 2,3$ mg $= 17,25$ mg Na in 0,2 g $= 8,63\%$.

7,9 ccm $= 7,9 \cdot 2,3$ mg $= 18,17$ mg $= 9,08\%$.

Titrationen mit n-Kalilauge und $^1/_{10}$-n-Kalilauge.

Acidum hydrochloricum.

Gehalt 24,8—25,2% HCl; Mol.-Gew. 36,47; Normalgewicht $= 1$ Mol $= 36,47$ g; 1 ccm n-Lauge $= 36,47$ mg HCl, log 56194.

„Etwa 5 g Salzsäure werden in einem Kölbchen mit eingeriebenem Glasstopfen, das etwa 25 ccm Wasser enthält, genau gewogen. Die Mischung wird mit n-Kalilauge neutralisiert (Methylorange). Hierbei müssen für je 5 g Salzsäure 34,0 bis 34,5 ccm n-Kalilauge verbraucht werden $= 24,8$—25,2% Chlorwasserstoff."

Man tariert auf der Rezepturwaage einen etwa zur Hälfte mit Wasser gefüllten Meßkolben von 100 ccm mit aufgesetztem Trichter, wägt 20 g Salzsäure hinein, spült den Trichter mit Wasser nach, füllt bis zur Marke auf und mischt. 25 ccm der Lösung $= 5$ g Salzsäure werden nach Zusatz von 2—3 Tropfen Methylorangelösung mit n-Kalilauge titriert.

$$HCl + KOH = KCl + H_2O$$

$$\frac{ccm \ \text{n-Lauge} \cdot 0{,}03\,647 \cdot 100}{5} = \text{Prozent HCl.}$$

34,0 ccm n-Lauge $= 34 \cdot 36,47$ mg $= 124$ mg HCl in 5 g $= 24,8\%$.

34,5 ccm $= 34,5 \cdot 36,47$ mg $= 126$ mg $= 25,2\%$.

Acidum hydrochloricum dilutum.

Gehalt 12,4—12,6% HCl.

Die Gehaltsbestimmung wird in gleicher Weise ausgeführt, wie bei Acidum hydrochloricum. Zur Neutralisation von 5 g verdünnter Salzsäure sollen 17,0—17,3 ccm n-Kalilauge verbraucht werden $= 12,4$ bis 12,6% HCl.

17,0 ccm n-Lauge $= 17 \cdot 36,47$ mg $= 62$ mg HCl in 5 g $= 12,4\%$.

17,3 ccm $= 17,3 \cdot 36,47$ mg $= 63$ mg $= 12,6\%$.

Acidum nitricum.

Gehalt 24,8—25,2% HNO_3, Mol.-Gew. 63,02, Normalgewicht $= 1$ Mol $= 63,02$ g; 1 ccm n-Lauge $= 63,02$ mg HNO_3, log 79945.

„Etwa 5 g Salpetersäure werden in einem Kölbchen mit eingeriebenem Glasstopfen genau gewogen und mit etwa 25 ccm Wasser verdünnt. Zum Neutralisieren dieser Mischung müssen für je 5 g Salpetersäure 19,7—20,0 ccm n-Kalilauge verbraucht werden = 24,8—25,2% HNO_3. Als Indikator ist Methylorange anzuwenden, das jedoch erst in der Nähe des Neutralisationspunktes zuzusetzen ist."

Man wägt auf der Rezepturwaage in einen Meßkolben von 100 ccm mit aufgesetztem Trichter 20 g Salpetersäure, füllt mit Wasser unter Nachspülen des Trichters bis zur Marke auf, mischt und titriert je 25 ccm = 5 g Salpetersäure, die noch mit 10—20 ccm Wasser versetzt werden. Man läßt zuerst etwa 19 ccm n-Lauge zufließen, fügt dann Methylorangelösung hinzu und titriert weiter bis zur Gelbfärbung. Ist die Mischung schon gleich beim Zusatz von Methylorange gelb gefärbt, dann ist der Gehalt der Säure zu gering. Man kann dann den Überschuß an Lauge mit n-Säure zurücktitrieren:

$$HNO_3 + KOH = KNO_3 + H_2O.$$

$$\frac{ccm \ n\text{-Lauge} \cdot 0{,}06302 \cdot 100}{5} = \text{Prozent } HNO_3.$$

19,7 ccm n-Lauge = 19,7 · 63,02 mg = 124 mg HNO_3 in 5 g = 24,8%.
20,0 ccm = 20 · 63,02 mg = 126 mg = 25,2%.

Der Indikator darf erst in der Nähe des Neutralisationspunktes zugesetzt werden, weil Methylorange durch starke Salpetersäure zersetzt wird und dann keinen Farbenumschlag mehr gibt.

Acidum sulfuricum dilutum.

Gehalt 15,6—16,3% H_2SO_4, Mol.-Gew. 98,09, Normalgewicht = $^1/_2$ Mol = 49,045 g; 1 ccm n-Lauge = 49,045 mg H_2SO_4, log 69059.

„Etwa 5 g verdünnte Schwefelsäure werden in einem Kölbchen genau gewogen und mit 25 ccm Wasser versetzt. Zum Neutralisieren dieser Mischung (Methylorange) müssen für je 5 g verdünnte Schwefelsäure 15,9—16,6 ccm n-Kalilauge verbraucht werden = 15,6—16,3% H_2SO_4."

Man wägt auf der Rezepturwaage in einen Meßkolben von 100 ccm mit aufgesetztem Trichter 20 g verdünnte Schwefelsäure, füllt mit Wasser unter Nachspülen des Trichters bis zur Marke auf, mischt und titriert je 25 ccm = 5 g verdünnte Schwefelsäure:

$$H_2SO_4 + 2\,KOH = K_2SO_4 + 2\,H_2O.$$

$$\frac{ccm \ n\text{-Lauge} \cdot 0{,}049045 \cdot 100}{5} = \text{Prozent } H_2SO_4.$$

15,9 ccm n-Lauge = 15,9 · 49,045 mg = 779,8 mg H_2SO_4 in 5 g = 15,6%.
16,6 ccm = 16,6 · 49,045 mg = 814 mg = 16,3%.

Acidum aceticum.

Gehalt mindestens 96% CH_3COOH, Mol.-Gew. = 60,03, Normalgewicht = 1 Mol = 60,03 g, 1 ccm n-Lauge = 60,03 mg CH_3COOH, log 77837.

„Etwa 1 g Essigsäure wird in einem Kölbchen mit eingeriebenem Glasstopfen genau gewogen und mit Wasser auf etwa 20 ccm verdünnt. Zum Neutralisieren dieser Mischung müssen für je 1 g Essigsäure mindestens 16 ccm n-Kalilauge verbraucht werden = mindestens 96% Essigsäure (Phenophthalein als Indikator)."

Man wägt im Glasstopfenkölbchen etwa 5 g Essigsäure genau, spült sie mit Wasser in einen Meßkolben von 100 ccm, füllt bis zur Marke auf und titriert je 20 ccm.

$$CH_3COOH + KOH = CH_3COOK + H_2O.$$

16 ccm n-Lauge für 1 g = 16 · 60,03 mg = 960 mg CH_3COOH = 96%.

Acidum aceticum dilutum.

Gehalt 29,7—30,6% CH_3COOH.

„Zum Neutralisieren von 5 g verdünnter Essigsäure dürfen nicht weniger als 24,7 und nicht mehr als 25,5 ccm n-Lauge verbraucht werden = 29,7—30,6% CH_3COOH."

Man wägt auf der Rezepturwaage 20 g verdünnte Essigsäure in einen Meßkolben von 100 ccm mit aufgesetztem Trichter, füllt mit Wasser bis zur Marke auf und titriert je 25 ccm = 5 g verdünnte Essigsäure (Phenolphthalein).

24,7 ccm n-Lauge für 5 g = 24,7 · 60,03 mg = 148,2 mg CH_3COOH = 29,7%.

25,5 ccm = 153,0 mg = 30,6%.

Acetum.

Gehalt 6% CH_3COOH.

„Zum Neutralisieren von 10 g Essig müssen 10 ccm n-Kalilauge verbraucht werden (Phenolphthalein) = 10 · 60,03 mg = 600 mg = 6% CH_3COOH."

Man wägt die 10 g Essig auf der Rezepturwaage in einen Titrierkolben oder mißt einfach 10 ccm mit der Pipette ab. Eine Schwankung des Gehaltes von etwa 5,9—6,1%, entsprechend einem Verbrauch von 9,8—10,2 ccm n-Lauge sollte gestattet sein.

Acetum pyrolignosum crudum.

Gehalt mindestens 8,4% Säure, berechnet als Essigsäure. Außer Essigsäure enthält der Holzessig in kleiner Menge auch Propionsäure und andere Homologe der Essigsäure.

10 g Holzessig dürfen nach Zusatz von 14 ccm n-Lauge Lackmuspapier nicht bläuen.

14 · 60,03 mg = 840 mg CH_3COOH = 8,4%.

Acetum pyrolignosum rectificatum.

Gehalt mindestens 5,4% Essigsäure.

Zum Neutralisieren von 10 g gereinigtem Holzessig müssen mindestens 9 ccm n-Lauge erforderlich sein (Phenolphthalein).

9 · 60,03 mg = 540 mg CH_3COOH = 5,4%.

Acidum formicicum.

Gehalt 24—25% HCOOH, Mol.-Gew. = 46,02, Normalgewicht = 1 Mol = 46,02 g. 1 ccm n-Lauge = 46,02 mg HCOOH, log 66 295.

Etwa 5 g Ameisensäure werden genau gewogen, mit 20 ccm Wasser verdünnt und nach Zusatz von Phenolphthaleinlösung mit n-Lauge titriert. Für 5 g Ameisensäure müssen 26,1—27,2 ccm n-Lauge verbraucht werden = 24—25% HCOOH.

Man wägt auf der Rezepturwaage 20 g Ameisensäure in einen Meß-kolben von 100 ccm mit aufgesetztem Trichter, füllt mit Wasser bis zur Marke auf und titriert je 25 ccm = 5 g Ameisensäure.

$$HCOOH + KOH = HCOOK + H_2O.$$

26,1 ccm n-Lauge = 26,1 · 46,02 mg = 1201 mg HCOOH in 5 g = 24%.

27,2 ccm = 27,2 · 46,02 mg = 1251 mg = 25%.

Spiritus Formicarum.

Eine Mischung von 5 T. Ameisensäure, 70 T. Weingeist und 25 T. Wasser. Bei der Aufbewahrung entsteht allmählich Ameisensäure-äthylester:

$$HCOOH + C_2H_5OH = HCOOC_2H_5 + H_2O.$$

Gehalt annähernd 1,25% Gesamt-Ameisensäure, davon mindestens 0,85% freie Ameisensäure.

25 g Ameisenspiritus werden in einem Kölbchen aus Jenaer Glas nach Zusatz von 1 ccm Phenolphthaleinlösung mit n-Kalilauge neutralisiert. Hierzu müssen mindestens 4,6 ccm n-Kalilauge verbraucht werden = mindestens 0,85% freie Ameisensäure.

Die neutralisierte Flüssigkeit wird mit weiteren 5 ccm n-Kalilauge versetzt, eine halbe Stunde lang auf dem Wasserbad erhitzt und nach dem Erkalten mit n-Salzsäure bis zum Verschwinden der Rotfärbung titriert. Der Gesamtverbrauch an n-Kalilauge, vermindert um den Verbrauch an n-Salzsäure, muß etwa 6,8 ccm betragen = annähernd 1,25% Gesamt-Ameisensäure.

4,6 ccm n-Lauge = 4,6 · 46,02 mg = 211,69 mg HCOOH in 25 g = 0,85%.

Beim Erhitzen mit einem Überschuß an Lauge wird der Ameisen-säureäthylester verseift:

$$HCOOC_2H_5 + KOH = HCOOK + C_2H_5OH.$$

6,8 ccm n-Lauge = 6,8 · 46,02 mg = 312,8 mg Gesamt-Ameisensäure in 25 g = 1,25%.

Acidum lacticum.

Gehalt annähernd 90% Gesamtsäure, davon etwa 72% freie Säure, berechnet als Milchsäure, $CH_3CH(OH)COOH$ Mol.-Gew. 90,05, Normalgewicht $=1$ Mol $= 90,05$ g; 1 ccm n-Kalilauge $= 90,05$ mg $CH_3CH(OH)COOH$, log 95 448.

Die Milchsäure des Arzneibuches enthält etwa 60% eigentliche Milch-säure, $CH_3CH(OH)COOH$ und daneben Milchsäureanhydrid oder besser gesagt Lactylmilchsäure,

$$CH_3CH(OH)COOCH \begin{matrix} \diagup CH_3 \\ \diagdown COOH \end{matrix},$$

die beim Eindampfen der Milchsäurelösung entsteht. Die Menge der Lactylmilchsäure, als Milchsäure berechnet, beträgt etwa 30%. Die Gehaltsbestimmung erfolgt in der Weise, daß zuerst die freie Säure, Milchsäure und Lactylmilchsäure, titriert, dann die Flüssigkeit zur Zer-legung der Lactylmilchsäure mit einem Überschuß an n-Kalilauge erhitzt und der Überschuß an Lauge mit n-Salzsäure zurücktitriert wird:

$$CH_3CH(OH)COOCH(CH_3)COOK + KOH = 2\ CH_3CH(OH)COOK.$$

Schließlich wird die Flüssigkeit noch mit einem Überschuß an n-Salzsäure kurze Zeit erhitzt, und der Überschuß an Säure wieder mit n-Lauge zurücktitriert. Letzteres soll den Zweck haben, einen durch den Carbonatgehalt der Lauge bedingten Fehler zu beseitigen.

1. Titration.

Etwa 5 g Milchsäure werden im Glasstopfenkölbchen genau gewogen und mit Wasser in einem Meßkolben von 100 ccm gespült. Nach dem Auffüllen bis zur Marke und Mischen werden 40 ccm der Lösung (2 mal 20 ccm) in einem Titrierkolben von etwa 100 ccm gebracht, mit etwa 1 ccm Phenolphthaleinlösung versetzt und mit n-Kalilauge titriert.

$$\frac{\text{ccm n-Lauge} \cdot 0{,}09 \cdot 100}{0{,}4\ s} = \text{Prozent Milchsäure}$$

s = abgewogene Menge Milchsäure. Für 2 g Milchsäure müssen annähernd 16 ccm n-Lauge verbraucht werden $= \dfrac{16 \cdot 0{,}09 \cdot 100}{2} = \dfrac{144}{2} = 72\%$.

2. Titration.

Die titrierte Flüssigkeit wird mit weiteren 5 ccm n-Kalilauge versetzt, 5 Minuten lang auf dem Wasserbad erhitzt und mit n-Salzsäure titriert.

3. Titration.

Nach weiterem Zusatz von 2 ccm n-Salzsäure wird die Mischung 2 Minuten lang auf dem Wasserbad erhitzt und mit n-Kalilauge titriert.

Der Gesamtverbrauch an n-Kalilauge, vermindert um den Gesamtverbrauch an n-Salzsäure, muß für 2 g Milchsäure annähernd 20 ccm betragen.

$$\frac{\text{ccm n-Lauge} \cdot 0{,}09 \cdot 100}{0{,}4\ s} = \%\ \text{Gesamt-Milchsäure}$$

$$\frac{20 \cdot 0{,}09 \cdot 100}{2} = 90\%.$$

Beispiel: Abgewogen 5,055 g Milchsäure; 0,4 · 5,055 g = 2,022 g. Bei der 1. Titration wurden 15,2 ccm Lauge verbraucht mit dem Faktor 1,064 = 16,17 ccm n-Lauge:

$$\frac{16{,}17 \cdot 0{,}09 \cdot 100}{2{,}022} = 71{,}9\%\ \text{freie Säure}.$$

2. Titration 5 ccm Lauge, 1,45 ccm n-Salzsäure.

3. Titration 2 ccm n-Salzsäure, 1,7 ccm Lauge. Im Ganzen für 1. bis 3. Titration 21,9 ccm Lauge = 21,9 · 1,064 = 23,3 ccm n-Lauge. Davon sind abzuziehen 1,45 + 2 = 3,45 ccm n-Salzsäure; 23,3—3,45 = 19,85 ccm n-Lauge:

$$\frac{19{,}85 \cdot 0{,}09 \cdot 100}{2{,}022} = 88{,}35\%\ \text{Gesamt-Milchsäure}.$$

Bei dieser Berechnung ist der Faktor der Kalilauge angewandt worden, der nach der Vorschrift des Arzneibuches durch Titration von n-Salzsäure mit der Lauge bei Zimmerwärme ermittelt war (siehe S. 100). Das ist in diesem Falle nicht richtig, denn es wird eine heiße Lösung titriert, und damit ändert sich der Faktor der Lauge. Bei der 1. Titration wird die kalte Milchsäurelösung titriert, und die Rotfärbung tritt ein, wenn das in der Lauge enthaltene Carbonat in Bicarbonat übergeführt ist und ein geringer Überschuß an Lauge hinzukommt:

$$K_2CO_3 + HCl = KHCO_3 + KCl.$$

Wird die Säure aber heiß titriert, so entweicht Kohlendioxyd, und das Carbonat der Lauge wirkt zum Teil mit wie Kaliumhydroxyd. Wird die Flüssigkeit mit einem Überschuß an Säure erhitzt, so entweicht noch mehr Kohlendioxyd; bei genügend langem Erhitzen wird alles Kohlendioxyd ausgetrieben, und die Gesamtmenge des Carbonats wirkt wie Kaliumhydroxyd. Der Phenolphthaleinfaktor der Lauge stimmt dann praktisch mit dem Methylorangefaktor fast überein. Wird wie bei der Milchsäuretitration die Flüssigkeit nur kurze Zeit erhitzt, so entweicht das Kohlendioxyd nicht vollständig, und der Faktor der Lauge erreicht nicht die Höhe des Methylorangefaktors, ist aber höher als der bei Zimmerwärme ermittelte Faktor.

Den richtigen Faktor der Lauge für die Bestimmung der Gesamtmilchsäure findet man, indem man eine Mischung von 20 ccm n-Salzsäure und 20 ccm Wasser mit der Lauge titriert, die Flüssigkeit dann auf dem Wasserbad erhitzt, weitere 2 ccm n-Salzsäure hinzufügt, noch 2 Minuten lang erhitzt und dann mit der Lauge zurücktitriert. Der Faktor ergibt sich durch Division von 22 durch die Gesamtzahl der Kubikzentimeter Lauge.

Bei einem Versuch wurden folgende Faktoren der Lauge gefunden: Phenolphthalein-Faktor kalt 1,064, Phenolphthalein-Faktor heiß bestimmt wie angegeben 1,076, Methylorange-Faktor 1,087.

Der Unterschied zwischen Phenolphthalein-Faktor kalt und heiß beträgt rund 1%, und dieser Unterschied ergibt sich auch bei der Berechnung des Gesamt-Milchsäuregehaltes.

In dem Rechnungsbeispiel sind die 21,8 ccm Gesamt-Lauge = 21,8 mal 1,076 = 23,45 ccm n-Lauge, 23,45 ccm — 3,35 ccm n-Salzsäure = 20,1 ccm n-Lauge,

$$\frac{20,1 \cdot 0,09 \cdot 100}{2,022} = 89,45\% \text{ Gesamt-Milchsäure.}$$

Man kann die Bestimmung der Gesamt-Milchsäure auch in folgender Weise ausführen unter Fortlassung der 3. Titration:

Nach der 1. Titration fügt man weitere 5 ccm Kalilauge hinzu, erhitzt 5 Minuten lang auf dem Wasserbad, kühlt die Flüssigkeit auf Zimmerwärme ab und titriert mit n-Salzsäure. Bei der Berechnung ist jetzt der bei Zimmerwärme ermittelte Faktor der Lauge anzuwenden.

2,022 g Milchsäure verbrauchten bei der 1. Titration 15,2 ccm, bei der 2. Titration 5 ccm Lauge und 1,35 ccm n-Salzsäure. 20,2 ccm der Lauge sind = 20,2. 1,064 = 21,5 ccm n-Lauge, 21,5—1,35 = 20,15 ccm n-Lauge:

$$\frac{20,15 \cdot 0,09 \cdot 100}{2,022} = 89,7\% \text{ Gesamt-Milchsäure.}$$

Tartarus depuratus.

CH(OH)COOK
|
CH(OH)COOH

Mol.-Gew. 188,14; Normalgewicht = 1 Mol = 188,14 g; 1 ccm n-Lauge = 188,14 mg Kaliumbitartrat, log 27449.

„Zum Neutralisieren einer heißen Lösung von 2 g Weinstein in 100 ccm Wasser müssen mindestens 10,5 ccm n-Kalilauge verbraucht werden (Phenolphthalein) = mindestens 99% Kaliumbitartrat."

Etwa 2 g Weinstein werden im Titrierkolben von 200 ccm genau gewogen, in 100 ccm Wasser heiß gelöst und titriert.

$10,5 \cdot 188,14$ mg $= 1,9755$ g Kaliumbitartrat in 2 g Weinstein $= 98,8\%$,

$$\underset{CH(OH)COOH}{CH(OH)COOK} + KOH = \underset{CH(OH)COOK}{CH(OH)COOK} + H_2O.$$

Bei der Titration einer heißen Lösung einer Säure mit Phenolphthalein als Indikator ist der Wirkungswert (F.) der Lauge größer als bei der Titration einer kalten Lösung, weil ein Teil der Kohlensäure aus dem Carbonat der Lauge entweicht (vgl. Acidum lacticum S. 122). Man muß bei der Titration des Weinsteins den Faktor der Lauge unter gleichen Bedingungen ermitteln, indem man eine heiße Mischung von 10 ccm n-Salzsäure und 90 ccm Wasser mit Phenolphthaleinlösung versetzt und mit der Lauge titriert. Mit dem kalt ermittelten Faktor der Lauge findet man etwa 0,5% Kaliumbitartrat zu wenig..

Pulpa Tamarindorum depurata.

Gehalt mindestens 9% Säure, berechnet als Weinsäure. Das Tamarindenmus enthält etwa 8% Weinsäure und 2—3% Apfelsäure.

$$\text{Weinsäure,} \quad \underset{CH(OH)COOH}{CH(OH)COOH}, \quad \text{Mol.-Gew.} = 150,04$$

Normalgewicht $= \frac{1}{2}$ Mol $= 75,02$ g; 1 ccm $\frac{1}{10}$-n-Kalilauge $= 7,502$ mg Weinsäure, log 87518.

Man schüttelt 2 g gereinigtes Tamarindenmus mit 50 g heißem Wasser, läßt erkalten und filtriert. 25 ccm des Filtrats werden mit $\frac{1}{10}$-n-Kalilauge titriert (Tüpfelprobe mit Lackmuspapier). Es müssen mindestens 12 ccm $\frac{1}{10}$-n-Lauge verbraucht werden $= 12 \cdot 7,5$ mg $= 90$ mg Weinsäure in 1 g $= 9\%$.

Bei der Herstellung von gereinigtem Tamarindenmus empfiehlt es sich, vorher den Gehalt des rohen Tamarindenmuses an Säure zu bestimmen. Da man von rohem Tamarindenmus, das mindestens 50% Extrakt liefert (Bestimmung siehe S. 58), mindestens 140% gereinigtes Mus erhält, muß das rohe Mus mindestens $1,4 \cdot 9 = 12,6\%$ Säure, als Weinsäure berechnet, enthalten, wenn das gereinigte Mus mindestens 9% Säure enthalten soll.

Man erhitzt 20 g rohes Tamarindenmus mit 190 g Wasser, läßt erkalten, filtriert und titriert 50 g des Filtrats $= 5$ g Tamarindenmus mit n-Kalilauge (Lackmuspapier). Es müssen mindestens 8,4 ccm n-Lauge verbraucht werden

$$= \frac{8,4 \cdot 0,075 \cdot 100}{5} = 12,6\% \text{ Weinsäure}.$$

Acidum trichloraceticum.

CCl_3COOH, Mol.-Gew. $= 163,39$.

Normalgewicht $= 1$ Mol $= 163,4$ g; 1 ccm $\frac{1}{10}$-n-Lauge $= 16,339$ mg CCl_3COOH, log 21322.

Wertbestimmung. Etwa 0,5 g im Exsikkator über Schwefelsäure sorgfältig getrocknete Trichloressigsäure werden genau gewogen und in 20 ccm Wasser gelöst.

Zum Neutralisieren (Phenolphthalein) von je 0,5 g Trichloressigsäure dürfen nicht weniger als 30,4 und nicht mehr als 30,6 ccm $^1/_{10}$-n-Kalilauge verbraucht werden = 99,3—100% Trichloressigsäure.

Man trocknet etwa 2 g Trichloressigsäure im genau gewogenen Glasstopfenkölbchen über Schwefelsäure (24 Stunden), wägt genau, löst in Wasser, spült die Lösung mit Wasser in einen Meßkolben von 100 ccm, füllt bis zur Marke auf und titriert je 25 ccm; der Verbrauch wird auf 0,5 g Trichloressigsäure umgerechnet.

$$CCl_3COOH + KOH = CCl_3COOK + H_2O.$$

30,4 ccm $^1/_{10}$-n-Lauge für 0,5 g = 30,4 · 16,34 mg = 496,7 mg CCl_3COOH = 99,34%.

30,6 ccm = 30,6 · 16,34 mg = 500 mg = 100%.

Werden mehr als 30,6 ccm $^1/_{10}$-n-Lauge für 0,5 g Trichloressigsäure verbraucht, so ist wahrscheinlich Monochloressigsäure beigemischt. Bei einer Verwechslung mit Monochloressigsäure würden für 0,5 g der Säure 52,9 ccm $^1/_{10}$-n-Lauge verbraucht werden. 1 ccm $^1/_{10}$-n-Lauge = 9,45 mg $CH_2ClCOOH$.

Phosphorus solutus.

Eine Lösung von 1 T. Phosphor in 194 T. flüssigem Paraffin und 5 T. Äther. Gehalt 0,47—0,51% Phosphor, At.-Gew. 31,04, **Normalgewicht** = $^1/_5$ Grammatom = 31,04 g : 5 = 6,21 g; 1 ccm $^1/_{10}$-n-Lauge = 0,621 mg P, log 79 309.

Etwa 1 g Phosphorlösung wird in einem Kölbchen mit eingeriebenem Glasstopfen genau gewogen, mit 20 ccm Äther und 10 ccm Weingeist gemischt, die Mischung 5 Minuten lang mit 10 ccm $^1/_{10}$-n-Jodlösung geschüttelt und mit $^1/_{10}$-n-Natriumthiosulfatlösung bis gerade zur Entfärbung versetzt (kein Überschuß!). Nach Zusatz von 3 g Natriumchlorid und 0,5 ccm Phenolphthaleinlösung muß die Mischung für je 1 g Phosphorlösung bei der Titration mit $^1/_{10}$-n-Kalilauge bis zum Farbenumschlag 7,6—8,2 ccm mehr verbrauchen als die gleiche, in 20 ccm Äther und 10 ccm Weingeist aufgelöste Menge der Phosphorlösung nach Zusatz von 30 ccm Wasser und 3 g Natriumchlorid erfordert = 0,47—0,51% Phosphor.

Durch die Jodlösung wird der Phosphor zu **Phosphoriger Säure** oxydiert, wobei eine entsprechende Menge Jod zu **Jodwasserstoff** reduziert wird:

$$P + 3 J = PJ_3$$
$$PJ_3 + 3 H_2O = H_3PO_3 + 3 HJ.$$

Beide Säuren werden mit $^1/_{10}$-n-Lauge titriert; die Phosphorige Säure ist zweibasisch:

$$O{=}P{\Big\langle}{\overset{\textstyle H}{\underset{\textstyle OH}{-OH}}} + 2\ KOH = O = P{\Big\langle}{\overset{\textstyle H}{\underset{\textstyle OK}{-OK}}} + 2\ H_2O,$$

$$3\ HJ + 3\ KOH = 3\ KJ + 3\ H_2O.$$

Auf 1 Atom P kommen also 5 titrierbare H-Atome. Das Normalgewicht des Phosphors ist demnach bei dieser Bestimmung = $^1/_5$ Grammatom. Da das Phosphoröl infolge der Oxydation eines Teiles des Phosphors kleine Mengen von **Phosphoriger Säure** enthalten kann, ist neben der Bestimmung des Phosphors, bei der die schon vorhandene Phosphorige Säure mitbestimmt wird, ein blinder Versuch auszuführen und die

Menge des freien Phosphors aus der Differenz im Verbrauch an $^1/_{10}$-n-Lauge zu berechnen.

Papaverinum hydrochloricum.

$$C_{20}H_{21}O_4N \cdot HCl.$$

Mol.-Gew. $= 375,6$, Normalgewicht $= 1$ Mol $= 375,6$ g; 1 ccm $^1/_{10}$-n-Lauge $= 37,56$ mg Papaverinhydrochlorid, log 57473.

Es wird eine Titration des Gehaltes an Chlorwasserstoff ausgeführt und die Menge des Papaverinhydrochlorids berechnet.

Bei vielen Alkaloidsalzen läßt sich mit Phenolphthalein als Indikator der Gehalt an Säure durch Titration mit Lauge bestimmen, weil die Alkaloide als sehr schwache Basen auf Phenolphthalein nicht einwirken. Das Arzneibuch läßt nur bei Papaverinhydrochlorid von dieser Möglichkeit Gebrauch machen. Die Titration soll in folgender Weise ausgeführt werden:

„5 ccm der wässerigen Lösung (1 + 49) werden in einem Kolben mit 5 ccm Wasser verdünnt und mit 2,55 ccm $^1/_{10}$-n-Lauge versetzt (= 95,8% Papaverinhydrochlorid). Alsdann wird die entstandene trübe Flüssigkeit auf dem Wasserbad kurze Zeit erwärmt, bis sie sich unter Bildung von Papaverinkristallen geklärt hat. Zu der erkalteten Flüssigkeit gibt man 2 Tropfen Phenolphthaleinlösung hinzu und titriert mit $^1/_{10}$-n-Lauge bis zum Farbenumschlag. Hierzu dürfen nicht weniger als 0,10 ccm und nicht mehr als 0,15 ccm $^1/_{10}$-n-Lauge verbraucht werden, so daß 2,65—2,70 ccm $^1/_{10}$-n-Lauge zur Sättigung von 0,1 g Papaverinhydrochlorid erforderlich sind.“

Diese Titration wird einfacher in folgender Weise ausgeführt:

Man wägt in einem Titrierkolben von 100 ccm etwa 0,2 g Papaverinhydrochlorid genau, löst es in etwa 20 ccm Wasser, fügt Phenolphthaleinlösung hinzu und titriert aus der gewöhnlichen Bürette mit $^1/_{10}$-n-Kalilauge bis zur Rötung. Dann erwärmt man den Kolben auf dem Wasserbad. Verschwindet die Rötung dabei nicht, so ist die Titration beendet, verschwindet sie aber wieder, so titriert man vorsichtig zu Ende.

$$C_{20}H_{21}O_4N \cdot HCl + KOH = C_{20}H_{21}O_4N + KCl + H_2O.$$

Für 0,2 g Papaverinhydrochlorid müssen 5,3—5,4 ccm $^1/_{10}$-n-Lauge verbraucht werden.

5,3 ccm $^1/_{10}$-n-Lauge $= 5,3 \cdot 37,56$ mg $= 199$ mg Papaverinhydrochlorid in 0,2 g $= 99,5\%$.

5,4 ccm $= 5,4 \cdot 37,56$ mg $= 202,8$ mg $= 101,4\%$.

Da alle lufttrockenen Stoffe etwas Feuchtigkeit enthalten, sollte ein Gehalt von etwa 99% auch noch zulässig sein.

Man kann auch den Gehalt an Chlorwasserstoff berechnen:

5,3 ccm $^1/_{10}$-n-Lauge $= 5,3 \cdot 3,647$ mg $= 19,34$ mg HCl in 0,2 g $= 9,67\%$.

5,4 ccm $= 5,4 \cdot 3,647$ mg $= 19,7$ mg $= 9,85\%$.

Der Formel $C_{20}H_{21}O_4N \cdot HCl$ entspricht ein Gehalt von 9,71% HCl.

Bestimmung des Säuregrades von Fetten und Ölen.

Fette und fette Öle bestehen aus Glycerinestern von Fettsäuren und Ölsäuren. Sie sind von Natur meist säurefrei oder werden bei der Gewinnung so gereinigt, daß sie so gut wie säurefrei sind. Allmählich werden aus den Glycerinestern wieder freie Säuren abgespalten, wenn die Fette und Öle nicht völlig wasserfrei sind. Je weniger freie Säure ein Fett oder Öl enthält, desto besser ist es. Der Säuregehalt ist also ein Maßstab für die Güte des Fettes oder Öles. Der Säuregehalt wird ausgedrückt durch den Begriff **Säuregrad.** Als Säuregrad bezeichnet man die Anzahl Kubikzentimeter Normal-Kalilauge, die zur Bindung der in 100 g Fett oder Öl enthaltenen freien Säuren nötig sind.

Die in den Fetten und Ölen hauptsächlich vorkommenden freien Säuren zeigen nur geringe Unterschiede in der Höhe ihrer Molekelgewichte, z. B. Ölsäure 282, Leinölsäure 280, Stearinsäure 284. Man rechnet deshalb, daß 1 ccm n-Lauge 282 mg Säure (als Ölsäure berechnet) anzeigt. Jedem Säuregrad entsprechen dann 0,282% freie Säure.

Zur Bestimmung des Säuregrades werden bei Schweineschmalz, Cacaobutter, Lebertran und Hammeltalg je 10 g, bei den übrigen fetten Ölen je 5 g auf der Rezepturwaage in einem Titrierkolben abgewogen. Als Lösungsmittel werden 30—40 ccm eines säurefreien Gemisches gleicher Raumteile Äther und absoluten Alkohols hinzugefügt. Schweineschmalz, Cacaobutter und Hammeltalg werden vorher auf dem Wasserbad geschmolzen. Nach Zusatz von etwa 1 ccm Phenolphthaleinlösung wird mit $^1/_{10}$-n-Kalilauge bis zur Rotfärbung titriert. Bei Anwendung von 10 g Fett gibt die Zahl der Kubikzentimeter $^1/_{10}$-n-Lauge den Säuregrad ohne weiteres an, bei Anwendung von 5 g Öl ist die Zahl zu verdoppeln.

Wenn während der Titration eine Ausscheidung von Fett eintritt, ist mehr Lösungsmittel zuzusetzen.

Das säurefreie Gemisch von Äther und absolutem Alkohol erhält man dadurch, daß man es vor der Benutzung nach Zusatz von Phenolphthaleinlösung vorsichtig tropfenweise mit $^1/_{10}$-n-Kalilauge bis zur schwachen Rötung versetzt.

Das Arzneibuch hat als Höchstgrenze für den Säuregrad festgesetzt: Schweineschmalz 2, Cacaobutter 4, Lebertran 5, Hammeltalg 5, Mandelöl, Erdnußöl, Leinöl, Ölivenöl, Pfirsichkernöl, Rüböl und Sesamöl 8. Dem Säuregrad 8 entspricht ein Gehalt von 2,26% freier Säure, berechnet als Ölsäure.

Bei Lorbeeröl, Muskatnußöl und Ricinusöl ist eine Bestimmung des Säuregrades nicht vorgeschrieben, ebenso nicht bei Crotonöl. Letzteres enthält von Natur nicht unerhebliche Mengen freier Säuren, so daß es mit Wasser angefeuchtetes Lackmuspapier rötet.

Oleum Terebinthinae rectificatum.

Prüfung auf Säure.

Eine Lösung von 2,5 g gereinigtem Terpentinöl in 20 ccm absolutem Alkohol darf nach Zusatz von 3 Tropfen Phenolphthaleinlösung höchstens 0,3 ccm $^1/_{10}$-n-Kalilauge bis zur bleibenden Rötung verbrauchen.

Bestimmung von Säurezahl, Esterzahl und Verseifungszahl.

Manche Naturstoffe wie Wachs, Harze, Balsame, fette und ätherische Öle enthalten Säuren (organische) und Ester, oder auch nur Säuren oder nur Ester. Durch Bestimmung der Menge Kaliumhydroxyd, die zur Neutralisation der freien Säuren und zur Zerlegung der

Ester in einer bestimmten Menge erforderlich ist, gewinnt man Anhaltspunkte für die Beurteilung der Echtheit und Güte dieser Stoffe.

Die **Säurezahl** (S.-Z.) gibt an, wieviel Milligramm Kaliumhydroxyd notwendig sind, um die in 1 g Wachs, Harz oder Balsam enthaltenen freien Säuren zu neutralisieren. Während die Bestimmung des Säuregrades (siehe S. 127) bei Fetten und fetten Ölen einen Maßstab für die Güte dieser Stoffe bietet, dient die Bestimmung der Säurezahl mit zur Feststellung der Echtheit von Wachs, Harzen und Balsamen. In einigen Fällen hat die Bestimmung der Säurezahl eine ähnliche Bedeutung, wie die Bestimmung des Säuregrades von Fetten und Ölen, wenn nämlich nur eine Höchstgrenze für die Säurezahl festgesetzt ist.

Die Säurezahl allein wird nur bei Colophonium und Resina Jalapae bestimmt, in den anderen Fällen wird mit der Bestimmung der Säurezahl eine Bestimmung der Esterzahl ausgeführt.

Die **Esterzahl** (E.-Z.) gibt an, wieviel Milligramm Kaliumhydroxyd zur Zerlegung (Verseifung) der in 1 g Wachs usw. enthaltenen Ester nötig sind.

Ein Ester wird durch Alkalihydroxyd zerlegt unter Abspaltung des Alkohols und Bildung des Alkalisalzes der Säure z. B.:

$$CH_3COOC_2H_5 + KOH = CH_3COOK + C_2H_5OH$$

$$C_{15}H_{31}COOC_{30}H_{61} + KOH = C_{15}H_{31}COOK + C_{30}H_{61}OH$$

<table>
<tr><td>Palmitinsäure-</td><td>palmitinsaures</td><td>Melissyl-</td></tr>
<tr><td>melissylester</td><td>Kalium</td><td>alkohol</td></tr>
</table>

In einigen Fällen läßt das Arzneibuch nicht die Esterzahl berechnen, sondern die Estermenge, z. B. bei Oleum Lavandulae.

Die **Verseifungszahl** (V.-Z.) gibt an, wieviel Milligramm Kaliumhydroxyd nötig sind, um die in 1 g Wachs usw. enthaltenen freien Säuren zu binden und die Ester zu zerlegen. Sie ist die Summe von Säurezahl und Esterzahl. Ist die Säurezahl = 0, dann ist die Verseifungszahl gleich der Esterzahl, ist die Esterzahl = 0, so ist die Verseifungszahl gleich der Säurezahl.

Für die Bestimmungen werden weingeistige $^1/_2$-n-Kalilauge und $^1/_2$-n-Salzsäure verwendet, als Indikator Phenolphthalein und als Lösungsmittel Weingeist, bei Wachs eine Mischung von Xylol und absolutem Alkohol, bei Walrat Petroleumbenzin.

Für die Ausführung der Bestimmungen von Esterzahl und Verseifungszahl benutzt man enghalsige runde Stehkolben von 100 bis 200 ccm, auf die mit einem durchbohrten Stopfen ein als Rückflußkühler dienendes Glasrohr von 6—8 mm Weite und 75—100 cm Länge aufgesetzt wird (Abb. 19). In dem Kolben wird die genau gewogene Substanz, etwa 1—2 g, bei Wachs 4 g und bei Walrat 3 g mit einer gemessenen Menge weingeistiger

Abb. 19.

$^1/_2$-n-Kalilauge auf dem Wasserbad, bei Wachs auf freier Flamme, erhitzt und der Überschuß an Lauge in der noch heißen Flüssigkeit mit $^1/_2$-n-Säure zurücktitriert (Phenolphthalein). Bei Balsamum tolutanum ist die Flüssigkeit so dunkel gefärbt, daß sie vor dem Zurücktitrieren mit Wasser verdünnt werden muß, in den anderen Fällen ist eine Verdünnung nicht nötig.

Da 1 ccm $^1/_2$-n-Kalilauge 28,055 mg KOH (log 44801) enthält, gilt für die Berechnung die Formel $\dfrac{a \cdot 28,055}{s}$, $a =$ Zahl der Kubikzentimeter Lauge, $s =$ Gewicht des Stoffes in Gramm.

Colophonium.

Das Kolophonium besteht aus amorphen Harzsäureanhydriden, hauptsächlich Abietinsäureanhydrid (amerikanisches Kolophonium)

$$\begin{matrix} C_{17}H_{27}CO \\ \diagdown \\ C_{17}H_{27}CO \diagup \end{matrix} O,$$

und Pimarsäureanhydrid (französisches Kolophonium)

$$\begin{matrix} C_{19}H_{29}CO \\ \diagdown \\ C_{19}H_{29}CO \diagup \end{matrix} O.$$

Säurezahl 151,5—179,6.

In einen Titrierkolben bringt man 1 g (Handwaage) zerriebenes Kolophonium, löst es in 25 ccm $^1/_2$-n-Kalilauge und titriert nach Zusatz von Phenolphthaleinlösung und $^1/_2$-n-Säure zurück.

$$\begin{matrix} C_{17}H_{27}CO \\ \diagdown \\ C_{17}H_{27}CO \diagup \end{matrix} O + 2\ KOH = 2\ C_{17}H_{27}COOK + H_2O.$$

Die Zahl der Kubikzentimeter $^1/_2$-n-Säure wird von der Zahl der Kubikzentimeter $^1/_2$-n-Lauge abgezogen. ccm Lauge $\cdot$ 28,055 $=$ Säurezahl.

Auf 1 g Kolophonium sollen 5,4—6,4 ccm $^1/_2$-n-Lauge verbraucht werden: $5{,}4 \cdot 28{,}055 = 151{,}5$; $6{,}4 \cdot 28{,}055 = 179{,}6$.

Balsamum tolutanum.

Der Tolubalsam enthält freie Benzoesäure und Zimtsäure, zusammen 12—20%, Benzoesäurebenzylester und Zimtsäurebenzylester, zusammen 7—8%. Die Hauptmenge ist ein Harz, das aus dem Zimtsäure- und Benzoesäureester eines Harzalkohols, des Toluresinotannols, besteht. Säurezahl 112—168, Verseifungszahl 154 bis 210.

Säurezahl. In einem Erlenmeyerkolben von etwa 400 ccm löst man 1 g Tolubalsam (Handwaage genügt) in 50 ccm Weingeist, fügt 10 ccm weingeistige $^1/_2$-n-Kalilauge, etwa 1 ccm Phenolphthaleinlösung und etwa 200 ccm Wasser hinzu und titriert mit $^1/_2$-n-Salzsäure bis zum Verschwinden der Rotfärbung. Es dürfen nicht mehr als 6 und nicht weniger als 4 ccm $^1/_2$-n-Säure verbraucht werden, so daß 4—6 ccm $^1/_2$-n-Lauge zur Bindung der Säuren verbraucht sind.

$$4 \cdot 28\ mg\ KOH = S.\text{-}Z.\ 112,$$
$$6 \cdot 28\ mg\ KOH = S.\text{-}Z.\ 168.$$

Verseifungszahl. In einem Rundkolben von etwa 150 ccm wird 1 g Tolubalsam (Handwaage) in etwa 50 ccm Weingeist gelöst. Die Lösung wird mit 20 ccm weingeistiger $^1/_2$-n-Kalilauge versetzt und mit aufgesetztem Kühlrohr $^1/_2$ Stunde lang auf dem Wasserbad erhitzt.

Dann gießt man den Inhalt des Kolbens in einen Erlenmeyerkolben von etwa 400 ccm, spült den Kolben mit etwa 200 ccm Wasser nach, versetzt die Mischung mit etwa 1 ccm Phenolphthaleinlösung und titriert mit $^1/_2$-n-Salzsäure bis zum Verschwinden der Rotfärbung. Es dürfen nicht mehr als 14,5 und nicht weniger als 12,5 ccm $^1/_2$-n-Säure verbraucht werden, so daß 5,5—7,5 ccm $^1/_2$-n-Lauge verbraucht sind.

$$5,5 \cdot 28 \text{ mg KOH} = \text{V.-Z. } 154,$$
$$7,5 \cdot 28 \text{ mg KOH} = \text{V.-Z. } 210.$$

Tolubalsam kann leicht mit Kolophonium, S.-Z. und V.-Z. 151,5 bis 179,6, verfälscht werden. Das Arzneibuch schreibt deshalb eine besondere qualitative Prüfung auf Kolophonium vor (siehe S. 20).

Resina Jalapae.

Säurezahl höchstens 28.

Das Jalapenharz enthält nur geringe Mengen freier Säuren verschiedener Art. Es hat deshalb eine verhältnismäßig niedrige Säurezahl im Vergleich zu anderen Harzen, die zur Verfälschung dienen können. Die Säurezahl wird nicht genau bestimmt. Das Arzneibuch läßt nur feststellen, ob sie unter 28 liegt.

„Wird 1 g Jalapenharz unter Umschütteln in 25 ccm Weingeist gelöst und mit 1 ccm weingeistiger $^1/_2$-n-Kalilauge versetzt, so muß die Flüssigkeit Lackmuspapier bläuen."

Besser wird die Probe in folgender Weise ausgeführt: 1 g Jalapenharz (Handwaage) wird in einem Kölbchen in 25 ccm Weingeist gelöst und die Lösung mit $\dfrac{5}{F}$ ccm $^1/_{10}$-n-Kalilauge versetzt. Die Mischung muß rotes Lackmuspapier deutlich bläuen. Über die Prüfung auf fremde Harze siehe S. 42.

Cera alba und Cera flava.

Säurezahl 16,8—22,1, Esterzahl 65,9—82,1.

Das Verhältnis von Säurezahl zu Esterzahl muß 1:3 bis 1:4,3 sein.

Das Bienenwachs besteht zum größten Teil aus Palmitinsäuremelissylester (Myricin), $C_{15}H_{31}COOC_{30}H_{61}$ oder $C_{15}H_{31}COOC_{31}H_{63}$, und freier Cerotinsäure (Cerin), $C_{25}H_{51}COOH$ oder $C_{26}H_{53}COOH$. Die Menge der letzteren beträgt etwa ein Sechstel der Menge des Palmitinsäuremelissylesters. Außerdem sind in geringerer Menge vorhanden: Melissinsäure, $C_{29}H_{59}COOH$ oder $C_{30}H_{61}COOH$, Cerylakohol, $C_{26}H_{53}OH$, kleine Mengen eines anderen höheren Alkohols und Kohlenwasserstoffe der Paraffinreihe, z. B. $C_{27}H_{56}$ und $C_{31}H_{64}$.

Als Lösungsmittel wird in diesem Falle statt Weingeist ein Gemisch von Xylol und absolutem Alkohol verwendet, in dem das Wachs sich beim Erhitzen völlig auflöst, während es in Weingeist nur teilweise löslich ist. Auch hat das Gemisch einen höheren Siedepunkt als Weingeist, was für die Bestimmung der Esterzahl von Bedeutung ist.

Säurezahl. 4 g Wachs (Handwaage) werden in einem Rundkolben von 200 ccm mit aufgesetztem Kühlrohr mit 20 g Xylol und 20 g absolutem Alkohol auf dem Asbestdrahtnetz mit kleiner Flamme 10 Minuten lang bis zum Sieden der Flüssigkeit erhitzt. Nach Zusatz von etwa 1 ccm Phenolphthaleinlösung wird die heiße Flüssigkeit sofort mit weingeistiger $^1/_2$-n-Kalilauge titriert (gewöhnliche Bürette).

$$\dfrac{\text{ccm } ^1/_2\text{-n-Lauge} \cdot 28,055}{4} = \text{Säurezahl.}$$

Einfacher: ccm $^1/_2$-n-Lauge $\cdot$ 7 = Säurezahl. Es sollen nicht weniger als 2,40 und nicht mehr als 3,15 ccm $^1/_2$-n-Lauge verbraucht werden: $2,40 \cdot 7 = 16,8$; $3,15 \cdot 7 = 22,05$.

Esterzahl. Nach der Bestimmung der Säurezahl fügt man zu der Mischung weitere 30 ccm weingeistige $^1/_2$-n-Kalilauge und erhitzt sie bei aufgesetztem Kühlrohr 2 Stunden lang unter zeitweiligem kräftigen Umschütteln zum lebhaften Sieden. Nun fügt man 80 g absoluten Alkohol hinzu, erhitzt wieder bis zum Sieden und titriert sofort mit $^1/_2$-n-Salzsäure bis zum Verschwinden der Rotfärbung. Hierauf erhitzt man die Flüssigkeit nochmals 5 Minuten lang zum Sieden, wobei die rote Färbung gewöhnlich wieder eintritt. Wenn dies der Fall ist, titriert man vorsichtig mit $^1/_2$-n-Salzsäure weiter, andernfalls ist die Titration beendet gewesen.

$$\frac{\text{ccm } ^1/_2\text{-n-Lauge} \cdot 28,055}{4} = \text{Esterzahl}$$

oder

$$\text{ccm } ^1/_2\text{-n-Lauge} \cdot 7 = \text{Esterzahl}.$$

Es sollen nicht mehr als 20,6 und nicht weniger als 18,3 ccm $^1/_2$-n-Salzsäure verbraucht werden, so daß $30—20,6 = 9,4$ bis $30—18,3 = 11,7$ ccm $^1/_2$-n-Lauge für 4 g Wachs verbraucht sind.

$$9,4 \cdot 7 = 65,8, \qquad 11,7 \cdot 7 = 81,9,$$
$$\frac{9,4 \cdot 28,055}{4} = 65,9, \qquad \frac{11,7 \cdot 28,055}{4} = 82,06.$$

Die **Verhältniszahl** wird berechnet durch Division der Esterzahl durch die Säurezahl, z. B. S.-Z. 19,6, E.-Z. 74,5, Verhältniszahl $74,5 : 19,6 = 3,8$.

Findet man neben einer niedrigen Säurezahl eine hohe Esterzahl, so kann die Verhältniszahl größer als 4,8 sein, auch wenn Säurezahl und Esterzahl innerhalb der vorgeschriebenen Grenzen liegen. Im umgekehrten Fall kann die Verhältniszahl kleiner als 3 sein. In beiden Fällen ist das Wachs verdächtig. Aber auch bei vorschriftsmäßiger Säure- und Esterzahl und richtiger Verhältniszahl kann das Wachs verfälscht sein. Man kann aus Kolophonium, S.-Z. 150—180, oder Stearinsäure, S.-Z. 195, Talg, E.-Z. 190 und Mineralwachs, S.-Z. und E.-Z. 0, ein Gemisch herstellen, das in S.-Z., E.-Z. und Verhältniszahl mit reinem Bienenwachs übereinstimmt. Eine Verfälschung des Wachses mit einem solchen Gemisch ist durch die Bestimmung der Säurezahl und Esterzahl nicht zu erkennen. Es sind deshalb auch die übrigen Prüfungen immer auszuführen, die Bestimmung des Schmelzpunktes (siehe S. 227) der Dichte (siehe S. 235) und die Prüfung auf Stearinsäure und Harzsäuren, da ein Kunstgemisch stets entweder Stearinsäure oder Harzsäuren enthält. Diese Prüfung wird nach dem Verfahren von Buchner ausgeführt. Sie beruht darauf, daß Stearinsäure und Harzsäuren in Weingeist von etwa 75 Gew. % leichter löslich sind, als die Cerotinsäure des Bienenwachses.

5 g Wachs (Handwaage) werden in einem Kolben von 200 ccm mit 85 g Weingeist (87,4—85,8 Gew.-%) und 15 g Wasser übergossen. Das Gewicht des Kolbens mit Inhalt wird vermerkt.

Dann wird die Mischung 5 Minuten lang auf dem Wasserbad unter häufigem Umschütteln zum Sieden erhitzt.

Darauf wird die Mischung durch Einstellen des Kolbens in kaltes Wasser auf

Zimmertemperatur abgekühlt, der verdampfte Weingeist durch Zusatz einer Mischung von 85 T. Weingeist und 15 T. Wasser ersetzt und die Flüssigkeit durch ein nicht angefeuchtetes Faltenfilter in einen trockenen Kolben filtriert.

50 ccm des Filtrats werden mit etwa 1 ccm Phenolphthaleinlösung versetzt und mit $^1/_{10}$-n-Kalilauge titriert.

Es dürfen nicht mehr als 2,3 ccm $^1/_{10}$-n-Lauge verbraucht werden. Bei Gegenwart von Stearinsäure oder Harzsäuren ist der Verbrauch erheblich größer.

Cetaceum.

Säurezahl nicht über 2,3; Esterzahl 116—132,8.

Der Walrat besteht zum größten Teil aus Palmitinsäurecetylester (Cetin), $C_{15}H_{31}COOC_{16}H_{33}$. Daneben sind kleine Mengen von Estern anderer Fettsäuren, z. B. Laurin-, Myristin- und Stearinsäure mit einwertigen höheren Alkoholen und geringe Mengen von Glycerinestern vorhanden. Freie Säuren sollen in möglichst geringer Menge vorhanden sein. Die Bestimmung der Säurezahl dient deshalb wie die Bestimmung des Säuregrades von Fetten und Ölen zur Feststellung der Güte, nicht wie bei Wachs zur Feststellung der richtigen Zusammensetzung.

Man löst 3 g Walrat (Handwaage) in einem Erlenmeyerkolben von etwa 150 ccm in 20 ccm Petroleumbenzin, fügt 5 ccm absoluten Alkohol und etwa 1 ccm Phenolphthaleinlösung hinzu und titriert vorsichtig mit weingeistiger $^1/_2$-n-Kalilauge bis zur Rotfärbung (gewöhnliche Bürette). Es dürfen höchstens 0,25 ccm $^1/_2$-n-Lauge verbraucht werden. Säurezahl $= \dfrac{0,25 \cdot 28}{3} = 2,3$.

Erheblich erhöhte Säurezahl deutet auf eine Verfälschung mit Stearinsäure hin.

Tritt schon beim Zusatz von Phenolphthaleinlösung eine Rotfärbung ein, so enthält der Walrat Alkali. Der Walrat wird bei der Gewinnung zur Entfernung von freien Säuren mit schwacher Alkalilauge oder Kaliumcarbonatlösung erhitzt. Bei nicht genügendem Auswaschen bleibt Alkali zurück. Ein Gehalt an Alkali ist unzulässig.

Esterzahl. Nach der Bestimmung der Säurezahl werden der Flüssigkeit weitere 25 ccm weingeistige $^1/_2$-n-Kalilauge zugesetzt und das Gemisch in dem verschlossenen Kolben 24 Stunden lang bei gewöhnlicher Temperatur stehengelassen. Dann wird der Überschuß an Lauge mit $^1/_2$-n-Salzsäure zurücktitriert. Es dürfen nicht mehr als 12,6 und nicht weniger als 10,8 ccm $^1/_2$-n-Salzsäure verbraucht werden, so daß 12,4—14,2 ccm $^1/_2$-n-Lauge zur Verseifung der Ester verbraucht sind.

$$\text{Esterzahl} = \frac{12,4 \cdot 28,055}{3} \text{ bis } \frac{14,2 \cdot 28,055}{3} = 116 \text{ bis } 132,8.$$

Wegen der Anwendung des Petroleumbenzins als Lösungsmittel läßt sich die Verseifung nicht gut durch Erhitzen auf dem Wasserbad vornehmen. Sie erfolgt aber auch bei Zimmerwärme, nur ist längere Zeit dazu erforderlich.

Außer der Bestimmung der Säurezahl und Esterzahl schreibt das Arzneibuch die Bestimmung der Jodzahl (siehe S. 203), und des Schmelzpunktes (siehe S. 227) vor. Ferner sind qualitative Proben auf Stearinsäure und Paraffine vorgeschrieben (siehe S. 23).

Oleum Lavandulae.

Gehalt an Estern mindestens 33,4%, berechnet auf Linalylacetat, $CH_3COOC_{10}H_{17}$, Mol.-Gew. $= 196,2$; Normalgewicht $= 196,2$ g; 1 ccm $^1/_2$-n-Kalilauge $= 98,1$ mg Linalylacetat, log 99 167.

Linalylacetat ist der Essigsäureester des Linalylalkohols oder Linalools, $C_{10}H_{17}OH$. In geringer Menge sind im Lavandelöl auch **Linalylbutyrat** und **Linalylvalerianat** und noch andere Ester, auch des **Geraniols**, vorhanden. Die Estermenge läßt sich deshalb nicht genau berechnen; für die Beurteilung des Lavendelöls genügt es aber, wenn man die Estermenge als Linalylacetat berechnet. In Wirklichkeit ist sie dann etwas höher, weil die anderen Ester ein größeres Molekelgewicht haben. Der Estergehalt eines guten Öles beträgt oft 40% und darüber.

Frisches Lavendelöl enthält keine freien Säuren, es darf angefeuchtetes Lackmuspapier nicht röten. In älterem Öl sind aber oft geringe Mengen freier Säuren enthalten. Es ist deshalb zweckmäßig, mit der Bestimmung des Estergehaltes eine Säurezahlbestimmung zu verbinden.

Etwa 2 g Lavendelöl werden in einem enghalsigen Rundkolben von 150 bis 200 ccm genau gewogen und in etwa 5 ccm Weingeist gelöst. Nach Zusatz von Phenolphthaleinlösung wird mit weingeistiger $^1/_2$-n-Kalilauge aus der gewöhnlichen Bürette vorsichtig titriert. Bei gutem Lavendelöl beträgt der Verbrauch höchstens 0,1—0,2 ccm. Es werden dann 20 ccm weingeistige $^1/_2$-n-Kalilauge hinzugefügt und der Kolben mit aufgesetztem Kühlrohr $^1/_2$ Stunde lang auf dem Wasserbad erhitzt. Nach dem Erkalten wird mit $^1/_2$-n-Salzsäure zurücktitriert. Für 2 g Lavendelöl müssen mindestens 6,8 ccm $^1/_2$-n-Lauge verbraucht sein.

$$\frac{\text{ccm } ^1/_2\text{-n-Lauge} \cdot 0,0981 \cdot 100}{s} = \text{Prozent Estergehalt.}$$

$$s = \text{Gewicht des Öles.}$$

$$\frac{6,8 \cdot 0,0981 \cdot 100}{2} = \frac{66,7}{2} = 33,35\% \text{ Ester.}$$

Wird der Estergehalt zu niedrig gefunden, so ist das Lavendelöl natürlich minderwertig. Bei vorschriftsmäßigem oder höherem Estergehalt kann es mit billigen fremden Estern verfälscht sein. Ein beliebtes Fälschungsmittel für ätherische Öle ist der geruchlose **Phthalsäurediäthylester**, $C_6H_4(COOC_2H_5)_2$. Zum Nachweis dieses Esters dient einmal die S. 36 angegebene qualitative Probe.

Weiter dient zu diesem Zweck eine Probe, die im Anschluß an die Bestimmung des Estergehaltes ausgeführt wird.

Zu der mit $^1/_2$-n-Salzsäure titrierten Flüssigkeit gibt man weitere 10 ccm weingeistige $^1/_2$-n-Kalilauge und erhitzt die Mischung noch 1 Stunde lang auf dem Wasserbad. Nach dem Erkalten wird wieder mit $^1/_2$-n-Salzsäure titriert. Es müssen nun genau soviel Kubikzentimeter $^1/_2$-n-Salzsäure verbraucht worden, wie der weiter zugesetzten Laugenmenge, $10 \cdot F$, entsprechen. Es darf also kein weiteres Kaliumhydroxyd verbraucht sein.

Diese Probe beruht darauf, daß der Phthalsäurediäthylester viel schwerer verseifbar ist, als die Ester des Lavendelöls. Bei halbstündigem Erhitzen mit der Lauge wird nur ein Teil des Phthalsäureesters verseift. Der Rest wird erst bei weiterem einstündigen Erhitzen mit Lauge verseift, so daß dann noch ein Verbrauch von Kaliumhydroxyd stattfindet.

Oleum Valerianae.

Säurezahl nicht über 19,6; Esterzahl 92,6—137,5.

Das ätherische Baldrianöl, jetzt immer aus japanischer Baldrianwurzel gewonnen, enthält etwa 9—10% Baldriansäurebornylester, $C_4H_9COOC_{10}H_{17}$, je etwa 1% Ameisensäure-, Essigsäure- und Buttersäurebornylester. (Bornylalkohol, Borneol, $C_{10}H_{17}OH$, ist der dem Keton Campher entsprechende sekundäre Alkohol.) Außerdem enthält es Kohlenwasserstoffe und Terpenalkohole. Frisches Öl enthält nur geringe Mengen freier Säuren, altes Öl dagegen mehr. Die Säurezahl soll deshalb eine bestimmte Höchstgrenze nicht überschreiten.

Etwa 1 g Baldrianöl wird in einem enghalsigen Rundkolben von 100—150 ccm genau gewogen, in 10 ccm Weingeist gelöst und die Lösung nach Zusatz von Phenolphthaleinlösung mit weingeistiger $^1/_2$-n-Kalilauge titriert. Für 1 g Baldrianöl dürfen höchstens 0,7 ccm $^1/_2$-n-Lauge verbraucht werden.

Säurezahl $= 0,7 \cdot 28 = 19,6$.

Die titrierte Flüssigkeit wird mit weiteren 20 ccm weingeistiger $^1/_2$-n-Kalilauge versetzt, mit aufgesetztem Kühlrohr 1 Stunde lang auf dem Wasserbad erhitzt und nach dem Erkalten mit $^1/_2$-n-Salzsäure titriert. Es dürfen für 1 g Baldrianöl nicht mehr als 16,7 ccm und nicht weniger als 15,1 ccm $^1/_2$-n-Salzsäure verbraucht werden, so daß 3,3 bis 4,9 ccm $^1/_2$-n-Lauge zur Verseifung der Ester verbraucht sind.

$$\frac{\text{ccm } ^1/_2\text{-n-Lauge} \cdot 28,055}{s} = \text{Esterzahl}$$

$$s = \text{Gewicht des Baldrianöles}$$

$$3,3 \cdot 28,055 = 92,6, \qquad 4,9 \cdot 28,55 = 137,5.$$

Methylium salicylicum.

Gehalt mindestens 98% Methylsalicylat

$$C_6H_4\begin{cases} OH \\ COOCH_3 \end{cases}$$

Mol.-Gew. 152,06, Normalgewicht 152,06 g; 1 ccm $^1/_2$-n-Kalilauge $= 76,03$ mg Methylsalicylat, log 88 098.

1 ccm Methylsalicylat muß sich beim Schütteln mit 10 ccm Kalilauge (15% KOH) bei gewöhnlicher Temperatur klar lösen. Die Lösung darf höchstens schwach gelblich gefärbt sein.

$$C_6H_4\begin{cases} OH \\ COOCH_3 \end{cases} + KOH = C_6H_4\begin{cases} OK \\ COOCH_3 \end{cases} + H_2O.$$

Terpentinöl und andere ätherische Öle und Erdöl-Kohlenwasserstoffe bleiben bei dieser Probe in öligen Tröpfchen ungelöst.

Bestimmung des Estergehaltes: Etwa 1 g Methylsalicylat wird in einem Rundkolben von 100—150 ccm genau gewogen und mit 25 ccm weingeistiger $^1/_2$-n-Kalilauge mit aufgesetztem Kühlrohr 1 Stunde (besser $1^1/_2$ bis 2 Stunden) auf dem Wasserbad erhitzt. Nach dem Erkalten wird nach Zusatz von etwa 1 ccm Phenolphthaleinlösung mit $^1/_2$-n-Salzsäure titriert. Für 1 g Methylsalicylat dürfen höchstens 12,1 ccm $^1/_2$-n-Salzsäure verbraucht werden, so daß mindestens 12,9 ccm $^1/_2$-n-Lauge verbraucht sind.

$$12,9 \cdot 76,03 \text{ mg} = 0,9807 \text{ g} = 98,07\% \text{ Methylsalicylat}$$

$$C_6H_4\begin{cases} OH \\ COOCH_3 \end{cases} + 2 \text{ KOH} = C_6H_4\begin{cases} OK \\ COOK \end{cases} + CH_3OH + H_2O,$$

$$C_6H_4\begin{cases} OK \\ COOK \end{cases} + HCl = C_6H_4\begin{cases} OH \\ COOK \end{cases} + KCl.$$

Die Rotfärbung verschwindet, wenn der Überschuß an Kaliumhydroxyd und das von der Hydroxylgruppe gebundene Kalium neutralisiert sind.

Balsamum peruvianum.

Der Perubalsam enthält als wichtigsten Bestandteil das Cinnamein, das ein Gemisch von Benzoesäurebenzylester, $C_6H_5CO \cdot OCH_2C_6H_5$, und Zimtsäurebenzylester, $C_6H_5CH:CHCO \cdot OCH_2C_6H_5$, ist. Daneben sind Harzsäuren und kleine Mengen anderer Stoffe, z. B. Vanillin, vorhanden.

Das Cinnamein läßt sich mit Äther ausschütteln, nachdem die Harzsäuren durch Natronlauge gebunden sind.

Der Gehalt an Cinnamein soll mindestens 56% betragen. Außerdem wird die Esterzahl des Cinnameins bestimmt, die 235 bis 255 betragen soll. Die niedrigste Esterzahl hat das Cinnamein, wenn es ganz aus Zimtsäurebenzylester besteht (Mol.-Gew. 238,1 E.-Z. 235,66), die höchstzulässige Esterzahl 255 hat das Cinnamein, wenn es aus einem Gemisch von $^2/_3$ Benzoesäurebenzylester und $^1/_3$ Zimtsäurebenzylester besteht. Liegt die Esterzahl innerhalb der angegebenen Grenzen, so ist das Mischungsverhältnis ein anderes. Man kann die Menge der beiden Ester auf folgende Weise berechnen: Reiner Benzoesäurebenzylester (Mol.-Gew. 212,1) hat die Esterzahl 264,54, also 28,88 mehr als die Esterzahl des Zimtsäurebenzylesters, 235,66. Eine Erhöhung der Esterzahl um je 0,2888 über 235,66 zeigt 1% Benzoesäurebenzylester an. Der Esterzahl 255 = 19,34 mehr als 235,66 entsprechen 19,34 : 0,2888 = 67% Benzoesäurebenzylester neben 33% Zimtsäurebenzylester.

Gehaltsbestimmung. In ein genau gewogenes Arzneiglas von 100 ccm wägt man auf der Rezepturwaage 2,5 g Perubalsam, wägt dann genau, fügt auf der Rezepturwaage 5 g Wasser, 5 g Natronlauge und 30 g Äther hinzu und schüttelt 10 Minuten lang kräftig. Dann gibt man 3 g Traganthpulver hinzu und schüttelt kräftig. In einen genau gewogenen Rundkolben von 100 ccm, der einige Sandkörnchen enthält, wägt man auf der Rezepturwaage 24 g des Äthers, den man dabei durch ein über den Kolben gehaltenes Faltenfilter gießt.

Der Äther wird auf dem Wasserbad verdampft, wobei man zuletzt mit der Gummiballpipette (Abb. 1, S. 24) Luft in den Kolben bläst. Der Rückstand wird $^1/_2$ Stunde bei 100° getrocknet. Das Gewicht muß nach dem Erkalten mindestens 1,07 g betragen.

Berechnung: 2,5 g Perubalsam enthalten bei einem Mindestgehalt von 56% 1,4 g Cinnamein. Um diese Gewichtsmenge hat sich die Äthermenge vermehrt; also auf 31,4 g. 24 g der ätherischen Ausschüttelung entsprechen dann $\dfrac{24 \cdot 2,5\,g}{31,4} = $ rund 1,9 g Perubalsam. Der Prozentgehalt ist dann $\dfrac{1,07 \cdot 100}{1,9} = $ rund 56% Cinnamein.

Esterzahl des Cinnameins. Das Cinnamein wird nach der Wägung mit 25 ccm weingeistiger $^1/_2$-n-Kalilauge $^1/_2$ Stunde auf dem Wasserbad erhitzt, mit aufgesetztem Kühlrohr. Nach Zusatz von etwa 1 ccm Phenolphthaleinlösung wird mit $^1/_2$-n-Salzsäure titriert. Für je 1 g Cinnamein dürfen nicht mehr als 16,6 und nicht weniger als 15,9 ccm $^1/_2$-n-Salzsäure verbraucht werden, so daß 8,4 bis 9,1 ccm $^1/_2$-n-Lauge verbraucht sind.

$$\frac{\text{ccm } \frac{1}{2}\text{-n-Lauge} \cdot 28{,}055}{s} = \text{Esterzahl},$$

$s = $ Gewicht des Cinnameins in Gramm.

$$8{,}4 \text{ ccm } \tfrac{1}{2}\text{-n-Lauge} = 8{,}4 \cdot 28{,}055 = 235{,}66,$$
$$9{,}1 \text{ ccm } \tfrac{1}{2}\text{-n-Lauge} = 9{,}1 \cdot 28{,}055 = 255{,}3.$$

Trotz vorschriftsmäßigem Cinnameingehalt und richtiger Esterzahl ist der Perubalsam häufig verfälscht. Es sind deshalb auch stets die qualitativen Proben auszuführen (siehe S. 20).

Nitroglycerinum solutum.

Eine weingeistige Lösung von Glycerintrinitrat, $CH_2(ONO_2) \cdot CH(ONO_2) \cdot CH_2(ONO_2)$, Mol.-Gew. 227,06.

In einem Rundkolben von 100—150 ccm wird mit aufgesetztem Kühlrohr eine Mischung von 10 g Nitroglycerinlösung, 10 ccm weingeistiger $\frac{1}{2}$-n-Kalilauge, 50 ccm Wasser und 0,5 ccm (10 Tropfen) konz. Wasserstoffsuperoxydlösung eine halbe Stunde lang auf dem Wasserbad erwärmt; nach Zusatz von etwa 1 ccm Phenolphthaleinlösung dürfen nicht mehr als 5,7 und nicht weniger als 5,5 ccm $\frac{1}{2}$-n-Salzsäure bis zum Verschwinden der Rotfärbung verbraucht werden, so daß 4,3 bis 4,5 ccm $\frac{1}{2}$-n-Lauge verbraucht sind.

Die Zerlegung des Glycerintrinitrats durch Kaliumhydroxyd erfolgt nicht in gleicher Weise wie bei anderen Estern. Es wird nicht einfach Glycerin und Kaliumnitrat gebildet, sondern es findet nebenbei eine Oxydation des Glycerins zu Ameisensäure und Essigsäure statt. Man hat angenommen, daß die Umsetzung etwa nach folgender Gleichung vor sich geht:

$$C_3H_5(ONO_2)_3 + 5\,KOH = KNO_3 + 2\,KNO_2 + HCOOK + CH_3COOK + 3\,H_2O.$$

Danach werden auf 1 Mol Glycerintrinitrat 5 Mol KOH verbraucht. Das Normalgewicht des Glycerintrinitrats ist deshalb $227{,}06\,\text{g} : 5 = 45{,}41\,\text{g}$, und 1 ccm $\frac{1}{2}$-n-Lauge entspricht 22,7 mg Glycerintrinitrat, log 35 603.

4,3 ccm $\frac{1}{2}$-n-Lauge $= 4{,}3 \cdot 22{,}7$ mg $= 0{,}0976$ g Glycerintrinitrat in 10 g $= 0{,}98\%$.

4,5 ccm $= 0{,}102$ g $= 1{,}02\%$.

Der Zusatz von Wasserstoffsuperoxyd hat den Zweck, das Kaliumnitrit, das bei der Titration mit $\frac{1}{2}$-n-Salzsäure stören würde, zu Kaliumnitrat zu oxydieren.

Wenn auch die Umsetzung nicht genau nach der angegebenen Gleichung erfolgt, so gibt das Verfahren doch Werte, die praktisch genügend genau sind.

Verseifungszahl.

Die Verseifungszahl gibt an, wieviel Milligramm Kaliumhydroxyd nötig sind, um die in 1 g Substanz enthaltenen freien Säuren zu binden und die Ester zu zerlegen.

Das Arzneibuch läßt die Bestimmung der Verseifungszahl (V.-Z.) außer bei Balsamum tolutanum (siehe S. 129) bei folgenden fetten Ölen ausführen:

Oleum Amygdalarum . V.-Z. 190—195	Oleum Olivarum . . V.-Z. 187—196
„ Arachidis . . . . . . 188—197	„ Persicarum . . . 190—195
„ Jecoris Aselli . . . . 184—197	„ Rapae . . . . . 168—170
„ Lini . . . . 187—195	„ Sesami . . . . . 187—193

Die Verseifung eines Glycerinesters, z. B. des Ölsäureglycerinesters erfolgt nach der Gleichung:

$$C_3H_5(OOCC_{17}H_{33})_3 + 3\ KOH = C_3H_5(OH)_3 + 3\ C_{17}H_{33}COOK$$

Da die in den Ölen als Glycerinester vorkommenden Säuren im Molekelgewicht nur wenig verschieden sind, sind auch die Molekelgewichte der Glycerinester nur wenig verschieden, und deshalb unterscheiden sich die Verseifungszahlen der Öle nur wenig voneinander. Nur das Rüböl macht eine Ausnahme, weil es größtenteils aus dem Glycerinester der Erucasäure, $C_{21}H_{41}COOH$, Mol.-Gew. 338, besteht (Ölsäure, $C_{17}H_{33}COOH$, Mol.-Gew. 282). Das Molekelgewicht des Erucasäureglycerinesters ist also beträchtlich höher, als das des Ölsäureglycerinesters, und deshalb ist die Verseifungszahl des Rüböls beträchtlich niedriger als die der übrigen Öle.

Eine zu niedrige Verseifungszahl deutet auch auf eine Fälschung mit Mineralöl hin, die durch die Bestimmung der unverseifbaren Anteile der fetten Öle nachgewiesen werden kann (siehe S. 63).

Zur Bestimmung der Verseifungszahl wägt man 1—2 g Öl in einem enghalsigen Rundkolben aus Jenaer Glas von 150—200 ccm genau, gibt 25 ccm weingeistige $^1/_2$-n-Kalilauge hinzu, setzt ein Kühlrohr auf den Kolben und erhitzt die Flüssigkeit unter häufigem Umschwenken $^1/_2$ Stunde lang auf dem Wasserbad zum schwachen Sieden. Nach Zusatz von etwa 1 ccm Phenolphthaleinlösung wird die heiße Flüssigkeit mit $^1/_2$-n-Salzsäure titriert.

„Bei jeder Versuchsreihe sind mehrere blinde Versuche in gleicher Weise, aber ohne Anwendung des betreffenden Stoffes auszuführen, um den Wirkungswert der weingeistigen Kalilauge gegenüber der $^1/_2$-n-Salzsäure festzustellen."

Die Ausführung blinder Versuche, und noch dazu mehrerer, ist umständlich und nicht nötig. Es genügt vollkommen, wenn der Wirkungswert der Lauge nach der im Arzneibuch S. 781 gegebenen Vorschrift durch eine einfache Titration von 20 ccm $^1/_2$-n-Salzsäure mit der Lauge oder besser durch Titration von 20 ccm der Lauge mit $^1/_2$-n-Salzsäure (vgl. S. 103) festgestellt wird.

Zur Berechnung der Verseifungszahl dient die Formel

$$\frac{\text{ccm } ^1/_2\text{-n-Lauge} \cdot 28{,}055}{s}$$

s = Gewicht des Öles in Gramm.

Beispiel: Abgewogen 1,436 g Olivenöl, Faktor der Lauge = 1,035, 25 ccm weingeistige Kalilauge = 25 · 1,035 = 25,87 ccm $^1/_2$-n-Lauge.

Beim Zurücktitrieren wurden 16,1 ccm $^1/_2$-n-Salzsäure verbraucht. Es sind also 25,87—16,1 = 9,77 ccm $^1/_2$-n-Lauge zur Verseifung von 1,436 g Öl verbraucht worden:

$$\frac{9{,}77 \cdot 28{,}055}{1{,}436} = \frac{274{,}17}{1{,}436} = 190{,}9.$$

Acetonum.

Das aus Holzessig gewonnene Aceton kann Methylalkohol, Essigsäureester und andere Ester enthalten.

Zur Prüfung auf Ester dient folgende Probe: Wird eine Mischung von 20 ccm Aceton, 30 ccm Wasser und 10 ccm n-Kalilauge 1 Stunde lang am Rückflußkühler erhitzt und hierauf nach Zusatz von Phenolphthaleinlösung mit n-Salzsäure titriert, so müssen bis zum Verschwinden der Rotfärbung 10 ccm verbraucht werden oder die Menge, die sich durch Multiplikation von 10 mit dem Faktor der Lauge ergibt.

Hat die Lauge z. B. den Faktor 1,065 (Phenolphthalein), dann müssen von der Säure, wenn diese genau normal ist, 10,65 ccm verbraucht werden.

Es darf also kein Kaliumhydroxyd zur Zerlegung von Estern verbraucht werden. Damit ist die Abwesenheit von Estern gefordert.

Über den Nachweis von Methylalkohol siehe S. 15.

Glycerinum.

Das Arzneibuch läßt das Glycerin durch folgende Probe auf einen Gehalt an Fettsäureglycerinester prüfen.

Eine Mischung von 50 ccm (61 g) Glycerin, 50 ccm Wasser und 10 ccm $^1/_{10}$-n-Kalilauge (Pipette) wird $^1/_4$ Stunde lang im siedenden Wasserbad erwärmt. Nach dem Abkühlen wird nach Zusatz von Phenolphthaleinlösung mit $^1/_{10}$-n-Salzsäure titriert. Es müssen mindestens 4 ccm verbraucht werden, so daß höchstens 6 ccm $^1/_{10}$-n-Kalilauge zur Zerlegung der Ester verbraucht sind.

Aus dem Verbrauch an $^1/_{10}$-n-Kalilauge kann man nicht die Menge der Fettsäureglycerinester berechnen, weil die Art der Ester nicht bekannt ist. Wahrscheinlich handelt es sich um Ester niederer Fettsäuren, die unter vermindertem Druck und mit Wasserdampf flüchtig sind und bei der Reinigung des Glycerins nicht völlig entfernt werden können. Die Menge Glycerin, die in Form von Estern vorhanden ist, läßt sich auch nicht berechnen, weil nicht feststeht, ob es sich um Tri-, Di- oder Monosäureester des Glycerins handelt. 1 ccm $^1/_{10}$-n-Kalilauge entspricht rund 3 mg Glycerin als Trisäureester, 6 mg als Disäureester und 9 mg als Monosäureester.

6 ccm $^1/_{10}$-n-Kalilauge entsprechen also rund 18—54 mg Esterglycerin in 60 g Glycerin = rund 0,03—0,09%.

Gute Handelssorten enthalten noch geringere Mengen Esterglycerin.

Bestimmung von Alkoholen in ätherischen Ölen.

Manche ätherischen Öle enthalten Alkohole, so das Sandelöl α- und β-Santalol, $C_{15}H_{23}OH$, das Pfefferminzöl Menthol, $C_{10}H_{19}OH$, das Citronellöl Geraniol, $C_{10}H_{17}OH$ und Citronellol, $C_{10}H_{19}OH$ und einige weitere Alkohole.

Der Gehalt der ätherischen Öle an solchen Alkoholen läßt sich dadurch bestimmen, daß man die Alkohole in den Ölen durch Acetylierung mit Essigsäureanhydrid in Essigsäureester überführt und dann eine Verseifung der Ester mit weingeistiger $^1/_2$-n-Kalilauge ausführt.

Oleum Santali.

Gehalt mindestens 90,3% Gesamt-Santalol, $C_{15}H_{23}OH$, Mol-Gew. 220,2.

Neben dem α- und β-Santalol enthält das Sandelöl kleine Mengen von Santalsäure und Teresantalsäure, von Santalon (ein Keton) und Kohlenwasserstoffen, z. B. Santen.

Ein kleiner Teil des Santalols, etwa bis zu 3%, ist in Form von Estern vorhanden. Bestimmt wird die Gesamtmenge des Santalols.

1. **Acetylierung des Öles.** In einem trockenen enghalsigen Rundkolben[1] von 100—150 ccm wägt man auf der Rezepturwaage 5 g Sandelöl und 5 g Essigsäureanhydrid, gibt 1 g zerriebenes, wasserfreies Natriumacetat hinzu und erhitzt das Gemisch mit aufgesetztem Kühlrohr von etwa 80 cm Länge auf dem Drahtnetz mit kleiner Flamme 1 Stunde lang zum Sieden.

$$C_{15}H_{23}OH + \begin{matrix} CH_3CO \\ \\ CH_3CO \end{matrix}\Big\rangle O = CH_3COOC_{15}H_{23} + CH_3COOH.$$
$$\text{Essigsäuresantalylester}$$

Durch den Zusatz von wasserfreiem Natriumacetat[2] wird der Siedepunkt der Mischung erhöht und die Acetylierung beschleunigt.

Nach dem Erkalten werden 20 ccm Wasser zugesetzt und das Gemisch unter wiederholtem kräftigen Schütteln $^1/_4$ Stunde lang auf dem Wasserbad erhitzt. Dadurch wird das überschüssige Essigsäureanhydrid in Essigsäure übergeführt:

$$\begin{matrix} CH_3CO \\ \\ CH_3CO \end{matrix}\Big\rangle O + H_2O = 2\ CH_3COOH.$$

Nach dem Erkalten bringt man den Inhalt des Kolbens in einen kleinen Scheidetrichter, läßt nach dem Absetzen die wässerige Flüssigkeit ablaufen und wäscht das Öl einige Male mit kleinen Mengen Wasser nach, bis das Waschwasser Lackmuspapier nicht mehr rötet, bis also alle Essigsäure entfernt ist.

Nach dem Ablaufen des letzten Waschwassers gibt man zu dem Öl in den Scheidetrichter 1,5 g getrocknetes Natriumsulfat und läßt das Öl damit unter öfterem Umschwenken längere Zeit stehen, bis das Öl klar ist. Dadurch wird das dem gewaschenen Öl noch beigemischte Wasser gebunden. Nun filtriert man das Öl durch ein kleines trockenes Faltenfilter in ein kleines Arzneiglas oder Kölbchen.

2. **Gehaltsbestimmung.** Etwa 1,5 g des acetylierten Öles werden in einem enghalsigen Rundkolben von etwa 150 ccm genau gewogen, in etwa 3 ccm Weingeist gelöst und nach Zusatz von einigen Tropfen Phenolphthaleinlösung vorsichtig tropfenweise mit weingeistiger $^1/_2$-n-Kalilauge versetzt, bis die Flüssigkeit eben gerötet wird.

Dadurch werden etwa noch vorhandene Spuren von Essigsäure und die in dem Öl vorhandenen Säuren, Santalsäure und Teresantalsäure, neutralisiert.

Dann werden 20 ccm weingeistige $^1/_2$-n-Kalilauge zugesetzt und das Gemisch mit aufgesetztem Kühlrohr 1 Stunde lang auf dem Wasserbad erhitzt und nach dem Erkalten und Zusatz von etwa 1 ccm Phenolphthaleinlösung mit $^1/_2$-n-Salzsäure titriert:

$$CH_3COOC_{15}H_{23} + KOH = CH_3COOK + C_{15}H_{23}OH$$
$$\text{Essigsäuresantalylester} \qquad\qquad\qquad\qquad \text{Santalol}$$

Auf Grund dieser Umsetzung kann man aus dem Verbrauch an $^1/_2$-n-Kalilauge die Menge des Santalols berechnen.

$C_{15}H_{23}OH$, Mol.-Gew. = 220,2, Normalgewicht = 1 Mol = 220,2 g; 1 ccm $^1/_2$-n-Kalilauge = 110,1 mg $C_{15}H_{23}OH$, log 04179.

---

[1] Das im Arzneibuch S. XXX vorgeschriebene eiförmige Acetylierungskölbchen mit eingeschliffenem Kühlrohr ist unpraktisch, weil man es nicht auf die Waage setzen kann. Es ist auch überflüssig.

[2] Die für die Acetylierungen nötigen Mengen wasserfreies Natriumacetat erhält man leicht auf folgende Weise: Man erhitzt in einem Porcellantiegel etwa 5 g krist. Natriumacetat mit kleiner Flamme, bis das Kristallwasser entwichen ist, schmilzt das trockene Natriumacetat vorsichtig und gießt es auf einen Teller oder in eine Reibschale.

Nun ist aber zu berücksichtigen, daß die aus dem Verbrauch an Lauge berechnete Santalolmenge in der angewandten Menge des acetylierten Öles enthalten ist. Bei der Acetylierung hat eine Gewichtsvermehrung des Sandelöles stattgefunden. Es muß deshalb noch eine Umrechnung auf das ursprüngliche Öl vorgenommen werden. Die Gewichtsvermehrung des Sandelöles ergibt sich ebenfalls aus dem Verbrauch an $^1/_2$-n-Lauge.

Bei der Bildung des Essigsäuresantalylesters ist für das H-Atom der Hydroxylgruppe die Acetylgruppe CH_3CO eingetreten. Zu jeder Santalol-Molekel ist also CH_3CO minus $H = C_2H_2O$ hinzugekommen.

$$C_2H_2O \text{ ist } = CH_3COOH \text{ minus } H_2O = 60{,}03 - 18 = 42{,}03$$

oder genügend genau $= 42$.

1 ccm $^1/_2$-n-Lauge entspricht 30 mg Essigsäure und damit 21 mg C_2H_2O. Zur Umrechnung auf das ursprüngliche Öl sind von dem Gewicht des angewandten acetylierten Öles soviel mal 21 mg abzuziehen, wie Kubikzentimeter $^1/_2$-n-Lauge verbraucht sind.

Zur Berechnung des Santalolgehalts des ursprünglichen Öles dient folgende Formel:

$$\frac{a \cdot 0{,}1101 \cdot 100}{s - a \cdot 0{,}021} = \% \text{ Santalol, abgekürzt } \frac{a \cdot 11}{s - a \cdot 0{,}021},$$

$a = $ ccm $^1/_2$-n-Lauge, $s = $ Gewicht des angewandten acetylierten Öles.

Beispiel: Abgewogen 1,538 g acetyliertes Öl, Faktor der Lauge 1,035.

$$20 \text{ ccm Lauge} = 20 \cdot 1{,}035 = 20{,}7 \text{ ccm } ^1/_2\text{-n-Lauge}$$
$$\text{zurück } \underline{9{,}9 \text{ ccm } ^1/_2\text{-n-Salzsäure}}$$
$$\text{Verbrauch} = 10{,}8 \text{ ccm } ^1/_2\text{-n-Lauge}$$

$$\frac{10{,}8 \cdot 0{,}1101 \cdot 100}{1{,}538 - 10{,}8 \cdot 0{,}021} = \frac{119}{1{,}538 - 0{,}2268} = \frac{119}{1{,}3112} = 90{,}8\% \text{ Santalol.}$$

Nach dem Arzneibuch sollen für 1,5 g acetyliertes Öl 10,5 ccm $^1/_2$-n-Lauge verbraucht werden:

$$\frac{10{,}5 \cdot 0{,}1101 \cdot 100}{1{,}5 - 10{,}5 \cdot 0{,}021} = \frac{115{,}7}{1{,}500 - 0{,}2205} = \frac{115{,}7}{1{,}2795} = 90{,}4\% \text{ Santalol.}$$

Die angegebene Berechnungsformel ist nicht vollkommen genau, weil für das bereits als Ester vorhandene Santalol bei der Acetylierung keine Gewichtsvermehrung stattfindet. Die für die Gewichtsvermehrung eingesetzte Zahl 21 mg für 1 ccm $^1/_2$-n-Lauge ist deshalb etwas zu groß. Da die Menge des als Ester vorhandenen Santalols aber nur bis zu etwa 3% der Gesamtmenge beträgt, ist der Fehler praktisch belanglos.

Oleum Citronellae.

Gehalt mindestens 80% Gesamtgeraniol, $C_{10}H_{17}OH$, Mol.-Gew. $= 154{,}1$. Das Citronellöl enthält Geraniol,

$$(CH_3)_2 \, C{:}CH \cdot CH_2 \cdot CH_2 \cdot C(CH_3){:}CH \cdot CH_2OH = C_{10}H_{17}OH$$

und Citronellol,

$$CH_2{:}C(CH_3) \cdot CH_2 \cdot CH_2 \cdot CH_2 \cdot CH(CH_3) \cdot CH_2 \cdot CH_2OH = C_{10}H_{19}OH$$

und einige weitere Alkohole: l-Borneol, Nerol, beide $C_{10}H_{17}OH$, Farnesol, $C_{15}H_{25}OH$.

Der angenehme Geruch des Öles ist hauptsächlich durch den etwa 6—10% betragenden Gehalt an Citronellal,

$$CH_2{:}C(CH_3) \cdot CH_2 \cdot CH_2 \cdot CH_2 \cdot CH(CH_3) \cdot CH_2 \cdot CHO,$$

bedingt. Letzteres ist der Aldehyd des Citronellols.

Die Alkohole werden wie beim Sandelöl durch Acetylierung und Verseifung des acetylierten Öles bestimmt. Die Ausführung ist genau die gleiche wie beim Sandelöl, nur wird beim Acetylieren die Mischung mit Essigsäureanhydrid und Natriumacetat 2 Stunden lang erhitzt.

Beim Acetylieren werden aber nicht nur die Alkohole in Essigsäureester übergeführt, sondern auch der Aldehyd Citronellal. Dabei wird aus der offenen Kohlenstoffkette des Citronellals ein Kohlenstoffring gebildet, und es entsteht der Essigsäureester des Isopulegols:

$$
\begin{array}{ccc}
\text{Citronellal} & & \text{Isopulegylacetat}
\end{array}
$$

Isopulegol ist ein dem sekundären Alkohol Pulegol isomerer Alkohol, dessen Keton Pulegon, $C_{10}H_{16}O$, den Hauptbestandteil des ätherischen Öles der Poleyminze, Mentha pulegium L. bildet.

Bei der Gehaltsbestimmung des Citronellöles wird also neben den Alkoholen auch der Aldehyd Citronellal als Alkohol mitbestimmt. Berechnet wird die Menge der Alkohole und des Citronellals als Geraniol, $C_{10}H_{17}OH$, Mol.-Gew. = 154,1. Normalgewicht = 1 Mol = 154,1 g. 1 ccm $^1/_2$-n-Kalilauge = 77,05 mg Geraniol, log 88 677.

Die Berechnungsformel ist:

$$\frac{a \cdot 0,07705 \cdot 100}{s - a \cdot 0,021} \quad \text{oder} \quad \frac{a \cdot 7,7}{s - a \cdot 0,021}$$

a = ccm $^1/_2$-n-Lauge, s = Gewicht des angewandten acetylierten Öles.

Die Verseifung wird mit 1,5 g des acetylierten Öles in genau gleicher Weise ausgeführt wie bei Sandelöl, nur verwendet man besser 25 ccm weingeistige Kalilauge statt 20 ccm.

Beispiel: Abgewogen 1,582 g acetyliertes Öl, Faktor der Lauge 1,035.

$$25 \text{ ccm Lauge} = 25 \cdot 1,035 = 25,87 \text{ ccm } ^1/_2\text{-n-Lauge}$$
$$\text{zurück} = 12,3 \text{ ccm } ^1/_2\text{-n-Säure}$$
$$\overline{\text{Verbrauch} = 13,57 \text{ ccm } ^1/_2\text{-n-Lauge}}$$

$$\frac{13,57 \cdot 7,7}{1,582 - 13,57 \cdot 0,021} = \frac{104,49}{1,582 - 0,2849} = \frac{104,49}{1,297} = 80,6\% \text{ Geraniol.}$$

Nach dem Arzneibuch sollen für 1,5 g acetyliertes Öl mindestens 12,8 ccm $^1/_2$-n-Lauge verbraucht werden:

$$\frac{12,8 \cdot 7,7}{1,500 - 12,8 \cdot 0,021} = \frac{98,56}{1,500 - 0,2688} = \frac{98,56}{1,2312} = 80,05\% \text{ Geraniol.}$$

Oleum Menthae piperitae.

Gehalt mindestens 50,2% Gesamtmenthol, $C_{10}H_{19}OH$, Mol.-Gew. 156,2.

Das Menthol ist größtenteils frei, zum kleinen Teil auch als Essigsäure- und Valeriansäurementhylester vorhanden.

Die Bestimmung des Gesamtmenthols erfolgt in genau gleicher Weise wie die Bestimmung des Santalols im Sandelöl durch Acetylierung und Verseifung des acetylierten Öles.

Die anzuwendenden Mengen sind die gleichen wie beim Sandelöl, auch die Zeitdauer für die Acetylierung.

Bei der Acetylierung darf die Mischung nicht zu stark erhitzt werden. Es dürfen keine Dämpfe aus dem Kühlrohr entweichen. Bei zu starkem Erhitzen kann Menthol als Menthylacetat verlorengehen.

Nach der Umsetzung

$$CH_3COOC_{10}H_{19} + KOH = CH_3COOK + C_{10}H_{19}OH$$

entspricht 1 Mol. KOH 1 Mol. Menthol, Mol.-Gew. 156,2, Normalgewicht 156,2 g. 1 ccm $^1/_2$-n-Kalilauge = 78,1 mg Menthol, log 89265.

Die Berechnung erfolgt nach der Formel

$$\frac{a \cdot 0{,}0781 \cdot 100}{s - a \cdot 0{,}021} \qquad \begin{aligned} a &= \text{ccm } ^1/_2\text{-n-Lauge,} \\ s &= \text{Gewicht des angewandten acetylierten Öles.} \end{aligned}$$

Beispiel: Abgewogen 1,602 g acetyliertes Öl, Faktor der Lauge 1,035.

$$20 \text{ ccm Lauge} = 20 \cdot 1{,}035 = 20{,}7 \text{ ccm } ^1/_2\text{-n-Lauge}$$
$$\text{zurück } 11{,}6 \text{ ccm } ^1/_2\text{-n-Salzsäure}$$
$$\overline{\text{Verbrauch} = 9{,}1 \text{ ccm } ^1/_2\text{-n-Lauge}}$$

$$\frac{9{,}1 \cdot 0\,0781 \cdot 100}{1{,}602 - 9{,}1 \cdot 0{,}021} = \frac{71{,}07}{1{,}602 - 0{,}1911} = \frac{71{,}07}{1{,}4109} = 50{,}3\% \text{ Menthol.}$$

Nach dem Arzneibuch sollen für 1,5 g acetyliertes Öl mindestens 8,5 ccm $^1/_2$-n-Lauge verbraucht werden:

$$\frac{8{,}5 \cdot 0{,}0781 \cdot 100}{1{,}500 - 8{,}5 \cdot 0{,}021} = \frac{66{,}38}{1{,}500 - 0{,}1785} = \frac{66{,}38}{1{,}3215} = 50{,}2\% \text{ Menthol.}$$

Wie beim Sandelöl ist auch beim Pfefferminzöl die Berechnungsformel nicht vollkommen genau, weil ein kleiner Teil des Menthols in Form von Estern in dem Öl enthalten ist. Aber auch hier ist der Fehler so klein, daß die Formel praktisch genügend genau ist.

Bestimmung von Alkaloiden.

Viele Drogen und daraus hergestellte Zubereitungen enthalten als wirksame Stoffe Alkaloide, stickstoffhaltige organische Basen, die meist an organische Säuren gebunden sind. Zur Bestimmung werden die Alkaloide aus den Salzen durch ein Alkali als freie Basen abgeschieden. Letztere werden dann mit organischen Lösungsmitteln, meist Äther oder Chloroform oder einer Mischung beider, ausgeschüttelt.

Das Alkali, das zum Freimachen der Alkaloide vorgeschrieben ist, ist in manchen Fällen Natriumhydroxyd, in anderen Natriumcarbonat und Ammoniak und für die Mutterkornalkaloide Magnesiumoxyd.

Die Wahl des Alkalis richtet sich nach der Natur der Drogen und Zubereitungen, aber auch nach den chemischen Eigenschaften der Alkaloide. Die Verwendung von Natriumhydroxyd ist bei stark fetthaltigen Drogen nicht zweckmäßig, weil dann Seifen gebildet werden können, die zwar in Äther und Chloroform unlöslich sind, aber doch in feiner Verteilung mit in die Ausschüttelungsflüssigkeit übergehen und bei der Titration der Alkaloide durch Bindung von Salzsäure Fehler bewirken, wenn sie nicht durch vollkommene Klärung der Flüssigkeit entfernt werden. An Stelle von Natriumhydroxyd verwendet man bei solchen Drogen Natriumcarbonat.

Nicht anwendbar ist Natriumhydroxyd bei Alkaloiden, die nicht nur Basen sind, sondern infolge des Vorhandenseins von Hydroxyl-gruppen in der Molekel auch die Eigenschaften von Phenolen haben. Zu diesen Phenolbasen gehören das Ipecacuanhaalkaloid Cephaëlin, das Morphin und die wasserunlöslichen Mutterkorn-alkaloide. Diese Alkaloide werden zwar aus ihren Salzen durch Na-triumhydroxyd zunächst frei gemacht, sie geben aber mit dem unver-meidlichen Überschuß von Natriumhydroxyd den Phenolaten entspre-chende wasserlösliche Natriumverbindungen, aus deren Lösung die Alkaloide mit Äther ebensowenig ausgeschüttelt werden können, wie Phenol aus einer mit Natronlauge alkalisch gemachten Phenollösung.

In diesen Fällen verwendet man ein schwaches Alkali, das mit Phe-nolen kein Phenolat bildet, Ammoniak, oder, bei der Gehaltsbestim-mung von Mutterkorn Magnesiumoxyd, das mit Wasser Magne-siumhydroxyd gibt.

Natriumcarbonat zerlegt Alkaloidsalze, so daß zunächst Alkaloid-carbonat entsteht, das in der wässerigen Flüssigkeit weitgehend hydro-lytisch gespalten ist in Alkaloid und Kohlensäure:

$$\text{Alk.}_2\text{H}_2\text{CO}_3 \rightleftharpoons 2\,\text{Alk.} + \text{H}_2\text{CO}_3.$$

Beim Schütteln mit Äther oder Äther-Chloroform entweicht Kohlen-dioxyd, und das Alkaloid wird von der Ausschüttelungsflüssigkeit auf-genommen. Damit das Kohlendioxyd vollständig entweicht und kein Alkaloid als Carbonat in der wässerigen Flüssigkeit zurückbleibt, ist kräftiges Schütteln erforderlich.

Natriumhydroxyd sowohl wie Natriumcarbonat machen aus Ammoniumsalzen und Aminsalzen, die in kleiner Menge in Drogen und Zubereitungen vorkommen, Ammoniak und Aminbasen frei, die in die Ausschüttelungsflüssigkeit übergehen. Damit diese Basen nicht als Alkaloide mitbestimmt werden, müssen sie beseitigt werden. Dazu ge-nügt es, die Ausschüttelungsflüssigkeit etwa zur Hälfte abzudestillieren oder abzudampfen. Mit den Dämpfen entweichen dann das Ammoniak und ebenfalls die leicht flüchtigen Amine.

Ammoniak macht alle Alkaloide, die im Arzneibuch in Frage kom-men, aus ihren Salzen frei. Es geht aber auch Ammoniak in erheblicher Menge mit in die Ausschüttelungsflüssigkeit über. Durch Abdampfen der Ausschüttelungsflüssigkeit auf etwa die Hälfte kann das Ammoniak daraus leicht entfernt werden.

Bei der Bestimmung der Alkaloide in Drogen wird in der Regel das möglichst feine Drogenpulver, mit der Handwaage abgewogen, in ein trocknes Arzneiglas gebracht und zunächst mit der vorgeschriebenen Menge Ausschüttelungsflüssigkeit geschüttelt, damit es sich darin verteilt. Dann wird die vorgeschriebene Alkalilösung hinzugegeben und sofort kräftig geschüttelt. Das Gemisch läßt man unter häufigem kräftigen Schütteln die vorgeschriebene Zeit stehen. Dann wird ein bestimmter Teil der Ausschüttelungsflüssigkeit weiter verarbeitet.

Bei der Bestimmung der Alkaloide in der Chinarinde ist vor dem Freimachen der Alkaloide mit Natronlauge ein Aufschließen des Rindenpulvers durch Erhitzen mit salzsäurehaltigem Wasser erforderlich. Würde man das trockene Rindenpulver wie bei anderen Drogen ohne weiteres mit Äther-Chloroform und Natronlauge schütteln, so würde der Alkaloidgehalt erheblich zu niedrig gefunden werden. Die Chinaalkaloide sind in der Rinde an Chinasäure und Chinagerbsäure gebunden in den verholzten Zellen eingeschlossen, die von der Natronlauge nur schwer durchdrungen werden. Auch werden die chinagerbsauren Alkaloide nur schwer von der Lauge benetzt, so daß sie nicht vollständig zerlegt werden. Durch das Erhitzen mit salzsäurehaltigem Wasser werden die Zellen erweicht, und die Alkaloide werden größtenteils schon aus den Zellen herausgeholt, in Form der Hydrochloride, die dann durch die Natronlauge zerlegt werden. Letztere kann auch in die erweichten Zellen leicht eindringen.

In viellen Fällen wird zur besseren Trennung der Ausschüttelungsflüssigkeit von einer wässerigen Flüssigkeit Traganthpulver verwendet, das das Wasser zu einer zähen Masse bindet. Bei Cortex Granati und Semen Arecae wird zu dem gleichen Zweck getrocknetes Natriumsulfat verwendet.

Die Ausschüttelungsflüssigkeiten nehmen nun aus den Drogen und Zubereitungen außer den Alkaloiden auch noch andere Stoffe auf, Fett, Harz, Wachs, Farbstoffe, schwebende feine Pulverteilchen u. a., so daß man in den meisten Fällen eine Reinigung vornehmen muß, um die Alkaloide für die quantitative Bestimmung rein zu erhalten. Eine Trennung der Alkaloide von den in der Ausschüttelungsflüssigkeit gelösten Stoffen, wie Fett usw. geschieht durch Ausschütteln mit $^1/_{10}$-n-Salzsäure, die nur die Basen aufnimmt, während die Stoffe nichtbasischer Natur in dem Äther oder Äther-Chloroform gelöst bleiben. Vor der Ausschüttelung mit $^1/_{10}$-n-Salzsäure muß die Lösung der Alkaloide in Äther oder Äther-Chloroform von schwebenden Stoffen befreit werden, sie muß völlig blank sein. Die schwebenden Drogenteilchen enthalten nämlich Alkali aus der verwendeten Alkalilösung, und dieses Alkali würde Säure binden und als Alkaloid mitbestimmt werden.

Die Klärung erfolgt nach den in den Einzelfällen angegebenen Vorschriften. Ammoniak und Aminbasen, die auch in der Ausschüttelungsflüssigkeit enthalten sein können (siehe S. 143), werden durch Abdampfen der Flüssigkeit bis auf etwa die Hälfte beseitigt.

Die Reinigungsverfahren sind der Natur der verschiedenen Drogen und Zubereitungen sowie der der Alkaloide angepaßt und in den einzelnen Vorschriften genau angegeben.

Bei der Bestimmung des Morphins im Opium und in Opiumzubereitungen wird das Morphin nicht mit einem organischen Lösungsmittel ausgeschüttelt, sondern mit Ammoniak aus einer wässerigen Flüssigkeit kristallinisch abgeschieden. Die übrigen Opiumalkaloide, die nicht mitbestimmt werden sollen, werden teils durch Ausfällung, teils durch Ausschütteln mit Essigäther oder Äther entfernt. Das Verfahren ist S. 160 bis S. 165 genau beschrieben.

Weil die Alkaloide Basen sind, lassen sie sich mit wenigen Ausnahmen maßanalytisch bestimmen, teils durch direkte Titration mit $^1/_{10}$-n-Salzsäure, teils durch indirekte Titration, indem man sie in einem Überschuß von $^1/_{10}$-n-Salzsäure löst und den Überschuß an Säure mit $^1/_{10}$-n-Kalilauge zurücktitriert. Bei der indirekten Titration wird das Alkaloid aus dem alkaloidhaltigen Äther (Äther-Chloroform) in manchen Fällen mit einer bestimmten Menge $^1/_{10}$-n-Salzsäure ausgeschüttelt. Hierzu wird ein Scheidetrichter verwendet. Eine zweckmäßige Form eines Scheidetrichters zeigt Abb. 20. Der Scheide-
trichter kann mit dem Dreifußgestell aus Aluminium auf die Rezepturwaage gestellt werden, so daß man die auszuschüttelnde Flüssigkeit hineinwägen kann. Soll letztere dabei filtriert werden, so hält man einen Trichter mit Faltenfilter über den Scheidetrichter. Verschlossen wird letzterer mit einem guten Korkstopfen, der fester sitzt als ein Glasstopfen. Beim Ausschütteln hält man den Stopfen mit einem Finger fest, damit er nicht durch die Spannung des Ätherdampfes bei Erwärmen durch die

Abb. 20.

Hand herausgedrückt wird. An Stelle des Aluminiumdreifußes[1] kann man auch eine hohe Pappschachtel, Teeschachtel, benützen. —

Bei der Titration von Alkaloiden ist die Wahl des Indikators von großer Bedeutung. Für die meisten Alkaloide ist das von E. Rupp zuerst angewandte Methylrot (siehe S. 105) sehr gut geeignet, dessen Umschlagsgebiet bei p_H 4,2—6,3 liegt. Bei der Titration einiger Alkaloide, Narkotin, Hydrastin, Mutterkornalkaloide, wird Methylorange verwendet, dessen Umschlagsgebiet bei p_H 3,1—4,4 liegt.

Sehr schwach basische Alkaloide, wie Coffein, Theobromin und Colchicin lassen sich nicht maßanalytisch bestimmen, weil kein Indikator bekannt ist, der bei p_H unter 3 anwendbar wäre. Diese Alkaloide müssen deshalb gewichtsanalytisch bestimmt werden.

Berechnung der Alkaloidmenge.

Bei der maßanalytischen Bestimmung fast aller Alkaloide tritt der Farbenumschlag des Indikators ein, wenn auf 1 Mol. Alkaloid 1 Mol. Salzsäure kommt. Das ist auch der Fall bei den Chinaalkaloiden,

---

[1] Von C. Gerhardt, Bonn a. Rh. zu beziehen.

obgleich diese auch Salze bilden können, bei denen auf 1 Mol. Alkaloid
2 Mol. Salzsäure kommen. Das Normalgewicht der meisten Alkaloide ist also = 1 Mol. Eine Ausnahme bilden die beiden Ipecacuanha-
alkaloide Emetin und Cephaëlin, bei denen der Farbenumschlag
eintritt, wenn auf 1 Mol. Alkaloid 2 Mol. Salzsäure kommen. Das
Normalgewicht dieser Alkaloide ist deshalb = $^1/_2$ Mol.

Liegt bei der Titration nur ein Alkaloid vor, so ergibt die Berechnung aus dem Verbrauch an Salzsäure und dem Normalgewicht des Al-
kaloids genaue Werte. Liegen mehrere Alkaloide mit verschiedenem
Normalgewicht vor, so ergibt die Berechnung nur annähernde Werte,
weil das Mengenverhältnis der Alkaloide nicht bekannt ist.

In solchen Fällen läßt das Arzneibuch der Berechnung ein mittleres
Normalgewicht zugrundelegen. Z. B. bei den Chinaalkaloiden
und Strychnosalkaloiden. Bei den Ipecacuanhaalkaloiden wird
das Normalgewicht nur eines der beiden Alkaloide, nämlich des Eme-
tins, der Berechnung zugrunde gelegt. Bei der Berechnung der wasserunlöslichen Mutterkornalkaloide wird ein mittleres abgerun-
detes Normalgewicht, 600, angenommen.

Gewichtsanalytische Alkaloidbestimmungen.

Chininum tannicum.

Gehalt 30—32% Chinin.

Die Gehaltsangabe bezieht sich nach der Gehaltsbestimmung auf das
bei 100° getrocknete Präparat. Da das Chinintannat bis zu 10% Wasser
enthalten darf, braucht der Gehalt des lufttrockenen Präparates,
wie es zur Verwendung kommt, bei dem höchsten zulässigen Wassergehalt nur 27% zu betragen, bei geringerem Wassergehalt muß der
Gehalt des lufttrockenen Präparates entsprechend höher sein. Da nach
der Darstellungsvorschrift das Präparat bei 100° getrocknet werden
soll, wird es in der Regel erheblich weniger als 10% Wasser enthalten,
unter Umständen wird es sogar wasserfrei sein. Für die Gehaltsbestimmung verwendet man deshalb besser das lufttrockene Präparat. Wird
der Gehalt dann niedriger als 30% gefunden, so wird auch der Wassergehalt (durch Trocknen von etwa 1 g Chinintannat, genau gewogen, bei
100°) bestimmt und dann der Chiningehalt auf das bei 100° getrocknete
Präparat umgerechnet.

Etwa 1,2 g Chinintannat (nicht vorher bei 100° getrocknet) werden in
einem Erlenmeyerkölbchen (oder Arzneiglas) von 100 ccm genau gewogen. Dann
fügt man 30 g Äther hinzu, verteilt das Pulver darin durch Schütteln, fügt
5 g Natronlauge hinzu und schüttelt nach dem Verschließen des Kölbchens 5 Minuten lang kräftig. Nach Zusatz von 0,5 g Traganthpulver schüttelt man nochmals kräftig, bis der Äther klar ist. In ein genau gewogenes Erlenmeyerkölbchen, das einige Sandkörner enthält, filtriert man dann durch ein Wattebäuschchen 25 g des Äthers, verdampft den Äther auf dem Wasserbad, trocknet den
Rückstand bei 100° und wägt:

$$\frac{\text{Gewicht des Rückstandes} \cdot 100 \cdot 6}{5\,s} = \text{Prozent Chinin,}$$

s = Gewicht des angewandten Chinintannats.

Beispiel: Abgewogen 1,242 g Chinintannat, nicht getrocknet.

$$\frac{0,318\,\mathrm{g\ R} \cdot 100 \cdot 6}{5 \cdot 1,242} = \frac{31,8 \cdot 6}{6,210} = \frac{190,8}{6,21} = 30,7\%\ \mathrm{Chinin}.$$

Die Menge des Chinins kann auch maßanalytisch bestimmt werden wie bei Cortex Chinae (siehe S. 150).

Die Bestimmung des Wassergehaltes kann auch mit der Chininbestimmung verbunden werden, indem man das genau gewogene Chinintannat in dem Kölbchen bei 100° trocknet und den Gewichtsverlust auf 100 g berechnet.

Es gibt im Handel Präparate, die als Chininum tannicum venale bezeichnet werden, die sich äußerlich von dem Chinintannat kaum unterscheiden, die aber durchaus minderwertig sind, weil sie kein reines Chinin, sondern große Mengen Nebenalkaloide enthalten. In einem solchen Präparat wurden einmal nur 12% ätherlösliches Alkaloid gefunden. Aber auch wenn der Gehalt des Präparates vorschriftsmäßig ist, ist eine weitere Prüfung des Chinins auf Nebenalkaloide erforderlich. Zweckmäßiger ist natürlich die eigene Darstellung des Chinintannats nach der Vorschrift des Arzneibuches.

Prüfung auf Nebenalkaloide siehe S. 24.

Chininum ferro-citricum.

Gehalt 9—10% Chinin.

Etwa 1,2 g Eisenchinincitrat (nicht vorher bei 100° getrocknet) werden in einem Erlenmeyerkölbchen von 100 ccm (oder Arzneiglas) genau gewogen und in 5 ccm Wasser durch Erhitzen auf dem Wasserbad gelöst. Nach dem Erkalten gibt man 30 g Äther und 5 g Ammoniakflüssigkeit (statt der vorgeschriebenen Natronlauge) hinzu und schüttelt nach dem Verschließen des Kölbchens 5 Minuten lang kräftig. Weiter wie bei Chininum tannicum. Auch die Berechnung ist die gleiche wie dort.

$$\frac{\mathrm{Gewicht\ des\ R\ddot{u}ckstandes} \cdot 100 \cdot 6}{5\,s} = \mathrm{Prozent\ Chinin}.$$

Bei Anwendung von 1,2 g Eisenchinincitrat soll das Gewicht des Rückstandes mindestens 0,09 g betragen = 9% Chinin in dem bei 100° getrockneten Präparat. Die Menge des Chinins kann auch maßanalytisch bestimmt werden wie bei Cortex Chinae (siehe S. 150). Eine Höchstmenge ist nicht angegeben, obgleich der Gehalt auf 9—10% Chinin festgesetzt ist.

Der Wassergehalt, dessen Bestimmung mit der Chininbestimmung wie bei Chininum tannicum verbunden werden kann, soll höchstens 10% betragen.

Auch in diesem Falle ist der Gehalt für das lufttrockene Präparat angegeben, für die Bestimmung soll aber das Eisenchinincitrat vorher bei 100° getrocknet werden. Das nach der Darstellungsvorschrift bei 40—50° getrocknete Präparat enthält in der Regel etwa 5% Wasser. Es entspricht den Anforderungen des Arzneibuches, wenn es im lufttrockenen Zustande mindestens 8,5% Chinin enthält. Auch bei diesem Präparat ist eine Prüfung des Chinins auf Nebenalkaloide erforderlich, für die man das Chinin, etwa 3 g, in gleicher Weise wie bei der Gehaltsbestimmung aus 25 g Eisenchinincitrat isoliert, dieses wie bei Chi-

ninum tannicum angegeben in Chininsulfat überführt und dieses auf
Nebenalkaloide prüft (siehe S. 24). Die Prüfung ist überflüssig, wenn
man das Präparat selbst aus vorschriftsmäßigem Chininsulfat darstellt.

Coffeinum-Natrium benzoicum.

Gehalt mindestens 38% Coffein, $C_8H_{10}O_2N_4$.

Etwa 0,5 g Coffein-Natriumbenzoat werden in einem Erlenmeyerkölbchen
von 100 ccm genau gewogen und in 1 ccm Wasser gelöst. Die Lösung wird mit
25 g Chloroform und 2,5 g Natronlauge versetzt und die Mischung nach dem
Verschließen des Kölbchens 5 Minuten lang kräftig geschüttelt. Nach Zusatz
von 0,3 g (besser 0,5—0,6 g) Traganthpulver schüttelt man kräftig, bis das Chloroform sich klar abgeschieden hat. Dann gießt man 20 g des Chloroforms durch ein
Wattebäuschchen in ein genau gewogenes Kölbchen, dampft das Chloroform auf
dem Wasserbad ab und trocknet den Rückstand bei 100°.

$$\frac{\text{Gewicht des Rückstandes} \cdot 100}{0,8\ s} = \text{Prozent Coffein,}$$

$s = $ Gewicht des angewandten Coffein-Natriumbenzoats.

Bei Anwendung von 0,5 g Coffein-Natriumbenzoat muß das Gewicht des Rückstandes aus 20 g Chloroform, $= 0,4$ g des Präparates,
mindestens 0,15 g betragen: $\dfrac{0,15 \cdot 100}{0,4} = 37,5\%$.

Durch den Zusatz von Natronlauge, der an sich nicht nötig ist, weil
das Coffein frei vorliegt, wird die Löslichkeit des Coffeins in Wasser
so weit herabgedrückt, daß ein einmaliges Ausschütteln mit Chloroform
genügt, um das Coffein der wässerigen Flüssigkeit praktisch vollständig
zu entziehen. Durch die Festsetzung der Coffeinmenge auf 0,15 g wird
ein geringer Verlust an Coffein berücksichtigt, außerdem der kleine
Fehler, der darin liegt, daß 20 g des Chloroforms infolge der Aufnahme
von 0,15 g Coffein nicht genau acht Zehntel der angewandten 25 g Chloroform sind.

Coffeinum-Natrium salicylicum.

Gehalt mindestens 40% Coffein.

Die Gehaltsbestimmung wird in genau gleicher Weise ausgeführt
wie bei Coffeinum-Natrium benzoicum.

Bei Anwendung von 0,5 g Coffein-Natriumsalicylat müssen 20 g des
Chloroforms 0,16 g Coffein hinterlassen: $\dfrac{0,16 \cdot 100}{0,4} = 40\%$ Coffein. Unter
Berücksichtigung der kleinen Fehler des Verfahrens darf die Coffein-
menge wie bei Coffeinum-Natrium benzoicum 2 mg weniger betragen,
also 0,158 g statt 0,160 g.

Theobromino-natrium salicylicum.

Ein Gemisch von Theobrominnatrium, $C_7H_7NaO_2N_4$, und
Natriumsalicylat, $C_6H_4(OH)COONa$.

Gehalt mindestens 40% Theobromin, $C_7H_8O_2N_4$. Wassergehalt höchstens 5%.

0,5 g Theobrominnatriumsalicylat werden in einem Becherglas genau gewogen,
in 5 ccm Wasser gelöst und nach Zugabe von 2 Tropfen Methylrotlösung mit
$^1/_{10}$-n-Salzsäure bis zum Farbenumschlag titriert. Hierzu dürfen nicht weniger
als 12,3 ccm und nicht mehr als 12,7 ccm $^1/_{10}$-n-Salzsäure verbraucht werden.
Nachdem die titrierte Flüssigkeit 3 Stunden lang bei Zimmertemperatur gestanden

hat, wird der entstandene Niederschlag auf ein glattes Filter von 6 cm Durchmesser gebracht, viermal mit je 5 ccm Wasser ausgewaschen, nach dem Trocknen bei 100° vorsichtig von dem Filter gelöst und gewogen; sein Gewicht muß mindestens 0,2 g betragen.

Durch die Titration mit $^1/_{10}$-n-Salzsäure wird der Natriumgehalt des Theobrominnatriums bestimmt:

$$C_7H_7O_2N_4Na + HCl = C_7H_8O_2N_4 + NaCl.$$

Aus der titrierten Flüssigkeit scheidet sich beim Stehen allmählich das Theobromin aus. Das Theobromin wird am besten auf einem bei 100° getrockneten gewogenen Filter gesammelt und nach dem Auswaschen und Trocknen bei 100° mit dem Filter gewogen.

Da das Theobromin in Wasser nicht unlöslich ist, findet man nicht die Gesamtmenge, die rund 45% beträgt. Nach der Vorschrift des Arzneibuches findet man meistens noch weniger als 40%, auch wenn 45% vorhanden sind. Richtige Werte liefert das S. 194 angegebene jodometrische Verfahren.

Semen Colchici.

Gehalt mindestens 0,4% Colchicin, $C_{22}H_{25}O_6N$.

20 g mittelfein gepulverter Zeitlosensamen werden in einem Arzneiglas von 300 ccm Inhalt mit 200 ccm Wasser übergossen und 1 Stunde lang bei 50—60° im Wasserbad erwärmt. Nach dem Erkalten und Absetzen fügt man zu 140 g der in ein Arzneiglas von 300 ccm Inhalt abgegossenen wässerigen Flüssigkeit (= 14 g Zeitlosensamen) 14 g Bleiessig hinzu, schüttelt die Mischung 3 Minuten lang kräftig durch und filtriert sie durch ein trockenes Faltenfilter von 12 cm Durchmesser in ein Arzneiglas von 200 ccm Inhalt. Zu dem Filtrat gibt man 4 g zerriebenes Natriumphosphat, schüttelt 3 Minuten lang kräftig durch und filtriert die Lösung durch ein trockenes Faltenfilter von 12 cm Durchmesser. 110 g des Filtrats (= 10 g Zeitlosensamen) versetzt man in einem Scheidetrichter mit 30 g Natriumchlorid, gibt nach dessen Lösung 50 g Chloroform hinzu und schüttelt die Mischung 5 Minuten lang kräftig durch. Nach vollständiger Klärung filtriert man die Chloroformlösung durch ein kleines, glattes, doppeltes Filter. 40 g dieser Lösung (= 8 g Zeitlosensamen) läßt man in einem gewogenen Kölbchen verdunsten und trocknet den Rückstand bei 70—80° bis zum gleichbleibenden Gewicht. Die Menge des Rückstandes muß mindestens 0,032 g betragen = mindestens 0,4% Colchicin.

Es gelingt nicht leicht, 140 g Flüssigkeit von dem Bodensatz abzugießen. Man gießt soviel wie möglich ab, gibt den Rest auf ein Faltenfilter und ergänzt mit dem Filtrat auf 140 g.

Durch den Bleiessig werden Gerbstoff und andere Extraktstoffe ausgefällt. Der Überschuß an basischem Bleiacetat wird durch das Natriumphosphat ausgefällt. Der Zusatz von Natriumchlorid hat den Zweck, die Löslichkeit des Colchicins im Wasser so weit herabzusetzen, daß ein einmaliges Ausschütteln mit Chloroform praktisch genügt, um der wässerigen Flüssigkeit alles Colchicin zu entziehen.

Das bei 70—80° getrocknete Colchicin enthält noch Chloroform, aber nicht soviel, wie der vom Arzneibuch für das Kristallchloroform enthaltende Colchicin angegebenen Formel $C_{22}H_{25}O_6N + ^1/_2CHCl_3$ entspricht (13%).

Nach der Dauer des Trocknens wechselt der Chloroformgehalt des Rückstandes, verschwindet aber nicht ganz, so daß man nicht reines Colchicin, $C_{22}H_{25}O_6N$, sondern Colchicin mit wechselndem Chloroformgehalt zur Wägung bringt. Bei der kleinen Menge des zur Wägung kommenden Rückstandes sind die Unterschiede praktisch belanglos.

Zum Nachweis, daß Colchicin vorliegt, löst man den Rückstand in 5 Tropfen konz. Schwefelsäure und fügt ein Körnchen Kaliumnitrat hinzu. Beim Umschwenken treten blauviolette, rasch verblassende Schlieren auf.

Tinctura Colchici.

Gehalt mindestens 0,04% Colchicin.

100 g Zeitlosentinktur dampft man in einem gewogenen Kolben von etwa 250 ccm im siedenden Wasserbad auf 20 g ein, bringt die Lösung nach dem Erkalten mit Wasser auf ein Gewicht von 95 g, fügt 5 g Bleiessig hinzu, schüttelt die Mischung 3 Minuten lang kräftig durch und filtriert sie durch ein trockenes Faltenfilter von 12 cm Durchmesser in ein Arzneiglas von 150 ccm ab. Zu dem Filtrat gibt man 2 g zerriebenes Natriumphosphat, schüttelt 3 Minuten lang kräftig durch und filtriert die Lösung durch ein trockenes Faltenfilter von 10 cm Durchmesser. 80 g des Filtrats (= 80 g Zeitlosentinktur) werden weiter behandelt wie unter Semen Colchici angegeben. 40 g des Chloroformauszuges (= 64 g Zeitlosentinktur) müssen mindestens 0,026 g Colchicin hinterlassen = mindestens 0,04%.

Vgl. die Bemerkungen zu der Gehaltsbestimmung von Semen Colchici.

Maßanalytische Alkaloidbestimmungen.

Cortex Chinae.

Gehalt mindestens 6,5% Alkaloide, berechnet auf Chinin, $C_{20}H_{24}O_2N_2$, Mol.-Gew. 324,2, und Cinchonin, $C_{19}H_{22}ON_2$, Mol.-Gew. 294,2; der Berechnung wird das mittlere Mol.-Gew. 309,2 zugrunde gelegt. Normalgewicht = 1 Mol = 309,2 g.

2 g fein gepulverte Chinarinde übergießt man in einem Arzneiglas von etwa 100 ccm Inhalt mit 1 g Salzsäure und 5 ccm Wasser und erhitzt das Gemisch 10 Minuten lang im siedenden Wasserbad. Nach dem Erkalten fügt man 15 g Chloroform und nach kräftigem Umschütteln 5 g Natronlauge hinzu und schüttelt das Gemisch 10 Minuten lang kräftig durch. Alsdann setzt man 25 g Äther und nach erneutem Umschütteln 1 g Traganthpulver hinzu. Nachdem man wieder einige Minuten lang durchgeschüttelt hat, gießt man 30 g der klaren Äther-Chloroformlösung (= 1,5 g Chinarinde) durch ein Wattebäuschchen in ein Kölbchen, fügt 10 ccm Weingeist und einige Sandkörnchen hinzu und dampft die Mischung bis zum Verschwinden des Äther-Chloroformgeruches ab. Den Rückstand nimmt man mit 10 ccm Weingeist unter gelindem Erwärmen auf, verdünnt die Lösung mit 10 ccm Wasser und titriert nach Zusatz von 2 Tropfen Methylrotlösung mit $^1/_{10}$-n-Salzsäure bis zum Farbenumschlag. Hierzu müssen mindestens 3,15 ccm $^1/_{10}$-n-Salzsäure verbraucht werden = mindestens 6,5% Alkaloide (1 ccm $^1/_{10}$-n-Salzsäure = 30,92 mg Alkaloide, log 49024, berechnet auf Chinin und Cinchonin).

Das Erhitzen des Rindenpulvers mit verdünnter Salzsäure hat den Zweck, die in den von harten Wänden umschlossenen Zellen enthaltenen Alkaloidtannate in lösliche Alkaloidhydrochloride überzuführen, aus denen dann die Alkaloide durch die Natronlauge frei gemacht werden.

Das für die Berechnung zugrunde gelegte Mol.-Gew. 309,2 ist das Mittel von 324,2 (Chinin) und 294,2 (Cinchonin). Neben diesen beiden Alkaloiden sind aber auch andere vorhanden, besonders das mit dem Chinin isomere Chinidin und das mit dem Cinchonin isomere Cinchonidin. Da das Mengenverhältnis der Alkaloide schwankt, ist es nicht nötig, die genaue Zahl 309,2 in die Rechnung zu setzen, es genügt, wenn man rechnet, daß 1 ccm $^1/_{10}$-n-Salzsäure 31 mg Alkaloid entspricht.

Aus dem gleichen Grunde und ferner, weil nur der Mindestgehalt bestimmt wird, ist trotz der mit 2 Dezimalstellen angegebenen Kubikzentimeterzahl die Benutzung der Feinbürette nicht erforderlich.

$$\frac{\text{ccm } ^1/_{10}\text{-n-Salzsäure} \cdot 0,031 \cdot 100}{1,5} = \text{Prozent Alkaloide.}$$

$$\frac{3,15 \cdot 0,031 \cdot 100}{1,5} = 6,5\% \text{ Alkaloide.}$$

Extractum Chinae spirituosum.

Gehalt mindestens 12% Alkaloide, berechnet auf Chinin, $C_{20}H_{24}O_2N_2$, und Cinchonin, $C_{19}H_{22}ON_2$; der Berechnung wird das Mol.-Gew. 309,2 zugrunde gelegt (vgl. Cortex Chinae).

2 g zerriebenes weingeistiges Chinaextrakt löst man in einem Arzneiglas von etwa 75 ccm Inhalt in 1 g Salzsäure und 10 ccm Wasser durch etwa 5 Minuten langes Erwärmen im Wasserbad, fügt nach dem Erkalten 15 g Chloroform sowie nach kräftigem Umschütteln 5 g Natronlauge hinzu und schüttelt die Mischung 10 Minuten lang kräftig durch. Alsdann fügt man 25 g Äther und nach erneutem Umschütteln 1,5 g Traganth hinzu. Nachdem man wieder einige Minuten lang durchgeschüttelt hat, gießt man 20 g der Äther-Chloroformlösung (= 1 g Chinaextrakt) durch ein Wattebäuschchen in ein Kölbchen, fügt 10 ccm Weingeist hinzu und dampft die Mischung bis zum Verschwinden des Äther-Chloroformgeruches ab. Den Rückstand nimmt man mit 10 ccm Weingeist unter gelindem Erwärmen auf, verdünnt die Lösung mit 10 ccm Wasser und titriert nach Zusatz von 2 Tropfen Methylrotlösung mit $^1/_{10}$-n-Salzsäure bis zum Farbenumschlag. Hierzu müssen mindestens 3,88 ccm $^1/_{10}$-n-Salzsäure verbraucht werden = mindestens 12% Alkaloide (1 ccm $^1/_{10}$-n-Salzsäure = 30,92 mg Alkaloide, log 49024, berechnet auf Chinin und Cinchonin.

Über die Berechnung vgl. Cortex Chinae.

$$\frac{3,88 \cdot 31 \cdot 100}{1} = 12,0\%$$

Extractum Chinae fluidum.

Gehalt mindestens 3,5% Alkaloide, berechnet auf Chinin, $C_{20}H_{24}O_2N_2$, und Cinchonin, $C_{19}H_{22}ON_2$.

4 g Chinafluidextrakt werden in einem Arzneiglas von etwa 75 ccm mit einer Mischung von 10 g Chloroform und 10 g Äther kräftig durchgeschüttelt und mit 2,5 g Natronlauge versetzt. Nun schüttelt man abermals 10 Minuten lang und fügt weitere 20 g Äther hinzu. Alsdann schüttelt man erneut kräftig durch, gibt 0,5 g Traganth hinzu, schüttelt nochmals einige Minuten lang und gießt 30 g der Äther-Chloroformlösung (= 3 g Chinafluidextrakt) durch ein Wattebäuschchen in ein Kölbchen, fügt 10 ccm Weingeist hinzu und dampft die Mischung bis zum Verschwinden des Äther-Chloroformgeruches ab. Den Rückstand nimmt man mit 10 ccm Weingeist unter gelindem Erwärmen auf, verdünnt die Lösung mit 10 ccm Wasser und titriert nach Zusatz von 2 Tropfen Methylrotlösung mit $^1/_{10}$-n-Salzsäure bis zum Farbenumschlag. Hierzu müssen mindestens 3,4 ccm $^1/_{10}$-n-Salzsäure verbraucht werden.

Über die Berechnung vgl. Cortex Chinae.

$$\frac{3,4 \cdot 0,031 \cdot 100}{3} = \frac{10,54}{3} = 3,5\% \text{ Alkaloide.}$$

Tinctura Chinae.

Gehalt mindestens 0,74% Alkaloide, berechnet auf Chinin und Cinchonin.

20 g Chinatinktur dampft man nach Zusatz von 1 g Salzsäure in einem gewogenen Kölbchen von etwa 100 ccm im siedenden Wasserbad auf 5 g ein, fügt zu dem Rückstand nach dem Erkalten 15 g Chloroform sowie nach kräftigem Umschütteln 2,5 g Natronlauge hinzu und schüttelt das Gemisch 10 Minuten lang erneut durch. Alsdann fügt man 25 g Äther und nach kräftigem Umschütteln 1 g Traganth hinzu. Nachdem man wiederum einige Minuten lang durchgeschüttelt hat, filtriert man 30 g der klaren Äther-Chloroformmischung (= 15 g Chinatinktur) durch ein Wattebäuschchen in ein Kölbchen, fügt 10 ccm Weingeist hinzu und dampft die Mischung bis zum Verschwinden des Äther-Chloroformgeruches ab. Titration wie bei Cortex Chinae. Es müssen mindestens 3,59 ccm $^1/_{10}$-n-Salzsäure verbraucht werden.

Über die Berechnung vgl. Cortex Chinae.

$$\frac{3,59 \cdot 0,031 \cdot 100}{15} = \frac{11,1}{15} = 0,74\% \text{ Alkaloide.}$$

Tinctura Chinae composita.

Gehalt mindestens 0,37% Alkaloide.

Die Bestimmung wird in gleicher Weise ausgeführt wie bei Tinctura Chinae. Es müssen mindestens 1,80 ccm $^1/_{10}$-n-Salzsäure verbraucht werden.

$$\frac{1,8 \cdot 0,031 \cdot 100}{15} = \frac{0,556}{15} = 0,37\% \text{ Alkaloide.}$$

Radix Ipecacuanhae.

Gehalt mindestens 1,99% Alkaloide, berechnet auf Emetin, $C_{30}H_{44}O_4N_2$, Mol.-Gew. 496,4. Normalgewicht $= ^1/_2$ Mol $= 248,2$ g. 1 ccm $^1/_{10}$-n-Salzsäure $= 24,82$ mg Emetin, log 39 480.

2,5 g fein gepulverte Brechwurzel übergießt man in einem Arzneiglas mit 25 g Äther sowie nach kräftigem Umschütteln mit 2 g Ammoniakflüssigkeit und läßt das Gemisch unter häufigem, kräftigem Umschütteln $^1/_2$ Stunde lang stehen. Nach Zusatz von 2 ccm Wasser schüttelt man die Mischung noch solange, bis sich die ätherische Schicht vollständig geklärt hat, gießt 20 g der klaren Lösung (= 2 g Brechwurzel) durch ein Wattebäuschchen in ein Kölbchen, dampft den Äther ab und erwärmt auf dem Wasserbad bis zum Verschwinden des Äthergeruches. Zu der Lösung des Rückstandes in 1 ccm Weingeist gibt man 5 ccm $^1/_{10}$-n-Salzsäure und 5 ccm Wasser, fügt 2 Tropfen Methylrotlösung hinzu und titriert mit $^1/_{10}$-n-Kalilauge bis zum Farbenumschlag. Hierzu dürfen höchstens 3,40 ccm $^1/_{10}$-n-Kalilauge verbraucht werden, so daß mindestens 1,60 ccm $^1/_{10}$-n-Salzsäure verbraucht sind.

$$\frac{\text{ccm } ^1/_{10}\text{-n-Salzsäure} \cdot 0,02482 \cdot 100}{2} = \text{Prozent Alkaloide.}$$

$$\frac{1,60 \cdot 0,02482 \cdot 100}{2} = \frac{3,97}{2} = 1,985\% \text{ Alkaloide.}$$

Die Brechwurzel enthält die Alkaloide Emetin und Cephaëlin. Ein drittes Alkaloid, das Psychotrin, ist nur in sehr geringer Menge vorhanden. Es wird nicht mitbestimmt, weil es nicht in den Äther übergeht. Emetin und Cephaëlin werden durch Ammoniak frei gemacht. Natronlauge läßt sich nicht verwenden, weil das Cephaëlin eine Phenolbase ist, wie das Morphin, und mit Natriumhydroxyd ein Phenolat gibt, aus dem das Alkaloid durch Äther nicht aufgenommen wird.

Nachweis der Alkaloide. Gibt man zu der titrierten Flüssigkeit einige kleine Kristalle Kaliumchlorat und erwärmt vorsichtig, so färbt sich die Mischung orangegelb.

Tinctura Ipecacuanhae.

Gehalt mindestens 0,194% Alkaloide, berechnet auf Emetin.
1 ccm $^1/_{10}$-n-Salzsäue = 24,82 mg Emetin (vgl. Radix Ipecacuanhae).

20 g Brechwurzeltinktur dampft man in einem gewogenen Kölbchen von etwa
100 ccm im siedenden Wasserbad auf 5 g ein, fügt zu dem Rückstand nach
dem Erkalten 25 g Äther hinzu, schüttelt kräftig durch und versetzt das Gemisch
mit 2 g Ammoniakflüssigkeit. Nun schüttelt man die Flüssigkeit einige Minuten
lang und läßt sie unter häufigem, kräftigem Umschütteln $^1/_2$ Stunde lang stehen.
Nach Zusatz von 0,5 g Traganthpulver schüttelt man die Mischung noch solange,
bis sich die ätherische Schicht vollständig geklärt hat und filtriert 20 g der klaren
Lösung (= 16 g Brechwurzeltinktur) durch ein Wattebäuschchen in ein Kölbchen. Weiter wie bei Radix Ipecacuanhae. Zur Bindung der Alkaloide müssen
mindestens 1,25 ccm $^1/_{10}$-n-Salzsäure verbraucht sein.

$$\frac{1,25 \cdot 0,02482 \cdot 100}{16} = \frac{3,1025}{16} = 0,194\% \text{ Alkaloide.}$$

Rhizoma Hydrastis.

Gehalt mindestens 2,5% Hydrastin, $C_{21}H_{21}O_6N$, Mol.-Gew.
383,2. Normalgewicht = 1 Mol = 383,2 g. 1 ccm $^1/_{10}$-n-Salzsäure
= 38,32 mg Hydrastin, log 58 343.

4 g mittelfein gepulvertes Hydrastisrhizom übergießt man in einem Arzneiglas
mit 40 g Äther und nach kräftigem Umschütteln mit 4 g Ammoniakflüssigkeit
und läßt das Gemisch unter häufigem, kräftigem Umschütteln $^1/_2$ Stunde lang
stehen. Nun fügt man 20 g Petroleumbenzin hinzu und schüttelt einige Minuten
lang. Nach dem Absetzen gießt man die ätherische Lösung möglichst vollständig
durch ein Wattebäuschchen in ein Arzneiglas und gibt 2 ccm Wasser hinzu. Nachdem man das Gemisch kräftig durchgeschüttelt hat, filtriert man nach dem Absetzen 45 g der ätherischen Lösung (= 3 g Hydrastisrhizom) durch ein trockenes,
gut bedecktes Filter in ein Kölbchen und dampft die Flüssigkeit bis auf einige
Kubikzentimeter ab. Nun gibt man 5 ccm $^1/_{10}$-n-Salzsäure und 5 ccm Wasser in
das Kölbchen und erwärmt auf dem Wasserbad bis zum Verschwinden des Äthergeruches, fügt nach dem Erkalten 2 Tropfen Methylorangelösung hinzu und
titriert mit $^1/_{10}$-n-Kalilauge bis zum Farbenumschlag. Hierzu dürfen höchstens
3,04 ccm $^1/_{10}$-n-Kalilauge verbraucht werden, so daß mindestens 1,96 ccm $^1/_{10}$-n-
Salzsäure verbraucht sind.

$$\frac{\text{ccm } ^1/_{10}\text{-n-Salzsäure} \cdot 0,03832 \cdot 100}{3} = \text{Prozent Hydrastin.}$$

$$\frac{1,96 \cdot 0,03832 \cdot 100}{3} = \frac{7,51}{3} = 2,5\%.$$

Als Indikator wird bei der Titration des Hydrastins nicht wie bei
anderen Alkaloiden Methylrot verwendet, sondern Methylorange
(vgl. S. 145).

Versetzt man die titrierte Flüssigkeit nach Zusatz von 1 ccm verdünnter
Schwefelsäure mit 5 ccm Kaliumpermanganatlösung und schüttelt bis zur Entfärbung, so zeigt die Flüssigkeit eine blaue Fluoreszenz, die nach dem Verdünnen
mit Wasser auf etwa 50 ccm stärker hervortritt.

Extractum Hydrastis fluidum.

Gehalt mindestens 2,2% Hydrastin, $C_{21}H_{21}O_6N$.
6 g Hydrastisfluidextrakt dampft man nach Zusatz von 12 ccm Wasser in
einem gewogenen Kölbchen von etwa 100 ccm im siedenden Wasserbad auf etwa
6 g ein, fügt 1 g verdünnte Salzsäure hinzu und bringt die Flüssigkeit mit Wasser
auf ein Gewicht von 15 g. Dann gibt man 1 g Talkpulver hinzu, schüttelt
kräftig um und filtriert 10 g der Lösung (= 4 g Hydrastisfluidextrakt) durch

ein trockenes Filter von 6 cm Durchmesser in ein Arzneiglas von 100 ccm, fügt 25 g Äther und nach kräftigem Durchschütteln 4 g Ammoniakflüssigkeit hinzu. Nachdem das Gemisch einige Minuten lang kräftig durchgeschüttelt ist, setzt man 15 g Petroleumbenzin hinzu und schüttelt von neuem einige Minuten lang. Nach Zusatz von 1,5 g Traganthpulver schüttelt man hierauf kräftig noch solange, bis sich die ätherische Schicht vollständig geklärt hat, gießt 30 g der Äthermischung (= 3 g Hydrastisfluidextrakt) durch ein Wattebäuschchen in ein Kölbchen und destilliert die Flüssigkeit bis auf einige Kubikzentimeter ab. Nun gibt man 5 ccm $^1/_{10}$-n-Salzsäure und 5 ccm Wasser in das Kölbchen und erwärmt auf dem Wasserbad bis zum Verschwinden des Äthergeruches, fügt nach dem Erkalten 2 Tropfen Methylorangelösung hinzu und titriert mit $^1/_{10}$-n-Kalilauge bis zum Farbenumschlag. Hierzu dürfen höchstens 3,28 ccm $^1/_{10}$-n-Kalilauge verbraucht werden, so daß mindestens 1,72 ccm $^1/_{10}$-n-Salzsäure verbraucht sind.

$$\frac{\text{ccm } ^1/_{10}\text{-n-Salzsäure} \cdot 0{,}03832 \cdot 100}{3} = \text{Prozent Hydrastin.}$$

$$\frac{1{,}72 \cdot 0{,}03832 \cdot 100}{3} = \frac{6{,}59}{3} = 2{,}2\,\%.$$

Versetzt man die titrierte Flüssigkeit nach Zusatz von 1 ccm verdünnter Schwefelsäure mit 5 ccm Kaliumpermanganatlösung und schüttelt bis zur Entfärbung, so zeigt die Flüssigkeit eine blaue Fluoreszenz, die nach dem Verdünnen mit Wasser auf etwa 50 ccm stärker hervortritt.

Folia Belladonnae.

Gehalt mindestens 0,3% Hyoscyamin, $C_{17}H_{23}O_3N$, Mol.-Gew. 289,2, Normalgewicht = 1 Mol = 289,2 g. 1 ccm $^1/_{10}$-n-Salzsäure = 28,92 mg Hyoscyamin, log 46120.

10 g fein gepulverte Tollkirschenblätter (Handwaage) übergießt man in einem Arzneiglas von 250 ccm mit 100 g Äther sowie nach kräftigem Umschütteln mit 7 g Ammoniakflüssigkeit und läßt das Gemisch unter häufigem, kräftigem Umschütteln 1 Stunde lang stehen. Nach dem Absetzen gießt man die ätherische Lösung durch ein Wattebäuschchen in ein Arzneiglas von 150 ccm, gibt 1 g Talkpulver und nach 3 Minuten langem Schütteln 5 ccm Wasser hinzu. Nachdem man das Gemisch 3 Minuten lang durchgeschüttelt hat, läßt man es bis zur vollständigen Klärung stehen, filtriert 50 g der ätherischen Lösung (= 5 g Tollkirschenblätter) durch ein trockenes, gut bedecktes Faltenfilter in ein Kölbchen und dampft etwa zwei Drittel des Äthers ab. Den erkalteten Rückstand bringt man in einen Scheidetrichter, spült das Kölbchen dreimal mit je 5 ccm Äther nach und gibt 5 ccm $^1/_{10}$-n-Salzsäure und 5 ccm Wasser hinzu. Hierauf schüttelt man 3 Minuten lang kräftig, läßt die salzsaure Lösung nach vollständiger Klärung in ein Kölbchen abfließen und wiederholt das Ausschütteln noch dreimal in derselben Weise mit je 5 ccm Wasser. Nun setzt man zu der salzsauren Lösung 2 Tropfen Methylrotlösung hinzu und titriert mit $^1/_{10}$-n-Kalilauge bis zum Farbenumschlag (Feinbürette!). Hierzu dürfen höchstens 4,48 ccm $^1/_{10}$-n-Kalilauge verbraucht werden, so daß mindestens 0,52 ccm $^1/_{10}$-n-Salzsäure verbraucht sind.

$$\frac{\text{ccm } ^1/_{10}\text{-n-Salzsäure} \cdot 0{,}02892 \cdot 100}{5} = \text{Prozent Hyoscyamin.}$$

$$\frac{0{,}52 \cdot 0{,}02892 \cdot 100}{5} = \frac{1{,}504}{5} = 0{,}3\,\%.$$

Das Klären des Äthers mit Talk und Wasser hat den Zweck, die suspendierten feinen Pulverteilchen, die Ammoniak durch Adsorption festhalten, zu beseitigen. Geschieht dies nicht, so wird der Gehalt zu hoch gefunden, weil das Ammoniak beim Abdampfen von zwei Drittel des Äthers nicht vollständig entweicht und der zurückbleibende Rest dann als Alkaloid mittitriert wird.

Nachweis des Hyoscyamins. Die mit Salzsäure schwach angesäuerte titrierte Flüssigkeit wird zur Entfernung des Indikators in einem Scheidetrichter mit Äther (etwa 20 ccm) ausgeschüttelt, die nach dem Absetzen abgelassene wässerige Flüssigkeit wird mit Ammoniakflüssigkeit bis zur schwach alkalischen Reaktion versetzt und mit etwa 10 ccm Äther ausgeschüttelt. Der Äther wird nach dem Ablassen der wässerigen Flüssigkeit in einem Schälchen verdampft, der Rückstand mit 5 Tropfen rauchender Salpetersäure versetzt und auf dem Wasserbad zur Trockne abgedampft. Nach dem Erkalten muß der Rückstand beim Übergießen mit weingeistiger Kalilauge eine violette Färbung geben.

Extractum Belladonnae.

Gehalt 1,48—1,52% Hyoscyamin, $C_{17}H_{23}O_3N$.

Im Glasstopfenkölbchen von 100 ccm werden etwa 2,5 g Tollkirschenextrakt genau gewogen und in 5 ccm Wasser durch gelindes Erwärmen gelöst. Nach dem Erkalten fügt man 25 g Äther und nach kräftigem Schütteln 2 g Ammoniakflüssigkeit hinzu und schüttelt 5 Minuten lang kräftig durch. Nach Zusatz von 1 g Tranganthpulver schüttelt man solange, bis sich der Äther vollständig geklärt hat. Dann gießt man 20 g des Äthers (= 2 g des Extraktes) durch einen Wattebausch in ein Kölbchen, dampft den Äther auf dem Wasserbad ab bis zum Verschwinden des Äthergeruches, löst den Rückstand in etwa 1 ccm Weingeist, fügt 5 ccm $^1/_{10}$-n-Salzsäure (Pipette), 5 ccm Wasser und 1 Tropfen Methylrotlösung hinzu und titriert mit $^1/_{10}$-n-Kalilauge (Feinbürette!) bis zum Farbenumschlag.

$$\frac{\text{ccm } ^1/_{10}\text{-n-Salzsäure} \cdot 0{,}02892 \cdot 100}{0{,}8\,s} = \text{Prozent Hyoscyamin.}$$

$$s = \text{Gewicht des angewandten Extrakts.}$$

Beispiel: Abgewogen 2,65 g Extrakt.

$$\begin{array}{l} 5{,}00 \text{ ccm } ^1/_{10}\text{-n-Salzsäure} \\ \underline{3{,}77 \text{ ccm } ^1/_{10}\text{-n-Kalilauge}} \\ 1{,}23 \text{ ccm } ^1/_{10}\text{-n-Salzsäure} \end{array}$$

$$\frac{1{,}23 \cdot 0{,}02892 \cdot 100}{0{,}8 \cdot 2{,}65} = \frac{0{,}03557}{0{,}212} = 1{,}678\% \text{ Hyoscyamin.}$$

Tollkirschenextrakt mit einem höheren Gehalt als 1,52% Hyoscyamin ist durch Zusatz von Dextrin auf den vorgeschriebenen Gehalt einzustellen. Durch Division des gefundenen Prozentgehaltes durch 1,5 ergibt sich die Menge, auf die 1 g des Extraktes verdünnt werden muß, z. B. $\frac{1{,}678}{1{,}5} = 1{,}12$. 100 g des Extrakts sind mit 12 g Dextrin zu mischen.

Das Extrakt enthält dann $\frac{1{,}678}{1{,}12} = 1{,}5\%$ Hyoscyamin.

Bei der Gehaltsbestimmung des eingestellten Extraktes müssen 1,02—1,05 ccm $^1/_{10}$-n-Salzsäure für 2 g Extrakt verbraucht werden.

1,02 ccm $= 1{,}02 \cdot 0{,}02892 = 0{,}0295$ g Hyoscyamin in 2 g Extrakt $= 1{,}475\%$.

1,05 ccm $= 1{,}05 \cdot 0{,}02892 = 0{,}0304$ in 2 g $= 1{,}52\%$.

Nachweis des Hyoscyamins wie bei Folia Belladonnae.

Folia Hyoscyami.

Gehalt mindestens 0,07% Hyoscyamin, $C_{17}H_{23}O_3N$; 1 ccm $^1/_{10}$-n-Salzsäure $= 28{,}92$ mg Hyoscyamin (vgl. Folia Belladonnae).

Die Gehaltsbestimmung wird mit 20 g fein gepulverten Bilsenkraut-
blättern in genau gleicher Weise ausgeführt wie bei Folia Belladonnae.
50 g Äther = 10 g Bilsenkrautblätter = mindestens 0,24 ccm $^1/_{10}$-n-Salz-
säure.

$$\frac{0,24 \cdot 0,02892 \cdot 100}{10} = 0,0694\,\% \text{ Hyoscyamin.}$$

Zum Nachweis des Hyoscyamins wird die titrierte Flüssigkeit in
gleicher Weise behandelt wie bei Folia Belladonnae.

Extractum Hyoscyami.

Gehalt 0,47—0,55% Hyoscyamin, $C_{17}H_{23}O_3N$.

Die Gehaltsbestimmung wird mit 5 g Bilsenkrautextrakt, 5 ccm
Wasser, 25 g Äther und 2 g Ammoniakflüssigkeit in genau gleicher Weise
wie beim Tollkirschenextrakt ausgeführt.

$$\frac{\text{ccm } ^1/_{10}\text{-n-Salzsäure} \cdot 0,02892 \cdot 100}{0,8\ s} = \text{Prozent Hyoscyamin.}$$

$$s = \text{Gewicht des angewandten Extrakts.}$$

Ist der Gehalt höher als 0,55%, so ist er durch Zusatz von Dextrin
auf 0,5% einzustellen. Durch Division des gefundenen Prozentgehaltes
durch 0,5 ergibt sich die Menge, auf die 1 g des Extraktes zu verdünnen ist.

Bei der Gehaltsbestimmung des eingestellten Extrakts müssen
0,65—0,76 ccm $^1/_{10}$-n-Salzsäure für 4 g Extrakt verbraucht werden.

$$0,65 \text{ ccm } ^1/_{10}\text{-n-Salzsäure} = \frac{0,65 \cdot 0,02892 \cdot 100}{4} = \frac{1,88}{4} = 0,47\,\% \text{ Hyoscyamin.}$$

$$0,76 \text{ ccm } ^1/_{10}\text{-n-Salzsäure} = \frac{0,76 \cdot 0,02892 \cdot 100}{4} = \frac{2,2}{4} = 0,55\,\%.$$

Nachweis des Hyoscyamins wie bei Folia Belladonnae.

Semen Strychni.

Gehalt mindestens 2,5% Alkaloide, berechnet auf Strychnin,
$C_{21}H_{22}O_2N_2$, Mol.-Gew. 334,2 und Brucin, $C_{23}H_{26}O_4N_2$, Mol.-Gew. 394,2.
Mittleres Mol.-Gew. 364,2, mittleres Normalgewicht = 364,2 g. 1 ccm
$^1/_{10}$-n-Salzsäure = 36,42 mg Alkaloide, log 56134.

Die in der Arzneibuchvorschrift zur Gehaltsbestimmung angegebenen
Mengen werden zweckmäßig verdoppelt.

6 g mittelfein gepulverte Brechnuß übergießt man in einem Arzneiglas von
150 ccm mit 40 g Äther und 20 g Chloroform, sowie nach kräftigem Umschütteln
mit 6 g Natriumcarbonatlösung und läßt das Gemisch unter häufigem, kräftigem
Umschütteln $^1/_2$ Stunde lang stehen. Alsdann fügt man 14 g Wasser hinzu, schüttelt
einige Minuten kräftig durch, filtriert nach vollständiger Klärung 40 g der Äther-
Chloroformmischung (= 4 g Brechnuß) durch ein trockenes Faltenfilter in ein
Kölbchen und dampft etwa zwei Drittel davon ab. Den erkalteten Rückstand
bringt man in einen Scheidetrichter, spült das Kölbchen einmal mit 10 ccm Chloroform und zweimal mit je 10 ccm Äther nach, gibt 10 ccm $^1/_{10}$-n-Salzsäure und
10 ccm Wasser zu der Lösung und schüttelt hierauf nach Zusatz von noch so
viel Äther (etwa 10 ccm), daß die Äther-Chloroformmischung auf der sauren
Flüssigkeit schwimmt, 2 Minuten lang kräftig. Nach vollständiger Klärung läßt
man die salzsaure Flüssigkeit in ein Kölbchen abfließen und wiederholt das Ausschütteln noch zweimal in derselben Weise mit je 5 ccm Wasser. Nun titriert

man nach Zugabe von 2 Tropfen Methylrotlösung mit $^1/_{10}$-n-Kalilauge bis zum Farbenumschlag. Hierzu dürfen höchstens 7,24 ccm $^1/_{10}$-n-Kalilauge verbraucht werden, so daß mindestens 2,76 ccm $^1/_{10}$-n-Salzsäure verbraucht sind = mindestens 2,5% Alkaloide.

$$\frac{\text{ccm } ^1/_{10} \text{ n-Salzsäure} \cdot 0,03642 \cdot 100}{4} = \text{Prozent Alkaloide.}$$

$$\frac{2,76 \cdot 0,03642 \cdot 100}{4} = \frac{10,052}{4} = 2,513\% \text{ Alkaloide.}$$

Versetzt man 2 ccm der titrierten Flüssigkeit mit 0,5 ccm verdünntem Bromwasser (1 + 4), so färbt sich die Lösung vorübergehend rot; nach weiterem Zusatz von 0,5 ccm verdünntem Bromwasser entsteht eine milchiggelbe Trübung. Unterschichtet man dieses Gemisch mit dem gleichen Raumteil konz. Schwefelsäure, so entsteht an der Berührungsfläche eine rötlichviolette Färbung, die sich beim Stehen der ganzen Lösung mitteilt.

Das Brucin gibt die vorübergehende Rotfärbung, das Strychnin bei weiterem Bromwasserzusatz die milchige Trübung durch Ausscheidung von Bromstrychnin. Die beim Unterschichten mit Schwefelsäure auftretende rötlichviolette Färbung ist ebenfalls eine Reaktion auf Strychnin.

Extractum Strychni.

Gehalt 15,75—16,21% Alkaloide, berechnet auf Strychnin und Brucin.

Die in der Arzneibuchvorschrift angegebenen Mengen werden zweckmäßig verdoppelt.

Man wägt im Glasstopfenkölbchen etwa 1 g Brechnußextrakt genau, löst es in 8 ccm Wasser und 3 g verdünnter Schwefelsäure unter gelindem Erwärmen, gibt zu dieser Lösung nach dem Erkalten 16 g Chloroform sowie nach kräftigem Umschütteln 1 g Natronlauge und 6 g Natriumcarbonatlösung hinzu und schüttelt 5 Minuten lang kräftig durch. Alsdann fügt man 34 g Äther hinzu und schüttelt nochmals 5 Minuten lang. Nach Zusatz von 2 g Traganthpulver schüttelt man hierauf noch solange, bis sich die Äther-Chloroformschicht vollständig geklärt hat, gießt 40 g der klaren Äther-Chloroformlösung (= 0,8 g des Extrakts) durch ein Wattebäuschchen in ein Kölbchen und dampft bis auf einige Kubikzentimeter ab. Nun gibt man 10 ccm $^1/_{10}$-n-Salzsäure und 5 ccm Wasser in das Kölbchen, erwärmt auf dem Wasserbad bis zum Verschwinden des Äther-Chloroformgeruchs, fügt nach dem Erkalten 1 Tropfen Methylrotlösung hinzu und titriert mit $^1/_{10}$-n-Kalilauge bis zum Farbenumschlag.

$$\frac{\text{ccm } ^1/_{10}\text{-n-Salzsäure} \cdot 0,03642 \cdot 100}{0,8 \; s} = \text{Prozent Alkaloide.}$$

s = Gewicht des abgewogenen Extrakts.

Brechnußextrakt, das einen höheren Gehalt an Alkaloiden als 16,21% aufweist, ist mit Milchzucker auf den vorgeschriebenen Gehalt einzustellen. Durch Division des gefundenen Prozentgehalts durch 16 erhält man die Menge, auf die man 1 g des Extrakts verdünnen muß.

Gehaltsbestimmung. Die Gehaltsbestimmung des eingestellten Brechnußextrakts erfolgt in der gleichen Weise, wie vorstehend beschrieben ist. Es dürfen auf 0,8 g Extrakt nicht mehr als 6,54 ccm und nicht weniger als 6,44 ccm $^1/_{10}$-n-Kalilauge verbraucht werden (Feinbürette!), so daß mindestens 3,46 ccm und höchstens 3,56 ccm $^1/_{10}$-n-Salzsäure zur Bindung der Alkaloide aus 0,8 g Extrakt verbraucht sind.

$$\frac{3{,}46 \cdot 0{,}03642 \cdot 100}{0{,}8} = \frac{12{,}60}{0{,}8} = 15{,}75\% \text{ Alkaloide.}$$

$$\frac{3{,}56 \cdot 0{,}03642 \cdot 100}{0{,}8} = \frac{12{,}966}{0{,}8} = 16{,}21\%.$$

Nachweis der Alkaloide in der titrierten Flüssigkeit wie bei Semen Strychni.

Tinctura Strychni.

Gehalt 0,246—0,255% Alkaloide, berechnet auf Strychnin und Brucin.

Die in der Arzneibuchvorschrift für die Gehaltsbestimmung angegebenen Mengen werden zweckmäßig verdoppelt.

40 g der Tinktur dampft man nach Zusatz von 2 g verdünnter Schwefelsäure in einem gewogenen Kölbchen von etwa 100 ccm Inhalt im siedenden Wasserbad auf 10 g ein, fügt zu dem Rückstand nach dem Erkalten 16 g Chloroform, sowie nach kräftigem Umschütteln 1 g Natronlauge und 6 g Natriumcarbonatlösung hinzu und schüttelt 5 Minuten lang kräftig durch. Alsdann gibt man 34 g Äther hinzu und schüttelt nochmals 5 Minuten lang. Nach Zusatz von 2 g Traganthpulver schüttelt man hierauf noch so lange, bis sich die Äther-Chloroformschicht vollständig geklärt hat, gießt 40 g der klaren Lösung (= 32 g Tinktur) durch ein Wattebäuschchen in ein Kölbchen und dampft bis auf einige Kubikzentimeter ab. Nun gibt man 10 ccm $^1/_{10}$-n-Salzsäure und 10 ccm Wasser in das Kölbchen, erwärmt auf dem Wasserbad bis zum Verschwinden des Äther-Chloroformgeruches, fügt nach dem Erkalten 2 Tropfen Methylrotlösung hinzu und titriert mit $^1/_{10}$-n-Kalilauge bis zum Farbenumschlag.

$$\frac{\text{ccm } ^1/_{10}\text{-n-Salzsäure} \cdot 0{,}03642 \cdot 100}{32} = \text{Prozent Alkaloide.}$$

Ist der Gehalt höher als 0,255%, so wird er durch Zusatz von verdünntem Weingeist auf 0,25% eingestellt. Zur Berechnung der Menge dividiert man den gefundenen Prozentgehalt durch 0,25, z. B. 0,27% : 0,25 = 1,08. 1 g der Tinktur ist auf 1,08 g zu verdünnen.

Bei der Gehaltsbestimmung der eingestellten Tinktur dürfen auf 32 g Tinktur nicht mehr als 7,84 und nicht weniger als 7,76 ccm $^1/_{10}$-n-Kalilauge verbraucht werden, so daß mindestens 2,16 und höchstens 2,24 ccm $^1/_{10}$-n-Salzsäure zur Bindung der Alkaloide aus 32 g Tinktur verbraucht sind:

$$\frac{2{,}16 \cdot 0{,}03642 \cdot 100}{32} = \frac{0{,}7866}{32} = 0{,}246\% \text{ Alkaloide.}$$

$$\frac{2{,}24 \cdot 0{,}03642 \cdot 100}{32} = \frac{0{,}8158}{32} = 0{,}255\%.$$

Nachweis der Alkaloide in der titrierten Flüssigkeit wie bei Semen Strychni.

Semen Arecae.

Gehalt mindestens 0,4% Alkaloide, berechnet auf Arekolin, $C_8H_{13}O_2N$, Mol.-Gew. = 155,1. Normalgewicht = 1 Mol = 155,1 g. 1 ccm $^1/_{10}$-n-Salzsäure = 15,51 mg Arekolin, log 19061.

8 g mittelfein gepulverten Arekasamen übergießt man in einem Arzneiglas von 150 ccm Inhalt mit 80 g Äther, sowie nach kräftigem Umschütteln mit 4 g Ammoniakflüssigkeit und schüttelt das Gemisch 10 Minuten lang kräftig durch. Nach Zusatz von 10 g getrocknetem Natriumsulfat schüttelt man nochmals 5 Minuten lang durch, gießt die ätherische Lösung sofort nach dem Absetzen in ein Arzneiglas von 150 ccm, gibt 0,5 g Talk und nach 3 Minuten langem Schütteln 2,5 ccm Wasser hinzu. Nachdem man das Gemisch 3 Minuten lang durchgeschüttelt hat, läßt man es bis zur Klärung stehen, filtriert 50 g der ätherischen Lösung (= 5 g Arekasamen) durch ein trockenes, gut bedecktes Filter in ein Kölbchen und dampft etwa zwei Drittel des Äthers ab.

Den erkalteten Rückstand bringt man in einen Scheidetrichter, spült das Kölbchen dreimal mit je 5 ccm Äther nach und gibt 5 ccm $^1/_{10}$-n-Salzsäure und 5 ccm Wasser in den Scheidetrichter. Hierauf schüttelt man 3 Minuten lang, läßt die salzsaure Lösung nach vollständiger Klärung in ein Kölbchen abfließen und wiederholt das Ausschütteln noch dreimal in derselben Weise mit je 5 ccm Wasser. Nun setzt man zu der salzsauren Lösung 2 Tropfen Methylrotlösung hinzu und titriert mit $^1/_{10}$-n-Kalilauge bis zum Farbenumschlag. Hierzu dürfen höchstens 3,71 ccm $^1/_{10}$-n-Kalilauge verbraucht werden, so daß mindestens 1,29 ccm $^1/_{10}$-n-Salzsäure verbraucht sind.

Die Arekasamen enthalten außer dem Arekolin, das die Wirkung bedingt, noch einige weitere Alkaloide: **Arekain, Arekaidin** und **Guvacin**. Das Arzneibuch läßt den Gehalt auf das Hauptalkaloid Arekolin berechnen:

$$\frac{\text{ccm } ^1/_{10}\text{-n-Salzsäure} \cdot 0{,}01551 \cdot 100}{5} = \text{Prozent Alkaloid.}$$

$$\frac{1{,}29 \cdot 0{,}01551 \cdot 100}{5} = \frac{2{,}00}{5} = 0{,}4\%.$$

Zur Bindung des Wassers ist hier an Stelle des bei anderen Alkaloidbestimmungen verwendeten Traganthpulvers getrocknetes Natriumsulfat vorgeschrieben. Dadurch wird die Löslichkeit der Alkaloide in der wässerigen Flüssigkeit so weit herabgesetzt, daß die Alkaloide vollständig in den Äther übergehen.

Cortex Granati.

Gehalt mindestens 0,4% Gesamt-Alkaloide; der Berechnung ist das Mol.-Gew. 147,5 zugrunde gelegt.

Die Granatrinde enthält verschiedene Alkaloide: **Pelletierin** (Punicin) $C_8H_{15}ON$, optisch inaktiv, **Isopelletierin**, $C_8H_{15}ON$, optisch aktiv, sonst dem Pelletierin gleich. Diese beiden Alkaloide machen etwa die Hälfte der Gesamtmenge aus und bedingen hauptsächlich die Wirkung der Granatrinde. **Pseudopelletierin**, $C_9H_{15}ON + 2H_2O$, **Methylpelletierin**, $C_9H_{17}ON$, und **Isomethylpelletierin**, $C_9H_{17}ON$. Die Zahl 147,5, die bei der Berechnung zugrunde gelegt wird, ist etwa das Mittel aus den Molekelgewichten der verschiedenen Alkaloide.

1 ccm $^1/_{10}$-n-Salzsäure $= 14{,}75$ mg Granatrindenalkaloide, log 16879.

6 g fein gepulverte Granatrinde übergießt man in einem Arzneiglas von 150 ccm mit 60 g Äther, sowie nach kräftigem Umschütteln mit 10 g Natronlauge und läßt das Gemisch unter häufigem Umschütteln $^1/_2$ Stunde lang stehen. Nach dem Absetzen gießt man die ätherische Lösung möglichst vollständig durch ein Wattebäuschchen in ein Arzneiglas von 100 ccm Inhalt, gibt 1 ccm Wasser hinzu und schüttelt das Gemisch kräftig durch. Nach Klärung der Flüssigkeit setzt man 2 g getrocknetes Natriumsulfat hinzu, schüttelt einige Minuten lang kräftig durch und läßt das Gemisch 10 Minuten lang stehen. Nun gießt man 30 g der ätherischen Lösung (= 3 g Granatrinde) durch ein Wattebäuschchen in ein Erlenmeyerkölbchen von 100 ccm, dunstet den Äther mittels Durchleitens eines Luftstromes auf ungefähr die Hälfte ab, fügt 5 ccm $^1/_{10}$-n-Salzsäure und 10 ccm Wasser hinzu und dampft den Rest des Äthers unter häufigem Umschwenken vollständig ab. Nach Zusatz von 2 Tropfen Methylrotlösung zu der erkalteten Lösung titriert man mit $^1/_{10}$-n-Kalilauge bis zum Farbenumschlag. Hierzu dürfen höchstens 4,18 ccm $^1/_{10}$-n-Kalilauge erforderlich sein, so daß mindestens 0,82 ccm $^1/_{10}$-n-Salzsäure zur Sättigung der vorhandenen Alkaloide verbraucht werden.

Die zum Freimachen der Alkaloide vorgeschriebene Menge Natronlauge ist größer als bei anderen Alkaloidbestimmungen, weil die Granatrinde einen hohen Gehalt an Gerbsäure hat, die gebunden werden muß.

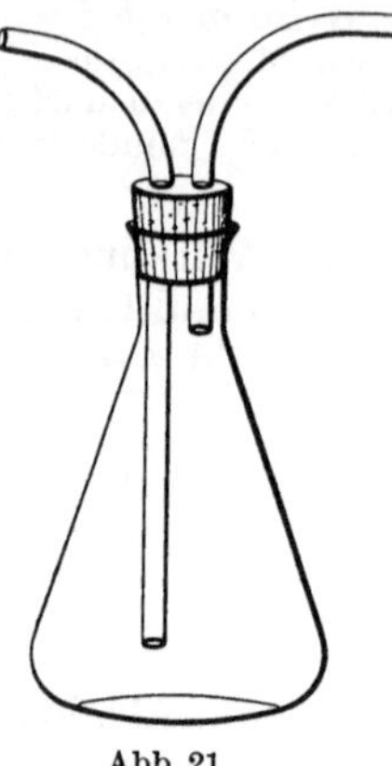

Abb. 21.

Durch das Schütteln des Äthers mit Wasser werden alkalihaltige Pulverteilchen beseitigt. Das Wasser löst auch kleine Mengen der Alkaloide, die aber beim Zusatz von Natriumsulfat zur Bindung des Wassers infolge der Verminderung der Löslichkeit in Wasser wieder in den Äther übergehen.

Alle 5 Alkaloide sind flüchtig. Deshalb darf das Verdampfen des Äthers nicht auf dem Wasserbad geschehen, wie bei anderen Alkaloidbestimmungen.

Zum Verdampfen des Äthers im Luftstrom setzt man auf das Kölbchen einen doppelt durchbohrten Stopfen mit zwei Glasrohren, von denen das eine bis fast auf die Oberfläche des Äthers reicht (Abb. 21). Das andere, abgebogene Glasrohr wird mit der Luftpumpe verbunden. Beim Verdampfen des Äthers im Luftstrom werden Spuren von Ammoniak und Aminen, die sonst mitbestimmt würden, entfernt. Der Rest des Äthers kann nach dem Zusatz von $^1/_{10}$-n-Salzsäure auf dem Wasserbad verdampft werden, weil die Alkaloide dann gebunden sind.

$$\frac{\text{ccm } ^1/_{10}\text{-n-Salzsäure} \cdot 0{,}01475 \cdot 100}{3} = \text{Prozent Alkaloide.}$$

$$\frac{0{,}82 \cdot 0{,}01475 \cdot 100}{3} = \frac{1{,}209}{3} = \text{rund } 0{,}4\% \text{ Alkaloide.}$$

Opium.

Rohopium.

Gehalt des bei 60° getrockneten Opiums mindestens 12% Morphin, $C_{17}H_{19}O_3N$.

Der Wert des Opiums als Arzneimittel ist zwar nicht allein durch den Gehalt an Morphin bedingt, man kann aber annehmen, daß ein Opium mit dem geforderten Mindestgehalt an Morphin auch hinsichtlich der übrigen wirksamen Stoffe vollwertig ist. Es genügt deshalb zur Beurteilung des Opiums die leicht ausführbare Bestimmung des Morphingehaltes.

Zur Bestimmung des Morphingehaltes wird ein wässeriger Opiumauszug verwendet, der neben zahlreichen anderen Alkaloiden des Opiums alles Morphin enthält, das im Opium in Form wasserlöslicher Salze, hauptsächlich als Salz der Mekonsäure, enthalten ist.

Aus dem filtrierten Auszug wird durch einen kleinen Zusatz von verdünnter Ammoniakflüssigkeit (Normal-Ammoniaklösung, Mischung von 17 g Ammoniakflüssigkeit und 83 g Wasser) ein Teil der übrigen Alkaloide, besonders des Narkotins, ausgefällt. Die wieder filtrierte Flüssigkeit wird mit Essigäther und einer weiteren Menge Normal-Ammoniaklösung versetzt. Durch letztere wird zunächst nur der Rest der übrigen Alkaloide ausgefällt, die sich beim Umschwenken in dem Essigäther lösen. Die Abscheidung des Morphins erfolgt danach. Zur vollständigen Abscheidung des Morphins ist sehr kräftiges, stoßartiges Schütteln erforderlich. Das Morphin ist in Essigäther praktisch unlöslich.

Der Essigäther muß vollkommen neutral sein, was er oft nicht ist. Er darf angefeuchtetes Lackmuspapier nicht sofort röten (vgl. S. 18). Säurehaltiger Essigäther bindet Ammoniak und vermindert die zur Abscheidung des Morphins zugesetzte Ammoniakmenge, so daß sie nicht mehr zur völligen Abscheidung des Morphins ausreicht. Man kann den Essigäther sehr gut durch Äther ersetzen, der die übrigen Alkaloide leicht, Morphin aber nur in Spuren löst.

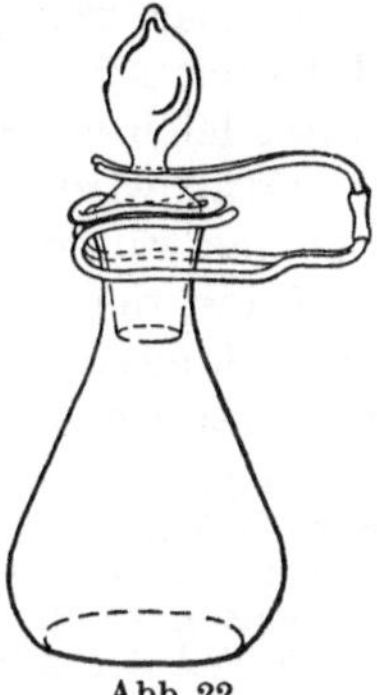

Abb. 22.

Für die Abscheidung des Morphins benutzt man ein Erlenmeyerkölbchen von 100 ccm, das mit einem guten Korkstopfen verschlossen wird oder besser das durch Abb. 22 wiedergegebene Glasstopfenkölbchen mit Ausguß[1]. Die Drahtklammer dient zum Festhalten des Stopfens beim Schütteln. Vor Beginn der Morphinbestimmung trocknet man in dem Kölbchen ein glattes Filter von 7 cm Durchmesser bei 100° und wägt das Kölbchen nach dem Erkalten im Exsikkator mit dem Stopfen geschlossen genau.

a) **Gewichtsanalytische Bestimmung des Morphins.**

1. 3,5 g mittelfein gepulvertes Opium (auf der Handwaage möglichst genau gewogen) werden in einer Reibschale mit 3,5 ccm Wasser angefeuchtet und nach 10—15 Minuten sehr fein, emulsionsartig, verrieben. Die Verreibung wird mit Wasser in ein auf der Rezepturwaage tariertes Kölbchen gespült und mit Wasser auf das Gewicht von 31,5 g gebracht.

Das hierzu nötige Wasser, 24 ccm, wird am besten vorher mit einem Meßglas abgemessen. Man vermeidet dadurch, daß man zum letzten Nachspülen der Reibschale zuviel Wasser nimmt.

2. Das Gemisch läßt man unter öfterem Umschütteln 1 Stunde lang stehen und filtriert es durch ein nicht angefeuchtetes Faltenfilter von 8 cm Durchmesser in ein trockenes Arzneiglas von 30 ccm.

3. 21 g des Filtrats = 2,44 g Opium werden auf der Rezepturwaage in ein trockenes Arzneiglas gewogen und mit 1 ccm (Pipette) n-Ammoniaklösung (Mischung von 17 g Ammoniakflüssigkeit und 83 g Wasser) versetzt und nach gelindem Schütteln sofort durch ein nicht angefeuchtetes Faltenfilter von 8 cm Durchmesser in ein trockenes Arzneiglas von 30 ccm filtriert.

4. Das mit dem Kölbchen gewogene Filter wird mit einer Zange herausgenommen und beiseite gelegt. Dann wägt man auf der Rezepturwaage in das Kölbchen 18 g des Filtrates 3 = 2 g Opium, fügt 5 ccm Essigäther (oder Äther) und 2,5 ccm (kleine Teilpipette) n-Ammoniak-

---

[1] Das Kölbchen mit Drahtklammer kann unter der Bezeichnung Morphinkölbchen von der Firma C. Gerhardt in Bonn bezogen werden.

lösung hinzu, verschließt das Kölbchen (der Stopfen wird mit der Drahtklammer festgehalten) und schüttelt 10 Minuten lang sehr kräftig. Dabei faßt man das Kölbchen nur am Kopf an, um es nicht unnötig zu erwärmen.

5. Dann fügt man noch 10 ccm Essigäther (oder Äther) hinzu und läßt das Kölbchen unter zeitweiligem Umschwenken $^1/_4$ Stunde lang stehen.

6. Das getrocknete Filter von 7 cm Durchmesser wird in einen Trichter mit Saugvorrichtung gesetzt, mit Essigäther angefeuchtet und unter leichtem Saugen möglichst glatt angedrückt.

. Dann wird der Inhalt des Kölbchens unter sehr schwachem Saugen auf das Filter gegossen.

Nach der Vorschrift des Arzneibuches soll man ohne Anwendung einer Saugvorrichtung zuerst die Essigätherschicht auf das Filter bringen und dann erst die wässerige Flüssigkeit.

Es gelingt nur sehr schwer, den Essigäther so von der wässerigen Flüssigkeit abzugießen, daß er zuerst für sich durch das noch trockene Filter laufen kann. Wenn aber das Filter von der wässerigen Flüssigkeit benetzt ist, filtriert der Essigäther kaum noch; er verdunstet zum Teil auf dem Filter und hinterläßt einen Teil der Alkaloide, deren Beseitigung der Zweck des Zusatzes des Essigäthers ist.

Unter Anwendung einer Saugvorrichtung verläuft das Filtrieren sehr glatt und rasch.

Man setzt den Trichter, der etwa 1 cm höher sein soll als das Filter, mit diesem auf eine Saugflasche und verbindet diese mit einer sehr schwach angestellten Wasserstrahlpumpe oder mit einer Flasche von 5—10 Liter Inhalt, die mit Wasser

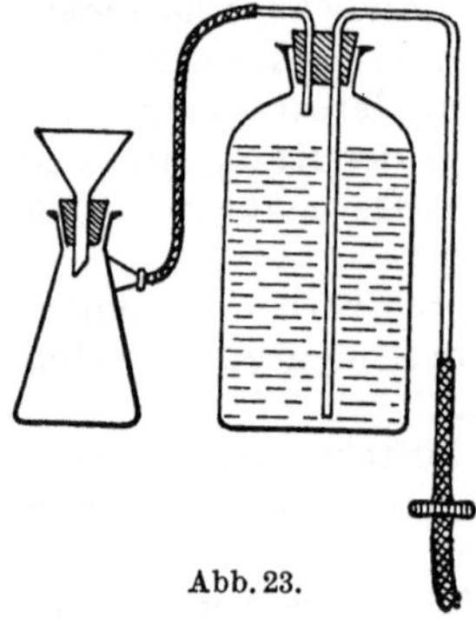

gefüllt ist, und aus der man das Wasser durch ein Heberrohr abfließen lassen kann (Abb. 23). Der äußere Schenkel des Hebers wird durch einen Gummischlauch so weit verlängert, daß das Ende sich etwa 1 m unterhalb des Wasserspiegels befindet. Man stellt die Flasche an den Rand des Tisches und stellt unter den Schlauch eine leere Flasche. Der Schlauch wird mit einem Quetschhahn versehen und dieser nach dem Ansaugen bis zur Benutzung der Vorrichtung geschlossen.

Auf das Filter gießt man zuerst soviel wie möglich von der Essigätherschicht. Es schadet dabei nichts, wenn mit dem zuerst ausfließenden Essigäther schon etwas von der wässerigen Flüssigkeit mit auf das Filter gelangt. Nach

Abb. 23.

dem Abgießen des Essigäthers gibt man 5 ccm Essigäther in das Kölbchen, schwenkt um und bringt dann allmählich die ganze Flüssigkeit auf das Filter. Den Stopfen des Kölbchens hat man solange auf ein Uhrglas gelegt. Wenn alle Flüssigkeit durchgesogen ist, löst man den Verbindungsschlauch von der Saugflasche oder verschließt den Quetschhahn der Saugvorrichtung.

Das Kölbchen und das Filter werden dreimal mit je 2,5 ccm mit Äther gesättigtem Wasser nachgewaschen, das man erhält, indem man in einem Scheidetrichter etwa 5 ccm Äther mit etwa 30 ccm Wasser einige Zeit durchschüttelt und dann das Wasser in ein kleines Kölbchen ablaufen läßt. Der Zusatz des Äthers zu dem Wasser hat den Zweck, noch zurückgebliebene kleine Mengen anderer Alkaloide auszuwaschen. Durch das Wasser werden die Extraktivstoffe des Opiums ausgewaschen. Mit den ersten 2,5 ccm des Wassers spült man den Stopfen über dem Kölbchen ab, den man dann wieder auf das Uhrglas legt. Dann schwenkt man das Kölbchen mit dem Wasser um und gießt, ohne zu saugen, das Wasser auf das Filter, tropfenweise am Rande herum, saugt nun gelinde wieder, bis alles Wasser durchgelaufen ist und wiederholt das Nachspülen des Kölbchens noch zweimal mit je 2,5 ccm des Wassers, ohne auf die Kristalle Rücksicht zu nehmen, die im Kölbchen hängenbleiben. Das abfiltrierte Morphin wird mit dem Filter auf dem Trichter an einem warmen Ort getrocknet, dann mit dem Filter in das Kölbchen gebracht und im Exsikkator über Schwefelsäure weiter getrocknet (24 Stunden). Der Stopfen, an dessen Unterfläche sich meist auch Morphinkriställchen angesetzt haben, wird auf dem Uhrglas mit in den Exsikkator gelegt. Nach dem Trocknen wird das Kölbchen mit dem Stopfen geschlossen und gewogen.

Das so getrocknete Morphin ist kristallwasserhaltig, seine Zusammensetzung entspricht der Formel $C_{17}H_{19}O_3N + H_2O$, Mol.-Gew. 303. 303 T. wasserhaltiges Morphin = 285 T. wasserfreies. Zur Umrechnung des wasserhaltigen Morphins auf wasserfreies ist die gefundene Menge mit 285/303 oder mit 0,94 zu multiplizieren oder von je 100 mg sind 6 mg abzuziehen.

Das Morphin läßt sich auch wasserfrei zur Wägung bringen, wenn man es bei 120° trocknet; das Filter muß dann vorher aber auch bei dieser Temperatur getrocknet sein.

Berechnung: Da im Durchschnitt 60% des Opiums in Wasser löslich sind, erhält man bei der Herstellung des wässerigen Auszuges aus 3,5 g Opium und 28 g Wasser 30,1 g Lösung. 21 g des filtrierten Auszuges entsprechen dann 2,44 g Opium nach der Gleichung 30,1 : 3,5 = 21 : x. x = 2,44.

Die Menge des Filtrates wird durch den Zusatz von 1 ccm n-Ammoniaklösung auf 22 g vermehrt. 18 g des Filtrates entsprechen dann 2 g Opium nach der Gleichung 22 : 2,44 = 18 : x. x = 2,0.

Man erhält also das Morphin aus 2 g Opium, und der Prozentgehalt ergibt sich durch Multiplikation mit 50.

Beispiel: Angenommen, es seien 0,274 g kristallwasserhaltiges Morphin gefunden = 0,274 · 0,94 = 0,25756 g wasserfreies Morphin = 0,25756 · 50 = 12,88% Morphin.

Die durch Wägung gefundene Morphinmenge ist um etwa 3 mg zu groß, weil in dem Filter kleine Mengen von Extraktivstoffen des Opiums zurückbleiben. Von der gefundenen Menge sind deshalb 3 mg abzuziehen.

Steht eine Wasserstrahlluftpumpe zur Verfügung, so läßt sich die Morphinbestimmung sehr bequem mit Hilfe eines Jenaer Glasfiltertrichters ausführen, der ähnlich wie ein Goochtiegel geformt ist (Abb. 24), und dessen Filterplatte aus einer Glasfritte besteht. Statt auf einem Papierfilter wird das ausgeschiedene Morphin in diesem Glasfilter gesammelt.

Abb. 24.

Man setzt das bei 100° getrocknete und genau gewogene Filter wie
einen Goochtiegel mit Hilfe eines Aufsatzes und eines Gummistopfens
mit weiter Bohrung oder eines weiten Gummischlauches auf eine mit
der Luftpumpe verbundene Saugflasche (Abb. 25),
saugt kräftig und gießt den Inhalt des Kölbchens, das
in diesem Falle nicht gewogen zu sein braucht, auf
das Filter und wäscht das Kölbchen mit 5 ccm Essigäther und dreimal mit je 2,5 ccm äthergesättigtem
Wasser nach. Dabei gelingt es leicht, die an den
Wandungen des Kölbchens haftenden Morphinkristalle
mit einem Gummiwischer loszulösen und sie mit dem
Wasser auf das Filter zu spülen. Das Filter mit dem
Morphin wird dann zuerst an einem warmen Ort und
dann 24 Stunden im Exsikkator über Schwefelsäure
getrocknet und gewogen. Man erhält so das Gewicht
des kristallwasserhaltigen Morphins, $C_{17}H_{19}NO_3 + H_2O$
aus 2 g Opium.

Man kann auch das Glasfilter und das Morphin
bei 120° trocknen und es dann als wasserfreies Morphin zur Wägung bringen. Bei der Benutzung eines
Glasfilters fällt der bei der Benutzung eines Papier-
filters durch Zurückhaltung von Extraktstoffen entstehende Fehler von etwa 3 mg fort.

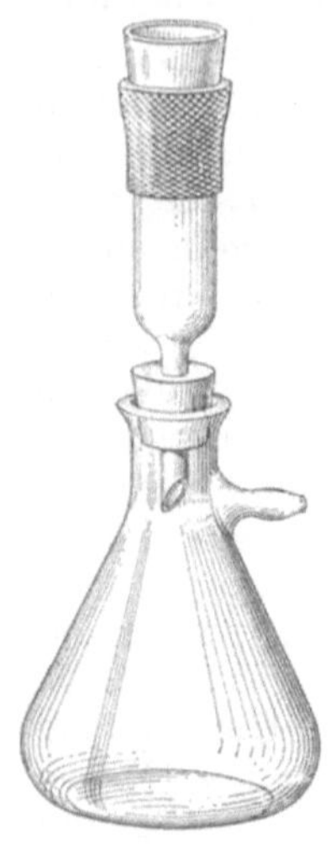

Abb. 25.

An die gewichtsanalytische Bestimmung wird die maßanalytische Bestimmung des Morphins angeschlossen, die vom Arzneibuch allein vorgeschrieben ist und die deshalb maßgebend ist.

b) Maßanalytische Bestimmung des Morphins.

Morphin, $C_{17}H_{19}O_3N$, Mol.-Gew. = 285,2. Normalgewicht =
1 Mol = 285,2 g; 1 ccm $^1/_{10}$-n-Salzsäure = 28,52 mg Morphin, log
45 515.

Man bringt in das Kölbchen mit dem Filter und dem getrockneten
Morphin 15 ccm[1] $^1/_{10}$-n-Salzsäure, setzt den Stopfen auf und schüttelt
bis zur Lösung des Morphins. Dann spült man den Stopfen mit Wasser
ab, verdünnt die Lösung mit Wasser auf etwa 50 ccm, fügt 2 Tropfen
Methylrotlösung hinzu und titriert mit $^1/_{10}$-n-Kalilauge bis zur Gelbfärbung:

$$\frac{(15 - \text{ccm } ^1/_{10}\text{-n-Kalilauge}) \cdot 0,02852 \cdot 100}{2} = \text{Prozent Morphin,}$$

z. B. Verbrauch an $^1/_{10}$-n-Kalilauge 6,1 ccm. 15—6,1 = 8,9 ccm $^1/_{10}$-n-
Salzsäure. 8,9 · 0,02852 · 50 = 0,2538 · 50 = 12,69% Morphin.

Hat man das Morphin auf dem Glasfilter gesammelt, so verfährt
man bei der maßanalytischen Bestimmung wie folgt: Man setzt auf den
Kolben, in dem man das Morphin abgeschieden hatte, einen kleinen
Trichter und in diesen das Glasfilter mit dem Morphin. Letzteres feuchtet
man zur besseren Benetzung mit einigen Tropfen Weingeist an und

gibt dann mit der Pipette **15 ccm** $^1/_{10}$-n-Salzsäure[1] in das Glasfilter. Die Salzsäure läuft langsam durch das Filter und hat Zeit, das Morphin aufzulösen. Sollten noch Spuren ungelöst bleiben, so gibt man einige Kubikzentimeter heißen absoluten Alkohol in das Filter und wäscht nach dem Ablaufen mit einer kleinen Menge Weingeist und dann mit so viel Wasser nach, daß die Gesamtmenge der Flüssigkeit etwa 50 ccm beträgt. Nach Zusatz von 2 Tropfen Methylrotlösung wird mit $^1/_{10}$-n-Kalilauge titriert. Berechnung wie oben.

Bei der Bestimmung des Morphingehaltes im Rohopium ist zu berücksichtigen, daß die Forderung des Arzneibuches, Mindestgehalt = 12% Morphin, sich auf das bei 60° getrocknete Opium bezieht. Das bei dieser Temperatur bis zum gleichbleibenden Gewicht getrocknete Opium enthält noch etwa 4—6% Wasser, das erst beim Trocknen bei 100° abgegeben wird.

Hat man zerkleinertes Rohopium eingekauft, das bereits so weit trocken ist, daß es sich zu mittelfeinem Pulver zerreiben läßt, so kann man das Trocknen vor der Gehaltsbestimmung umgehen, indem man von einer Probe den Gesamtwassergehalt durch Trocknen bei 100° bestimmt und den Morphingehalt nachher auf das Opium mit einem Gehalt von 6% Wasser umrechnet.

Beispiele:

1. Angenommen, es seien 8,5% Wasser und 11,8% Morphin gefunden worden; dann enthalten 91,5 g wasserfreies Opium 11,8 g Morphin = 12,89%. 100 g wasserfreies Opium entsprechen 106,38 g Opium mit 6% Wasser. 100 g Opium mit 6% Wasser würden demnach $\dfrac{12,89 \cdot 100}{106,38} = 12,1\%$ Morphin enthalten.

2. Angenommen, es seien 4,5% Wasser und 12,1% Morphin gefunden worden; dann enthalten 95,5 g wasserfreies Opium 12,1 g Morphin = 12,67%. Da 100 g wasserfreies Opium 106,38 g Opium mit 6% Wasser entsprechen, ist der Gehalt des Opiums mit 6% Wasser $= \dfrac{12,67 \cdot 100}{106,38} = 11,91\%$.

In letzterem Falle würde das Opium streng genommen nicht mehr der Forderung, Mindestgehalt = 12%, entsprechen.

Bei der Untersuchung von Opium in Broten, die noch so zähe sind, daß sie sich nicht pulvern lassen, muß man entweder eine Durchschnittsprobe des Opiums vor der Gehaltsbestimmung bei 60° trocknen, oder man bestimmt den Morphin- und Wassergehalt des nicht getrockneten Opiums und berechnet dann den Morphingehalt auf das Opium mit 6% Wasser.

Zur Herstellung des wässerigen Auszuges aus nicht getrocknetem Rohopium übergießt man das zerschnittene Opium (3,5 g) in einer Reibschale mit 3,5 ccm Wasser und läßt es damit $^1/_2$ bis 1 Stunde lang stehen. Dann sind die Stückchen so weich geworden, daß sie sich fast ebensogut wie gepulvertes Opium mit Wasser fein anreiben lassen.

---

[1] Das Arzneibuch schreibt zur Lösung des Morphins nur **10 ccm** $^1/_{10}$-n-Salzsäure vor. Diese Menge ist zu gering bemessen. Bei einem Opium von über 14,26% reicht sie überhaupt nicht aus, weil mit 10 ccm $^1/_{10}$-n-Salzsäure nur 0,2852 g Morphin in das Hydrochlorid übergeführt werden können.

Opium pulveratum.
Opiumpulver.

Gehalt etwa 10% Morphin.

Das Rohopium mit einem Gehalt von mindestens 12% Morphin wird zur Herstellung von Opiumextrakt und der Opiumtinkturen verwendet. Wird Opium als Bestandteil einer Arznei verordnet, so ist Opiumpulver, Opium pulveratum, zu verwenden.

Zur Herstellung des Opiumpulvers wird das Rohopium bei 60° getrocknet, mittelfein gepulvert und durch Zusatz eines Gemisches von 6 T. Milchzucker und 4 T. Reisstärke auf einen Morphingehalt von etwa 10% (9,8—10,2%) eingestellt.

Das Arzneibuch schreibt eine Mischung von 6 T. Milchzucker und 4 T. Stärke vor, weil von dieser Mischung bei der Gehaltsbestimmung des Opium pulveratum ebenso wie vom Opium 60% in den wässerigen Auszug übergehen.

Aus dem Prozentgehalt des Rohopiums ergibt sich ohne weiteres die Menge der Mischung von Milchzucker und Reisstärke, die dem Opium zur Herstellung von Opiumpulver zugesetzt werden muß. Nach dem angeführten Beispiel müssen zu 100 g Opium mit einem Gehalt von 12,69% Morphin 26,9 g der Mischung zugesetzt werden. Man erhält dann 126,9 g Opiumpulver mit einem Gehalt von 10%.

Die Gehaltsbestimmung wird in genau gleicher Weise ausgeführt wie beim Rohopium. Statt 2,5 ccm n-Ammoniaklösung zur Abscheidung des Morphins nimmt man besser nur 2 ccm. Bei der gewichtsanalytischen Bestimmung müssen nach Abzug von 3 mg 0,02085 bis 0,2170 g wasserhaltiges Morphin = 0,196—0,204 g wasserfreies Morphin gefunden werden.

Bei der maßanalytischen Bestimmung müssen bei Anwendung von 15 ccm $^1/_{10}$-n-Salzsäure zur Lösung des Morphins beim Zurücktitrieren nicht mehr als 8,13 ccm und nicht weniger als 7,85 ccm $^1/_{10}$-n-Kalilauge verbraucht werden. Die Verwendung der Feinbürette ist nicht unbedingt nötig.

$$\frac{(15 - \text{ccm } ^1/_{10}\text{-n-Kalilauge}) \cdot 0{,}02852 \cdot 100}{2} = \text{Prozent Morphin}$$

$$15 - 8{,}13 = 6{,}87 \text{ ccm } ^1/_{10}\text{-n-Salzsäure,}$$

$$\frac{6{,}87 \cdot 0{,}02852 \cdot 100}{2} = 0{,}1959 \cdot 50 = 9{,}8\% \text{ Morphin}$$

$$15 - 7{,}85 = 7{,}15 \text{ ccm } ^1/_{10}\text{-n-Salzsäure}$$

$$\frac{7{,}15 \cdot 0{,}02852 \cdot 100}{2} = 0{,}2039 \cdot 50 = 10{,}2\% \text{ Morphin.}$$

Extractum Opii.

Gehalt 19,82—20,25% Morphin.

Etwa 1,5 g Opiumextrakt werden in einem Kölbchen von 50—100 ccm genau gewogen und in 20 g Wasser gelöst. Die Lösung wird mit 1 ccm n-Ammoniaklösung versetzt und nach dem Umschwenken sofort durch ein nicht angefeuchtetes Faltenfilter von 8 cm Durchmesser in ein trockenes Arzneiglas von 30 ccm filtriert. 15 g des Filtrats = $^2/_3$ von 22,5 g der Mischung = 1 g Opiumextrakt werden wie beim Opium auf der Rezepturwaage in das genau gewogene Glasstopfenkölbchen gewogen und genau so weiter behandelt wie beim Opium angegeben. Statt 2,5 ccm n-Ammoniaklösung zur Abscheidung des Morphins nimmt man besser nur 2 ccm.

Bei der **gewichtsanalytischen** Bestimmung zieht man von der gewogenen Menge Morphin 3 mg ab, multipliziert mit 0,94 und 100. Z. B. gewogen 0,219 g wasserhaltiges Morphin. $0,219 - 0,003 = 0,216$ g. $0,216 \cdot 0,94 = 0,203$ g wasserfreies Morphin $= 20,3\%$.

Bei der **maßanalytischen** Bestimmung ergibt sich der Prozentgehalt, wenn 15 ccm $^1/_{10}$-n-Salzsäure zur Lösung des Morphins verwendet werden, nach dem Ansatz:

$$(15 - \text{ccm } ^1/_{10}\text{-n-Kalilauge}) \cdot 0,02852 \cdot 100 = \text{Prozent Morphin,}$$

z. B. 7,9 ccm $^1/_{10}$-n-Kalilauge: $15 - 7,9 = 7,1$ ccm $^1/_{10}$-n-Salzsäure.

$$7,1 \cdot 0,02852 \cdot 100 = 20,25\% \text{ Morphin.}$$

Opiumextrakt mit einem höheren Gehalt als 20,25% ist mit Milchzucker auf einen Gehalt von 20% einzustellen.

Tinctura Opii crocata und simplex.

Gehalt 0,98—1,02% Morphin.

25 g Opiumtinktur werden in einer gewogenen Porzellanschale auf dem Wasserbad auf 7,5 g eingedampft und mit Wasser auf 19 g ergänzt. Nach Zusatz von 1 ccm n-Ammoniaklösung und Umschwenken wird das Gemisch sofort durch ein nicht angefeuchtetes Faltenfilter von 8 cm Durchmesser in ein trockenes Arzneiglas von 30 ccm filtriert. 16 g des Filtrats $= 20$ g Opiumtinktur wägt man in das Glasstopfenkölbchen und verfährt dann weiter wie bei Opium. **15 ccm** $^1/_{10}$-n-Salzsäure zur Lösung des Morphins:

$$\frac{(15 - \text{ccm } ^1/_{10}\text{-n-Kalilauge}) \cdot 0,02852 \cdot 100}{20} = \text{Prozent Morphin.}$$

Opiumtinktur mit einem höheren Gehalt als 1,02% ist mit verdünntem Weingeist auf den Gehalt von 1% einzustellen.

Die Gehaltsbestimmung der eingestellten Tinkturen wird in gleicher Weise ausgeführt. Statt 2,5 ccm n-Ammoniaklösung nimmt man besser nur 2 ccm. Wenn 15 ccm $^1/_{10}$-n-Salzsäure zur Lösung des Morphins verwendet werden, müssen höchstens 8,13 ccm und mindestens 7,85 ccm $^1/_{10}$-n-Kalilauge verbraucht werden:

$$15 - 8,13 = 6,87 \text{ ccm } ^1/_{10}\text{-n-Salzsäure:} \quad \frac{6,87 \cdot 0,02852 \cdot 100}{20} = 0,98\% \text{ Morphin,}$$

$$15 - 7,85 = 7,15 \text{ ccm } ^1/_{10}\text{-n-Salzsäure:} \quad \frac{7,15 \cdot 0,02852 \cdot 100}{20} = 1,02\% \text{ Morphin.}$$

Opium concentratum.

Das dem **Pantopon** nachgebildete **Opiumkonzentrat** ist ein Gemisch der **Hydrochloride der Opiumalkaloide** mit einem **Gehalt von 48—50% Morphin.**

Die Bestimmung des Morphins erfolgt nach dem **Kalkverfahren.**

Dieses Verfahren beruht darauf, daß durch **Calciumhydroxyd** die übrigen Opiumalkaloide als freie Basen abgeschieden, und das Morphin in die lösliche Calciumverbindung, $(C_{17}H_{18}O_3N)_2Ca$, übergeführt wird, aus der dann das Morphin durch **Ammoniumchlorid** abgeschieden wird:

$$(C_{17}H_{18}O_3N)_2Ca + 2\,NH_4Cl = 2\,C_{17}H_{19}O_3N + CaCl_2 + 2\,NH_3.$$

Im Glasstopfenkölbchen wägt man etwa 0,6 g Opiumkonzentrat genau und löst es unter gelindem Erwärmen in etwa 5 ccm Wasser.

In eine zusammen mit einem Pistill gewogene Porzellanschale bringt man 1,2 g gebrannten Kalk (Handwaage) und löscht ihn mit etwa 10 Tropfen Wasser. Mit dem Calciumhydroxyd verreibt man die Opiumkonzentratlösung und gibt unter Nachspülen des Kölbchens allmählich 20 ccm Wasser hinzu. Darauf bedeckt man die Porzellanschale mit einem Uhrglas, ergänzt nach halbstündigem Stehen das Gewicht des Schaleninhalts auf 31,2 g, mischt gut durch und filtriert durch ein trockenes Faltenfilter von 7 cm Durchmesser in ein trockenes Arzneiglas von 30 ccm. 25 g des Filtrats (= 0,5 g Opiumkonzentrat) versetzt man in dem Glasstopfenkölbchen von 100 ccm mit 2,5 ccm Weingeist und 12,5 ccm Äther, schüttelt um, gibt 0,5 g Ammoniumchlorid hinzu und schüttelt die Mischung 10 Minuten lang kräftig durch.

Nach 12 bis 18 stündigem Stehen wird das abgeschiedene Morphin in gleicher Weise gesammelt und gewichtsanalytisch und maßanalytisch bestimmt, wie bei Opium. Statt 10 ccm verwendet man auch hier 15 ccm $^1/_{10}$-n-Salzsäure zur Lösung des Morphins:

$$\frac{(15 - \text{ccm } ^1/_{10}\text{-n-Kalilauge}) \cdot 0,02852 \cdot 100}{0,833 \; s} = \text{Prozent Morphin.}$$

$s = $ Gewicht des angewandten Opiumkonzentrats.

Da Versuche ergeben haben, daß bei diesem Verfahren ein kleiner Verlust an Morphin eintritt, werden dem gefundenen Wert zum Ausgleich des Verlustes 3,5 % hinzugerechnet:

z. B. Verbrauch an $^1/_{10}$-n-Kalilauge 7,3 ccm.

$$15 - 7,3 = 7,7 \text{ ccm } ^1/_{10}\text{-n-Salzsäure.}$$

$$\frac{7,7 \cdot 0,02852 \cdot 100}{0,5} = 0,2196 \cdot 200 = 43,9. \qquad 43,9 + 3,5 = 47,4\% \; .$$

Außer dem Gehalt an Morphin wird auch der Gehalt an Chlorwasserstoff bestimmt (siehe S. 208).

Narcophin.
Morphin-Narkotin-Mekonat.

Ein Doppelsalz von Morphin und Narkotin mit der zweibasischen Mekonsäure, $(C_{17}H_{19}O_3N)(C_{22}H_{23}O_7N)C_7H_4O_7 + 4\,H_2O$.

Gehalt etwa 43 % Narkotin und etwa 30 % Morphin.

Narkotin, Mol.-Gew. = 413,2, Normalgewicht = 413,2 g; 1 ccm $^1/_{10}$-n-Salzsäure = 41,32 g Narkotin, log 61616.

Morphin, Mol.-Gew. = 285,2; Normalgewicht = 285,2 g; 1 ccm $^1/_{10}$-n-Salzsäure = 28,52 mg Morphin, log 45515.

Für die Gehaltsbestimmungen sollen je 20 g der wässerigen Lösung (1 + 99) verwendet werden. Man bringt etwa 0,5 g Narcophin in ein genau gewogenes Meßkölbchen von 50 ccm, wägt es genau, löst es in Wasser und füllt bis zur Marke auf.

Narkotinbestimmung. 20 ccm der Lösung bringt man in ein Becherglas von etwa 100 ccm, fügt 3 ccm Natriumacetatlösung hinzu, mischt durch Umschwenken, sammelt den entstandenen Niederschlag (Narkotin) nach dem Absetzen auf einen glatten Filter von 8 cm Durchmesser und wäscht Becherglas und Filter mit Narkotin mit Wasser aus, bis 1 Tropfen des ablaufenden Wassers durch 1 Tropfen verdünnte Eisenchloridlösung nicht mehr gerötet wird. (Bis also im Waschwasser keine Mekonsäure und kein Natriumacetat mehr nachweisbar ist.) Nachdem das Narkotin gut abgetropft ist, bringt man es mit dem

Filter in das Becherglas zurück, löst es in 5 ccm $^1/_{10}$-n-Salzsäure und filtriert die Lösung durch ein kleines glattes Filter in ein Titrierkölbchen, wobei Becherglas und Filter dreimal mit je 5 ccm Wasser nachgewaschen werden. Nach Zusatz von 2 Tropfen **Methylorangelösung** titriert man mit $^1/_{10}$-n-Kalilauge bis zum Farbenumschlag in Gelb. **Feinbürette.**

$$\frac{(5 - \text{ccm } ^1/_{10}\text{-n-Lauge}) \cdot 0,04\,132 \cdot 100}{0,4\,s} = \text{Prozent Narkotin,}$$

$s =$ Gewicht des Narkophins.

Für 0,2 g Narkophin sollen nicht mehr als 2,97 und nicht weniger als 2,87 ccm $^1/_{10}$-n-Lauge verbraucht werden, so daß mindestens 2,03 und höchstens 2,13 ccm $^1/_{10}$-n-Salzsäure zur Bindung des Narkotins verbraucht sind:

$$\frac{2,03 \cdot 0,04\,132 \cdot 100}{0,2} = \frac{8,388}{0,2} = 41,94\% \text{ (rund 42 \%) Narkotin,}$$

$$\frac{2,13 \cdot 0,04\,132 \cdot 100}{0,2} = \frac{8,801}{0,2} = 44,0\% \text{ Narkotin.}$$

Das Narkotin gibt als sehr schwache Base mit Essigsäure kein Salz. Infolgedessen wird es aus seinen Salzen durch Natriumacetat als freie Base abgeschieden. Da diese in Wasser sehr schwer löslich ist, besonders wenn sie nach einiger Zeit kristallinisch geworden ist, ist die Abscheidung praktisch vollständig. Bei der Titration sehr schwach basischer Alkaloide wird als Indikator **Methylorange** verwendet, während bei stärker basischen Alkaloiden **Methylrot** verwendet wird (vgl. S. 145).

Die Bestimmung des Narkotins kann auch in einfacher Weise gewichtsanalytisch ausgeführt werden. Man läßt das ausgewaschene Narkotin lufttrocken werden, setzt den Trichter mit dem Filter auf ein genau gewogenes Kölbchen von etwa 100 ccm und gießt auf das Filter nach und nach etwa 10 ccm heißen absoluten Alkohol oder etwa 5 ccm warmes Chloroform. Dann verdampft man das Lösungsmittel auf dem Wasserbad, trocknet den Rückstand bei 100° und wägt genau. Aus 0,2 g Narkophin müssen 0,084—0,088 g Narkotin erhalten werden. Sehr gut läßt sich die gewichtsanalytische und daran anschließend die maßanalytische Bestimmung mit Hilfe eines Glasfiltertrichters ausführen (vgl. Opium, S. 163).

Morphinbestimmung. In einem Arzneiglas löscht man 0,3 g gebrannten Kalk mit 2—3 Tropfen Wasser und fügt **20 ccm** der Narkophinlösung (0,5 g:50 ccm) sowie 0,5 g **Seesand** hinzu. Das Gemisch wird unter wiederholtem Umschütteln 2 Stunden lang stehengelassen und dann durch ein nicht angefeuchtetes Faltenfilter von 8 cm Durchmesser in ein trockenes Arzneiglas von 30 ccm filtriert. **10 g** des Filtrats werden im Glasstopfenkölbchen von 100 ccm mit 0,2 g Ammoniumchlorid sowie nach dessen Lösung mit 2 ccm Essigäther versetzt und 10 Minuten lang kräftig geschüttelt. Dann fügt man weitere 4 ccm Essigäther hinzu und läßt die Mischung in dem geschlossenen Kolben unter zeitweiligem Umschwenken 1 Stunde lang stehen.

Dann wird das ausgeschiedene Morphin genau wie beim Opium, am besten unter Anwendung einer Saugvorrichtung auf einem glatten Filter gesammelt, wobei zum Nachspülen des Kolbens und Filters einmal 2 ccm Essigäther und dann dreimal je 1 ccm mit Äther gesättigtes Wasser verwendet werden. Das Filter wird dann in den Kolben gebracht und bei 100° getrocknet. Darauf löst man das Morphin in **5 ccm** $^1/_{10}$-n-Salzsäure, gießt die Lösung durch ein kleines, glatt anliegendes Filter in ein Titrierkölbchen von 50—100 ccm und wäscht Kolben und Filter mit im ganzen etwa 20 ccm Wasser nach. Nach Zusatz von 2 Tropfen Methylrotlösung wird mit $^1/_{10}$-n-Kalilauge bis zum Farbenumschlag in Gelb titriert. Feinbürette.

$$\frac{(5 - \text{ccm } ^1/_{10}\text{-n-Lauge}) \cdot 0,02852 \cdot 100}{0,2\, s} = \text{Prozent Morphin,}$$

$$s = \text{Gewicht des Narkophins.}$$

Bei Anwendung von 0,5 g Narkophin zur Herstellung der 50 ccm Lösung ist $0,2 \cdot 0,5 = 0,1$.

Für 0,1 g Narkophin sollen nicht mehr als 3,97 und nicht weniger als 3,93 ccm $^1/_{10}$-n-Lauge verbraucht werden, so daß mindestens 1,03 und höchstens 1,07 ccm $^1/_{10}$-n-Salzsäure zur Bindung des Morphins verbraucht sind:

$$\frac{1,03 \cdot 0,02852 \cdot 100}{0,1} = 29,4\% \text{ Morphin,}$$

$$\frac{1,07 \cdot 0,02852 \cdot 100}{0,1} = 30,5\% \text{ Morphin.}$$

Zur Morphinbestimmung wird hier ebenso wie bei Opium concentratum das **Kalkverfahren** angewandt. Durch das Calciumhydroxyd wird das Narkotin als freie Base abgeschieden, die Mekonsäure zu schwer löslichem Calciummekonat gebunden, während das Morphin in lösliches **Calciummorphinat** übergeführt wird. Aus letzterem wird dann das Morphin mit Ammoniumchlorid abgeschieden (vg. S. 167).

Die Bestimmung des Morphins läßt sich auch ebenso einfach wie beim Opium gewichtsanalytisch ausführen, besonders bequem mit Hilfe eines Glasfiltertrichters.

Secale cornutum.

Gehalt mindestens 0,05% **wasserunlösliche Mutterkornalkaloide**, mittleres Mol.-Gew. = 600, **Normalgewicht** = 600 g; 1 ccm $^1/_{10}$-n-Salzsäure = 60 mg Alkaloide, log 77815.

100 g grobgepulvertes Mutterkorn werden in einer Flasche von etwa 1000 ccm Inhalt mit 4 g gebrannter Magnesia und 40 ccm Wasser vermischt. Nach Zusatz von 300 g Äther läßt man das Gemisch unter häufigem, kräftigem Umschütteln 3 Stunden lang stehen, gibt 100 ccm Wasser und nach weiterem Umschütteln 10 g Traganth hinzu und schüttelt bis zum Zusammenballen des Mutterkorns. Die Ätherlösung gießt man durch einen mit einem Wattebäuschchen verschlossenen Trichter in ein Arzneiglas von 500 ccm Inhalt, setzt 1 g Talk und nach 3 Minuten langem Schütteln etwa 20 ccm Wasser hinzu, schüttelt kräftig durch, läßt bis zur völligen Klärung stehen und filtriert die ätherische Lösung durch ein Faltenfilter von etwa 15 cm Durchmesser. Zu 180 g des Filtrats (= 60 g Mutterkorn) gibt man in einem Scheidetrichter 50 ccm mit Wasser verdünnte Salzsäure (1 + 99) und schüttelt 3 Minuten lang kräftig durch. Nach vollständiger Scheidung läßt man die salzsaure Lösung in einen Kolben abfließen und wiederholt das Ausschütteln in derselben Weise zunächst mit 10 ccm Wasser und darauf nochmals mit 20 ccm der mit Wasser verdünnten Salzsäure (1 + 99).

Die vereinigten salzsauren Auszüge stellt man zur Entfernung der Hauptmenge des gelösten Äthers etwa 20 Minuten lang in Wasser von 50°, filtriert sie nach dem Abkühlen durch ein mit Wasser angefeuchtetes Faltenfilter in ein Becherglas, wäscht Kolben und Filter zweimal mit je 5 ccm Wasser nach und versetzt das klare Filtrat unter Umrühren vorsichtig mit soviel Natriumcarbonatlösung (1 + 9), daß die Flüssigkeit Lackmuspapier bläut und der entstehende Niederschlag sich nicht mehr verstärkt. Man stellt zum Absetzen des Niederschlages 12 Stunden lang an einen kühlen Ort, filtriert darauf durch ein glattes, gehärtetes Filter von

9 cm Durchmesser und wäscht den Niederschlag mit Wasser aus, bis das ablaufende Filtrat nach dem Ansäuern mit Salpetersäure und nach Zusatz von Silbernitratlösung höchstens eine Opalescenz zeigt.

Den noch feuchten Niederschlag spritzt man unter Verwendung von etwa 30 ccm Wasser in einen weithalsigen Kolben, fügt 3 ccm $^1/_{10}$-n-Salzsäure und 3 Tropfen Methylorangelösung hinzu und titriert mit $^1/_{10}$-n-Kalilauge bis zum Farbenumschlag. Hierzu dürfen höchstens 2,5 ccm $^1/_{10}$-n-Kalilauge verbraucht werden, so daß mindestens 0,5 ccm $^1/_{10}$-n-Salzsäure zur Sättigung der vorhandenen Alkaloide erforderlich sind, was einem Mindestgehalt von 0,05% wasserunlöslichen Mutterkornalkaloiden entspricht.

$$\frac{0,5 \cdot 0,060 \cdot 100}{60} = 0,05 \text{ Prozent.}$$

Zu 10 ccm der titrierten Flüssigkeit gibt man in einem Scheidetrichter einige Tropfen Natriumcarbonatlösung und 5 ccm Essigäther hinzu und schüttelt kräftig durch. Nach völliger Klärung läßt man die wässerige Flüssigkeit abfließen. Fügt man zu 1 ccm der Essigätherlösung 1 ccm Essigsäure und 1 Tropfen verdünnte Eisenchloridlösung hinzu (1 + 99), so muß sich beim Unterschichten mit Schwefelsäure an der Berührungsfläche der beiden Flüssigkeiten eine kornblumenblaue Zone bilden.

Das in Wasser unlösliche Alkaloidgemisch enthält die 3 Alkaloide: Ergotamin, Mol.-Gew. 581,3; Ergotoxin, Mol.-Gew. 627,4; Ergotinin, Mol.-Gew. 609,4. Das Mittel aus den 3 Mol.-Gew. ist 600, und diese Zahl wird der Berechnung zugrunde gelegt.

Jodometrische Bestimmungen.

Die meisten jodometrischen Bestimmungen beruhen auf der Umsetzung zwischen freiem Jod und Natriumthiosulfat:

$$2\ Na_2S_2O_3 + 2\ J = 2\ NaJ + Na_2S_4O_6.$$

Es entsteht dabei Natriumjodid und tetrathionsaures Natrium (Natriumtetrathionat). Man kann auf Grund dieser Umsetzung nicht nur freies Jod, sondern eine große Reihe von Stoffen bestimmen, die aus Jodwasserstoff oder Jodiden Jod frei machen, z. B. Chlor, Chlorkalk, Ferrisalze u. a. Auch in Jodiden gebundenes Jod läßt sich bestimmen, indem man es durch Oxydationsmittel, z. B. Ferrisalze, frei macht, und dann mit Natriumthiosulfatlösung titriert (siehe S. 181).

Einige jodometrische Bestimmungen beruhen auf der oxydierenden Wirkung der Jods, wobei letzteres zu Jodwasserstoff reduziert wird. Zu diesen Bestimmungen wird eine Jodlösung von bekanntem Gehalt verwendet (siehe S. 174).

Erforderliche Lösungen:

$^1/_{10}$-n-Natriumthiosulfatlösung. Nach der Umsetzungsgleichung: $2\,Na_2S_2O_3 + 2\,J = 2\,NaJ + Na_2S_4O_6$ ist das Normalgewicht des kristallisierten Natriumthiosulfats, $Na_2S_2O_3 + 5\ H_2O$, = 1 Mol = 248,22 g. Genaue $^1/_{10}$-n-Natriumthiosulfatlösung enthält demnach 24,822 g krist. Natriumthiosulfat in 1 Liter. Infolge der Schwankungen im Wassergehalt kann man nicht ohne weiteres eine genaue $^1/_{10}$-n-Lösung herstellen.

Man wägt mit der Handwaage 30 g reines kristallisiertes Natriumthiosulfat ab, das den Anforderungen des Arzneibuches entspricht und löst es in rund 1100 ccm (oder Gramm) ausgekochtem und wieder erkaltetem Wasser. (Das Auskochen des Wassers ist nötig zur Entfernung des Kohlendioxyds, das in dem Wasser in Spuren enthalten ist und die Haltbarkeit der Natriumthiosulfatlösung wenigstens im Anfang beeinträchtigt. Nicht ausgekochtes Wasser läßt sich verwenden, wenn man auf 1 Liter 0,2 g krist. Natriumcarbonat zusetzt, wodurch das Kohlendioxyd zu Natriumbicarbonat gebunden wird.)

Zur Einstellung der Lösung dient als Urtiterstoff Kaliumdichromat, das aus einer angesäuerten Kaliumjodidlösung Jod frei macht:

$$K_2Cr_2O_7 + 6\,HJ + 4\,H_2SO_4 = 6\,J + K_2SO_4 + Cr_2(SO_4)_3 + 7\,H_2O.$$

Das hierzu erforderliche, **besonders gereinigte Kaliumdichromat** wird auf folgende Weise gewonnen:

200 g Kaliumdichromat, das den Anforderungen des Arzneibuches entspricht, werden in 600 ccm Wasser durch Erhitzen zum Sieden gelöst. Die Lösung wird durch ein Faltenfilter in ein Becherglas filtriert und unter Umrühren erkalten gelassen (Einstellen in kaltes Wasser). Das ausgeschiedene Kristallmehl wird abgesogen, mit wenig Wasser gewaschen und erst an der Luft, dann bei 120—130° getrocknet und im Exsikkator erkalten gelassen.

Nach Vorschrift des Arzneibuches soll das Umkristallisieren noch einmal wiederholt werden. Das ist nicht nötig, wenn das angewandte Kaliumdichromat hinsichtlich der Reinheit den Vorschriften des Arzneibuches entsprach.

Die Einstellung der $^1/_{10}$-n-Natriumthiosulfatlösung soll nach dem Arzneibuch in folgender Weise ausgeführt werden:

Etwa 2,45 g besonders gereinigtes Kaliumdichromat werden genau gewogen $= a$ und zu 500 ccm in Wasser gelöst. Von dieser Lösung gibt man **20 ccm** in einen Glasstopfenkolben (von 200 ccm), fügt 1,2 g Kaliumjodid, 80 ccm Wasser und 10 ccm Salzsäure (25%) hinzu, verschließt den Kolben, mischt durch Umschwenken und titriert nach 2 Minuten mit der einzustellenden Natriumthiosulfatlösung, wobei man gegen Ende der Titration etwa 5 ccm Stärkelösung als Indikator zusetzt. Nach dem Verschwinden der Blaufärbung der Jodstärke zeigt die Flüssigkeit die hellgrüne Farbe einer Chromisalzlösung.

Wenn b ccm Natriumthiosulfatlösung verbraucht werden, so ist der Faktor der Lösung

$$F_{Na_2S_2O_3} = 8{,}16 \cdot \frac{a}{b}.$$

Die Zahl 8,16 in dieser Formel ergibt sich auf folgende Weise:

Nach der Umsetzungsgleichung ist 1 Mol $K_2Cr_2O_7 = 6$ Grammatom J; das Normalgewicht des Kaliumdichromats, Mol.-Gew. $= 294{,}22$, ist deshalb $= {}^1/_6$ Mol $= 49{,}04$ g, das $^1/_{10}$-Normalgewicht $= 4{,}904$ g. 2,45 g ist ziemlich genau $= {}^1/_{20}$-Normalgewicht, und wenn diese Menge zu 500 ccm gelöst wird, ist die Lösung ziemlich genau $^1/_{10}$-normal. Hätte man genau 2,452 g Kaliumdichromat abgewogen, so wäre die Lösung genau $^1/_{10}$-normal, und $8{,}16 \cdot a$ wäre dann $= 8{,}16 \cdot 2{,}452 = 20{,}00$.

Die Rechnung wird einfacher, wenn man eine genaue $^1/_{10}$-n-Kaliumdichromatlösung benutzt, die haltbar ist und auf folgende Weise hergestellt wird:

$^1/_{10}$**-n-Kaliumdichromatlösung.** Die Lösung enthält in 1 Liter **4,904 g** Kaliumdichromat, $K_2Cr_2O_7$, Mol.-Gew. $= 294,2$, Normalgewicht 49,04 g.

Zur Herstellung der Lösung wägt man 5 g bei 100—140° getrocknetes reinstes Kaliumdichromat auf der Handwaage ab, wägt diese Menge auf einem Uhrglas genau und berechnet, wieviel Lösung mit der abgewogenen Menge herzustellen ist. Angenommen, es seien 5,012 g Kaliumdichromat abgewogen, dann ergibt sich die Menge der herzustellenden Lösung nach der Gleichung:

$$4,904 : 1000 \text{ ccm} = 5,012 : x; \qquad x = \frac{5012 \text{ ccm}}{4,904} = 1022 \text{ ccm}.$$

Man bringt dann das Kaliumdichromat mit Hilfe eines Trichters unter Nachspülen mit Wasser in einen Meßkolben von 1000 ccm; füllt nach dem Auflösen mit Wasser auf 1000 ccm auf und bringt dann zu der Lösung noch 22 ccm Wasser in der unter n-Salzsäure beschriebenen Weise. Am einfachsten läßt sich die Lösung mit Hilfe eines Kropfkolbens (s. S. 90) herstellen.

Bei der Einstellung der Natriumthiosulfatlösung mit genauer $^1/_{10}$-n-Kaliumdichromatlösung ist der Faktor:

$$F_{Na_2 S_2 O_3} = \frac{20}{\text{Anzahl ccm Natriumthiosulfatlösung}}.$$

Angenommen, es seien bei 2 Versuchen für **20 ccm** $^1/_{10}$-n-Kaliumdichromatlösung je 19,1 ccm Natriumthiosulfatlösung verbraucht worden; dann ist der Faktor $= 20 : 19,1 = 1,047$. Man kann nun eine genaue $^1/_{10}$-n-Natriumthiosulfatlösung herstellen, indem man zu 1000 ccm der Lösung in der unter n-Salzsäure angegebenen Weise 47 ccm Wasser hinzufügt oder 955 ccm der Lösung mit Wasser auf 1000 ccm auffüllt. Man kann aber auch den Faktor auf der Flasche vermerken und ihn bei den Berechnungen berücksichtigen.

Die Natriumthiosulfatlösung ist, wenn sie mit ausgekochtem Wasser oder unter Zusatz einer kleinen Menge Natriumcarbonat hergestellt wird, ziemlich lange haltbar. Ihr Wirkungswert kann von Zeit zu Zeit leicht mit der $^1/_{10}$-n-Kaliumdichromatlösung nachgeprüft werden.

Von Wagner ist angegeben worden, daß bei der Einstellung der Natriumthiosulfatlösung mit Kaliumdichromatlösung durch die Wirkung des Luftsauerstoffs eine geringe Menge Jod mehr frei wird, als der Menge des Kaliumdichromats entspricht. Diese Angabe ist bisher nicht bestätigt worden. Der Fehler ist jedenfalls, wenn die Titration wie vorgeschrieben, nach 2 Minuten ausgeführt wird, so gering, daß er praktisch keine Rolle spielt.

Der durch eine Oxydation von Jodwasserstoff durch den Sauerstoff der Luft bedingte Fehler kann aber merklich größer werden, wenn die Flüssigkeit nach Zusatz von Kaliumjodid längere Zeit, $^1/_2$ oder 1 Stunde lang, stehen muß, wie z. B. bei der Bestimmung von Wasserstoffperoxyd, von Eisen und von Arsen in organischen Arsenverbindungen.

In diesen Fällen empfiehlt es sich, die Luft aus den Gefäßen durch Kohlendioxyd zu verdrängen, was am einfachsten dadurch geschieht, daß man in die säurehaltige Flüssigkeit vor dem Zusatz von Kaliumjodid etwas Kaliumbicarbonat in Kristallen gibt.

$^1/_{10}$-n-Jodlösung. Die Lösung enthält in 1 Liter 12,692 g Jod, Atomgewicht = 126,92, Normalgewicht = 1 Grammatom = 126,92 g. Meistens verwendet man eine annähernd richtige Lösung mit festgestelltem Wirkungswert.

Man löst in einem gewöhnlichen Kolben 13 g Jod mit Hilfe von 20 g Kaliumjodid in etwa 50 ccm Wasser und verdünnt die Lösung mit Wasser auf ungefähr 1 Liter.

Zur Einstellung bringt man **20 ccm** der Jodlösung in einen Titrierkolben, verdünnt mit etwa 30 ccm Wasser und titriert mit $^1/_{10}$-n-Natriumthiosulfatlösung, wobei man gegen Ende der Titration etwa 5 ccm Stärkelösung zusetzt. Die Titration wird ein oder zweimal wiederholt. Angenommen, es seien für 20 ccm der Jodlösung 20,8 ccm $^1/_{10}$-n-Natriumthiosulfatlösung verbraucht worden; dann ist der Faktor der Jodlösung

$$F_J = \frac{20,8}{20} = 1,040.$$

Da die Jodlösung nicht völlig haltbar ist, sondern allmählich durch Jodverlust schwächer wird, ist es nicht zweckmäßig, sie zu einer genauen $^1/_{10}$-n-Lösung zu verdünnen. Man vermerkt den Faktor auf der Flasche und prüft ihn von Zeit zu Zeit nach.

Als Indikator wird bei den meisten jodometrischen Bestimmungen etwa 1%ige Stärkelösung verwendet.

Stärkelösung. Sehr lange haltbare Stärkelösung erhält man auf folgende Weise:

In einem Kolben erhitzt man 225 ccm Wasser nach Zusatz von etwa 0,05 g Quecksilberjodid zum Sieden und gibt eine Anreibung von 2,5 g löslicher Stärke (Amylum solubile) in 25 ccm Wasser hinzu. Nach dem Umschwenken kühlt man den Kolben durch Einstellen in kaltes Wasser oder unter der Wasserleitung auf 15—20° ab und filtriert die Lösung durch ein Faltenfilter. Die in der Stärkelösung gelösten Spuren von Quecksilberjodid verhindern das Schimmeln der Lösung und Bakterienwachstum, ohne bei irgendeiner Anwendung der Lösung zu schaden.

Von dieser Lösung werden der zu titrierenden Flüssigkeit etwa 5 ccm zugesetzt, am besten gegen Ende der Titration, wenn nur noch wenig freies Jod vorhanden ist. Bei der Titration von sehr stark sauren Lösungen, siehe Arsenbestimmungen, S. 188, wird ohne Stärkelösung titriert, weil die blaue Jodstärke in stark saurer Lösung zersetzt wird, und keine reine Blaufärbung auftritt.

Bestimmungen mit $^1/_{10}$-n-Natriumthiosulfatlösung.

Jodum.

Gehalt mindestens 99% Jod, Atom-Gew. 126,92; Normalgewicht = 1 Grammatom = 126,92 g; 1 ccm $^1/_{10}$-n-Natriumthiosulfatlösung = 12,692 mg Jod, log 10353.

Etwa 0,2 g Jod werden im Glasstopfenkolben genau gewogen und nach Zusatz von 0,5 g Kaliumjodid (Handwaage) in etwa 1 ccm Wasser gelöst. Die Lösung wird mit etwa 20 ccm Wasser verdünnt und mit $^1/_{10}$-n-Natriumthiosulfatlösung titriert (Stärkelösung, etwa 2 ccm, wird gegen Schluß der Titration zugefügt). Man kann aber auch ohne Stärkelösung bis zur Entfärbung titrieren.

$$\frac{\text{ccm } ^1/_{10}\text{-n-Thiosulfatlösung} \cdot 0,012\,692 \cdot 100}{s} = \text{Prozent Jod,}$$

$$s = \text{Gewicht des angewandten Jods.}$$

Für 0,2 g Jod sollen mindestens 15,6 ccm $^1/_{10}$-n-Thiosulfatlösung verbraucht werden.

$$\frac{15 \cdot 6 \cdot 1,2692}{0,2} = \frac{19,8}{0,2} = 99\,\% \text{ Jod.}$$

Enthält das Jod Chlorjod, so kann der Gehalt höher als 100% gefunden werden, weil nach der Gleichung $JCl + KJ = KCl + 2J$ 162,5 T. Chlorjod 254 T. Jod entsprechen. Chlorjod wird aber schon durch die qualitative Prüfung mit Silbernitrat erkannt.

Tinctura Jodi.

Gehalt 6,8—7% freies Jod und 2,8—3% Kaliumjodid, Mol.-Gew. 166,02; Normalgewicht = 1 Mol = 166,02 g; 1 ccm $^1/_{10}$-n-Natriumthiosulfatlösung = 12,692 mg Jod, log 10353, und 16,602 mg Kaliumjodid, log 22016.

Bestimmung des freien Jods. Etwa 2 g Jodtinktur werden im Glasstopfenkölbchen genau gewogen und nach Zusatz von etwa 10 ccm Wasser ohne Rücksicht auf das sich ausscheidende Jod mit $^1/_{10}$-n-Natriumthiosulfatlösung titriert bis zur Entfärbung. Das bei der Umsetzung entstehende Natriumjodid genügt, um das Jod wieder in Lösung zu bringen. Ein Zusatz von Kaliumjodid wie beim Jod ist deshalb nicht nötig. Die·Titration kann auch ohne Stärkelösung ausgeführt werden.

$$\frac{\text{ccm } ^1/_{10}\text{-n-Thiosulfatlösung} \cdot 0,012\,692 \cdot 100}{s} = \text{Prozent Jod,}$$

$$s = \text{Gewicht der angewandten Jodtinktur.}$$

Für 2 g Jodtinktur sollen 10,7—11,0 ccm $^1/_{10}$-n-Natriumthiosulfatlösung verbraucht werden:

$$\frac{10,7 \cdot 0,012\,692 \cdot 100}{2} = \frac{13,58}{2} = 6,79\,\% \text{ Jod,}$$

$$\frac{11,0 \cdot 0,012\,692 \cdot 100}{2} = \frac{13,96}{2} = 6,98\,\% \text{ Jod.}$$

Bestimmung des Kaliumjodidgehaltes. Arzneibuch: „Etwa 2 g Jodtinktur werden in einem Kolben mit eingeriebenem Glasstopfen genau gewogen und mit 35 ccm verdünnter Schwefelsäure und 3 g gepulverter Oxalsäure versetzt. Ohne darauf zu achten, daß die Oxalsäure gelöst ist, fügt man unter Umschwenken 20 ccm Kaliumpermanganatlösung (0,5:100) hinzu und läßt unter wiederholtem Umschwenken 3 Stunden lang stehen. Nach Zusatz von 5 ccm Chloroform titriert man mit $^1/_{10}$-n-Natriumthiosulfatlösung unter häufigem, kräftigem Umschütteln bis zum Verschwinden der Farbe. Nach Abzug der für die Bestimmung des Gehalts an freiem Jod verbrauchten Kubikzentimeter $^1/_{10}$-n-Natriumthiosulfatlösung müssen für je 2 g Jodtinktur 3,37—3,61 ccm $^1/_{10}$-n-Natriumthiosulfatlösung verbraucht sein.“

Bei diesem Verfahren des Arzneibuches wird aus dem Jodwasserstoff das Jod durch Kaliumpermanganat frei gemacht. Der Überschuß an

Permanganat wird durch die Oxalsäure beseitigt. Das Verfahren gibt zu hohe Werte, weil ein Teil des Jods durch das Permanganat zu Jodsäure oxydiert wird, die dann bei der Titration mit Natriumthiosulfat mit dem entstehenden Jodwasserstoff weitere Mengen von freiem Jod gibt: $HJO_3 + 5HJ = 6J + 3H_2O$.

Einfacher und fehlerfrei ist folgendes Verfahren:

Etwa 2 g Jodtinktur werden im Glasstopfenkolben von 200 ccm genau gewogen, mit 3 g Wasser und 4 g Eisenchloridlösung versetzt und die Mischung in dem verschlossenen Kolben eine Stunde lang stehengelassen. Nach Zusatz von 100 ccm Wasser und 10 ccm Phosphorsäure wird 1 g Kaliumjodid hinzugefügt und sofort mit $^1/_{10}$-n-Natriumthiosulfatlösung titriert (Stärkelösung als Indikator).

$$KJ + FeCl_3 = J + KCl + FeCl_2.$$

Das überschüssige Eisenchlorid wird wie bei der Bestimmung des Eisenjodids im Sirupus Ferri jodati (s. S. 181) durch die Phosphorsäure unschädlich gemacht.

Die Zahl der Kubikzentimeter Thiosulfatlösung wird auf 2 g Jodtinktur umgerechnet. Von der gefundenen Zahl wird die Zahl der Kubikzentimeter der für 2 g Jodtinktur bei der Titration des freien Jods verbrauchten Thiosulfatlösung abgezogen und aus der Differenz der Gehalt an Kaliumjodid berechnet:

$$\frac{\text{Differenz} \cdot 0{,}016\,602 \cdot 100}{2} = \text{Prozent Kaliumjodid.}$$

Für 2 g Jodtinktur soll die Differenz 3,37 bis 3,61 ccm betragen:

$$\frac{3{,}37 \cdot 0{,}016\,602 \cdot 100}{2} = \frac{0{,}5595}{2} = 2{,}8\,\%\ KJ,$$

$$\frac{3{,}61 \cdot 0{,}016\,602 \cdot 100}{2} = \frac{0{,}5993}{2} = 3{,}0\,\%\ KJ.$$

Trotz der Angabe der Kubikzentimeterzahlen mit 2 Dezimalstellen ist die Benutzung der Feinbürette nicht nötig.

Da das jedesmalige Abwägen der 2 g Jodtinktur umständlich ist, empfiehlt es sich, zunächst die Bestimmungen des freien Jods und des Kaliumjodids mit je **2 ccm** Jodtinktur auszuführen. Bei einer Dichte von 0,898—0,902 sind 2 g der Jodtinktur = 0,18 g. Findet man Werte, die neun Zehntel der für 2 g Jodtinktur geforderten betragen, so genügt diese vereinfachte Bestimmung. Andernfalls wiederholt man die Bestimmung mit genau gewogenen Mengen. Zum Abmessen der 2 ccm benutzt man eine Vollpipette von 2 ccm.

Calcaria chlorata.

Gehalt mindestens 25% wirksames Chlor, Cl, At.-Gew. = 35,46; Normalgewicht = 1 Grammatom = 35,46 g Cl; 1 ccm $^1/_{10}$-n-Thiosulfatlösung = 3,546 mg Cl, log 54974.

Der Chlorkalk, der durch Einwirkung von Chlor auf Calciumhydroxyd entsteht, kann aufgefaßt werden als eine Verbindung, die das Calciumsalz der unterchlorigen Säure und des Chlorwasserstoffs ist:

$$Ca(OH)_2 + Cl_2 = Ca{<}^{OCl}_{Cl} + H_2O.$$

Daneben sind wechselnde Mengen von unverändertem Calciumhydroxyd und hydratisch gebundenem Wasser vorhanden.

Bringt man Chlorkalk mit Salzsäure zusammen, so entsteht freies Chlor (wirksames Chlor):

$$Ca{<}^{OCl}_{Cl} + 2\,HCl = Cl_2 + CaCl_2 + H_2O.$$

Die Menge des wirksamen Chlors ist abhängig von der Menge der Verbindung $Ca{<}^{OCl}_{Cl}$. Ist bei der Darstellung des Chlorkalks das Calciumhydroxyd genügend lange mit Chlor behandelt worden, so ist die Menge der Verbindung $Ca{<}^{OCl}_{Cl}$ so groß, daß der Chlorkalk etwa 35% wirksames Chlor gibt.

Bei der Aufbewahrung des Chlorkalks wird aber die Verbindung $Ca{<}^{OCl}_{Cl}$ allmählich unter Sauerstoffabgabe zersetzt, so daß unwirksames Calciumchlorid entsteht. Diese Zersetzung wird durch Wärme und Licht, besonders aber durch katalytische Wirkung gewisser Verunreinigungen des rohen Kalkes, z. B. Eisen- und Manganoxyden, beschleunigt. Der Gehalt an wirksamem Chlor nimmt also allmählich ab. Bei der Aufbewahrung in nicht dicht geschlossenen Gefäßen wirkt auch das Kohlendioxyd der Luft zersetzend.

5 g (Handwaage) einer Durchschnittsprobe des Chlorkalkes werden in einer Reibschale mit Wasser fein angerieben und mit weiteren Mengen Wasser (gewöhnliches Wasser genügt) in einen Meßkolben von 500 ccm gespült. Nach dem Auffüllen bis zur Marke und Mischen werden 50 ccm der trüben Flüssigkeit (= 0,5 g Chlorkalk) in einem Titrierkolben mit 1 g Kaliumjodid und nach der Auflösung des Kaliumjodids mit etwa 3 ccm Salzsäure versetzt:

$$Ca{<}^{OCl}_{Cl} + 2\,HCl = 2\,Cl + CaCl_2 + H_2O,$$

$$2\,Cl + 2\,HJ = 2\,J + 2\,HCl.$$

Das Jod wird mit $^1/_{10}$-n-Natriumthiosulfatlösung titriert (Stärkelösung).

$$\frac{ccm\ ^1/_{10}\text{-n-Thiosulfatlösung} \cdot 0{,}003\,546 \cdot 100}{0{,}5} = \text{Prozent Chlor.}$$

Für 0,5 g Chlorkalk müssen mindestens 35,2 ccm $^1/_{10}$-n-Thiosulfatlösung verbraucht werden:

$$\frac{35{,}2 \cdot 0{,}003\,546 \cdot 100}{0{,}5} = \frac{12{,}48}{0{,}5} = 24{,}96\%\ \text{Chlor.}$$

Chloramin.

p-Toluolsulfonchloramidnatrium.

$$[1{,}4]\ CH_3 \cdot C_6H_4 \cdot SO_2N{<}^{Na}_{Cl} + 3\,H_2O. \qquad \text{Mol.-Gew. 281,64.}$$

Gehalt mindestens 25% wirksames Chlor. Das Chloramin enthält selbst nur 12,6% Chlor, gibt aber mit Salzsäure die doppelte Menge:

$$CH_3 \cdot C_6H_4 \cdot SO_2N{<}^{Na}_{Cl} + 2\,HCl + H_2O = CH_3C_6H_4SO_2NH_2 + 2\,Cl + NaCl.$$

p-Toluolsulfonamid.

Die Umsetzung beruht auf einer Oxydationswirkung des Chloramins, das ebenso wie der Chlorkalk Chlorwasserstoff zu Chlor oxydiert. Bei gleichzeitigem Zusatz von Kaliumjodid erhält man an Stelle des Chlors Jod, das dann titriert wird.

5 g Chloramin (Handwaage) werden in einem Meßkolben von 500 ccm in Wasser gelöst. Nach dem Auffüllen und Mischen werden 50 ccm der Lösung (= 0,5 g Chloramin) in einem Titrierkolben mit 1 g Kaliumjodid und etwa 2 ccm Salzsäure versetzt und mit $^1/_{10}$-n-Natriumthiosulfatlösung titriert (Stärkelösung):

$$\frac{\text{ccm } ^1/_{10}\text{-n-Thiosulfatlösung} \cdot 0,003\,546 \cdot 100}{0,5} = \text{Prozent Chlor.}$$

Für 0,5 g Chloramin müssen mindestens 35,2 ccm $^1/_{10}$-n-Thiosulfatlösung verbraucht werden.

$$\frac{35,2 \cdot 0,003\,546 \cdot 100}{0,5} = \frac{12,43}{0,5} = 24,96\% \text{ Chlor.}$$

Hydrogenium peroxydatum solutum.

Gehalt 3—3,2 Gewichtsprozent Wasserstoffperoxyd, H_2O_2, Mol.-Gew. = 34,016; Normalgewicht = $^1/_2$ Mol = 17,008 g; 1 ccm $^1/_{10}$-n-Natriumthiosulfatlösung = 1,7 mg H_2O_2, log 23045.

Das Arzneibuch gibt hier ausdrücklich „Gewichtsprozent" an, obgleich unter der einfachen Bezeichnung „Prozent" immer Gewichtsprozent zu verstehen sind. Der Grund hierfür ist folgender: Im Handel wird der Gehalt einer Wasserstoffsuperoxydlösung häufig auch in Volumprozent angegeben, berechnet nach der Volummenge Sauerstoff, die 1 Volum der Lösung geben kann. 1 Liter Wasserstoffsuperoxydlösung mit 3 Gewichtsprozent H_2O_2 gibt mit Kaliumpermanganat und Schwefelsäure 10 Liter Sauerstoff und wird deshalb als 10-volumprozentig bezeichnet. Diese Bezeichnung ist irreführend und durchaus unwissenschaftlich.

In ein Meßkölbchen von 100 ccm wägt man auf der Rezepturwaage 10 g Wasserstoffperoxydlösung und füllt mit Wasser bis zur Marke auf. Man kann auch 10 ccm zu 100 ccm auffüllen. Im Glasstopfenkölbchen von 100 ccm werden 10 ccm der Verdünnung mit 5 ccm verdünnter Schwefelsäure, 0,5 g Kaliumbicarbonat (vgl. S. 174) und 1 g Kaliumjodid versetzt, die Mischung im verschlossenen Kölbchen $^1/_2$ Stunde lang stehengelassen und mit $^1/_{10}$-n-Natriumthiosulfatlösung titriert (Stärkelösung):

$$H_2O_2 + 2\,HJ = 2\,J + 2\,H_2O.$$
$$\text{ccm } ^1/_{10}\text{-n-Thiosulfatlösung} \cdot 0,0017 \cdot 100 = \text{Prozent } H_2O_2.$$

Für 1 g Wasserstoffperoxydlösung müssen 17,7—18,9 ccm $^1/_{10}$-n-Thiosulfatlösung verbraucht werden:

$$17,7 \cdot 0,0017 \cdot 100 = 3\% \ H_2O_2,$$
$$18,9 \cdot 0,0017 \cdot 100 = 3,2\% \ H_2O_2.$$

Hydrogenium peroxydatum solutum concentratum.

Gehalt mindestens 30 Gewichtsprozent Wasserstoffperoxyd, H_2O_2.

Etwa 1 g konzentrierte Wasserstoffperoxydlösung wird im Glasstopfenkölbchen genau gewogen und mit Wasser in ein Meßkölbchen von 100 ccm gespült. Nach dem Auffüllen bis zur Marke und Mischen werden 10 ccm der Lösung im Glasstopfenkölbchen mit 5 ccm verdünnter Schwefelsäure, 0,5 g Kaliumbicarbonat und 1 g Kaliumjodid versetzt. Nach halbstündigem Stehen wird mit $^1/_{10}$-n-Natriumthiosulfatlösung titriert:

$$\frac{\text{ccm } ^1/_{10}\text{-n-Thiosulfatlösung} \cdot 0,0017 \cdot 100}{0,1} = \text{Prozent } H_2O_2.$$

Es müssen für 0,1 g mindestens 17,7 ccm $^1/_{10}$-n-Thiosulfatlösung verbraucht werden:

$$17,7 \cdot 0,0017 \cdot 100 \cdot 10 = \text{mindestens } 30\% \ H_2O_2.$$

Die Bestimmung des Gehaltes an H_2O_2 kann bei beiden Lösungen auch mit Hilfe von Kaliumpermanganatlösung ausgeführt werden (siehe S. 221).

Magnesium peroxydatum.

Gehalt mindestens 25% Magnesiumperoxyd, MgO_2, Mol.-Gew. $= 56,32$; Normalgewicht $= {}^1/_2$ Mol $= 28,16$ g; 1 ccm $^1/_{10}$-n-Natriumthiosulfatlösung $= 2,816$ mg MgO_2, log 44963.

Etwa 0,2 g Magnesiumsuperoxyd werden im Glasstopfenkolben genau gewogen und in 10 ccm Wasser durch gelindes Schütteln verteilt. Dann fügt man unter Umschwenken 7—8 ccm verdünnte Salzsäure, 0,5 g Kaliumbicarbonat und 1 g Kaliumjodid hinzu, läßt die Mischung im verschlossenen Kolben $^1/_2$ Stunde lang stehen und titriert das ausgeschiedene Jod mit $^1/_{10}$-n-Natriumthiosulfatlösung (Stärkelösung):

$$MgO_2 + 4\,HCl + 2\,KJ = 2\,J + MgCl_2 + 2\,KCl + 2\,H_2O,$$

$$\frac{\text{ccm } {}^1/_{10}\text{-n-Thiosulfat} \cdot 0,002\,816 \cdot 100}{s} = \text{Prozent } MgO_2,$$

$s =$ Gewicht des angewandten Magnesiumsuperoxyds.

Für 0,2 g Magnesiumsuperoxyd müssen mindestens 17,8 ccm $^1/_{10}$-n-Thiosulfatlösung verbraucht werden:

$$\frac{17,8 \cdot 0,002\,816 \cdot 100}{0,2} = \frac{5,01}{0,2} = 25\% \ MgO_2.$$

Glandulae Thyreoideae siccatae.

Gehalt mindestens 0,18% Jod.

Der wirksame Bestandteil der Schilddrüse (der Thyreoidea) ist, wie zuerst von Baumann festgestellt wurde, eine organische Jodverbindung. Von E. C. Kendall wurde aus Schilddrüsen von Rindern oder Schafen eine kristallinische Jodverbindung, das Thyroxin isoliert. Das Thyroxin ist ein Oxydijodphenyläther eines Oxydijodtyrosins. Tyrosin $= \beta$-Phenylalanin oder β-Phenyl-a-aminopropionsäure, $C_6H_5CH_2CH(NH_2)COOH$. Dijodtyrosin oder Jodgorgosäure (wegen ihres Vorkommens in der Korallenart Gorgonia) $= C_6H_3J_2 \cdot CH_2CH(NH_2)COOH$. Oxydijodtyrosin $= HOC_6H_2J_2 \cdot CH_2CH(NH_2)COOH$

$$\text{Thyroxin} \quad HOC \underset{CJ\ CH}{\overset{CJ\ CH}{\langle\ \rangle}} C\!-\!O\!-\!C \underset{CJ\ CH}{\overset{CJ\ CH}{\langle\ \rangle}} C \cdot CH_2CH(NH_2)COOH.$$

In der Schilddrüse ist das Thyroxin wahrscheinlich mit einen Eiweißstoff zu einer weder in Wasser noch in Alkohol noch in Äther löslichen Verbindung verbunden.

Verfahren des Arzneibuches. 1 g getrocknete Schilddrüse wird in einem Porzellantiegel von etwa 50 ccm Inhalt mit 7 g einer Mischung von 5 T. Kaliumcarbonat, 5 T. getrocknetem Natriumcarbonat und 3 T. Kaliumnitrat gemischt und mit 3 g der Salzmischung bedeckt. Man erhitzt den Tiegel zunächst etwa 10 Minuten lang schwach und dann stärker bis zum Schmelzen der Masse. Nach dem Erkalten löst man die weißlichgraue Schmelze unter Erwärmen in 75 ccm Wasser und führt die Lösung in ein Becherglas von etwa 400 ccm über. Nach

Zugabe von 0,3 g gepulvertem Kaliumpermanganat kocht man 2 Minuten lang, gibt vorsichtig unter Umschwenken etwa 40 ccm verdünnte Schwefelsäure hinzu, bis Lackmuspapier gerötet wird, und kocht $^1/_2$ Stunde lang unter Ergänzung des verdampfenden Wassers. Dann versetzt man die Lösung vorsichtig mit 2—3 g getrocknetem Natriumcarbonat, bis Lackmuspapier gebläut wird, und mit 0,3 g Talk, kocht 1 Minute lang und setzt zu der Flüssigkeit, die noch deutlich die Farbe des Kaliumpermanganats aufweisen muß, 0,5 ccm Weingeist hinzu. Nachdem man bis zur Entfernung des Weingeistes 10 Minuten lang unter Ergänzung des verdampfenden Wassers gekocht hat, filtriert man die heiße Lösung durch ein glattes Filter von 12 cm Durchmesser in einen Kolben und wäscht Becherglas und Filter dreimal mit je 20 ccm einer heißen Lösung von Natriumsulfat (1 + 19) nach. Zu der farblosen Lösung gibt man nach dem Erkalten vorsichtig 20 ccm verdünnte Schwefelsäure hinzu, versetzt mit 0,1 g Kaliumjodid und etwa 10 ccm Stärkelösung und titriert mit $^1/_{10}$-n-Natriumthiosulfatlösung bis zur Entfärbung. Nimmt die titrierte Flüssigkeit vor Ablauf von 3 Minuten wieder eine blaue Färbung an, so ist die Bestimmung von Anfang an zu wiederholen.

Das Verfahren zur Bestimmung des Jodgehaltes nach dem Arzneibuch ist umständlich und auch unsicher, was schon daraus hervorgeht, daß das Arzneibuch eine Wiederholung der Bestimmung vorschreibt, wenn innerhalb kurzer Zeit die titrierte Flüssigkeit sich wieder blau färbt. Unter Umständen wären viele Wiederholungen erforderlich, weil man die Ursache des Wiederauftretens der Blaufärbung nicht kennt und sie deshalb nicht sicher vermeiden kann. Folgendes von Winterfeld und Roederer vorgeschlagene Verfahren nach St. Bugarszky und B. Horvath ist zweckmäßiger:

In einem Porzellantiegel werden etwa 0,5 g getrocknete Schilddrüsen genau gewogen und mit Hilfe eines Glasstabes mit 1,5 g Boraxpulver und 1 g einer Mischung von gleichen Teilen Kaliumcarbonat und getrocknetem Natriumcarbonat gemischt. Der Tiegel wird dann zunächst einige Minuten schwach und dann stärker erhitzt. Nach dem Erkalten löst man die weißgraue Schmelze unter gelindem Erwärmen (auf dem Wasserbad) in Wasser (etwa 20 ccm) unter Zusatz von etwa 7—10 ccm verdünnter Schwefelsäure. (Man legt den Tiegel dabei in eine Porzellanschale.) Die Lösung wird unter Nachspülen der Schale und des Filters in einen Glasstopfenkolben oder -Glas von 200 ccm filtriert, · mit 3 ccm (Meßglas) gesättigtem Bromwasser versetzt und gut gemischt. Nach 10 Minuten fügt man 2—3 Tropfen verflüssigtes Phenol hinzu und mischt wieder gut. Die klare farblose Flüssigkeit wird nach einigen Minuten mit etwa 0,1 g Kaliumjodid und 5 ccm (Meßglas) Phosphorsäure versetzt und das ausgeschiedene Jod aus der Feinbürette mit $^1/_{10}$-n-Natriumthiosulfatlösung titriert (Stärkelösung). Für 0,5 g getrocknete Schilddrüsen müssen mindestens 0,43 ccm $^1/_{10}$-n-Natriumthiosulfatlösung verbraucht werden.

Das Verfahren beruht wie das Arzneibuchverfahren darauf, daß nach dem Verbrennen der organischen Substanz der aus dem Alkalijodid durch Schwefelsäure frei gemachte Jodwasserstoff zu Jodsäure oxydiert wird. Diese Oxydation wird nach dem Arzneibuch mit Kaliumpermanganat, nach dem vereinfachten Verfahren mit Brom bewirkt:

$$2\,HJ + Br_2 = 2\,J + 2\,HBr$$
$$2\,J + 5\,Br_2 + 6\,H_2O = 2\,HJO_3 + 10\,HBr.$$

Der Überschuß an Brom wird durch das zugesetzte Phenol beseitigt:

$$C_6H_5OH + 6\,Br = C_6H_2Br_3OH + 3\,HBr.$$

Die Jodsäure gibt mit dem Jodwasserstoff aus dem zugesetzten Kaliumjodid freies Jod:

$$HJO_3 + 5\,HJ = 6\,J + 3\,H_2O.$$

Das **Normalgewicht** des **Jods** der **Jodsäure** ist $= \frac{1}{6}$ Gramm-atom $= \dfrac{126,92}{6}$ g$= 21,15$ g und 1 ccm $\frac{1}{10}$-n-Natriumthiosulfatlösung entspricht 2,115 mg Jod, log 32 531.

$$\frac{0,43 \cdot 0,002\,115 \cdot 100}{0,5} = 0,182\% \text{ Jod.}$$

Prüfung auf fremde Jodverbindungen, die zur Erhöhung des Jodgehaltes zugesetzt sein können. Diese Prüfung ist neben der Gehaltsbestimmung stets auszuführen, am besten vorher.

1 g (Handwaage) getrocknete Schilddrüsen wird in einem Becherglas (von 50 ccm) mit 10 ccm Wasser gemischt und unter zeitweiligem Umschwenken 1 Stunde lang stehengelassen. Darauf filtriert man durch ein kleines, mit Wasser angefeuchtetes Filter in ein Kölbchen und wäscht Becherglas und Filter mit 5 ccm Wasser nach. Erhitzt man das Filtrat zum Sieden und gibt 1 Tropfen verdünnte Essigsäure hinzu, so muß sich ein flockiger Niederschlag von Eiweiß ausscheiden. (Zu hohe Temperatur beim Trocknen macht die in Wasser löslichen Eiweißstoffe unlöslich.) Nach dem Erkalten und Absetzen filtriert man die Flüssigkeit durch ein kleines Filter in ein Kölbchen (= **wässeriger Auszug**).

Das auf dem Filter gesammelte Pulver wird getrocknet, mit dem Filter in das Becherglas zurückgegeben und mit 10 ccm Weingeist übergossen; das Gemisch wird unter zeitweiligem Umschwenken 1 Stunde lang stehengelassen. Darauf filtriert man den Weingeist durch ein kleines glattes Filter in ein Kölbchen und wäscht Becherglas und Filter mit 5—10 ccm Weingeist nach (= **weingeistiger Auszug**). Das Filter wird in das Becherglas zurückgegeben, der Inhalt des Becherglases an einem warmen Ort getrocknet, mit 10 ccm Äther übergossen und mit einem Uhrglas bedeckt 1 Stunde lang stehengelassen. Dann filtriert man den Äther durch ein kleines glattes Filter in ein Kölbchen und wäscht Becherglas und Filter mit 5—10 ccm Äther nach (= **ätherischer Auszug**).

Nun verdampft man in einem Porzellantiegel von 25—30 ccm auf dem Wasserbad, zunächst unter gelindem Erwärmen, nacheinander den ätherischen, weingeistigen und wässerigen Auszug bis auf einen Rest von etwa 0,5 ccm, fügt 1 g Boraxpulver und 0,5 g der Mischung von gleichen Teilen Kaliumcarbonat und getrocknetem Natriumcarbonat hinzu und erhitzt das Gemisch auf dem Wasserbad bis zur Trockne. Dann erhitzt man mit freier Flamme erst gelinde, dann stärker bis zum Schmelzen.

Die erkaltete Schmelze wird wie bei der Gehaltsbestimmung nach dem vereinfachten Verfahren unter Zusatz von verdünnter Schwefelsäure in Wasser gelöst, die Lösung in einen Glasstopfenkolben filtriert und mit 3 ccm gesättigtem Bromwasser versetzt. Nach 10 Minuten werden 2—3 Tropfen verflüssigtes Phenol und nach dem Mischen 0,1 g Kaliumjodid und 5 ccm Phosphorsäure (25%) zugesetzt. Nach Zusatz von Stärkelösung muß die Flüssigkeit, falls sie blau gefärbt ist, durch 0,1 ccm $\frac{1}{10}$-n-Natriumthiosulfatlösung entfärbt werden.

Sirupus Ferri jodati.

Gehalt annähernd 5% Eisenjodür, $FeJ_2 = $ annähernd 4,1% **Jod.**

5 g Jodeisensirup werden im Glasstopfenkolben von 200 ccm auf der Rezepturwaage möglichst genau abgewogen. Sodann fügt man 4 g Eisenchloridlösung hinzu, mischt durch sanftes Umschwenken und läßt das Gemisch in dem geschlossenen Kolben 1—1½ Stunden stehen. Hierauf fügt man 100 ccm Wasser und 10 ccm Phosphorsäure hinzu und nach dem Umschwenken 1 g Kaliumjodid (Reihenfolge genau beachten!). Dann wird sofort mit $\frac{1}{10}$-n-Natriumthiosulfatlösung titriert (Stärkelösung):

$$\frac{\text{ccm } \frac{1}{10}\text{-n-Thiosulfatlösung} \cdot 0,012692 \cdot 100}{5} = \text{Prozent Jod.}$$

Für 5 g Jodeisensirup sollen nicht weniger als 15,8 und nicht mehr als 16,2 ccm $^1/_{10}$-n-Thiosulfatlösung verbraucht werden:

$$\frac{15,8 \cdot 0,012\,692 \cdot 100}{5} = \frac{20,05}{5} = 4,01\% \text{ Jod},$$

$$\frac{16,2 \cdot 0,012\,692 \cdot 100}{5} = \frac{20,55}{5} = 4,11\% \text{ Jod}.$$

Diese Gehaltsbestimmung beruht darauf, daß durch das Eisenchlorid aus dem Eisenjodür das Jod frei gemacht wird:

$$FeJ_2 + 2\,FeCl_3 = 2\,J + 3\,FeCl_2.$$

Das überschüssige Eisenchlorid wird durch die Phosphorsäure in Ferriphosphat übergeführt, das im Gegensatz zu Eisenchlorid aus dem nachher zur Auflösung des ausgeschiedenen Jods zugesetzten Kaliumjodid kein Jod frei macht, wenigstens nicht in kurzer Zeit. Der Zusatz von Kaliumjodid darf deshalb erst nach dem Zusatz der Phosphorsäure erfolgen. Wird das Kaliumjodid versehentlich vorher zugesetzt, so ist die Bestimmung zu wiederholen. Die Titration muß möglichst rasch nach dem Zusatz des Kaliumjodids erfolgen, weil das Ferriphosphat in längerer Zeit aus dem Kaliumjodid doch kleine Mengen Jod frei macht. Es tritt deshalb nach der Titration allmählich wieder eine Blaufärbung der Flüssigkeit ein, die aber nicht zu beachten ist.

Eisenbestimmungen.

Eisen läßt sich jodometrisch bestimmen, wenn es als **Ferrisulfat** oder **Ferrichlorid** vorliegt. Diese Verbindungen des dreiwertigen Eisens (Eisenoxydsalze) geben mit Jodwasserstoff freies Jod, wobei das Ferrisalz zu Ferrosalz reduziert wird. Die Einwirkung dieser Eisenoxydsalze auf Jodwasserstoff erfolgt unter bestimmten Versuchsbedingungen (Gegenwart von freier Schwefelsäure oder Salzsäure und einer reichlichen Menge Jodwasserstoff) quantitativ nach den Gleichungen:

$$Fe_2(SO_4)_3 + 2\,HJ = 2\,J + 2\,FeSO_4 + H_2SO_4,$$
$$FeCl_3 + HJ = J + FeCl_2 + HCl.$$

Die Bestimmung des Eisengehaltes kann bei **Liquor Ferri sesquichlorati** ohne weiteres ausgeführt werden. **Ferrum pulveratum** und **Ferrum reductum** werden in verdünnter Schwefelsäure zu Ferrosulfat gelöst und die Lösung mit **Kaliumpermanganatlösung** bis zur Rotfärbung versetzt, wodurch das Ferrosulfat zu Ferrisulfat oxydiert wird:

$$10\,FeSO_4 + 2\,KMnO_4 + 8\,H_2SO_4 = 5\,Fe_2(SO_4)_3 + 2\,MnSO_4 + K_2SO_4 + 8\,H_2O.$$

Der Überschuß an Kaliumpermanganat wird durch Weinsäure, ein Reduktionsmittel das auf Ferrisalze nicht einwirkt, beseitigt. Das ist nötig, weil Kaliumpermanganat ebenso wie Ferrisalze aus Jodwasserstoff Jod frei macht. Eine **Entfärbung der Lösung** (bis zur Farblosigkeit), wie im Arzneibuch angegeben, tritt nach dem Zusatz von Weinsäure nicht ein, weil die Lösung durch das Ferrisulfat gelb gefärbt ist. Es muß nur die Rotfärbung verschwinden.

Bei **Liquor Ferri oxychlorati dialysati** wird die Bestimmung im wesentlichen wie bei Liquor Ferri sesquichlorati ausgeführt.

Bei **Ferrum carbonicum cum Saccharo** wird der Überschuß an Kaliumpermanganat durch die reduzierende Wirkung des Zuckers beseitigt. Beim **Ferrum oxydatum cum Saccharo** wäre eine Oxydation mit Kaliumpermanganat eigentlich nicht nötig, weil das Eisen darin in der dreiwertigen Form [als kolloides Ferrihydroxyd, $Fe(OH)_3$] enthalten ist. Bei der Herstellung des Präparates kann aber durch die reduzierende Wirkung des Zuckers beim Eindampfen Ferrihydroxyd zu Ferrohydroxyd reduziert sein. Der Überschuß an Kaliumpermanganat wird auch hier durch den Zucker beseitigt. Ebenso bei **Sirupus Ferri oxydati**.

Im **Liquor Ferri albuminati** ist das Eisen zwar auch als Ferriverbindung enthalten, es ist aber auch hier eine Oxydation etwa vorhandener Ferroverbindungen mit Kaliumpermanganat vorgeschrieben. Der Überschuß wird durch die reduzierende Wirkung des Eiweißes beseitigt.

Bei **Ferrum lacticum** wird die Oxydation der Ferroverbindung mit **Wasserstoffperoxyd** ausgeführt. Bei Anwendung von Kaliumpermanganat würde sich infolge der stark reduzierenden Wirkung der Milchsäure **Mangandioxyd(hydrat)** ausscheiden, das nicht wie Kaliumpermanganat durch einen Zusatz von Weinsäure reduziert wird. Ebenso liegt der Fall bei **Extractum Ferri pomati**. Der Überschuß an Wasserstoffperoxyd, das ebenso wie Ferrisalze aus Jodwasserstoff Jod frei macht, wird beim Erhitzen der Lösung durch die Milchsäure oder Apfelsäure reduziert.

Da die Ferrisalzlösung nach Zusatz von Kaliumjodid 1 Stunde lang stehen muß, damit die Umsetzung vollständig wird, kann eine merkliche Oxydation von Jodwasserstoff durch den Sauerstoff der Luft, die in dem Gefäß enthalten ist, eintreten. Man schaltet den dadurch bedingten Fehler dadurch aus, daß man durch einen kleinen Zusatz von **Kaliumbicarbonat** die Luft aus dem Gefäß durch Kohlendioxyd verdrängt. Das Kaliumjodid wird zugesetzt, wenn das Kaliumbicarbonat aufgelöst ist.

Berechnungen:

Nach den Umsetzungsgleichungen

$$FeCl_3 + HJ = J + FeCl_2 + HCl$$

und

$$Fe_2(SO_4)_3 + 2\,HJ = 2\,J + 2\,FeSO_4 + H_2SO_4$$

gibt 1 Atom Eisen 1 Atom Jod (= 1 Atom H). Das **Normalgewicht** des Eisens ist demnach = 1 Grammatom = 55,84 g. 1 ccm $^1/_{10}$-n-Natriumthiosulfatlösung = 5,584 mg Fe, log 74695.

Die Eisenbestimmungen können durchweg mit der gewöhnlichen Bürette ausgeführt werden, besonders, wenn man die in den Arzneibuchvorschriften angegebenen Mengen verdoppelt. Durch den größeren Verbrauch an Kaliumjodid werden die Bestimmungen zwar etwas teurer, man spart aber an Arbeit und Zeit.

Liquor Ferri sesquichlorati.

Gehalt 9,8—10,3% Fe. At.-Gewicht 55,84; Normalgewicht = 1 Grammatom = 55,84 g; 1 ccm $^1/_{10}$-n-Natriumthiosulfatlösung = 5,584 mg Fe, log 74695.

Im Glasstopfenkolben von 100 ccm werden etwa 5 g Eisenchloridlösung genau gewogen und mit Wasser in einen Meßkolben von 100 ccm gespült. Nach dem Auffüllen bis zur Marke werden **10 ccm** der Mischung in einem Glasstopfenglas mit 6 ccm Salzsäure, 0,5 g Kaliumbicarbonat und 3 g Kaliumjodid versetzt, die Mischung im geschlossenen Glas 1 Stunde stehengelassen und nach Zusatz von etwa 50 ccm Wasser mit $^1/_{10}$-n-Natriumthiosulfatlösung titriert (Stärkelösung).

Bei der zulässigen Schwankung im Eisengehalt genügt zur Titration die gewöhnliche Bürette, besonders wenn man die nach der Arzneibuchvorschrift anzuwendenden Mengen verdoppelt.

$$\frac{\text{ccm } ^1/_{10}\text{-n-Thiosulfatlösung} \cdot 0{,}005584 \cdot 100}{0{,}1\,s} = \text{Prozent Fe},$$

$s =$ Gewicht der angewandten Eisenchloridlösung.

z. B. abgewogen 5,06 g Eisenchloridlösung, verbraucht 9,2 ccm $^1/_{10}$-n-Thiosulfatlösung:

$$\frac{9{,}2 \cdot 0{,}005\,584 \cdot 100}{0{,}506} = \frac{5{,}137}{0{,}506} = 10{,}15\% \text{ Fe}.$$

Für 0,25 g Eisenchloridlösung sollen 4,39—4,61 ccm $^1/_{10}$-n-Thiosulfatlösung verbraucht werden:

$$\frac{4{,}39 \cdot 0{,}005\,584 \cdot 100}{0{,}25} = \frac{2{,}45}{0{,}25} = 9{,}8\% \text{ Fe},$$

$$\frac{4{,}61 \cdot 0{,}005\,584 \cdot 100}{0{,}25} = \frac{2{,}574}{0{,}25} = 10{,}3\% \text{ Fe}.$$

Liquor Ferri oxychlorati dialysatus.

Gehalt 3,3—3,6% Fe.

In einen Meßkolben von 100 ccm mit aufgesetztem Trichter wägt man 10 g dialysierte Eisenoxychloridlösung und 20 g Salzsäure, erhitzt den Kolben im Wasserbad, bis die Lösung rotgelb und klar geworden ist und füllt nach dem Erkalten mit Wasser auf 100 ccm auf. **10 ccm** der Lösung werden im Glasstopfenglas mit 5 ccm Salzsäure, 0,5 g Kaliumbicarbonat und 1,5 g Kaliumjodid versetzt, im geschlossenen Glas 1 Stunde lang stehengelassen und nach Zusatz von etwa 50 ccm Wasser mit $^1/_{10}$-n-Natriumthiosulfatlösung titriert (Stärkelösung).

Bei der zugelassenen Schwankung im Eisengehalt genügt zur Titration die gewöhnliche Bürette.

$$\text{ccm } ^1/_{10}\text{-n-Thiosulfatlösung} \cdot 0{,}005584 \cdot 100 = \% \text{ Fe}$$

Für 1 g dialysierte Eisenoxychloridlösung sollen 5,91—6,45 ccm $^1/_{10}$-n-Thiosulfatlösung verbraucht werden:

$$5{,}91 \cdot 0{,}5584 = 3{,}3\% \text{ Fe}$$
$$6{,}45 \cdot 0{,}5584 = 3{,}6\% \text{ Fe}.$$

Ferrum pulveratum.

Gehalt mindestens 97,6% Fe.

Etwa 0,5 g gepulvertes Eisen werden in einem Erlenmeyerkölbchen von 100 ccm genau gewogen und in 40 ccm verdünnter Schwefelsäure unter Erwärmen auf dem Wasserbad gelöst. (Man kann das Kölbchen auch mit aufgesetztem kleinen Trichter vorsichtig auf dem Drahtnetz erhitzen). Die Lösung wird unter Nachwaschen des Kölbchens (und Abspülen des Trichters) mit Wasser in einen Meßkolben von 100 ccm gebracht und auf 100 ccm aufgefüllt. **10 ccm** der Lösung werden im Glasstopfenkolben mit Kaliumpermanganatlösung (0,5:100) bis zur schwachen Rötung versetzt. Nach Beseitigung der Rotfärbung durch einige Tropfen Weinsäurelösung (oder etwa 1 cg Weinsäurepulver) fügt man 10 ccm verdünnte Schwefelsäure, 0,5 g Kaliumbicarbonat und 3 g Kaliumjodid hinzu, läßt die Mischung 1 Stunde lang in dem geschlossenen Kolben stehen und titriert nach Zusatz von etwa 50 ccm Wasser mit $^1/_{10}$-n-Natriumthiosulfatlösung (gew. Bürette, Stärkelösung):

$$\frac{\text{ccm } ^1/_{10}\text{-n-Thiosulfat} \cdot 0,005\,584 \cdot 100}{0,1\,s} = \text{Prozent Fe},$$

s = Gewicht des angewandten Eisenpulvers, z. B. 0,518 g:

$$\frac{9,1 \cdot 0,005\,584 \cdot 100}{0,0518} = \frac{5,08}{0,0518} = 98\%\ \text{Fe}.$$

Für 0,05 g gepulvertes Eisen sollen mindestens 8,75 ccm $^1/_{10}$-n-Thiosulfatlösung verbraucht werden:

$$\frac{8,75 \cdot 0,005\,584 \cdot 100}{0,05} = \frac{4,886}{0,05} = 97,7\%\ \text{Fe}.$$

Ferrum reductum.

Gehalt mindestens 96,5% Eisen, davon mindestens 90% metallisches Eisen.

Das reduzierte Eisen enthält neben metallischem Eisen stets Eisenoxyd, meistens Eisenoxyduloxyd. Sind außer dem in verdünnter Salzsäure unlöslichen Anteil, für den eine Menge von 1% zugelassen ist, keine anderen Verunreinigungen vorhanden, was sich aus der qualitativen Prüfung ergibt, so kann man aus der Bestimmung des Gesamteisengehaltes den Mindestgehalt an metallischem Eisen mit genügender Genauigkeit berechnen. Reduziertes Eisen, das mindestens 96,5% Gesamteisen enthält, enthält auch mindestens 90% metallisches Eisen. Die Bestimmung wird in genau gleicher Weise ausgeführt wie bei Ferrum pulveratum.

Für 0,05 g reduziertes Eisen müssen mindestens 8,65 ccm $^1/_{10}$-n-Thiosulfatlösung verbraucht werden:

$$\frac{8,65 \cdot 0,005\,584 \quad 100}{0,05} = \frac{4,83}{0,05} = 96,6\%\ \text{Fe}.$$

Ferrum sulfuricum siccatum.

Gehalt mindestens 30,2% Eisen.

Etwa 0,1 g getrocknetes Ferrosulfat wird im Glasstopfenkolben von 100 ccm genau gewogen, in 10 ccm verdünnter Schwefelsäure gelöst und die Lösung mit Kaliumpermanganatlösung (0,5:100) bis zur schwachen Rotfärbung versetzt. Nach Zusatz von wenig Weinsäure und Verschwinden der Rotfärbung fügt man 0,5 g Kaliumbicarbonat und 1,5 g Kaliumjodid hinzu, läßt die Mischung 1 Stunde lang in dem geschlossenen Kolben stehen und titriert nach Zusatz von etwa 50 ccm Wasser mit $^1/_{10}$-n-Natriumthiosulfatlösung (Stärkelösung):

$$\frac{\text{ccm } ^1/_{10}\text{-n-Thiosulfatlösung} \cdot 0,005\,584 \cdot 100}{s} = \text{Prozent Fe}.$$

s = Gewicht des angewandten Ferrosulfats.

Für 0,1 g getrocknetes Ferrosulfat sollen mindestens 5,4 ccm $^1/_{10}$-n-Thiosulfatlösung verbraucht werden:

$$\frac{5,4 \cdot 0,005\,584 \cdot 100}{0,1} = 5,4 \cdot 5,584 = 30,15\%\ \text{Fe}.$$

Man kann das getrocknete Ferrosulfat auch im Glasbecherchen (Fettgläschen) abwägen und es damit in ein weithalsiges Glasstopfenglas von 100—150 ccm bringen, in dem dann die Oxydation und Titration erfolgt.

Ferrum carbonicum cum Saccharo.

Gehalt 9,5—10% Eisen.

Etwa 0,5 g zuckerhaltiges Ferrocarbonat werden im Glasstopfenkolben von 100 ccm genau gewogen und in 10 ccm verdünnter Schwefelsäure ohne Erwärmen gelöst. Die Lösung wird mit Kaliumpermanganatlösung (0,5:100) versetzt, bis zur schwachen, kurze Zeit bestehen bleibenden Rötung. Nachdem die Rotfärbung wieder verschwunden ist, wird die Lösung mit 0,5 g Kaliumbicarbonat und 2 g Kaliumjodid versetzt und die Mischung im geschlossenen Kolben 1 Stunde lang stehengelassen. Dann wird nach Zusatz von etwa 50 ccm Wasser und Stärkelösung mit $^1/_{10}$-n-Natriumthiosulfatlösung titriert:

$$\frac{\text{ccm } ^1/_{10}\text{-n-Thiosulfatlösung} \cdot 0{,}005\,584 \cdot 100}{s} = \text{Prozent Fe,}$$

$s =$ Gewicht des angewandten Ferrocarbonats,

z. B. abgewogen 0,523 g Ferrum carbonicum c. S., verbraucht 9,2 ccm $^1/_{10}$-n-Natriumthiosulfatlösung:

$$\frac{9{,}2 \cdot 0{,}005\,584 \cdot 100}{0{,}523} = \frac{5{,}137}{0{,}523} = 9{,}8\% \text{ Fe}.$$

Für 0,5 g Ferrocarbonat sollen 8,5—8,95 ccm $^1/_{10}$-n-Thiosulfatlösung verbraucht werden:

$$\frac{8{,}5 \cdot 0{,}005\,584 \cdot 100}{0{,}5} = \frac{4{,}75}{0{,}5} = 9{,}5\% \text{ Fe},$$

$$\frac{8{,}95 \cdot 0{,}005\,584 \cdot 100}{0{,}5} = \frac{4{,}998}{0{,}5} = 10\% \text{ Fe}.$$

Ferrum oxydatum cum Saccharo

Gehalt 2,8—3,0% Eisen.

Etwa 1 g Eisenzucker wird im Glasstopfenkolben von 100 oder 200 ccm genau gewogen, mit 10 ccm verdünnter Schwefelsäure auf dem Wasserbad erwärmt, bis die rotbraune Farbe der Lösung verschwunden ist. Nach dem Erkalten wird die Lösung mit Kaliumpermanganatlösung (0,5:100) versetzt bis zur schwachen, kurze Zeit bestehen bleibenden Rötung. Nach dem Verschwinden der Rotfärbung fügt man 0,5 g Kaliumbicarbonat und 2 g Kaliumjodid hinzu, läßt die Mischung 1 Stunde im geschlossenen Kolben stehen und titriert nach Zusatz von etwa 50 ccm Wasser mit $^1/_{10}$-n-Natriumthiosulfatlösung (Stärkelösung):

$$\frac{\text{ccm } ^1/_{10}\text{-n-Thiosulfatlösung} \cdot 0{,}005\,584 \cdot 100}{s} = \text{Prozent Fe,}$$

$s =$ Gewicht des angewandten Eisenzuckers,

z. B. abgewogen 1,044 g Eisenzucker, verbraucht 5,5 ccm $^1/_{10}$-n-Natriumthiosulfatlösung:

$$\frac{5{,}5 \cdot 0{,}005584 \cdot 100}{1{,}044} = \frac{3{,}0712}{1{,}044} = 2{,}94\% \text{ Fe}.$$

Für 1 g Eisenzucker sollen 5,01—5,37 ccm $^1/_{10}$-n-Natriumthiosulfatlösung verbraucht werden $= 2{,}8$—$3{,}0\%$ Fe. Bei der Titration mit der gewöhnlichen Bürette ergibt ein Verbrauch von 5,0—5,4 ccm $^1/_{10}$-n-Thiosulfatlösung 2,792—3,016% Fe, Werte, die mit den geforderten praktisch übereinstimmen.

Sirupus Ferri oxydati.

Gehalt 0,9—1,0% Eisen.

Etwa 3 g Eisenzuckersirup werden im Glasstopfenkolben genau gewogen und mit 10 ccm verdünnter Schwefelsäure auf dem Wasserbad bis zum vollständigen

Verschwinden der rotbraunen Farbe erwärmt. Nach dem Erkalten der Lösung setzt man Kaliumpermanganatlösung (0,5:100) bis zur schwachen, kurze Zeit bestehen bleibenden Rötung hinzu. Nach dem Verschwinden der Rotfärbung setzt man 0,5 g Kaliumbicarbonat und 2 g Kaliumjodid hinzu, läßt die Mischung 1 Stunde lang in dem verschlossenen Kolben stehen und titriert nach Zusatz von etwa 50 ccm Wasser mit $^1/_{10}$-n-Natriumthiosulfatlösung (gew. Bürette, Stärkelösung):

$$\frac{\text{ccm } ^1/_{10}\text{-n-Thiosulfat} \cdot 0,005584 \cdot 100}{s} = \text{Prozent Fe,}$$

$$s = \text{Gewicht des angewandten Eisenzuckersirups,}$$

$$\text{z. B.} \quad \frac{5,2 \text{ ccm} \cdot 0,005584 \cdot 100}{3,12} = \frac{2,90}{3,12} = 0,93\% \text{ Fe.}$$

Liquor Ferri albuminati.

Gehalt 0,39—0,4% Eisen.

20 g Eisenalbuminatlösung werden im Meßkolben von 100 ccm mit 30 g verdünnter Schwefelsäure versetzt und der Kolben im Wasserbad erhitzt, bis der anfangs rotbraune Niederschlag weißlich geworden ist. Nach dem Erkalten wird mit Wasser bis zur Marke aufgefüllt und die Mischung filtriert. **50 ccm** des Filtrats werden in einem Glasstopfenglas mit Kaliumpermanganatlösung (0,5:100) bis zur schwachen, kurze Zeit bestehen bleibenden Rotfärbung versetzt. Wenn diese wieder verschwunden ist, fügt man 0,5 g Kaliumbicarbonat und 2 g Kaliumjodid hinzu, läßt die Mischung im geschlossenen Glas 1 Stunde lang stehen und titriert mit $^1/_{10}$-n-Natriumthiosulfatlösung (gew. Bürette, Stärkelösung):

$$\frac{\text{ccm } ^1/_{10}\text{-n-Thiosulfatlösung} \cdot 0,005584 \cdot 100}{10} = \text{Prozent Fe.}$$

Für 10 g Eisenalbuminatlösung sollen 6,98—7,17 ccm $^1/_{10}$-n-Thiosulfatlösung verbraucht werden:

$$6,98 \cdot 0,05584 = 0,3897\% \text{ Fe}$$
$$7,17 \cdot 0,05584 = 0,4004\% \text{ Fe.}$$

Bei einem Verbrauch von 7,0—7,2 ccm $^1/_{10}$-n-Thiosulfatlösung beträgt der Eisengehalt 0,3909—0,402%.

Extractum Ferri pomati.

Gehalt mindestens 5% Eisen.

5 g eisenhaltiges Apfelextrakt werden in einem Becherglas oder einer Porzellanschale auf der Rezepturwaage gewogen und unter Erwärmen auf dem Wasserbad in Wasser gelöst. Die Lösung wird in einen Meßkolben von 100 ccm gespült und auf 100 ccm aufgefüllt. **20 ccm** der Lösung = 1 g Extrakt werden in einem Glasstopfenkolben von 200 ccm zum Sieden erhitzt, in einem Guß mit 30 ccm Wasserstoffsuperoxydlösung versetzt, $^1/_2$ Minute lang geschüttelt und stehengelassen, bis die Gasentwicklung fast ganz aufgehört hat. Dann fügt man unter Umschwenken 5 ccm konz. Schwefelsäure hinzu und erhitzt nochmals zum Sieden. Nach dem Erkalten wird die Lösung mit Kaliumpermanganatlösung (0,5:100) versetzt bis zur schwachen, etwa $^1/_2$ Minute lang bestehen bleibenden Rötung. Nach dem Verschwinden der Rotfärbung fügt man 0,5 g Kaliumbicarbonat und 2 g Kaliumjodid hinzu, läßt die Mischung im geschlossenen Kolben 1 Stunde lang stehen und titriert mit $^1/_{10}$-n-Natriumthiosulfatlösung (Stärkelösung).

Es müssen mindestens 9,0 ccm $^1/_{10}$-n-Natriumthiosulfatlösung verbraucht werden: $9 \cdot 0,005584 \cdot 100 = 0,0502 \cdot 100 = 5,02\%$ Fe.

Ferrum lacticum.

$$[CH_3 \cdot CH(OH) \cdot COO]_2Fe + 3\,H_2O \quad \text{Mol.-Gew. } 287,97.$$

Gehalt mindestens 18,9% Eisen = 97,3% wasserhaltiges oder 79,4% wasserfreies Ferrolaktat.

1 ccm $^1/_{10}$-n-Natriumthiosulfatlösung = 5,584 mg Fe = 28,797 mg (log 45935) $[CH_3CH(OH)COO]_2Fe + 3\,H_2O = 23,39$ mg (log 36903) wasserfreies Ferrolaktat.

Etwa 0,2 g fein gepulvertes Ferrolaktat werden im Glasstopfenkolben von 100 ccm genau gewogen und in 10 ccm Wasserstoffsuperoxydlösung gelöst. Die Lösung wird mit 5 ccm konz. Schwefelsäure versetzt und 2 Minuten lang zum Sieden erhitzt. Nach dem Erkalten fügt man 0,5 g Kaliumbicarbonat und 2 g Kaliumjodid hinzu, läßt die Mischung 1 Stunde lang im geschlossenen Kolben stehen und titriert nach Zusatz von etwa 50 ccm Wasser mit $^1/_{10}$-n-Natriumthiosulfatlösung (gew. Bürette, Stärkelösung):

$$\frac{\text{ccm } ^1/_{10}\text{-n-Thiosulfat} \cdot 0,005\,584 \cdot 100}{s} = \text{Prozent Fe},$$

$$s = \text{Gewicht des angewandten Ferrolaktats}.$$

z. B. abgewogen 0,212 g Ferrolaktat, verbraucht 7,1 ccm $^1/_{10}$-n-Thiosulfatlösung:

$$\frac{7,1 \cdot 0,005\,584 \cdot 100}{0,212} = \frac{3,965}{0,212} = 18,9\%\ \text{Fe}.$$

Für 0,2 g Ferrolaktat sollen mindestens 6,77 ccm $^1/_{10}$-n-Thiosulfatlösung verbraucht werden:

$$\frac{6,77 \cdot 0,005\,584 \cdot 100}{0,2} = \frac{3,78}{0,2} = 18,9\%\ \text{Fe}.$$

Bestimmung von Arsen in organischen Verbindungen.

Bei der Gehaltsbestimmung der Arsenigen Säure und der Fowlerschen Lösung wird durch die oxydierende Wirkung des Jods das dreiwertige Arsen in fünfwertiges übergeführt. Die Umsetzung verläuft in mit Natriumbicarbonat versetzter Lösung quantitativ nach der Gleichung:

$$KAsO_2 + 2\,J + H_2O = KAsO_3 + 2\,HJ,$$

weil der dabei auftretende Jodwasserstoff gebunden wird. In stark saurer Lösung dagegen reduziert Jodwasserstoff Arsensäure zu Arseniger Säure, wobei er selbst zu Jod oxydiert wird. Bei Gegenwart einer genügenden Menge Säure, Salzsäure oder Schwefelsäure, verläuft die Umsetzung quantitativ nach der Gleichung:

$$H_3AsO_4 + 2\,HJ = H_3AsO_3 + 2\,J + H_2O.$$

Für diese Umsetzung ist aber im Gegensatz zu der umgekehrten eine gewisse Zeit erforderlich. Durch Titration des Jods mit Natriumthiosulfatlösung läßt sich die Menge der Arsensäure oder des Arsens bestimmen.

2 Atome Jod entsprechen 1 Atom As, At.-Gewicht = 74,96. Das Normalgewicht des Arsens ist deshalb = $^1/_2$ Mol = 37,48 g, und 1 ccm $^1/_{10}$-n-Natriumthiosulfatlösung entspricht 3,748 mg As, log 57380.

Bei der Bestimmung des Arsens in organischen Verbindungen, Natrium acetylarsanilicum und Natrium kakodylicum, werden diese mit konzentrierter Schwefelsäure und Kaliumpermanganat zerstört, wobei das Arsen zu Arsensäure oxydiert wird. Ein Überschuß an Übermangansäure und von höheren Manganoxyden wird durch einen Zusatz von Oxalsäure reduziert. Die Lösung enthält dann außer der Arsensäure freie Schwefelsäure, Manganosulfat und einen kleinen Überschuß an Oxalsäure, der nicht störend wirkt.

Den durch Oxydation von Jodwasserstoff durch den Luftsauerstoff bedingten Fehler schaltet man dadurch aus, daß man die Flüssigkeit vor dem Zusatz von Kaliumjodid mit etwa 1 g Kaliumbicarbonat in Kristallen versetzt. Das Kohlendioxyd verdrängt dann die Luft aus dem Kolben. Das Kaliumjodid wird zugesetzt, wenn das Kaliumbicarbonat aufgelöst ist. Durch den Zusatz von Kaliumbicarbonat wird allerdings ein kleiner Teil der Schwefelsäure neutralisiert. Es bleibt aber genügend freie Schwefelsäure übrig, so daß die Oxydation von Jodwasserstoff durch die Arsensäure quantitativ verläuft. Nach dem Zusatz von Kaliumjodid kann die Titration schon nach $^1/_4$ Stunde erfolgen; es ist nicht nötig, die Mischung $^1/_2$ Stunde lang stehenzulassen.

Bei der Titration läßt sich Stärkelösung als Indikator nicht verwenden, weil durch die große Menge freier Säure in der Flüssigkeit die blaue Jodstärke zersetzt wird. Die Titration läßt sich aber sehr genau ohne Indikator ausführen. Der Umschlag von Gelb in Farblos ist sehr leicht zu erkennen.

<h3 style="text-align:center">Natrium acetylarsanilicum.</h3>

[1]CH$_3$CO · NH · C$_6$H$_4$AsO$_3$HNa[4] + 4 H$_2$O. Mol.-Gew. 353,10.

Gehalt 21,2—21,7% As, At.-Gewicht = 74,96; Normalgewicht = $^1/_2$ Grammatom = 37,48 g; 1 ccm $^1/_{10}$-n-Natriumthiosulfatlösung = 3,748 mg As, log 57380.

Etwa 0,2 g Arsacetin werden in einem Glasstopfenkolben von 200 ccm genau gewogen und in 10 ccm konz. Schwefelsäure unter gelindem Erwärmen gelöst; darauf wird unter Umschwenken innerhalb 1 Minute in kleinen Anteilen 1 g gepulvertes Kaliumpermanganat hinzugefügt. Nach Beendigung der Gasentwicklung wird mit 30 ccm Wasser unter Abspülen des Kolbenhalses verdünnt und 1 g Oxalsäure hinzugefügt. Die vollkommen klare und farblose Flüssigkeit wird nach dem Erkalten mit 30 ccm Wasser verdünnt, mit 1 g Kaliumbicarbonat versetzt und nach Zusatz von 2 g Kaliumjodid nach 15 Minuten mit $^1/_{10}$-n-Natriumthiosulfatlösung titriert, bis die Flüssigkeit farblos ist:

$$\frac{\text{ccm } ^1/_{10}\text{-n-Thiosulfatlösung} \cdot 0{,}003\,748 \cdot 100}{s} = \text{Prozent As}\,,$$

$$s = \text{abgewogene Menge Arsacetin.}$$

Für 0,2 g Arsacetin sollen 11,3—11,6 ccm $^1/_{10}$-n-Thiosulfatlösung verbraucht werden:

$$\frac{11{,}3 \cdot 0{,}003\,748 \cdot 100}{0{,}2} = \frac{4{,}235}{0{,}2} = 21{,}17\% \text{ As}\,,$$

$$\frac{11{,}6 \cdot 0{,}003\,748 \cdot 100}{0{,}2} = \frac{4{,}348}{0{,}2} = 21{,}74\% \text{ As}\,.$$

Für die Formel CH$_3$CONH · C$_6$H$_4$ · AsO$_3$HNa + 4 H$_2$O berechnet sich der Arsengehalt zu 21,17%. Er ist höher, wenn ein Verlust an Kristallwasser eingetreten ist. Neben der Arsenbestimmung wird deshalb auch eine Bestimmung des **Wassergehaltes** ausgeführt, durch Trocknen einer gewogenen Menge Arsacetin bei 105°. Der Verlust soll nicht weniger als 18,75 und nicht mehr als 20,5% betragen. Der Wassergehalt darf danach etwas geringer sein, als der nach der Formel berechnete (20,4%).

Natrium kakodylicum.
Dimethylarsinsaures Natrium,
$(CH_3)_2AsOONa + 3 H_2O$, Mol.-Gew. 214,06.

Gehalt 32,8—35,0% Arsen, As, At.-Gewicht $= 74,96$; Normalgewicht $= \frac{1}{2}$ Grammatom $= 37,48$ g As; 1 ccm $\frac{1}{10}$-n-Natriumthiosulfatlösung $= 3,748$ mg As, log 57380.

Die Vorschrift des Arzneibuches ist umständlich und unsicher, weil die Zerstörung des Natriumkakodylats durch Kaliumpermanganat und Schwefelsäure nur unter bestimmten Bedingungen vollständig wird. Sie tritt erst ein, wenn das durch die Zersetzung des Kaliumpermanganats entstehende Mangandioxyd seine oxydierende Wirkung bei der Siedetemperatur der Schwefelsäure ausüben kann. Die Bestimmung gelingt nur, wenn man die Mischung längere Zeit auf die Siedetemperatur der Schwefelsäure erhitzt. Außerdem hat die Vorschrift des Arzneibuches den Nachteil, daß das bei der Zersetzung des Kaliumpermanganats zuerst entstehende Manganheptoxyd, Mn_2O_7, trotz vorsichtiger Ausführung des Verfahrens unter heftiger Verpuffung in Mangandioxyd und Sauerstoff zerfallen kann.

Das Verfahren wird vereinfacht und wird sicher, wenn man das Natriumkakodylat mit **Mangandioxyd** (reines, eisenfreies, gefälltes Mangandioxyd des Handels) und Schwefelsäure $\frac{1}{2}$ Stunde bis zum Siedepunkte der letzteren erhitzt. (Auf 0,2 g Natriumkakodylat 1,5 g Mangandioxyd und 10 ccm Schwefelsäure.)

Nach einer neueren Angabe von E. Rupp kann man das nötige Mangandioxyd auch ohne Verpuffung des Manganheptoxyds durch Zersetzung des Kaliumpermanganats erhalten, wenn man die vorgeschriebene Schwefelsäuremenge (10 ccm) mit **10 ccm** statt mit 5 ccm Wasser verdünnt. Unter Benutzung dieser Angabe kann man die Bestimmung in folgender Weise ausführen:

In einen Kjeldahlkolben von 100 ccm gibt man (durch ein Papierrohr) 2 g sehr fein zerriebenes Kaliumpermanganat und 10 ccm Wasser. Nach dem Herausziehen des Papierrohres gibt man unter Umschwenken 10 ccm konz. Schwefelsäure in den Kolben.

Etwa 0,2 g Natriumkakodylat werden in einem Glasbecherchen genau gewogen und mit diesem in den Kolben gebracht. Man schwenkt 1 Minute lang um und erhitzt dann den Kolben schräg gestellt auf dem Drahtnetz, bis das Wasser verdampft ist und weiße Schwefelsäurenebel auftreten. Man setzt dann auf den Kolben einen kleinen Trichter und erhitzt ihn $\frac{1}{2}$ Stunde lang so, daß er mit weißem Schwefelsäurenebel angefüllt ist, dieser aber höchstens in sehr geringer Menge entweicht. Es genügt zum Erhitzen der kleinen Menge Schwefelsäure auf den Siedepunkt eine ziemlich kleine Flamme. Nach dem Erkalten spült man den Inhalt des Kolbens mit 20 und dreimal 10 ccm Wasser in einen Glasstopfenkolben von 200 ccm und entfärbt die schwach violett gefärbte Flüssigkeit mit wenig Oxalsäure. Es ist darauf zu achten, daß auch etwa noch vorhandene schwarze Flöckchen von Mangandioxyd verschwinden. Zu der erkalteten Flüssigkeit gibt man 1 g Kaliumbicarbonat in Kristallen und wenn dieses gelöst ist 2 g Kaliumjodid, läßt den Kolben geschlossen 15 Minuten lang stehen und titriert dann mit $^1/_{10}$-n-Natriumthiosulfatlösung, bis zur Entfärbung.

$$\frac{\text{ccm } ^1/_{10}\text{-n-Thiosulfat} \cdot 0{,}003748 \cdot 100}{s} = \text{Prozent As},$$

$s =$ Gewicht des angewandten Natriumkakodylats.

Für je 0,2 g Natriumkakodylat dürfen nicht weniger als 17,5 und nicht mehr als 18,7 ccm $^1/_{10}$-n-Natriumthiosulfatlösung verbraucht werden:

$$\frac{17{,}5 \cdot 0{,}003\,748 \cdot 100}{0{,}2} = \frac{6{,}559}{0{,}2} = 32{,}8\% \text{ As},$$

$$\frac{18{,}7 \cdot 0{,}003\,748 \cdot 100}{0{,}2} = \frac{7{,}008}{0{,}2} = 35{,}0\% \text{ As}.$$

Bestimmungen mit $^1/_{10}$-n-Jodlösung.

Acidum arsenicosum.

Gehalt mindestens 99% As_4O_6, Mol.-Gew. $= 395{,}84$; Normalgewicht $= ^1/_8$ Mol $= 49{,}48$ g; 1 ccm $^1/_{10}$-n-Jodlösung $= 4{,}948$ mg As_4O_6, log 69443.

Etwa 1 g Arsenige Säure wird in einem Kölbchen von etwa 100 ccm genau gewogen. Nach Zusatz von 1 g Kaliumbicarbonat, 5 ccm Wasser und etwa 10 Tropfen Weingeist (zur besseren Benetzung des Arsentrioxyds) erhitzt man das Kölbchen mit kleiner Flamme auf dem Drahtnetz, bis das Arsentrioxyd gelöst ist. Die abgekühlte Lösung wird mit Wasser in einen Meßkolben von 100 ccm gespült und bis zur Marke aufgefüllt.

10 ccm der Lösung werden mit 2 g Natriumbicarbonat, 20 ccm Wasser und etwa 2 ccm Stärkelösung versetzt und mit $^1/_{10}$-n-Jodlösung titriert, bis die Blaufärbung nicht mehr verschwindet.

In einer bicarbonatalkalischen Lösung von Arsentrioxyd, die Alkalimetarsenit, $KAsO_2$, enthält, verläuft die Einwirkung von Jod vollständig nach der Gleichung:

$$KAsO_2 + 2\,J + 2\,NaHCO_3 = KAsO_3 + 2\,NaJ + 2\,CO_2 + H_2O.$$

Das Kaliumarsenit wird zu Kaliumarsenat oxydiert, eine entsprechende Menge Jod zu Jodwasserstoff reduziert, der durch das Natriumbicarbonat gebunden wird. (In stark saurer Lösung macht Arsensäure aus Jodwasserstoff Jod frei; die Umsetzung erfolgt dann quantitativ im umgekehrten Sinne, vgl. S. 188.)

Nach der Gleichung entsprechen 2 At. Jod 1 At. As oder 8 At. Jod 1 Mol. As_4O_6. Das Normalgewicht des Arsentrioxyds ist deshalb $^1/_8$ Mol $= \dfrac{395{,}84}{8} = 49{,}48$ g.

Berechnung:

$$\frac{\text{ccm } ^1/_{10}\text{-n-Jodlösung} \cdot 0{,}004\,948 \cdot 100}{0{,}1\,s} = \text{Prozent } As_4O_6,$$

$s =$ Gewicht des angewandten Arsentrioxyds.

Beispiel: 1,064 g Arsentrioxyd abgewogen, Faktor der Jodlösung 1,024, Verbrauch für 10 ccm der Lösung 20,8 ccm Jodlösung $= 21{,}3$ ccm $^1/_{10}$-n-Jodlösung:

$$\frac{21{,}3 \cdot 0{,}004\,948 \cdot 100}{0{,}1064} = \frac{10{,}54}{0{,}1064} = 99{,}06\% \text{ } As_4O_6.$$

Liquor Kalii arsenicosi.

Gehalt 0,99—1,0% Arsenige Säure, As_4O_6.

5 g Fowlersche Lösung müssen 10 ccm bis 10,1 ccm $^1/_{10}$-n-Jodlösung verbrauchen.

Man wägt im Glasstopfenkölbchen 20 g Fowlersche Lösung auf der Rezepturwaage möglichst genau, spült sie mit Wasser in einen Meßkolben von 100 ccm, füllt bis zur Marke auf und titriert je **25 ccm** der Lösung = 5 g Liquor Kalii arsenicosi nach Zusatz von 1 g Natriumbicarbonat und etwa 2 ccm Stärkelösung mit der Jodlösung. Es müssen 10,0—10,1 ccm verbraucht werden:

$$\frac{\text{ccm } ^1/_{10}\text{-n-Jodlösung} \cdot 0,004\,948 \cdot 100}{5} = \text{Prozent } As_4O_6,$$

$$\frac{10,0 \cdot 0,004\,948 \cdot 100}{5} = \frac{4,948}{5} = 0,99\% \ As_4O_6,$$

$$\frac{10,1 \cdot 0,004\,948 \cdot 100}{5} = \frac{4,9975}{5} = 1,0\% \ As_4O_6.$$

Für einen Vorversuch kann man auch **5 ccm** Fowlersche Lösung verwenden, die man mit 20 ccm Wasser verdünnt und dann in der angegebenen Weise titriert.

Tartarus stibiatus.

Gehalt mindestens 99,5% $C_4H_4O_7SbK + ^1/_2\ H_2O$.

Mol.-Gew. = 333,9, Normalgewicht ist = $^1/_2$ Mol = 166,95 g; 1 ccm $^1/_{10}$-n-Jodlösung = 16,695 mg $C_4H_4O_7SbK + ^1/_2\ H_2O$, log 22259.

Etwa 1 g Brechweinstein wird in einem Kölbchen genau gewogen und unter Zusatz von 1 g Weinsäure in etwa 50 ccm Wasser gelöst. Die Lösung wird in einen Meßkolben von 100 ccm gespült und mit Wasser bis zur Marke aufgefüllt. **25 ccm** der Lösung werden mit 2 g Natriumbicarbonat und 5 ccm Stärkelösung versetzt und mit $^1/_{10}$-n-Jodlösung bis zur Blaufärbung titriert:

$$\frac{\text{ccm } ^1/_{10}\text{-n-Jodlösung} \cdot 0,016\,695 \cdot 100}{0,25\ s} = \text{Prozent } C_4H_4O_7SbK + ^1/_2H_2O,$$

$$s = \text{abgewogene Menge Brechweinstein.}$$

Die Bestimmung beruht auf einer ähnlichen Umsetzung wie die Bestimmung der Arsenigen Säure. Eine Verbindung des dreiwertigen Antimons wird durch Jod in eine Verbindung des fünfwertigen Antimons übergeführt. Dabei werden auf 1 Antimonatom 2 Jodatome verbraucht. Für 0,5 g Brechweinstein sollen mindestens 29,8 ccm $^1/_{10}$-n-Jodlösung verbraucht werden:

$$\frac{29,8 \cdot 0,016\,695 \cdot 100}{0,5} = \frac{49,75}{0,5} = 99,50\% \ C_4H_4O_7SbK + ^1/_2H_2O.$$

Wenn der Brechweinstein teilweise verwittert ist, kann der Gehalt auch etwas höher als 100% gefunden werden.

Formaldehyd solutus.

Gehalt mindestens 35% Formaldehyd, HCHO, Mol.-Gew. = 30,02, Normalgewicht = $^1/_2$ Mol = 15,01 g. 1 ccm $^1/_{10}$-n-Jodlösung = 1,501 mg HCHO, log 17638.

In einen Glasstopfenkolben von 100 ccm wägt man auf der Tarierwaage 3 g Wasser und 3 g n-Kalilauge, wägt den geschlossenen Kolben auf der Analysenwaage genau, wägt auf der Tarierwaage 1 g Formaldehydlösung hinzu und wägt wieder genau. Der Inhalt des Kolbens wird dann mit Wasser in einen Meßkolben von 100 ccm gespült und mit Wasser bis zur Marke aufgefüllt. 10 ccm der Mischung werden im Glasstopfenglas von 200 ccm mit 50 ccm $^1/_{10}$-n-Jodlösung (Pipette) und 20 ccm n-Kalilauge (Meßglas) versetzt. Die Mischung läßt man in dem geschlossenen Glas $^1/_4$ Stunde lang stehen, fügt 10 ccm verdünnte Schwefelsäure hinzu und titriert mit $^1/_{10}$-n-Natriumthiosulfatlösung (Stärkelösung). Die Zahl der ccm $^1/_{10}$-n-Thiosulfatlösung wird von der Zahl der ccm $^1/_{10}$-n-Jodlösung abgezogen:

$$\frac{\text{ccm } ^1/_{10}\text{-n-Jodlösung} \cdot 0{,}001\,501 \cdot 100}{0{,}1\ s} = \text{Prozent HCHO,}$$

s = Gewicht der abgewogenen Formaldehydlösung.

Beispiel: Abgewogen 1,062 g Formaldehydlösung, 10 ccm der Mischung = 0,1062 g.

50 ccm Jodlösung mit dem Faktor 1,034 = 51,7 ccm $^1/_{10}$-normal

Verbrauch an Thiosulfatlösung   26,9 ccm $^1/_{10}$-normal

Verbrauch an Jodlösung   24,8 ccm $^1/_{10}$-normal.

$$\frac{24{,}8 \cdot 0{,}001\,501 \cdot 100}{0{,}1062} = \frac{3{,}7225}{0{,}1062} = 35\%\ \text{HCHO.}$$

Für 0,1 g Formaldehydlösung müssen mindestens 23,3 ccm $^1/_{10}$-n-Jodlösung verbraucht werden:

$$\frac{23{,}3 \cdot 0{,}001\,501 \cdot 100}{0{,}1} = \frac{3{,}497}{0{,}1} = 35\%\ \text{HCHO.}$$

Kalium sulfoguajacolicum (guajacolsulfonicum).

Gehalt mindestens 96,9% $C_6H_3(OH)(OCH_3)SO_3K$[1, 2, 4] und [1, 2, 5].

Etwa 0,2 g guajacolsulfonsaures Kalium, im Glasbecherchen genau gewogen und 0,4 g Quecksilberoxydacetat werden in einem 2—3 cm weiten Probierrohr in einer Mischung von 1 ccm verdünnter Essigsäure und 15 ccm Wasser gelöst. Das Probierrohr wird in ein siedendes Wasserbad gesetzt und darin $^1/_2$ Stunde lang erhitzt. Hierauf wird abgekühlt und der Inhalt des Probierrohres mit 30 bis 50 ccm Wasser in ein Kölbchen übergespült, das 25 ccm $^1/_{10}$-n-Jodlösung und 1,2 g Kaliumjodid enthält. Nach dem Umschwenken wird nach 2—3 Minuten der Jodüberschuß mit $^1/_{10}$-n-Natriumthiosulfatösung zurücktitriert (Stärkelösung). Andererseits werden in einem Probierrohr 0,4 g Quecksilberoxydacetat in einer Mischung von 1 ccm verdünnter Essigsäure und 15 ccm Wasser gelöst und $^1/_2$ Stunde lang im siedenden Wasserbad erhitzt. Nach dem Abkühlen spült man die Mischung mit 30—50 ccm Wasser in ein Kölbchen, das 5 ccm $^1/_{10}$-n-Jodlösung und 1,2 g Kaliumjodid enthält, und titriert mit $^1/_{10}$-n-Natriumthiosulfatlösung den Jodüberschuß zurück. Die dem Jodverbrauch äquivalente Menge $^1/_{10}$-n-Natriumthiosulfatlösung wird der Menge $^1/_{10}$-n-Natriumthiosulfatlösung zugerechnet, die bei der Gehaltsbestimmung des guajacolsulfonsauren Kaliums verbraucht wurde. Die so errechnete Gesamtmenge $^1/_{10}$-n-Natriumthiosulfatlösung darf für die angewandten 0,2 g guajakolsulfonsaures Kalium höchstens 9 ccm betragen, entsprechend einem Mindestverbrauch von 16 ccm $^1/_{10}$-n-Jodlösung.

Bei der Einwirkung von Quecksilberacetat entsteht eine Quecksilberverbindung, in der ein Hg-Atom an einem C-Atom des Benzolkerns gebunden ist:

$$C_6H_3{\underset{\diagdown SO_3K}{\overset{\diagup OH}{-OCH_3}}} + Hg(OOCCH_3)_2 = C_6H_2{\underset{\diagdown Hg \cdot OOCCH_3}{\overset{\diagup OH}{\diagdown SO_3K}}}^{OCH_3} + CH_3COOH .$$

Die Quecksilberverbindung setzt sich mit Kaliumjodid enthaltender Jodlösung nach folgender Gleichung um:

$$\mathrm{C_6H_2}\!\!\begin{array}{l}\diagup \mathrm{OH}\\[2pt]\diagup \mathrm{OCH_3}\\[2pt]\diagdown \mathrm{SO_3K}\\[2pt]\diagdown \mathrm{Hg\cdot OOCCH_3}\end{array} + 2\,\mathrm{J} + 3\,\mathrm{KJ} = \mathrm{C_6H_2}\!\!\begin{array}{l}\diagup \mathrm{OH}\\[2pt]\diagup \mathrm{OCH_3}\\[2pt]\diagdown \mathrm{SO_3K}\\[2pt]\diagdown \mathrm{J}\end{array} + \mathrm{CH_3COOK} + \mathrm{K_2HgJ_4}\,.$$

Auf 1 Mol. guajacolsulfonsaures Kalium, Mol.-Gew. $= 242{,}23$, werden 2 Atome Jod gebunden, das Normalgewicht ist deshalb $= \frac{1}{2}$ Mol $= 121{,}1$ g, und 1 ccm $\frac{1}{10}$-n-Jodlösung entspricht 12,11 mg guajacolsulfonsaurem Kalium, log 08314:

$$\frac{\mathrm{ccm}\ \frac{1}{10}\text{-n-Jodlösung} \cdot 0{,}01\,211 \cdot 100}{s} = \text{Prozent guajacolsulfonsaures Kalium.}$$

Für 0,2 g sollen 16 ccm $\frac{1}{10}$-n-Jodlösung verbraucht werden:

$$\frac{16 \cdot 0{,}01\,211 \cdot 100}{0{,}2} = \frac{19{,}376}{0{,}2} = 96{,}88\,\%\,.$$

Die Gehaltsbestimmung ist aus verschiedenen Gründen unsicher. Das guajacolsulfonsaure Kalium des Handels enthält neben den Monokaliumsalzen der beiden Sulfonsäuren auch kleine Mengen der Dikaliumsalze, $\mathrm{C_6H_3(OK)(OCH_3)SO_3K}$, die zugesetzt werden, um die Löslichkeit zu erhöhen. Die Dikaliumsalze reagieren alkalisch. Das Arzneibuch gestattet eine schwache Blaufärbung von Lackmuspapier durch die wässerige Lösung. Außerdem kristallisiert das Salz

$$\mathrm{C_6H_3(OH)(OCH_3)SO_3K[1,\ 2,\ 5]}$$

mit 2 Mol. Kristallwasser, das andere, [1, 2, 4], wasserfrei. Das guajacolsulfonsaure Kalium kann also wechselnde Mengen Kristallwasser enthalten. Eine Bestimmung des Wassergehaltes ist nicht vorgesehen. Schließlich können bei der Einwirkung von Quecksilberoxydacetat auch Verbindungen entstehen, in denen 2 Hg-Atome am Benzolkern gebunden sind. Aus diesen Gründen kann der Gehalt niedriger als 96,9%, aber auch höher als 100% gefunden werden.

Wichtig ist die qualitative Prüfung auf Kaliumsulfat: Die wässerige Lösung von 0,5 g guajacolsulfonsaurem Kalium in 10 ccm Wasser darf nach dem Ansäuern mit Salzsäure durch Bariumnitratlösung nicht verändert werden.

Theobromino-natrium salicylicum.

Gehalt mindestens 45% Theobromin.

Das Verfahren zur Gehaltsbestimmung nach dem Arzneibuch (siehe S. 148) ergibt viel zu niedrige Werte. Das jodometrische Verfahren von Matthes und Schütz, eine Abänderung eines Verfahrens von Emery und Spencer, ist einfacher und ergibt richtige Werte.

In einem Meßkolben von 100 ccm werden etwa 0,3 g Theobrominnatriumsalicylat genau gewogen, in 10 ccm Wasser gelöst und mit 2 ccm Essigsäure (Eisessig) versetzt. Dann werden **50 ccm** (Pipette) $\frac{1}{10}$-n-Jodlösung, 20 ccm (Meßglas) gesättigte Natriumchloridlösung und 5 ccm (Meßglas) verdünnte Salzsäure hinzugefügt und die Mischung nach 1 Stunde mit Wasser bis zur Marke aufgefüllt. Nach dem Durchschütteln filtriert man durch ein nicht angefeuchtetes Faltenfilter.

Die ersten etwa 25 ccm des Filtrats werden verworfen. Von dem weiter in einem trockenen Kolben aufgefangenen Filtrat werden **50 ccm** mit $^1/_{10}$-n-Natriumthiosulfatlösung titriert (Stärkelösung).

Das Verfahren beruht darauf, daß Theobromin mit einer Lösung von Jod-Kaliumjodid ein unlösliches Perjodid bildet. $C_7H_8O_2N_4 + 4J = C_7H_8O_2N_4J_4$. Da das Molekelgewicht des Theobromins $= 180,10$ ist, ist das Normalgewicht $= ^1/_4$ von $180,10$ g $= 45,025$ g, und 1 ccm $^1/_{10}$-n-Jodlösung entspricht $4,5025$ mg Theobromin, log 65 346.

Die ersten 25 ccm des Filtrats werden verworfen, weil das Filtrierpapier anfangs Jod durch Adsorption zurückhält. Beim weiteren Filtrieren wird der Jodgehalt der Flüssigkeit nicht mehr verändert.

$$\frac{(25 - \text{ccm } ^1/_{10}\text{-n-Thiosulfatlösung}) \cdot 0,0045 \cdot 100}{0,5 \; s} = \text{Prozent Theobromin.}$$

$s = $ Gewicht des angewandten Theobrominnatriumsalicylats.

Beispiel: $0,306$ g Theobrominnatriumsalicylat abgewogen. Verbrauch an $^1/_{10}$-n-Thiosulfatlösung für 50 ccm des Filtrats $= 9,2$ ccm. Verbrauch an $^1/_{10}$-n-Jodlösung $= 25$—$9,2 = 15,8$ ccm:

$$\frac{15,8 \cdot 0,0045 \cdot 100}{0,153} = \frac{7,11}{0,153} = 46,4\% \text{ Theobromin.}$$

Quecksilberbestimmungen.

$^1/_{10}$-**n-Natriumarsenitlösung.** 200 ccm $^1/_2$-n-Natriumarsenitlösung (s. S. 200) werden im Meßkolben mit Wasser auf 1000 ccm aufgefüllt.

Einstellung. 20 ccm der Lösung werden mit verdünnter Schwefelsäure schwach angesäuert, mit 2 g Natriumbicarbonat und 20 ccm Wasser versetzt und mit $^1/_{10}$-n-Jodlösung titriert (Stärkelösung):

$$F_{As_4O_6} = F_J \cdot \frac{\text{verbrauchte Anzahl ccm } ^1/_{10}\text{-n-Jodlösung}}{20}.$$

Pastilli Hydrargyri bichlorati.

Der Gehalt der getrockneten Pastillenmasse soll $48,9$—$50,9\%$ Quecksilberchlorid, $HgCl_2$, betragen.

Es ist zweckmäßiger, den Gehalt der einzelnen Pastillen, die ein Gewicht von etwa 1 g oder etwa 2 g haben sollen, zu bestimmen.

Die Bestimmung beruht darauf, daß Quecksilberchlorid in alkalischer Lösung durch Natriumarsenit zu Quecksilber reduziert und der Überschuß an Arsenit mit $^1/_{10}$-n-Jodlösung zurücktitriert wird:

$$HgCl_2 + NaAsO_2 + 2\,KHCO_3 = Hg + NaAsO_3 + 2\,KCl + 2\,CO_2 + H_2O,$$
$$NaAsO_2 + 2\,KHCO_3 + 2\,J = NaAsO_3 + 2\,KJ + 2\,CO_2 + H_2O,$$

$HgCl_2$, Mol.-Gew. $= 271,5$, Normalgewicht $= ^1/_2$ Mol $= 135,75$ g; 1 ccm $^1/_{10}$-n-Natriumarsenitlösung $= 13,575$ mg $HgCl_2$, log 13 274.

Man löst 2 Pastillen von je 1 g Gewicht oder 1 Pastille von 2 g in einem Meßkolben von 100 ccm in Wasser und füllt bis zur Marke auf. **20 ccm** dieser Lösung werden in einem Titrierkolben von 100—200 ccm mit **25 ccm** $^1/_{10}$-n-Natriumarsenitlösung und 3 g Kaliumbicarbonat versetzt und 5—6 Minuten lang auf dem Drahtnetz zum Sieden erhitzt. Nach schnellem Abkühlen wird die Mischung mit 2 ccm verd. Salzsäure versetzt und nach Zusatz von Stärkelösung mit $^1/_{10}$-n-Jodlösung titriert. Es sollen nicht mehr als 10,6 und nicht weniger als 10,0 ccm $^1/_{10}$-n-Jodlösung verbraucht werden, so daß mindestens 14,4 und höchstens 15,0 ccm $^1/_{10}$-n-Arsenitlösung zur Reduktion des Quecksilberchlorids verbraucht sind:

$$14,4 \cdot 0,013\,575 = 0,19\,548 \text{ g } HgCl_2, \quad 15,0 \cdot 0,013\,575 = 0,2018 \text{ g } HgCl_2.$$

Diese Mengen sollen in zwei Fünftel einer Pastille von 1 g oder in einem Fünftel einer Pastille von 2 g enthalten sein.

Eine Pastille von 1 g soll demnach $\dfrac{0{,}19\,548 \cdot 5}{2} = 0{,}4887$ g bis $\dfrac{0{,}2018 \cdot 5}{2} =$ 0,509 g $HgCl_2$, und 1 Pastille von 2 g $0{,}19\,548 \cdot 5 = 0{,}9774$ bis $0{,}2018 \cdot 5 = 1{,}018$ g $HgCl_2$ enthalten.

Beim Erhitzen der Mischung wird ein Teil des Kaliumbicarbonats durch Kohlendioxydabgabe in Kaliumcarbonat übergeführt. Da bei der Titration mit $^1/_{10}$-n-Jodlösung das Kaliumcarbonat Jod binden würde, muß es durch den Zusatz von verdünnter Salzsäure wieder in Kaliumbicarbonat verwandelt werden:

$$K_2CO_3 + HCl = KHCO_3 + KCl.$$

Carbo medicinalis.

Bestimmung der Adsorptionsfähigkeit gegenüber Quecksilberchlorid.

0,2 g bei 120° getrocknete und fein gesiebte medizinische Kohle werden in einem mit Glasstopfen verschlossenen Glas von etwa 300 ccm mit **200 ccm** einer wässerigen Quecksilberchloridlösung (3 + 997) 5 Minuten lang geschüttelt und durch ein trockenes Filter filtriert. Die ersten 25 ccm des Filtrats werden verworfen. Zu den nächsten **100 ccm** des Filtrats gibt man **25 ccm** $^1/_{10}$-n-Natriumarsenitlösung und 3 g Kaliumbicarbonat hinzu, erhitzt die Mischung und erhält sie etwa 5 Minuten lang im Sieden. Nach dem Abkühlen fügt man 3 ccm verdünnte Salzsäure sowie Stärkelösung hinzu und titriert mit $^1/_{10}$-n-Jodlösung bis zum Farbenumschlag. Hierzu müssen mindestens 8,8 ccm $^1/_{10}$-n-Jodlösung verbraucht werden, so daß höchstens 16,2 ccm $^1/_{10}$-n-Natriumarsenitlösung zur Reduktion des nicht adsorbierten Quecksilberchlorids erforderlich sind, was einer Adsorption von mindestens 0,08 g Quecksilberchlorid durch 0,1 g Kohle entspricht (1 ccm $^1/_{10}$-n-Natriumarsenitlösung = 13,575 mg Quecksilberchlorid, log 13274).

Bei dieser Probe darf ebensowenig wie bei der Prüfung mit Methylenblau (vgl. S. 82) die Kohle erst durch Trocknen und Sieben in einen probehaltigen Zustand versetzt werden. Für die nichtgetrocknete Kohle mit bis zu 12% Wassergehalt darf die Menge des adsorbierten Quecksilberchlorids natürlich etwas geringer sein, mindestens aber 0,07 g auf 0,2 g Kohle.

Da eine abgemessene Menge Quecksilberchloridlösung verwendet wird, müßte eine Lösung verwendet werden, die in 1000 ccm 3 g Quecksilberchlorid enthält und nicht eine Lösung 3 + 997. Die Menge Quecksilberchlorid, die in 200 ccm der letzteren Lösung enthalten ist, ist nicht genau der 5. Teil von 3 g, wenigstens nicht so genau, daß man bei der Berechnung mit der Zahl 0,013575 g $HgCl_2$ für 1 ccm $^1/_{10}$-n-Arsenitlösung rechnen müßte. Die Zahl 0,0136 genügt vollkommen, auch wenn man eine Lösung verwendet, die in 1000 ccm genau 3 g $HgCl_2$ enthält. Man kann übrigens leicht durch einen blinden Versuch, der in gleicher Weise auszuführen ist, den Gehalt der Lösung an $HgCl_2$ feststellen.

Pastilli Hydrargyri oxycyanati.

Außer der Bestimmung des Gehalts an Gesamtquecksilbercyanid (siehe S. 116) wird eine Bestimmung des Gesamtgehaltes an Quecksilber ausgeführt.

Die Bestimmung beruht auf folgenden Umsetzungen: Quecksilbersalze werden in alkalischer Lösung durch Formaldehyd zu Quecksilber reduziert, wobei der Formaldehyd zu Ameisensäure oxydiert wird:

$$Hg(CN)_2 + HCHO + 3\,NaOH = Hg + HCOO\,Na + 2\,NaCN + 2\,H_2O,$$
$$Hg(CN)_2 \cdot HgO + 2\,HCHO + 4\,NaOH = 2\,Hg + 2\,HCOONa + 2\,NaCN + 3\,H_2O.$$

Das Quecksilber scheidet sich in sehr feiner Verteilung ab und bleibt auch beim Ansäuern mit Essigsäure fein verteilt, wenn man die Mischung nicht schüttelt, sondern nur umschwenkt. Das Quecksilber wird durch Zusatz von $^1/_{10}$-n-Jodlösung zu Quecksilberkaliumjodid gelöst:

$$Hg + 2\,J + 2\,KJ = HgJ_4K_2.$$

Der Überschuß an Jod wird mit $^1/_{10}$-n-Natriumthiosulfatlösung zurücktitriert.

Hg, At.-Gewicht $= 200{,}6$, Normalgewicht $= {}^1/_2$ Grammatom $= 100{,}3$ g; 1 ccm $^1/_{10}$-n-Jodlösung $= 10{,}03$ mg Hg, log 00130.

Wie bei den Sublimatpastillen ist es zweckmäßiger, den Gehalt der einzelnen Pastillen, und nicht wie das Arzneibuch vorschreibt, den Gehalt der Pastillenmasse zu bestimmen.

Man löst 2 Pastillen von 1 g Gewicht oder 1 Pastille von 2 g Gewicht in einem Kölbchen in Wasser, spült die Lösung in einen Meßkolben von 100 ccm und füllt bis zur Marke auf.

In einen Titrierkolben von 150—200 ccm bringt man 10 ccm Natronlauge und 3 ccm Formaldehydlösung und läßt unter Umschwenken **25 ccm** der Pastillenlösung hinzufließen. Nach 5 Minuten fügt man 10 ccm Essigsäure und **25 ccm** $^1/_{10}$-n-Jodlösung hinzu, schwenkt um, bis das Quecksilber gelöst und die Flüssigkeit klar geworden ist und titriert nach Zusatz von Stärkelösung mit $^1/_{10}$-n-Natriumthiosulfatlösung. Es dürfen höchstens 5,1 ccm $^1/_{10}$-n-Natriumthiosulfatlösung verbraucht werden, so daß 19,9 ccm $^1/_{10}$-n-Jodlösung verbraucht sind:

$$19{,}9 \cdot 0{,}01003 = 0{,}1996 \text{ g Hg in } {}^1/_2 \text{ Pastille von 1 g oder } {}^1/_4 \text{ Pastille}$$

von 2 g. Der Gesamtgehalt an Quecksilber soll also für 1 Pastille von 1 g mindestens 0,399 g und für 1 Pastille von 2 g mindestens 0,798 g betragen. Zweckmäßig wäre auch hier wie bei den Sublimatpastillen, die Festsetzung eines Höchstgehaltes, etwa von 0,41 g oder 0,82 g.

Bestimmung der Jodzahl von Fetten und fetten Ölen.

Die Bestimmung der Jodzahl beruht auf der Fähigkeit ungesättigter Verbindungen, Halogen anlagern zu können.

Die einfachste ungesättigte Verbindung ist das Äthylen,

$$CH_2{=}CH_2,$$

das sehr leicht Chlor und Brom, weniger leicht Jod anlagert; z. B.

$$CH_2{=}CH_2 + Br_2 = CH_2Br{-}CH_2Br,$$

Äthylenbromid oder Dibromäthan. Sehr leicht werden auch Jodmonochlorid, JCl, und Jodmonobromid, JBr, angelagert:

$$CH_2{=}CH_2 + JBr = CH_2J{-}CH_2Br, \quad \text{Jodbromäthan.}$$

Ebenso wie das Äthylen lagern nun auch Abkömmlinge des Äthylens Halogen an, in deren Kohlenstoffkette sich eine Äthylenlücke befindet. Zu diesen Verbindungen gehört z. B. die Ölsäure und der Ölsäureglycerinester, der in den meisten Fetten und fetten Ölen vorkommt.

Die Ölsäure hat die Formel $C_{17}H_{33}COOH$ oder

$$CH_3(CH_2)_7CH{=}CH(CH_2)_7COOH$$

Durch Anlagerung von Brom an die Äthylenlücke entsteht **Dibrom-stearinsäure**, $C_{17}H_{33}Br_2COOH$, oder

$$CH_3(CH_2)_7CHBr{-}CHBr(CH_2)_7COOH,$$

durch Anlagerung von Jodmonochlorid entsteht Jodchlorstearinsäure, $C_{17}H_{33}JClCOOH$, und durch Anlagerung von Jodmonobromid Jodbromstearinsäure, $C_{17}H_{33}JBrCOOH$.

Ölsäureglycerinester wird durch Anlagerung von Halogen in die entsprechenden Glycerinester der Dihalogenstearinsäuren übergeführt, z. B.:

$$
\begin{array}{ll}
CH_2O \cdot OCC_{17}H_{33} & CH_2O \cdot OCC_{17}H_{33}JBr \\
\;\;\; \cdot & \;\;\; \cdot \\
CHO \cdot OCC_{17}H_{33} + 3\,JBr = CHO \cdot OCC_{17}H_{33}JBr \\
\;\;\; \cdot & \;\;\; \cdot \\
CH_2O \cdot OCC_{17}H_{33} & CH_2O \cdot OCC_{17}H_{33}JBr \\
\text{Ölsäureglycerinester} & \text{Jodbromstearinsäureglycerinester}
\end{array}
$$

Verbindungen mit **zwei Äthylenlücken** in der Kohlenstoffkette lagern 4 Halogenatome an und ebenso solche mit einer **Acetylenlücke**, $-C{\equiv}C-$. Zu diesen Verbindungen gehört z. B. die **Linolsäure**, $C_{17}H_{31}COOH$, mit 2 Äthylenlücken, deren Glycerinester in den **trocknenden Ölen**, z. B. Leinöl, enthalten ist:

$$C_{17}H_{31}COOH + 4\,Br = C_{17}H_{31}Br_4COOH,\;\textbf{Tetrabromstearinsäure.}$$

Die Eigenschaft der ungesättigten Verbindungen, Halogen anzulagern, hat zuerst **von Hübl** zur Untersuchung von Fetten und fetten Ölen benutzt. Von **Hübl** fand, daß die Anlagerung von Jod an Glycerinester ungesättigter Säuren bei Gegenwart von **Quecksilberchlorid** in weingeistiger Lösung verhältnismäßig rasch und quantitativ meßbar verläuft, und er bezeichnete als **Jodzahl** die Zahl der Gramme Jod, die von 100 g Fett oder Öl gebunden werden. Es hat sich dann später herausgestellt, daß unter den von v. Hübl angegebenen Versuchsbedingungen nicht einfach Jod an die ungesättigten Verbindungen angelagert wird, sondern Jod und Chlor.

Läßt man auf **Ölsäure** nach dem Verfahren von **Hübl** Jod und **Quecksilberchlorid** einwirken, so findet folgende Umsetzung statt:

$$2\,C_{17}H_{33}COOH + 4\,J + HgCl_2 = 2\,C_{17}H_{33}JClCOOH + HgJ_2.$$

Ein Teil des vorher freien Jods ist also nachher an Quecksilber gebunden. Es werden also **auf (nicht von)** 2 Molekeln Ölsäure 4 Atome Jod gebunden. Auf 1 Molekel **Ölsäureglycerinester** werden unter den gleichen Bedingungen 6 Atome Jod gebunden:

$$
\begin{array}{ll}
CH_2OOCC_{17}H_{33} & CH_2OOCC_{17}H_{33}JCl \\
\;\;\; \cdot & \;\;\; \cdot \\
2\,CHOOCC_{17}H_{33} + 12\,J + 3\,HgCl_2 = 2\,CHOOCC_{17}H_{33}JCl + 3\,HgJ_2 \\
\;\;\; \cdot & \;\;\; \cdot \\
CH_2OOCC_{17}H_{33} & CH_2OOCC_{17}H_{33}JCl
\end{array}
$$

Da das Molekelgewicht des Ölsäureglycerinesters $= 884$ ist (abgerundet), so werden auf 884 Teile Ölsäureglycerinester 6×127 (abgerundet) Teile Jod gebunden. Auf 100 g Ölsäureglycerinester werden demnach 86,2 g Jod gebunden. Die Jodzahl von reinem Ölsäureglycerinester ist also 86,2.

Die Einwirkung von Jod und Quecksilberchlorid auf Linolsäure mit 2 Äthylenlücken verläuft genau wie bei der Ölsäure, nur ist die Menge des Jods, die auf 1 Molekel Linolsäure gebunden wird, doppelt so groß wie bei der Ölsäure:

$$2\ C_{17}H_{31}COOH + 8\ J + 2\ HgCl_2 = 2\ C_{17}H_{31}J_2Cl_2COOH + 2\ HgJ_2$$

oder auf 1 Molekel Linolsäure werden 4 Atome Jod gebunden. Auf 1 Molekel Linolsäureglycerinester, $C_3H_5(OOCC_{17}H_{31})_3$, werden also 3×4 Atome Jod gebunden oder auf 878 Teile Linolsäureglycerinester 12×127 Teile Jod, auf 100 g 173,6 g Jod. Die Jodzahl des Linolsäureglycerinesters ist also = 173,6.

Trocknende Öle, wie Leinöl, Mohnöl, Lebertran, haben deshalb eine viel höhere Jodzahl als nichttrocknende Öle.

Außer den Glycerinestern der gewöhnlichen Ölsäure und der Linolsäure kommen in einigen Ölen auch Glycerinester dreifach ungesättigter Säuren vor, deren Jodzahl natürlich noch höher ist.

Die Glycerinester der Palmitinsäure, Stearinsäure, Arachinsäure und anderer Säuren der Fettsäurereihe haben keine Jodzahl, weil sie gesättigte Verbindungen mit nur einfachen Kohlenstoffbindungen sind.

Schmalz und feste Fette, die erhebliche Mengen von Palmitinsäure- und Stearinsäureglycerinester enthalten, haben deshalb eine viel niedrigere Jodzahl als Öle.

Die Jodzahl des Olivenöles ist 80—88, also fast genau die des reinen Ölsäureglycerinesters. Das Olivenöl besteht aber nicht aus reinem Ölsäureglycerinester, sondern enthält neben Ölsäureglycerinester (etwa 70%) auch die Glycerinester gesättigter Säuren (Palmitin-, Stearin- und Arachinsäure), deren Jodzahl = 0 ist, außerdem aber auch Glycerinester zweifach ungesättigter Säuren mit hoher Jodzahl. Die Jodzahl allein gibt deshalb keinen näheren Aufschluß über die Zusammensetzung des Öles. Da aber die Zusammensetzung der natürlichen Öle und Fette nur geringen Schwankungen unterworfen ist, so ist die Bestimmung der Jodzahl von größtem Wert für Feststellung der Identität eines Fettes und Öles und für die Ermittelung von Verfälschungen.

Bei der Bestimmung der Jodzahl nach dem Verfahren von v. Hübl werden weingeistige Lösungen von Jod und von Quecksilberchlorid verwendet, die getrennt aufbewahrt und 2 Tage vor der Benutzung gemischt werden müssen. Dadurch wird das Verfahren zu umständlich für die Praxis des Apothekers. Das Arzneibuch hat aus diesem Grunde und besonders zur Verbilligung des Verfahrens durch Umgehung des Verbrauchs an Jod und Kaliumjodid das Verfahren von L. Winkler vorgeschrieben, das auf der Anlagerung von **Brom** an die Glycerinester der ungesättigten Säuren beruht.

Das Arzneibuch schreibt: „Die Jodzahl gibt an, wieviel Teile Jod der von 100 Teilen Fett oder Öl gebundenen Brommenge unter den Bedingungen des nachstehenden Verfahrens äquivalent sind."

Für die Bestimmung sind folgende Lösungen erforderlich:

$^1/_{10}$-n-**Kaliumbromatlösung.** $KBrO_3$, Mol.-Gew. $= 167{,}02$, Normalgewicht $= ^1/_6$ Mol $= 27{,}837$ g. 1 Liter $^1/_{10}$-n-Kaliumbromatlösung enthält $2{,}7837$ g $KBrO_3$. $2{,}7837$ g über Schwefelsäure getrocknetes Kaliumbromat, $KBrO_3$ sind mit Wasser zu 1 Liter zu lösen. Da es schwierig ist, genau $2{,}7837$ g Kaliumbromat abzuwägen, wägt man mit der Handwaage $2{,}8$ g ab, wägt dann genau und berechnet, wie groß die Menge der herzustellenden Lösung sein muß, ähnlich wie bei der Herstellung von $^1/_{10}$-n-Kaliumdichromatlösung nach der S. 173 angegebenen Vorschrift. Angenommen, es seien $2{,}802$ g Kaliumbromat abgewogen, dann ergibt sich die Menge der $^1/_{10}$-n-Lösung nach der Gleichung:

$$2{,}7837 : 1000 \text{ ccm} = 2{,}802 : x \text{ ccm}; \quad x = \frac{2802}{2{,}7837} \text{ ccm} = 1006{,}6 \text{ ccm}.$$

Natriumarsenitlösung, etwa $^1/_2$-n. 25 g Arsenige Säure (25 g As_4O_6 [Mol.-Gew. $= 395{,}84$] $= ^1/_{16}$ Mol) und $12{,}5$ g Natriumhydroxyd werden unter Erwärmen in etwa 250 ccm Wasser gelöst; sodann wird die Lösung durch Watte filtriert, die Watte mit Wasser nachgewaschen und die Lösung auf 1 Liter aufgefüllt.

Indigokarminlösung als Indikator: $0{,}2$ g Indigokarmin [indigosulfonsaures Natrium, $C_{16}H_8N_2O_2(SO_3Na)_2$] werden in 100 g Wasser gelöst.

„Man bringt von Fetten oder Ölen mit vermutlichen Jodzahlen von 200—150 $= 0{,}15$—$0{,}2$ g, von 150—100 $= 0{,}2$—$0{,}3$ g, von 100—50 $= 0{,}3$—$0{,}6$ g, von 50 bis 20 $= 0{,}6$—$1{,}0$ g, mit kleineren Jodzahlen $= 1$—2 g — genau gewogen! — in eine Flasche von etwa 200 ccm mit eingeschliffenem, gut schließendem Glasstopfen, der durch Bestreichen mit konz. Phosphorsäure abgedichtet wird, und löst das Fett oder Öl in 10 ccm Tetrachlorkohlenstoff, nötigenfalls unter vorsichtigem Erwärmen, auf. Dann läßt man bei Zimmertemperatur aus einer Pipette **50 ccm** $^1/_{10}$-n-Kaliumbromatlösung zufließen, fügt 1 g grob gepulvertes Kaliumbromid und 10 ccm verdünnte Salzsäure hinzu, verschließt die Flasche schnell, schüttelt kräftig durch, bis das Kaliumbromid vollständig in Lösung gegangen ist und läßt das Gemisch 2 Stunden lang im Dunkeln stehen, wobei in der ersten Stunde mehrmals umzuschütteln ist. Nach 2 Stunden ist die Reaktion im allgemeinen beendet; bei trocknenden Ölen oder Tranen ist jedoch eine 20stündige Einwirkungsdauer erforderlich. Man fügt dann unter vorsichtigem Lüften des Glasstopfens genau **10 ccm** etwa $^1/_2$-n-Natriumarsenitlösung hinzu, schüttelt um, bis Entfärbung eingetreten ist, setzt 20 ccm rauchende Salzsäure hinzu und titriert unter Umschwenken mit $^1/_{10}$-n-Kaliumbromatlösung bis zum Auftreten einer eben sichtbaren, schwach blaßgelben Färbung. Die Titration muß bei auffallendem, gutem Tageslicht vor einem unmittelbar hinter den Glaskolben oder die Flasche gehaltenen weißen Papierblatt ausgeführt werden. Wird die Titration bei ungünstigem Tageslicht oder bei Lampenlicht ausgeführt, so setzt man der entfärbten, sauren Lösung 2 Tropfen Indigokarminlösung hinzu und titriert unter lebhaftem Umschwenken mit $^1/_{10}$-n-Kaliumbromatlösung bis zur Entfärbung, unter Verwendung einer weißen Unterlage. Sobald die Lösung während der Titration blasser wird, setzt man noch 1 Tropfen des Indikators hinzu; das Reaktionsgemisch ist gegen Ende der Titration vor jedem weiteren, tropfenweisen Zusatz der Kaliumbromatlösung einige Male umzuschütteln. Bei jeder Versuchsreihe sind mehrere (zwei) blinde Versuche zur Feststellung des Wirkungswertes der etwa $^1/_2$-n-Natriumarsenitlösung gegenüber der $^1/_{10}$-n-Kaliumbromatlösung in der Weise auszuführen, daß man 10 ccm Tetrachlorkohlenstoff, **25 ccm** $^1/_{10}$-n-Kaliumbromatlösung, 25 ccm Wasser, 1 g grob gepulvertes Kaliumbromid und 10 ccm verdünnte Salzsäure in der oben angegebenen Weise und unter den gleichen Zeitverhältnissen im Dunkeln aufeinander einwirken läßt; dann gibt man aus einer Pipette genau **10 ccm** der etwa $^1/_2$-n-Natriumarsenitlösung und 20 ccm (Meßglas) rauchende Salzsäure hinzu und titriert mit $^1/_{10}$-n-Kaliumbromatlösung.

Die Jodzahl (Jodbromzahl) berechnet sich nach dem Ansatz

$$\frac{(a-b)\cdot 1{,}2692}{f},$$

hierbei bedeuten: a die bei der Bestimmung der Jodzahl des Fettes oder Öles verbrauchte (50 ccm, vermehrt um die bei der Titration zugesetzte) Anzahl Kubikzentimeter $^1/_{10}$-n-Kaliumbromatlösung, b die beim blinden Versuche verbrauchte (25 ccm, vermehrt um die bei der Titration zugesetzte) Anzahl Kubikzentimeter $^1/_{10}$-n-Kaliumbromatlösung, f die angewandte Fett- oder Ölmenge in Gramm.

Es ist darauf zu achten, daß die durch das Fett gebundene und die nicht gebundene Brommenge annähernd gleich groß sind, d. h. $(a-b)$ soll annähernd 25 betragen; andernfalls ist zum mindesten bei höheren Jodzahlen die Bestimmung unter Verwendung entsprechend größerer oder kleinerer Fett- oder Ölmengen zu wiederholen."

„Da bei diesen Bestimmungen die geringsten Versuchsfehler auf das Ergebnis von merklichem Einfluß sind, ist peinlich genaues Arbeiten und die Anstellung von Doppelversuchen erforderlich."

Zum Abwägen des Öles (feste Fette werden vorher geschmolzen) benutzt man entweder kleine Glasbecherchen (Fettgläschen, Abb. 26), die auf einem Uhrglas gewogen werden, und bringt es damit in ein Glasstopfenglas von 200 cm, oder man wägt das Öl in einem leichten Glasstopfenkolben von 200 ccm (Jodzahlkolben, Abb. 27).

Die Einwirkung des Broms muß unter Lichtabschluß erfolgen, weil Brom unter Mitwirkung des Lichtes nicht nur angelagert wird, sondern auch substituierend wirkt, so daß die gebundene Menge Brom größer wird.

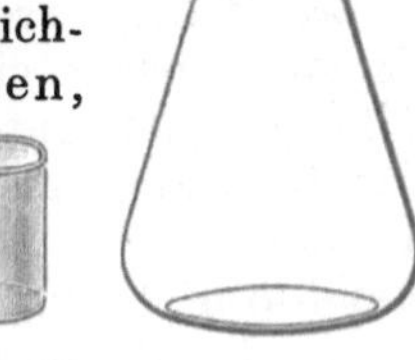

Abb. 26.   Abb. 27.

Das Brom wird aus dem Kaliumbromat und dem Kaliumbromid durch die Salzsäure frei gemacht:

$$\mathrm{KBrO_3 + 5\,KBr + 6\,HCl = 6\,Br + 6\,KCl + 3\,H_2O.}$$

Die Menge des Broms ist bestimmt durch die Menge des Kaliumbromats, 1 ccm $^1/_{10}$-n-Kaliumbromatlösung $= 7{,}992$ mg Br $= 12{,}692$ mg J, log 10353.

Der Überschuß an Brom wird durch die nachher zugesetzte etwa $^1/_2$-n-Natriumarsenitlösung in der sauren Flüssigkeit zu Bromwasserstoff reduziert. Der dann vorhandene Überschuß an Arseniger Säure wird in der mit rauchender Salzsäure stark angesäuerten Flüssigkeit mit $^1/_{10}$-n-Kaliumbromatlösung titriert, wobei eine Gelbfärbung durch freies Brom eintritt, wenn alle Arsenige Säure zu Arsensäure oxydiert ist. Bei ungünstiger Beleuchtung wird Indigokarmin als Indikator für das Auftreten von freiem Brom benutzt, durch das der Indigofarbstoff entfärbt wird.

$$\mathrm{H_3AsO_3 + Br_2 + H_2O = 2\,HBr + H_3AsO_4.}$$

1 Molekel Arsenige Säure verbraucht also zur Oxydation zu Arsensäure 2 Atome Brom. Auf 1 Mol As_4O_6 (Mol.-Gew. $= 395,84$) werden 8 Grammatome Brom verbraucht, und das Normalgewicht des Arsentrioxyds, As_4O_6 ist demnach $= {}^1/_8 \text{Mol} = \dfrac{395,84}{8}\,g = 49,48\,g$. Zur Herstellung der etwa $^1/_2$-n-Natriumarsenitlösung sind für 1 Liter rund 25 g Arsentrioxyd erforderlich.

Nach der vom Arzneibuch angegebenen Formel wird aus der Zahl der Kubikzentimeter der $^1/_{10}$-n-Kaliumbromatlösung nicht erst die angelagerte Brommenge, sondern unmittelbar die dieser äquivalente Jodmenge berechnet:

Beispiel: Abgewogen 0,402 g Olivenöl

$$a = 50 + 26,4 = 76,4$$
$$b = 25 + 25,2 = 50,2$$
$$\overline{a-b\ = 26,2}$$
$$\frac{26,2 \cdot 1,2692}{0,402} = \frac{33,253}{0,402} = 82,7.$$

Die Jodzahl des Olivenöles ist also 82,7.

Man könnte natürlich auch die Brommenge und damit eine Bromzahl berechnen. Da in der Literatur für die Fette und Öle nur die Jodzahlen angegeben sind, hat man die Berechnung der Jodzahl beibehalten. Der vom Arzneibuch auch gebrauchte Ausdruck Jodbromzahl ist irreführend und überflüssig.

Das Winklersche Verfahren zur Bestimmung der Jodzahl ist für die Ausführung einer größeren Zahl von Untersuchungen, z. B. in Nahrungsmitteluntersuchungsämtern, zweckmäßig, weil es billig ist. Für Einzeluntersuchungen, wie sie in den Apotheken doch meistens vorkommen, ist es zu umständlich. Auch ist die alkalische Natriumarsenitlösung nicht sehr haltbar.

Für die Praxis des Apothekers ist das Verfahren von Hanuš, das auf der Anlagerung von Jodmonobromid beruht, viel einfacher, wenn es auch infolge der Verwendung von Jod und Kaliumjodid etwas teurer ist. Der Kostenunterschied wird durch die Zeitersparnis voll aufgewogen.

Bestimmung der Jodzahl nach dem Verfahren von Hanuš.

Verwendet wird eine Lösung von Jodmonobromid in Essigsäure (Eisessig).

Jodmonobromidlösung. 12,8 g zerriebenes Jod werden in einem Kölbchen mit 60 g Essigsäure (96—100%) übergossen. Dann wägt man 8 g Brom hinzu, schwenkt die Flüssigkeit einige Minuten lang gelinde um, bis das Jod gelöst ist und verdünnt dann die Lösung mit Essigsäure auf etwa 1000 ccm oder mischt sie einfach mit 1000 g Essigsäure. **25 ccm** der Jodmonobromidlösung verbrauchen bei dem blinden Versuch (siehe S. 203) etwa **50 ccm** $^1/_{10}$-n-Natriumthiosulfatlösung. Die Lösung ist sofort anwendbar und lange Zeit haltbar, wenn sie in dichtschließenden Flaschen kühl aufbewahrt wird, und wenn die Essigsäure rein war. Alte Lösungen prüft man rasch auf ihre Brauchbarkeit, indem man **10 ccm** der Lösung mit 0,5 g Kaliumjodid und etwa 50 ccm Wasser versetzt und dann mit $^1/_{10}$-n-Natriumthiosulfatlösung titriert. Werden dabei von letzterer Lösung noch mehr als 18 ccm verbraucht, so ist die Jodmonobromidlösung noch ohne weiteres brauchbar; ist der Verbrauch an $^1/_{10}$-n-Natriumthiosulfatlösung geringer als 18 ccm für 10 ccm Lösung, so erhöht man den Gehalt an Jodmonobromid wieder durch Zusatz von Jod und Brom, oder man nimmt bei der Bestimmung der Jodzahl von der Lösung mehr, statt 25 ccm z. B. 30 ccm.

Die Ausführung der Bestimmung geschieht in folgender Weise: Das in einem Glasbecherchen (s. S. 201, Abb. 26) abgewogene Fett wird in einem Glasstopfenglas von etwa 200 ccm in 15 ccm Chloroform oder reinem Tetrachlorkohlenstoff gelöst. Dann fügt man **25 ccm** Jodmonobromidlösung hinzu und läßt die Mischung in dem verschlossenen Glas unter mehrmaligem Umschwenken 15 Minuten, bei trocknenden Ölen 30 Minuten, vor Sonnenlicht geschützt stehen. Nach Zusatz von 1,5 g Kaliumjodid und etwa 50 ccm Wasser titriert man unter gelindem Umschwenken mit $^1/_{10}$-n-Natriumthiosulfatlösung, wobei man gegen Ende Stärkelösung (etwa 10 ccm) zusetzt. Zum Schluß setzt man die Natriumthiosulfatlösung vorsichtig tropfenweise zu und schüttelt die Mischung kräftig durch. In gleicher Weise wird ein blinder Versuch (ohne Fett) ausgeführt. Aus der Differenz der bei beiden Versuchen verbrauchten Menge $^1/_{10}$-n-Natriumthiosulfatlösung ergibt sich die auf die angewandte Fettmenge gebundene Menge Jod. 1 ccm $^1/_{10}$-n-Natriumthiosulfatlösung = 12,692 mg Jod, log 10353.

Die Menge des zu verwendenden Fettes richtet sich nach der Höhe der Jodzahl: **Talg, Kakaobutter, Kokosfett 0,5—0,6 g, Schweineschmalz 0,30—0,35 g, Olivenöl 0,20—0,25 g, Mandelöl, Erdnußöl, Sesamöl, Pfirsichkernöl, Rüböl 0,15—0,18 g, Lebertran, Leinöl, Mohnöl** und andere **trocknende Öle 0,09—0,11 g.**

Beispiel: Angenommen, es seien 0,2230 g Olivenöl angewandt, **35,3 ccm** $^1/_{10}$-n-Natriumthiosulfatlösung für den Überschuß an Jodmonobromid und **49,8 ccm** $^1/_{10}$-n-Natriumthiosulfatlösung beim blinden Versuch verbraucht: $(49,8—35,3) \cdot 12,7$ mg $= 14,5 \cdot 12,7$ mg $= 0,18415$ g Jod sind auf 0,223 g Olivenöl gebunden, und die Jodzahl ist

$$= \frac{0,18415 \cdot 100}{0,223} = 82,6.$$

Jodzahlen der Fette und fetten Öle des Arzneibuches.

Adeps suillus	46—66	Oleum Lini	168—190
Cetaceum	—8	„ Olivarum	80—88
Oleum Amygdalarum	95—100	„ Persicarum	95—100
„ Arachidis	83—100	„ Rapae	94—106
„ Cacao	34—38	„ Sesami	103—112
„ Jecoris Aselli	150—175	Sebum ovile	33—42

Cetaceum.

Die Jodzahl des Walrats soll nicht höher als 8 sein. Der Hauptbestandteil des Walrats, **Palmitinsäurecetylester,** $C_{15}H_{31}COOC_{16}H_{33}$, hat keine Jodzahl, ebensowenig die Ester anderer gesättigter Fettsäuren, Laurin-, Myristin-, Stearinsäure mit höheren gesättigten Alkoholen. Durch die Jodzahl bis 8 sind kleine Mengen von Estern ungesättigter Säuren zugelassen, die in dem Walratöl enthalten sind, von dem kleine Mengen bei der Reinigung des Walrats zurückbleiben können.

Argentometrische und rhodanometrische Bestimmungen (Fällungsanalysen).

Diese Bestimmungen beruhen teils auf der Umsetzung von **Silbernitrat mit Halogeniden und Cyaniden,**

$$\text{z. B. } AgNO_3 + NaCl = NaNO_3 + AgCl,$$

teils auf der Umsetzung von **Ammoniumrhodanid** mit **Silbernitrat** oder **Silbersulfat** und **Quecksilbernitrat** oder **Quecksilbersulfat:**

$$NH_4SCN + AgNO_3 = NH_4NO_3 + AgSCN,$$
$$2\,NH_4SCN + Hg(NO_3)_2 = 2\,NH_4NO_3 + Hg(SCN)_2.$$

Zur Erkennung des Endes der Umsetzungen sind **Indikatoren** erforderlich.

Kaliumchromat. Für die Titrationen von Halogeniden mit Silbernitrat wird **Kaliumchromat,** K_2CrO_4, als Indikator benutzt. Versetzt man **Natriumchloridlösung** mit einigen Tropfen Kaliumchromatlösung und läßt nun Silbernitratlösung zufließen, so tritt an der Einflußstelle eine rötliche Färbung durch **Silberchromat,** Ag_2CrO_4, auf, die aber beim Umschwenken wieder verschwindet, solange noch Natriumchlorid in der Lösung enthalten ist. Das Silberchromat setzt sich mit dem Natriumchlorid wieder um zu Natriumchromat und Silberchlorid:

$$Ag_2CrO_4 + 2\,NaCl = 2\,AgCl + Na_2CrO_4.$$

Erst wenn alle Chlorionen als Silberchlorid ausgefällt sind, bleibt die Rotfärbung durch Silberchromat bestehen, und dadurch wird das Ende der Umsetzung angezeigt. Man titriert bis zu einer eben deutlich erkennbaren **rötlichen** Färbung. Die Titrationen erfolgen in **neutraler Lösung.**

Kaliumchromatlösung. 1 T. chloridfreies Kaliumchromat, K_2CrO_4, wird in 19 T. Wasser gelöst. Von der Lösung werden der zu titrierenden Flüssigkeit 2—3 Tropfen zugesetzt, so daß diese eben deutlich gelb gefärbt ist.

Kaliumjodid. Bei der Titration von **Cyaniden** mit Silbernitrat wird **Kaliumjodid** als Indikator verwendet. Die Umsetzung erfolgt nach der Gleichung:

$$2\,KCN + AgNO_3 = KNO_3 + AgCN \cdot KCN.$$

Enthält die Flüssigkeit **Kaliumjodid,** so erfolgt opalisierende Trübung durch die Bildung von Silberjodid, wenn alles Kaliumcyanid in die in Wasser lösliche Komplexverbindung $AgCN \cdot KCN$ oder $KAg(CN)_2$ übergeführt ist und ein weiterer Tropfen Silbernitratlösung hinzukommt. (Vgl. Aqua Amygdalarum amararum S. 209.)

Ferriammoniumsulfat. Bei der Titration von **Silbernitrat** und **Quecksilbernitrat** mit Ammoniumrhodanidlösung wird **Ferriammoniumsulfat** als Indikator verwendet.

Versetzt man eine Silbernitratlösung mit Ferriammoniumsulfatlösung und läßt dann Ammoniumrhodanidlösung zufließen, so wird das Silber als Silberrhodanid ausgefällt. Wenn diese Umsetzung beendet ist, so ruft der nächste Tropfen Ammoniumrhodanidlösung eine Rotfärbung durch Bildung von **Ferrirhodanid** hervor. Ebenso verläuft eine Titration von Merkurinitrat. Man titriert bis zur eben deutlich erkennbaren **rötlichen** Färbung. Die Titrationen erfolgen in **salpetersaurer Lösung.**

Ferriammoniumsulfatlösung. 1 T. Ferriammoniumsulfat, $Fe(NH_4)(SO_4)_2 + 12 H_2O$, wird in einer Mischung von 8 T. Wasser und 1 T. Salpetersäure gelöst. Von dieser Lösung werden der zu titrierenden Flüssigkeit etwa 10 ccm zugesetzt. Die Lösung muß **chloridfrei** sein, sie darf durch Silbernitratlösung nicht verändert werden.

Urtiterstoff: Besonders gereinigtes Natriumchlorid.

Eine kalt gesättigte Lösung von Natriumchlorid, das den Reinheitsanforderungen des Arzneibuches entspricht, wird mit der doppelten Raummenge rauchender Salzsäure versetzt, wodurch der größte Teil des Natriumchlorids kristallinisch ausgefällt wird, weil das Salz in Salzsäure viel schwerer löslich ist als in Wasser. Das Natriumchlorid wird auf einer Nutsche gesammelt, mit Salzsäure nachgewaschen und dann in einer Porzellanschale auf dem Wasserbad (Abzug!) getrocknet. Zur Beseitigung der letzten Spuren von Wasser und Salzsäure wird es im Trockenschrank 2 Stunden lang auf etwa 150—200° erhitzt. Nach dem Erkalten wird es in einem Glas mit dichtschließendem Glasstopfen aufbewahrt.

Erforderliche volumetrische Lösungen:

$^1/_{10}$-n-Natriumchloridlösung. Enthält in 1 Liter 5,846 g NaCl. Mol.-Gew. = 58,46; Normalgewicht = 1 Mol = 58,46 g.

Von dem reinen Natriumchlorid wägt man mit der Handwaage 5,9 g ab und wägt diese Menge auf einem Uhrglas genau bis auf 1 mg. Angenommen, es seien 5,896 g Natriumchlorid abgewogen. Nach der Gleichung 5,846:1000 = 5,896:x sind mit dieser Menge 5896:5,846 = 1008,5 ccm $^1/_{10}$-n-Natriumchloridlösung herzustellen. Man bringt das Natriumchlorid mit Hilfe eines Trichters unter Nachspülen mit Wasser in den Meßkolben, füllt bis zur Marke auf und bringt dann noch 8,5 ccm Wasser zu der Lösung hinzu.

$^1/_{10}$-n-Silbernitratlösung. Enthält in 1 Liter 16,989 g $AgNO_3$, Mol.-Gew. = 169,89, Normalgewicht = 1 Mol = 169,89 g.

Das Arzneibuch läßt die Silbernitratlösung in folgender Weise herstellen: Etwa 17 g Silbernitrat werden zu 1 Liter gelöst. Zur Einstellung werden **20 ccm** $^1/_{10}$-n-Natriumchloridlösung nach Zusatz von 3 Tropfen Kaliumchromatlösung mit der Silbernitratlösung titriert. Der Faktor der Silbernitratlösung ist:

$$F_{AgNO_3} = \frac{20}{\text{Anzahl ccm Silbernitratlösung}}.$$

Der auf diese Weise ermittelte Faktor der Silbernitratlösung ist um $^1/_{200}$ kleiner als der einer wirklich genauen $^1/_{10}$-n-Lösung, weil von letzterer für 20 ccm $^1/_{10}$-n-Natriumchloridlösung bis zum Umschlag in Rötlich 20,1 ccm verbraucht werden. Für die mit $^1/_{10}$-n-Silbernitratlösung auszuführenden direkten Titrationen (Bromide, Blausäure) ist der Unterschied belanglos.

Der Unterschied hat aber zur Folge, daß auch der Faktor der mit der Silbernitratlösung einzustellenden $^1/_{10}$-n-Ammoniumrhodanidlösung um $^1/_{200}$ kleiner ist.

Infolgedessen fallen die mit der Ammoniumrhodanidlösung auszuführenden Bestimmungen von Silber und Quecksilber um $^1/_{200}$ oder 0,5% zu niedrig aus.

Zur Herstellung einer genauen $^1/_{10}$-n-Silbernitratlösung trocknet man etwa 17 g reines kristallisiertes oder geschmolzenes Silbernitrat, das den Anforderungen des Arzneibuches entspricht, 24 Stunden über Schwefelsäure, wägt es bis auf 1 mg genau und berechnet, wieviel Lösung mit der abgewogenen Menge herzustellen ist. Angenommen, es seien 17,097 g Silbernitrat abgewogen, dann ergibt sich die Menge der Lösung nach der Gleichung 16,989 : 1000 ccm = 17,097 : x ccm zu 17097 : 16,989 = 1003,4 ccm. Man bringt das Silbernitrat mit Hilfe eines Trichters unter Nachspülen mit Wasser in den Meßkolben, füllt nach dem Auflösen bis zur Marke auf und bringt dann noch 3,4 ccm Wasser zu der Lösung hinzu. Will man die Lösung nachprüfen, so geschieht dies mit Hilfe der $^1/_{10}$-n-Natriumchloridlösung, indem man eine abgemessene Menge derselben (20 oder 25 ccm) nach Zusatz von 2 Tropfen Kaliumchromatlösung mit der Silbernitratlösung titriert bis zum Umschlag von Gelb in Rötlich. Dabei ist zu berücksichtigen, daß zur Herbeiführung des Umschlages $^1/_{10}$ ccm der Silbernitratlösung im Überschuß nötig ist, einerlei, ob man kleinere oder größere Mengen der Natriumchloridlösung anwendet. Die Silbernitratlösung ist genau $^1/_{10}$-normal, wenn für 20 ccm $^1/_{10}$-n-Natriumchloridlösung 20,1 ccm, für 25 ccm 25,1 ccm, für 10 ccm 10,1 ccm usw. verbraucht werden.

Bei allen Halogenbestimmungen mit genauer $^1/_{10}$-n-Silbernitratlösung, bei denen Kaliumchromat als Indikator verwendet wird, ist von der verbrauchten Menge der Silbernitratlösung vor der Berechnung stets $^1/_{10}$ ccm abzuziehen; das ist besonders zu berücksichtigen bei der Prüfung von Kaliumbromid (auch Natrium- und Ammoniumbromid) auf Chloride.

$^1/_{10}$-n-Ammoniumrhodanidlösung. Die Lösung enthält in 1 Liter 7,612 g NH_4SCN, Mol.-Gew. = 76,12, Normalgewicht = 1 Mol = 76,12 g.

Zur Herstellung der Lösung löst man 9 g reines Ammoniumrhodanid in etwa 1100 ccm Wasser auf. Zur Einstellung der Lösung bringt man **20 ccm** $^1/_{10}$-n-Silbernitratlösung in einen Erlenmeyerkolben, gibt etwa 10 ccm Salpetersäure (25%) 50 ccm Wasser und etwa 10 ccm Ferriammoniumsulfatlösung hinzu und titriert mit der Ammoniumrhodanidlösung, bis die Flüssigkeit eben eine hell rötlich-bräunliche Färbung angenommen hat. Die Färbung ist am besten gegen einen weißen Hintergrund zu erkennen. Angenommen, man habe in zwei Versuchen für je 20 ccm $^1/_{10}$-n-Silbernitratlösung 18,9 ccm der Rhodanidlösung verbraucht; dann ist der Wirkungswert der Lösung = 20 : 18,9 = **1,057**. Man vermerkt den Wirkungswert auf der Flasche oder man verdünnt 1000 ccm der Lösung mit 57 ccm Wasser zur richtigen $^1/_{10}$-n-Lösung in der unter n-Salzsäure S. 99 angegebenen Weise. Die Herstellung einer richtigen $^1/_{10}$-n-Lösung ist vorzuziehen, da die Lösung haltbar ist. Bei der Nachprüfung der eingestellten Lösung müssen auf 20 ccm $^1/_{10}$-n-Silbernitratlösung genau 20 ccm der Rhodanidlösung verbraucht werden. ·

Bestimmung von Halogenen und Cyanwasserstoff.

Ammonium bromatum, — Kalium bromatum, — Natrium bromatum.

Bei diesen 3 Bromiden ist im Arzneibuch eine Wertbestimmung vorgeschrieben, die den Zweck hat, eine über die zulässige Höchstgrenze hinausgehende Verunreinigung mit Chloriden festzustellen. Da das technische Brom fast immer bis zu 1% Chlor enthält, enthalten die daraus gewonnenen Bromide ebenfalls eine entsprechende Menge Chloride. Die Bestimmung der Chloride wird durch eine Titration mit $^1/_{10}$-n-Silbernitratlösung ausgeführt und beruht darauf, daß die Chloride ein kleineres Molekelgewicht haben als die Bromide, und deshalb für die Umsetzung mit Chloriden eine größere Menge Silbernitrat nötig ist, als für die Umsetzung mit Bromiden:

$$NH_4Br + AgNO_3 = AgBr + NH_4NO_3 \qquad NH_4Cl + AgNO_3 = AgCl + NH_4NO_3$$
$$97{,}96 \quad 169{,}89 \qquad\qquad 53{,}50 \quad 169{,}89$$

$$KBr + AgNO_3 = AgBr + KNO_3 \qquad KCl + AgNO_3 = AgCl + KNO_3$$
$$119{,}02 \quad 169{,}89 \qquad\qquad 74{,}56 \quad 169{,}89$$

$$NaBr + AgNO_3 = AgBr + NaNO_3 \qquad NaCl + AgNO_3 = AgCl + NaNO_3$$
$$102{,}92 \quad 169{,}89 \qquad\qquad 58{,}46 \quad 169{,}89$$

Voraussetzung für die Richtigkeit der Bestimmung der Chloridmenge ist die Abwesenheit von anderen Verunreinigungen, die durch die qualitative Prüfung nachgewiesen werden können. Die Salze müssen vor der Bestimmung bei 100° getrocknet werden.

Ammonium bromatum.

Im Glasstopfenkölbchen von 100 ccm werden etwa 2 g des gepulverten Bromids bei 100° getrocknet und genau gewogen. Das Salz wird in Wasser gelöst, die Lösung in einen Meßkolben von 100 ccm gespült und bis zur Marke aufgefüllt. 20 ccm der Lösung werden mit 2—3 Tropfen Kaliumchromatlösung versetzt und mit $^1/_{10}$-n-Silbernitratlösung bis zur rötlichen Färbung titriert. Der Verbrauch an $^1/_{10}$-n-Silbernitratlösung wird auf 1 g des Salzes umgerechnet.

53,50 g NH_4Cl verbrauchen 169,89 g $AgNO_3 = 10000$ ccm $^1/_{10}$-n-Silbernitratlösung, 1 g $NH_4Cl = 10000 : 53{,}50 = 186{,}91$ ccm $^1/_{10}$-n-Silbernitratlösung. 97,96 g NH_4Br verbrauchen ebenfalls 10000 ccm $^1/_{10}$-n-Silbernitratlösung, 1 g $= 10000 : 97{,}96 = 102{,}08$ ccm $^1/_{10}$-n-Silbernitratlösung. Mischungen von NH_4Br und NH_4Cl verbrauchen für 1 g zwischen 102,08 und 186,91 ccm $^1/_{10}$-n-Silbernitratlösung. Die Menge des Chlorids ergibt sich durch einfache Rechnung aus dem über 102,08 ccm hinausgehenden Verbrauch an $^1/_{10}$-n-Silbernitratlösung. Mehrverbrauch von 84,83, also 102,88 + 84,83 = 186,91 ccm = 100% NH_4Cl. Je 0,8483 ccm mehr als 102,08 ccm für 1 g des Salzes = 1% NH_4Cl.

Beispiel: Angewandt 2,068 g Ammoniumbromid, Verbrauch 42,55 ccm $^1/_{10}$-n-Silbernitratlösung für 20 ccm der Lösung = 0,4136 g Ammoniumbromid. 42,55 : 0,4136 = x : 1. x = 102,88 ccm. Verbrauch für 1 g = 102,88—102,08 = 0,8 ccm Mehrverbrauch für 1 g. Daraus berechnet sich 0,8483 : 1% = 0,8 : x% ; x = 0,94% NH_4Cl.

Das Arzneibuch läßt den Gehalt an NH_4Cl aus dem Mehrverbrauch an $^1/_{10}$-n-Silbernitratlösung für 0,4 g des Salzes berechnen. Zulässig ist ein Verbrauch von 41,2 ccm für 0,4 g = 0,4 ccm mehr als die für reines NH_4Br berechnete Menge von 40,8 ccm. 0,34 ccm mehr als 40,8 ccm für 0,4 g = 1% NH_4Cl, 0,4 ccm Mehrverbrauch = 1,2% NH_4Cl.

Kalium bromatum.

1 g KCl verbraucht 10000 : 74,56 = 134 ccm $^1/_{10}$-n-Silbernitratlösung
1 g KBr verbraucht 10000 : 119,02 = 84 ccm $^1/_{10}$-n-Silbernitratlösung
50 ccm

50 ccm Mehrverbrauch für 1 g = 100% KCl, je 0,5 ccm Mehrverbrauch für 1 g = 1% KCl. Das Arzneibuch gestattet für 0,4 g einen

Verbrauch von 33,9 ccm = 84,75 ccm für 1 g = 84,75 — 84,0 = 0,75 ccm Mehrverbrauch = 1,5% KCl.

Natrium bromatum.

1 g NaCl verbraucht 10000 : 58,46 = 171,06 ccm $^1/_{10}$-n-Silbernitratlösung
1 g NaBr verbraucht 10000 : 102,92 = 97,21 ccm $^1/_{10}$-n-Silbernitratlösung
————————
73,85 ccm

73,85 ccm Mehrverbrauch für 1 g = 100% NaCl, je 0,7385 ccm Mehrverbrauch für 1 g = 1% NaCl.

Das Arzneibuch gestattet für 0,4 g einen Verbrauch von 39,3 ccm = 98,25 ccm für 1 g = 98,25 — 97,21 = 1,04 ccm Mehrverbrauch:

$$0,7385 : 1\% = 1,04 : x\%, \qquad x = 1,4\% \text{ NaCl.}$$

Liquor Ferri oxychlorati dialysatus.

Gehalt an Chlorionen höchstens 0,32%.

5 ccm dialysierte Eisenoxychloridlösung werden mit 15 ccm Salpetersäure bis zur Klärung gekocht. Nach Zusatz von 4,5 ccm $^1/_{10}$-n-Silbernitratlösung und kräftigem Schütteln wird die Mischung filtriert. Das Filtrat muß klar sein und darf durch weiteren Zusatz von Silbernitratlösung nicht mehr getrübt werden.

4,5 ccm $^1/_{10}$-n-Silbernitratlösung = 4,5 · 3,546 mg = 15,96 mg Cl in 5 ccm = 0,32 g in 100 ccm.

Opium concentratum.

Gehalt an Chlorwasserstoff 8,9—9,7%.

Das Arzneibuch läßt den Chlorwasserstoffgehalt des aus den Hydrochloriden der Opiumalkaloide bestehenden Präparates auf folgende Weise bestimmen:

Die Lösung von 0,3 g Opiumkonzentrat (genau gewogen) wird in einem Kölbchen mit 1 ccm Salpetersäure und 7,0 ccm $^1/_{10}$-n-Silbernitratlösung versetzt, auf dem Wasserbad bis zum Absetzen des Niederschlages erwärmt und nach dem Erkalten filtriert. Beim Zusatz von 1,0 ccm $^1/_{10}$-n-Silbernitratlösung zum Filtrat muß noch eine Trübung oder Fällung von Silberchlorid eintreten. Wird die Flüssigkeit wieder auf dem Wasserbad erwärmt und nach dem Erkalten filtriert, so darf das Filtrat bei weiterem Zusatz von $^1/_{10}$-n-Silbernitratlösung nicht mehr getrübt werden.

Es sollen also 7,0—8,0 ccm $^1/_{10}$-n-Silbernitratlösung für 0,3 g Opiumkonzentrat verbraucht werden = etwa 8,9—9,7% Chlorwasserstoff.

Aqua Amygdalarum amararum.

Das durch Auflösen von Benzaldehydcyanhydrin in einer Weingeist-Wassermischung hergestellte Bittermandelwasser enthält freien Cyanwasserstoff, HCN, und Benzaldehydcyanhydrin, $C_6H_5CH(OH)CN$. Die Bestimmung des Höchstgehaltes an freiem Cyanwasserstoff geschieht auf Grund der Umsetzung:

$$HCN + AgNO_3 = AgCN + HNO_3,$$

HCN, Mol.-Gew. = 27,02, Normalgewicht = 1 Mol = 27,02 g.

1 ccm $^1/_{10}$-n-Silbernitratlösung = 2,702 mg HCN, log. 43 169.

12,5 g Bittermandelwasser werden in einem Kölbchen mit einigen Tropfen Salpetersäure und 1 ccm (Pipette) $^1/_{10}$-n-Silbernitratlösung versetzt und die Mischung nach kräftigem Schütteln filtriert. Das Filtrat darf auf weiteren Zusatz von Silbernitratlösung nicht mehr getrübt werden. 12,5 g Bittermandelwasser

dürfen also höchstens 2,7 mg freien Cyanwasserstoff enthalten, 100 g also 0,0216 g
= 0,0216%.

Bestimmung des Gesamtgehaltes an Cyanwasserstoff. 25 g Bittermandelwasser werden in einem Titrierkolben von 200 ccm mit 100 ccm Wasser
verdünnt und mit 1 ccm Ammoniakflüssigkeit versetzt.

Dadurch entsteht Ammoniumcyanid, NH_4CN:

$$HCN + NH_3 = NH_4CN,$$
$$C_6H_5CH(OH)CN + NH_3 = C_6H_5CHO + NH_4CN.$$

Nach Zusatz von etwa 2 ccm Kaliumjodidlösung wird die Mischung mit
$^1/_{10}$-n-Silbernitratlösung titriert (gew. Bürette), bis eine eben erkennbare, opalisierende Trübung eintritt. (Am besten auf schwarzem Untergrund zu beobachten.):

$$2\,NH_4CN + AgNO_3 = AgNH_4(CN)_2 + NH_4NO_3.$$

Es entsteht zunächst die in Wasser lösliche Komplexverbindung
Ammoniumsilbercyanid. Wenn alles Ammoniumcyanid in diese
Verbindung übergeführt ist, ruft der nächste Tropfen Silbernitrat-
lösung eine Trübung durch Bildung von Silberjodid hervor:

$$KJ + AgNO_3 = AgJ + KNO_3.$$

Nach der Umsetzungsgleichung entspricht 1 Mol. Silbernitrat 2 Mol.
NH_4CN und damit auch 2 Mol. HCN. Das Normalgewicht des Cyan-
wasserstoffes ist in diesem Falle = 2 Mol = 54,04 g. 1 ccm $^1/_{10}$-n-Silber-
nitratlösung = 5,404 mg HCN, log 73272.

$$\frac{\text{ccm } ^1/_{10}\text{-n-Silbernitratlösung} \cdot 0{,}005\,404 \cdot 100}{25} = \text{Prozent HCN.}$$

Nach dem Arzneibuch sollen für 25 g Bittermandelwasser 4,58 bis
4,95 ccm $^1/_{10}$-n-Silbernitratlösung verbraucht werden:

$$4{,}58 \cdot 0{,}005\,404 \cdot 4 = 0{,}02\,475 \cdot 4 = 0{,}099\% \text{ HCN,}$$
$$4{,}95 \cdot 0{,}005\,404 \cdot 4 = 0{,}02\,675 \cdot 4 = 0{,}107\% \text{ HCN.}$$

Frisch bereitetes Bittermandelwasser ist oft so trübe, daß die Titration nicht möglich ist. Es läßt sich dann leicht durch Schütteln
mit Talkpulver und Filtrieren klären.

Benzaldehydcyanhydrin.
Mandelsäurenitril.

Gehalt mindestens 89,4% Benzaldehydcyanhydrin,
$C_6H_5CH(OH)CN$, Mol.-Gew. = 133,06, Normalgewicht = 2 Mol =
266,12 g; 1 ccm $^1/_{10}$-n-Silbernitratlösung = 26,612 mg $C_6H_5CH(OH)CN$,
log 42,507.

Etwa 0,5 g Benzaldehydcyanhydrin werden im Glasstopfenkolben von 100 ccm
genau gewogen und mit 25 ccm Weingeist in einen Meßkolben von 100 ccm
gespült. Die Lösung wird mit Wasser bis zur Marke aufgefüllt. Ist die Mischung
nicht klar, was oft der Fall ist, so gibt man sie in einen trockenen Kolben von
150—200 ccm, fügt etwa 1 g Talkpulver hinzu und filtriert nach kräftigem
Schütteln. 25 ccm der klaren Flüssigkeit werden in einem Titrierkolben von
200 ccm mit 1 ccm Ammoniakflüssigkeit und 2 ccm Kaliumjodidlösung versetzt
und nach Verdünnung mit 100 ccm Wasser mit $^1/_{10}$-n-Silbernitratlösung wie bei
Bittermandelwasser titriert:

$$2\,C_6H_5CH(OH)CN + 2\,NH_3 = 2\,NH_4CN + 2\,C_6H_5CHO,$$
$$2\,NH_4CN + AgNO_3 = AgNH_4(CN)_2 + NH_4NO_3.$$

$$\frac{\text{ccm } ^1/_{10}\text{-n-Silbernitratlösung} \cdot 0{,}026\,612 \cdot 100}{0{,}25\,s} = \text{Prozent } C_6H_5CH(OH)CN.$$

s = Gewicht des angewandten Benzaldehydcyanhydrins.

Für 0,125 g Benzaldehydcyanhydrin sollen mindestens 4,2 ccm $^1/_{10}$-n-Silbernitratlösung verbraucht werden:

$$\frac{4,2 \cdot 0,026\,612 \cdot 100}{0,125} = \frac{11,177}{0,125} = 89,4\% \ C_6H_5CH(OH)CN.$$

Bestimmung von Silber.

Die Bestimmung beruht auf der Umsetzung zwischen Silbersalzen und Ammoniumrhodanid:

$$AgNO_3 + NH_4SCN = AgSCN + NH_4NO_3.$$

Silber Ag, At.-Gewicht = 107,88, Normalgewicht = 1 Grammatom = 107,88 g Ag; 1 ccm $^1/_{10}$-n-Ammoniumrhodanidlösung = 10,788 mg Ag, log 03294.

Als Indikator wird Ferriammoniumsulfat verwendet, das mit dem kleinsten Überschuß von Rhodanidlösung die Rotfärbung von Ferrirhodanid gibt. Die zu titrierende Lösung wird mit Salpetersäure angesäuert.

Argentum nitricum.

Gehalt mindestens 99,7% $AgNO_3$, Mol.Gew. = 169,89; Normalgewicht = 1 Mol = 169,89 g; 1 ccm $^1/_{10}$-n-Ammoniumrhodanidlösung = 16,989 mg $AgNO_3$, log 23017.

Etwa 0,3 g Silbernitrat werden in einem Titrierkolben von 100—150 ccm genau gewogen und in etwa 50 ccm Wasser gelöst. Die Lösung wird nach Zusatz von 5 ccm Salpetersäure und 5 ccm Ferriammoniumsulfatlösung mit $^1/_{10}$-n-Ammoniumrhodanidlösung titriert. Für 0,3 g Silbernitratlösung müssen mindestens 17,6 ccm $^1/_{10}$-n-Rhodanidlösung verbraucht werden:

$$\frac{\text{ccm } ^1/_{10}\text{-n-Rhodanidlösung} \cdot 0,016\,989 \cdot 100}{s} = \text{Prozent } AgNO_3.$$

s = Gewicht des angewandten Silbernitrats.

$$\text{z. B. } \frac{18,5 \cdot 0,016\,989 \cdot 100}{0,315} = \frac{31,43}{0,315} = 99,77\% \ AgNO_3,$$

$$\frac{17,6 \cdot 0,016\,989 \cdot 100}{0,3} = \frac{29,96}{0,3} = 99,7\% \ AgNO_3.$$

Argentum nitricum cum Kalio nitrico.

Gehalt 32,3—33,3 $AgNO_3$.

Etwa 0,5 g salpeterhaltiges Silbernitrat werden in einem Titrierkolben genau gewogen. Die Titration wird in gleicher Weise ausgeführt, wie bei Argentum nitricum angegeben.

$$\frac{\text{ccm } ^1/_{10}\text{-n-Rhodanidlösung} \cdot 0,016\,989 \cdot 100}{s} = \text{Prozent } AgNO_3.$$

s = Gewicht des angewandten Präparates.

$$\text{z. B. } \frac{9,9 \cdot 0,016\,989 \cdot 100}{0,515} = \frac{16,82}{0,515} = 32,6\% \ AgNO_3.$$

Für 0,5 g müssen 9,5—9,8 ccm $^1/_{10}$-n-Rhodanidlösung verbraucht werden:

$$\frac{9,5 \cdot 0,016\,989 \cdot 100}{0,5} = \frac{16,14}{0,5} = 32,28\% \ AgNO_3,$$

$$\frac{9,8 \cdot 0,016\,989 \cdot 100}{0,5} = \frac{16,65}{0,5} = 33,3\% \ AgNO_3.$$

Bestimmung von Silber in Silber-Eiweißpräparaten.

1 ccm $^1/_{10}$-n-Ammoniumrhodanidlösung = 10,788 mg Ag, log 03 294.

Die organische Substanz wird durch Einwirkung von Schwefelsäure und Kaliumpermanganat zerstört; der Überschuß an Kaliumpermanganat wird durch Ferrosulfat reduziert. Die Lösung enthält dann Silbersulfat und durch Oxydation des Ferrosulfats entstandenes Ferrisulfat, das als Indikator dient. Nach Zusatz von Salpetersäure wird mit $^1/_{10}$-n-Ammoniumrhodanidlösung titriert.

Albargin.
Gelatosesilber.

Gehalt 14,6—15,0% Silber.

Etwa 0,6 g Albargin werden in einem Titrierkolben von 150—200 ccm genau gewogen und in 10 ccm Wasser gelöst; die Lösung wird vorsichtig mit 10 ccm konz. Schwefelsäure versetzt. Darauf werden 2 g fein gepulvertes Kaliumpermanganat in kleinen Anteilen unter beständigem Umschwenken eingetragen. Nach $^1/_4$ Stunde wird das Gemisch mit 50 ccm Wasser verdünnt und mit Ferrosulfat versetzt, bis die Lösung klar und blaßgelb ist. Die Lösung wird nach Zusatz von 10 ccm Salpetersäure mit $^1/_{10}$-n-Ammoniumrhodanidlösung titriert. Hierbei müssen für je 0,6 g Albargin 8,12—8,35 ccm $^1/_{10}$-n-Ammoniumrhodanidlösung verbraucht werden.

Die Titration kann mit einer gewöhnlichen Bürette ausgeführt werden.

$$\frac{\text{ccm } ^1/_{10}\text{-n-Rhodanidlösung} \cdot 0,010\,788 \cdot 100}{s} = \text{Prozent Ag.}$$

s = Gewicht des angewandten Albargins.

$$\frac{8,12 \cdot 0,010\,788 \cdot 100}{0,6} = \frac{8,76}{0,6} = 14,6\% \text{ Ag.}$$

$$\frac{8,35 \cdot 0,010\,788 \cdot 100}{0,6} = \frac{9,01}{0,6} = 15,0\% \text{ Ag.}$$

Argentum colloidale.
Kolloides Silber — Kollargol.

Gehalt mindestens 70% Silber. Der Rest besteht aus Eiweißstoffen, die als Schutzkolloide zur Erhaltung der kolloiden Löslichkeit des Silbers dienen.

Etwa 0,2 g kolloides Silber werden in einem Titrierkolben von 150—200 ccm genau gewogen, in 10 ccm Wasser gelöst und diese Lösung vorsichtig mit 10 ccm konz. Schwefelsäure versetzt. Darauf werden 2 g fein gepulvertes Kaliumpermanganat in kleinen Anteilen unter beständigem Umschwenken eingetragen. Nach $^1/_4$ Stunde wird das Gemisch solange auf dem Drahtnetz erhitzt, bis die sich kondensierenden Dämpfe die Reste des Kaliumpermanganats herabgespült haben; dann werden 50 ccm Wasser zugesetzt und die Mischung mit Ferrosulfat versetzt, bis die Lösung klar und blaßgelb ist. Die erkaltete Lösung wird nach Zusatz von 10 ccm Salpetersäure mit $^1/_{10}$-n-Ammoniumrhodanidlösung titriert. Für je 0,2 g kolloides Silber müssen mindestens 13,0 ccm $^1/_{10}$-n-Rhodanidlösung verbraucht werden:

$$\frac{\text{ccm } ^1/_{10}\text{-n-Rhodanidlösung} \cdot 0,010\,788 \cdot 100}{s} = \text{Prozent Ag.}$$

s = Gewicht des angewandten kolloiden Silbers,

$$\text{z. B.} \quad \frac{13,2 \cdot 0,010\,788 \cdot 100}{0,202} = \frac{14,24}{0,202} = 70,5\% \text{ Ag,}$$

$$\frac{13,0 \cdot 0,010\,788 \cdot 100}{0,2} = \frac{14,02}{0,2} = 70,01\% \text{ Ag.}$$

Argentum proteinicum.

Albumosesilber — Protargol.

Gehalt mindestens 8,0% Silber.

In einem Titrierkolben von 150—200 ccm wird etwa 1 g Albumosesilber genau gewogen, in 10 ccm Wasser gelöst und die Lösung vorsichtig mit 10 ccm konz. Schwefelsäure versetzt. Dazu werden 2 g fein gepulvertes Kaliumpermanganat in kleinen Anteilen unter beständigem Umschwenken hinzugefügt. Nach $^1/_4$ Stunde wird das Gemisch mit 50 ccm Wasser verdünnt und mit Ferrosulfat versetzt, bis die Lösung klar und blaßgelb ist. Nach Zusatz von 10 ccm Salpetersäure wird mit $^1/_{10}$-n-Ammoniumrhodanidlösung titriert. Für 1 g Albumosesilber müssen 7,4 ccm $^1/_{10}$-n-Rhodanidlösung verbraucht werden:

$$\frac{\text{ccm } ^1/_{10}\text{-n-Rhodanidlösung} \cdot 0{,}010\,788 \cdot 100}{s} = \text{Prozent Ag.}$$

$s =$ Gewicht des angewandten Albumosesilbers,

$$\text{z. B.} \quad \frac{7{,}6 \cdot 0{,}010\,788 \cdot 100}{1{,}022} = \frac{8{,}199}{1{,}022} = 8{,}01\% \text{ Ag,}$$

$$\frac{7{,}4 \cdot 0{,}010\,788 \cdot 100}{1} = 7{,}983 = 8\% \text{ Ag.}$$

Bestimmung von Halogen durch indirekte Titration mit Silbernitratlösung und Ammoniumrhodanidlösung.

Bismutum oxyjodogallicum.

Wismutoxyjodidgallat — Airol.

$C_6H_2(OH)_3COOBi(OH)J$.   Mol.-Gew. 522,0.

Gehalt mindestens 20,0% Jod; Normalgewicht = 1 Gramm-atom = 126,92 g J; 1 ccm $^1/_{10}$-n-Silbernitratlösung = 12,692 mg Jod, log 10353.

In einem Titrierkolben von 150—200 ccm werden etwa 0,5 g Wismutoxyjodidgallat genau gewogen, mit **20 ccm** $^1/_{10}$-n-Silbernitratlösung und 20 ccm Salpetersäure versetzt und die Mischung auf dem Drahtnetz 3 Minuten lang zum schwachen Sieden erhitzt. Nach dem Verdünnen mit 50 ccm Wasser und Erkalten fügt man so viel Kaliumpermanganatlösung (0,5:100) hinzu, daß die Mischung schwach rot gefärbt ist, entfärbt wieder durch wenig Ferrosulfat und titriert nach Zusatz von etwa 5 ccm Ferriammoniumsulfatlösung mit $^1/_{10}$-n-Ammoniumrhodanidlösung:

$$\frac{(20 - \text{ccm } ^1/_{10}\text{-n-Rhodanidlösung}) \cdot 0{,}012\,692 \cdot 100}{s} = \text{Prozent Jod.}$$

$s =$ Gewicht des angewandten Wismutoxyjodidgallats.

Z. B. angewandt 0,508 g Wismutoxyjodidgallat. Verbrauch an $^1/_{10}$-n-Rhodanidlösung = 11,9 ccm.   20—11,9 = 8,1 ccm $^1/_{10}$-n-Silbernitratlösung:

$$\frac{8{,}1 \cdot 0{,}012\,692 \cdot 100}{0{,}508} = \frac{10{,}28}{0{,}508} = 20{,}2\% \text{ Jod.}$$

Für 0,5 g Wismutoxyjodidgallat müssen mindestens 7,9 ccm $^1/_{10}$-n-Rhodanidlösung verbraucht werden = 20,0% Jod.

Beim Erhitzen des Wismutoxyjodidgallats mit Silbernitratlösung wird Silberjodid gebildet. Der Überschuß an Silbernitrat wird mit $^1/_{10}$-n-Rhodanidlösung zurücktitriert. Der Zusatz von Kaliumpermanganat hat den Zweck, etwa durch Reduktion von Salpetersäure durch die organische Substanz entstandene Salpetrige Säure zu oxydieren.

Für reines Wismutoxyjodidgallat, Mol.-Gew. = 522,0, berechnet sich ein Jodgehalt von 24,3%:

$$522,0 : 126,92 = 100 : X, \quad X = 24,3\%.$$

Bromural.

Bromisovalerianylharnstoff,

$$(CH_3)_2CH \cdot CHBr \cdot CO \cdot NH \cdot CO \cdot NH_2.$$

Gehalt 33,3—35,7% Brom, At.-Gew. 79,92; Normalgewicht = 1 Grammatom = 79,92 g; 1 ccm $^1/_{10}$-n-Silbernitratlösung = 7,992 mg Br, log 90266.

In einem Titrierkolben von 150—200 ccm wägt man etwa 0,3 g Bromural genau, gibt 10 ccm Kalilauge hinzu und kocht $^1/_4$ Stunde lang gelinde, wobei man zur Verhütung des Verspritzens einen kleinen Trichter auf den Kolben setzt. Man gibt dann etwa 50 ccm Wasser hinzu, mit dem man den Trichter abspült, weiter 10—12 ccm Salpetersäure und **20 ccm** $^1/_{10}$-n-Silbernitratlösung. Nach Zusatz von etwa 5 ccm Ferriammoniumnitratlösung wird mit $^1/_{10}$-n-Ammoniumrhodanidlösung titriert:

$$\frac{(20 - \text{ccm } ^1/_{10}\text{-n-Rhodanidlösung}) \cdot 0,007\,992 \cdot 100}{s} = \text{Prozent Br.}$$

$s =$ Gewicht des angewandten Bromurals.

Bei Anwendung von 0,3 g Bromural sollen nicht mehr als 7,5 und nicht weniger 6,6 ccm $^1/_{10}$-n-Rhodanidlösung verbraucht werden:

$$20 - 7,5 = 12,5 \text{ ccm } ^1/_{10}\text{-n-Silbernitratlösung.}$$

$$20 - 6,6 = 13,4 \text{ ccm } ^1/_{10}\text{-n-Silbernitratlösung.}$$

$$\frac{12,5 \cdot 0,007\,992 \cdot 100}{0,3} = \frac{9,99}{0,3} = 33,3\% \text{ Br.}$$

$$\frac{13,4 \cdot 0,007\,992 \cdot 100}{0,3} = \frac{10,71}{0,3} = 35,7\% \text{ Br.}$$

Für die Formel $(CH_3)_2CH \cdot CHBr \cdot CO \cdot NH \cdot CO \cdot NH_2$, Mol.-Gew. 223,02, berechnet sich ein Bromgehalt von 35,84%:

$$223,02 : 79,92 = 100 : X, \quad X = 35,84.$$

Der Gehalt ist meist etwas niedriger, weil das Bromural meist etwas bromfreien Isovalerianylharnstoff enthält.

Durch das Kochen mit Kalilauge wird Bromisovaleriansäure abgespalten und in dieser das Bromatom durch Hydroxyl ersetzt unter Bildung von Oxyvaleriansäure und Kaliumbromid:

$$(CH_3)_2CH \cdot CHBr \cdot COOK + KOH = (CH_3)_2CH \cdot CH(OH) \cdot COOK + KBr.$$

Das Kaliumbromid wird dann mit Silbernitrat umgesetzt.

Bestimmung von Senföl.

Das Senföl (Allylsenföl) des Arzneibuches ist synthetisch dargestelltes Allylisothiocyanat, $S{=}C{=}N{-}C_3H_5$.

Zur Bestimmung des Senföles wird eine weingeistige Lösung von Oleum Sinapis oder Spiritus Sinapis mit Ammoniakflüssigkeit und $^1/_{10}$-n-Silbernitratlösung erhitzt und der Überschuß an Silbernitrat mit $^1/_{10}$-n-Ammoniumrhodanidlösung zurücktitriert.

Allylisothiocyanat gibt mit Ammoniak Allylthioharnstoff:

$$S{=}C{=}N{-}C_3H_5 + NH_3 = NH_2 \cdot CS \cdot NH \cdot C_3H_5, \text{ Allylthioharnstoff.}$$

Letzterer gibt mit Silbernitrat in ammoniakalischer Lösung Silbersulfid und Allylcyanamid:

$$NH_2 \cdot CS \cdot NH \cdot C_3H_5 + 2\,AgNO_3 + 2\,NH_3$$
$$= Ag_2S + N{\equiv}C{-}NHC_3H_5 + 2\,NH_4NO_3 \text{ Allylcyanamid.}$$

Für die Titration des überschüssigen Silbernitrats wird die filtrierte Flüssigkeit mit Salpetersäure angesäuert.

Auf 1 Mol. Allylisothiocyanat werden 2 Mol. Silbernitrat verbraucht; das Normalgewicht des Allylisothiocyanats, Mol.-Gew. $= 99,12$, ist deshalb $= {}^1/_2$ Mol $= 49,56$ g und 1 ccm ${}^1/_{10}$-n-Silbernitratlösung $= 4,956$ mg $SCNC_3H_5$; log 69513.

Aus Senfsamen und Senfpapier wird das Senföl durch Destillation mit Wasser abgeschieden. Das Senföl entsteht dabei durch Hydrolyse des im Senfsamen enthaltenen Glykosids Sinigrin (myronsaures Kalium), die durch das Enzym Myrosin bewirkt wird:

$$C_{10}H_{16}NS_2KO_9 + H_2O = SCNC_3H_5 + C_6H_{12}O_6 + KHSO_4.$$
$$\text{Sinigrin.}$$

Oleum Sinapis.

Gehalt mindestens 97% Allylsenföl.

In einem Meßkölbchen von 50 ccm wird etwa 1 g Senföl genau gewogen und mit Weingeist bis zur Marke aufgefüllt. **5 ccm** der gemischten Lösung werden in einem Meßkolben von 100 ccm mit 10 ccm Ammoniakflüssigkeit und **50 ccm** ${}^1/_{10}$-n-Silbernitratlösung gemischt. Der Kolben wird dann mit aufgesetztem kleinen Trichter zuerst auf dem Wasserbad, nach einiger Zeit im Wasserbad 1 Stunde lang erhitzt. Nach dem Abkühlen wird mit Wasser bis zur Marke aufgefüllt und die Mischung durch ein nicht angefeuchtetes Faltenfilter in einen trockenen Kolben filtriert. **50 ccm** des Filtrates $=$ **25 ccm** ${}^1/_{10}$-n-Silbernitratlösung werden in einem Titrierkolben mit 10 ccm Salpetersäure und 5 ccm Ferriammoniumsulfatlösung versetzt und mit ${}^1/_{10}$-n-Ammoniumrhodanidlösung titriert.

$$\frac{(25 - \text{ccm } {}^1/_{10}\text{-n-Rhodanidlösung}) \cdot 0,004\,956 \cdot 100}{0,05\,s} = \text{Prozent } SCNC_3H_5.$$

$$s = \text{Gewicht des angewandten Senföles.}$$

Für 0,05 g Senföl müssen mindestens $25{-}15,2 = 9,8$ ccm ${}^1/_{10}$-n-Silbernitratlösung verbraucht werden:

$$\frac{9,8 \cdot 0,004\,956 \cdot 100}{0,05} = \frac{4,857}{0,05} = 97,14\% \ SCNC_3H_5.$$

Spiritus Sinapis.

Gehalt mindestens 1,94% Senföl.

In einen Meßkolben von 100 ccm wägt man auf der Rezepturwaage 5 g Senfspiritus und 10 g Ammoniakflüssigkeit, gibt **50 ccm** ${}^1/_{10}$-n-Silbernitratlösung hinzu und verfährt dann weiter genau wie bei Oleum Sinapis. Für **50 ccm** des Filtrats $=$ **25 ccm** ${}^1/_{10}$-n-Silbernitratlösung dürfen höchstens 15,2 ccm ${}^1/_{10}$-n-Ammoniumrhodanidlösung verbraucht werden, so daß für 2,5 g Senfspiritus mindestens $25{-}15,2 = 9,8$ ccm ${}^1/_{10}$-n-Silbernitratlösung verbraucht sind:

$$\frac{9,8 \cdot 0,004\,956 \cdot 100}{2,5} = \frac{4,857}{2,5} = 1,94\% \ SCNC_3H_5.$$

Wenn der Senfspiritus frisch ist, entsteht beim Hinzubringen der Silbernitratlösung sofort schwarzes Silbersulfid. Bei altem Senfspiritus entsteht oft ein gelblichweißer bis grauer Niederschlag, der sich erst bei längerem Erhitzen unter Bildung von Silbersulfid schwärzt. Der Grund hierfür ist die bei der Aufbewahrung des Senfspiritus allmählich stattfindende Einwirkung des Senföles auf den Alkohol, wobei Allylthiocarbaminsäureäthylester entsteht:

$$C_3H_5{-}N{=}C{=}S + C_2H_5OH = C_3H_5NH \cdot C \underset{OC_2H_5}{\overset{S}{<}} .$$

Letzterer gibt mit ammoniakalischer Silbernitratlösung eine Silberverbindung, in der das H-Atom der NH-Gruppe durch Silber ersetzt ist:

$$C_3H_5NAg \cdot C \underset{OC_2H_5}{\overset{S}{<}} .$$

Diese Silberverbindung wird nur sehr langsam unter Bildung von Silbersulfid zersetzt, und da bei der Bildung der Silberverbindung auf 1 Mol. Senföl nur 1 Mol. Silbernitrat verbraucht wird, ist der Gesamtverbrauch an Silbernitrat kleiner, wenn noch ein Teil der Silberverbindung unzersetzt bleibt, und der Gehalt an Senföl wird deshalb niedriger gefunden, als er ursprünglich war.

Wegen der bei der Aufbewahrung stattfindenden Veränderung schreibt das Arzneibuch vor, daß Senfspiritus nicht in größerer Menge vorrätig gehalten werden darf.

Das Arzneibuch gibt auch eine qualitative Probe zur Feststellung der Veränderung des Senfspiritus an:

„Wird 1 ccm Senfspiritus mit ammoniakalischer Silbernitratlösung versetzt, so darf nicht sofort ein weißer oder gelblichweißer Niederschlag entstehen (Oxythiocarbaminsäureäthylester)."

Besser hieße es, „so darf kein weißer oder gelblichweißer Niederschlag entstehen, sondern es muß sich sofort schwarzes Silbersulfid abscheiden."

Statt Oxythiocarbaminsäureäthylester muß es heißen: Allylthiocarbaminsäureäthylester.

Semen Sinapis.

Gehalt mindestens 0,7% Allylsenföl.

5 g gepulverter schwarzer Senf werden in einem Kolben von etwa 300 ccm mit 100 ccm Wasser von 20—25° übergossen. Den verschlossenen Kolben läßt man unter wiederholtem Umschwenken 2 Stunden lang (nicht länger!) stehen und destilliert dann unter guter Kühlung etwa 50 ccm in einen Meßkolben von 100 ccm ab, der 10 ccm Ammoniakflüssigkeit und 10 ccm Weingeist enthält. Auf den Meßkolben setzt man dabei einen kleinen Trichter oder man verlängert das Kühlrohr mit einem Glasrohr, das in den Meßkolben hineingeführt wird. Zur Verhütung des Schäumens erhitzt man den Kolben zuerst mit kleiner Flamme sehr langsam bis zum Sieden des Inhalts und dann erst mit größerer Flamme. Nach beendeter Destillation gibt man in den Meßkolben 20 ccm $^1/_{10}$-n-Silbernitratlösung, erhitzt den Kolben mit aufgesetztem Trichter 1 Stunde, erst auf dem Wasserbad, dann im Wasserbad, füllt nach dem Abkühlen mit Wasser bis zur Marke auf, filtriert und titriert 50 ccm des Filtrates = 10 ccm $^1/_{10}$-n-Silbernitratlösung nach Zusatz von 10 ccm Salpetersäure und 5 ccm Ferriammoniumsulfatlösung mit $^1/_{10}$-n-Ammoniumrhodanidlösung. Es dürfen höchstens 6,5 ccm verbraucht werden, so daß für das Senföl aus 2,5 g Senfsamen mindestens 10 — 6,5 = 3,5 ccm $^1/_{10}$-n-Silbernitratlösung verbraucht sind:

$$\frac{3,5 \cdot 0,004\,956 \cdot 100}{2,5} = \frac{1,735}{2,5} = 0,694\% \ (0,7\%) \ SCNC_3H_5.$$

Charta sinapisata.

100 qcm Senfpapier sollen mindestens 0,0119 g Allylsenföl liefern.

In einen Kolben von etwa 300 ccm bringt man 200 qcm in Streifen zerschnittenes Senfpapier, übergießt es mit 100 ccm Wasser und destilliert nach 2 Stunden genau wie bei Semen Sinapis etwa 50 ccm in einen Meßkolben von 100 ccm, der 10 ccm Ammoniakflüssigkeit und 10 ccm Weingeist enthält. Nach Zusatz von **20 ccm** $^1/_{10}$-n-Silbernitratlösung verfährt man genau so weiter wie bei Semen Sinapis. Es dürfen für **50 ccm** des Filtrates höchstens 7,6 ccm $^1/_{10}$-n-Ammoniumrhodanidlösung verbraucht werden, so daß für das Senföl aus 100 qcm Senfpapier mindestens $10 - 7,6 = 2,4$ ccm $^1/_{10}$-n-Silbernitratlösung verbraucht sind:

$$2,4 \cdot 0,004\,956 = 0,01189 \text{ g } SCNC_3H_5.$$

Bestimmung von Quecksilber.

Quecksilber läßt sich durch Titration mit Ammoniumrhodanidlösung bestimmen, wenn es als **Mercurinitrat**, $Hg(NO_3)_2$, oder **Mercurisulfat**, $HgSO_4$, vorliegt, auf Grund der Umsetzung: $Hg(NO_3)_2 + 2 NH_4SCN = Hg(SCN)_2 + 2 NH_4NO_3$ oder $HgSO_4 + 2 NH_4SCN = Hg(SCN)_2 + (NH_4)_2SO_4$. **Quecksilberchlorid** läßt sich auf diese Weise nicht bestimmen, weil es in wässeriger Lösung nicht vollständig ionisiert wird. Die zu titrierende Lösung darf deshalb auch keine Salzsäure oder Chloride enthalten.

Quecksilber wird durch Erhitzen mit starker Salpetersäure in Mercurinitrat übergeführt:

$$3 Hg + 8 HNO_3 = 3 Hg(NO_3)_2 + 2 NO + 4 H_2O.$$

Hydrargyrum salicylicum, Anhydro-Hydroxymercurisalicylsäure, mit organisch gebundenem Quecksilber, wird mit Kaliumpermanganat und Schwefelsäure behandelt. Die Lösung enthält dann Mercurisulfat.

Bei der Titration der wie bei einer Silberbestimmung mit Salpetersäure und Ferriammoniumsulfatlösung versetzten Lösung scheidet sich das **Mercurirhodanid** erst allmählich, und zwar kristallinisch aus.

Hydrargyrum.

Gehalt 99,6—100% Hg, At.-Gewicht = 200,6; Normalgewicht = $^1/_2$ Grammatom = 100,3 g; 1 ccm $^1/_{10}$-n-Ammoniumrhodanidlösung = 10,03 mg Hg, log 00130.

Etwa 0,3 g Quecksilber werden in einem Titrierkolben von 100 ccm genau gewogen und mit 10 ccm Salpetersäure (25%) etwa 10 Minuten lang auf dem Wasserbad erhitzt; während des Erhitzens wird auf das Kölbchen ein Trichter gesetzt. Sobald keine Quecksilberkügelchen mehr erkennbar sind, spült man nach dem Abkühlen den Trichter mit etwa 20 ccm Wasser ab und fügt zur Oxydation der Salpetrigen Säure so viel Kaliumpermanganatlösung $(1 + 19)$[1] hinzu, daß die Lösung rot gefärbt ist oder sich braune Flocken abscheiden. Man entfärbt oder klärt dann das Gemisch durch Zusatz von wenig Ferrosulfat, setzt 5 ccm Ferriammoniumsulfatlösung hinzu und titriert mit $^1/_{10}$-n-Ammoniumrhodanidlösung. Hierbei müssen für je 0,3 g Quecksilber 29,8 — 29,9 ccm $^1/_{10}$-n-Ammoniumrhodanidlösung verbraucht werden.

---

[1] Das Arzneibuch schreibt eine bestimmte Stärke der Kaliumpermanganatlösung, $1 + 19$, vor. Die Stärke der Lösung ist aber nebensächlich. Man löst in einem Probierrohr etwa 0,2 g Kaliumpermanganat in etwa 5 ccm Wasser.

$$\frac{\text{ccm } ^1/_{10}\text{-n-Rhodanidlösung} \cdot 0{,}01\,003 \cdot 100}{s} = \text{Prozent Hg.}$$

$s = $ Gewicht des angewandten Quecksilbers.

$$\frac{29{,}8 \cdot 0{,}01\,003 \cdot 100}{0{,}3} = \frac{29{,}89}{0{,}3} = 99{,}6\% \text{ Hg.}$$

$$\frac{29{,}9 \cdot 0{,}01\,003 \cdot 100}{0{,}3} = \frac{29{,}99}{0{,}3} = 100{,}0\% \text{ Hg.}$$

Unguentum Hydargyri cinereum.

Gehalt rund 30% Quecksilber.

Auf einem Stückchen Blattaluminium[1] (aus einer Zigarettenschachtel) von etwa 4—5 cm Seitenlänge, das mit einem Uhrglas gewogen ist, wägt man etwa 2 g Quecksilbersalbe genau (bis auf Zentigramme), bringt sie mit dem Blättchen in einen Erlenmeyerkolben von 150—200 ccm, fügt 20 ccm rohe, chlorfreie Salpetersäure hinzu und erhitzt den Kolben unter öfterem Umschwenken 10 Minuten lang auf dem Wasserbad. Auf den Kolben wird ein kleiner Trichter gesetzt. Wenn die graue Farbe des Quecksilbers verschwunden und das Aluminium gelöst ist, fügt man 1—2 g Wachs und 25 ccm Wasser hinzu, mit dem man den Trichter abspült, und erhitzt weiter, bis die Fettschicht sich klar abgeschieden hat. Nach dem Erkalten wird die Lösung von der durch das Wachs fester gemachten Fettschicht durch einen Trichter mit Wattebäuschchen in einen Meßkolben von 100 ccm gegossen, der Fettkuchen mit einem Glasstab zerkleinert und der Kolben und Trichter mit etwa 5 ccm Wasser viermal nachgespült. Zu der Lösung fügt man dann so viel Kaliumpermanganatlösung (1 + 19), daß sie deutlich gerötet ist oder sich braune Flecken von Manganoxyden abscheiden.

Dann wird das Gemisch durch Zusatz von etwas Ferrosulfat entfärbt oder geklärt und mit Wasser bis zur Marke aufgefüllt. **25 ccm** der nötigenfalls durch ein nicht angefeuchtetes Faltenfilter filtrierten Lösung werden mit etwa 5 ccm Ferriammoniumsulfatlösung versetzt und mit $^1/_{10}$-n-Ammoniumrhodanidlösung titriert:

$$\frac{\text{ccm } ^1/_{10}\text{-n-Rhodanidlösung} \cdot 0{,}01\,003 \cdot 100}{0{,}25\,s} = \text{Prozent Hg.}$$

$s = $ Gewicht der angewandten Quecksilbersalbe.

Z. B. abgewogen 2,06 g Quecksilbersalbe. Verbrauch an $^1/_{10}$-n-Rhodanidlösung 15,5 ccm:

$$\frac{15{,}5 \cdot 0{,}010\,03 \cdot 100}{0{,}25 \cdot 2{,}06} = \frac{15{,}55}{0{,}515} = 30{,}2\% \text{ Hg.}$$

Das Arzneibuch fordert für 0,5 g Quecksilbersalbe einen Verbrauch von 15 ccm $^1/_{10}$-n-Rhodanidlösung = 30% Hg.

$$\frac{15 \cdot 0{,}01\,003 \cdot 100}{0{,}5} = \frac{15{,}00}{0{,}5} = 30\% \text{ Hg.}$$

Eine Schwankung von 29,5 bis 30,5% Hg sollte zulässig sein.

Emplastrum Hydrargyri.

Gehalt 18,7 bis 20,1% Hg.

3 g Quecksilberpflaster (Handwaage) werden in einem Erlenmeyerkolben von 150—200 ccm mit 20 ccm roher, chlorfreier Salpetersäure mit aufgesetztem Trichter bis zur Auflösung des Quecksilbers erhitzt. Dabei scheidet sich Bleinitrat als sandiger Bodensatz ab. Man fügt dann 1—2 g Wachs und 25 ccm Wasser hinzu.

---

[1] Das Blattaluminium wird von der Salpetersäure ganz oder zum größten Teil gelöst. Das Aluminiumnitrat stört bei der Titration nicht, an Stelle von Blattaluminium läßt sich auch Cellophan oder Dermoplast verwenden.

mit dem man den Trichter abspült, erhitzt bis zur Klärung der Fettschicht und verfährt weiter genau wie bei Unguentum Hydrargyri cinereum angegeben.

Für 25 ccm der auf 100 ccm aufgefüllten, nötigenfalls filtrierten Lösung sollen 14,0—15,0 ccm $^1/_{10}$-n-Rhodanidlösung verbraucht werden:

$$\frac{14,0 \cdot 0,01\,003 \cdot 100}{0,25 \cdot 3} = \frac{14,04}{0,75} = 18,7\% \text{ Hg.}$$

$$\frac{15,0 \cdot 0,01\,003 \cdot 100}{0,25 \cdot 3} = \frac{15,04}{0,75} = 20,0\% \text{ Hg.}$$

Unguentum Hydrargyri rubrum.

Gehalt 10% Quecksilberoxyd, HgO, Mol.-Gew. = 216,6; Normalgewicht = $^1/_2$ Mol = 108,3 g; 1 ccm $^1/_{10}$-n-Ammoniumrhodanidlösung = 10,83 mg HgO; log 03 463.

5 g Quecksilberoxydsalbe werden auf einem Stückchen Blattaluminium abgewogen (Rezepturwaage oder Handwaage) und in einem Erlenmeyerkolben von 150—200 ccm mit 20 ccm Salpetersäure (25%) mit aufgesetztem Trichter auf dem Wasserbad erhitzt, bis das Quecksilberoxyd gelöst ist. Man verfährt dann genau so weiter, wie bei Unguentum Hydrargyri cinereum angegeben ist und titriert **50 ccm** der auf 100 ccm aufgefüllten und nötigenfalls filtrierten Lösung mit $^1/_{10}$-n-Ammoniumrhodanidlösung:

$$\frac{\text{ccm } ^1/_{10}\text{-n-Rhodanidlösung} \cdot 0,01\,083 \cdot 100}{2,5} = \text{Prozent Hg.}$$

Nach dem Arzneibuch sollen 23,1 ccm $^1/_{10}$-Rhodanidlösung verbraucht werden:

$$\frac{23,1 \cdot 0,01\,083 \cdot 100}{2,5} = \frac{25,03}{2,5} = 10\% \text{ HgO.}$$

Eine Schwankung von 9,8 bis 10,2% sollte zulässig sein. In gleicher Weise kann die Gehaltsbestimmung von Unguentum Hydrargyri flavum erfolgen, die vom Arzneibuch nicht vorgeschrieben ist, die aber mindestens ebenso wichtig ist, wie die Gehaltsbestimmung von Unguentum Hydrargyri rubrum.

Hydrargyrum salicylicum.

Anhydro-Hydroxymercurisalicylsäure.

$$[1]\ HO \cdot C_6H_3 \underset{Hg}{\overset{CO}{\diamondsuit}} O \quad \begin{matrix}[2]\\[6]\end{matrix} \quad \text{und} \quad \begin{matrix}[2]\\[4]\end{matrix} \qquad \text{Mol.-Gew. 336,6.}$$

Gehalt mindestens 54,8% Quecksilber = mindestens 92% Hydrargyrum salicylicum.

1 ccm $^1/_{10}$-n-Ammoniumrhodanidlösung = 10,03 mg Hg und 16,83 mg Hydrargyrum salicylicum; log 22 608.

In einem Titrierkolben von 100—150 ccm wägt man etwa 0,3 g Hydrargyrum salicylicum genau und bringt es mit 1 g Natriumcarbonat und 10 ccm Wasser in Lösung. Die Lösung wird mit 1,5 g fein gepulvertem Kaliumpermanganat versetzt und mit einem Glasstab gut durchgemischt. Nach 5 Minuten gibt man vorsichtig 5 ccm konz. Schwefelsäure hinzu unter Drehen und Neigen des Kolbens. Nach weiteren 5 Minuten gibt man 40 ccm Wasser und dann 4—8 ccm einer Mischung von einem Teil konz. Wasserstoffsuperoxydlösung (30%) und 9 Teilen Wasser hinzu, bis die Flüssigkeit klar und farblos ist. Dann fügt man tropfenweise Kaliumpermanganatlösung (0,5:100) hinzu, bis die Mischung schwach rot gefärbt ist, entfärbt wieder durch wenig Ferrosulfat und titriert nach Zusatz von etwa 5 ccm Ferriammoniumsulfatlösung mit $^1/_{10}$-n-Ammoniumrhodanidlösung:

$$\frac{\text{ccm } ^1/_{10}\text{-n-Rhodanidlösung} \cdot 0{,}01\,003 \cdot 100}{s} = \text{Prozent Hg.}$$

$s =$ Gewicht des angewandten Hydrargyrum salicylicum.

Für 0,3 g Hydrargyrum salicylicum sollen mindestens 16,4 ccm $^1/_{10}$-n-Rhodanidlösung verbraucht werden:

$$\frac{16{,}4 \cdot 0{,}01\,003 \cdot 100}{0{,}3} = \frac{16{,}449}{0{,}3} = 54{,}83\% \text{ Hg.}$$

$$\frac{16{,}4 \cdot 0{,}01\,683 \cdot 100}{0{,}3} = \frac{27{,}60}{0{,}3} = 92{,}0\% \text{ Anhydro-Oxymercurisalicylsäure.}$$

Zur Reduktion des bei der Zerstörung der organischen Verbindung überschüssig angewandten Kaliumpermanganats wird in diesem Falle Wasserstoffsuperoxyd verwendet und nicht wie in anderen Fällen Ferrosulfat, weil letzteres eine teilweise Reduktion des Mercurisulfats zu Mercurosulfat bewirken könnte. Bei der zweiten Entfärbung mit Ferrosulfat ist letztere in sehr geringer Menge und vorsichtig zuzusetzen.

Oxydimetrische Bestimmungen.

Diese Bestimmungen beruhen auf der oxydierenden Wirkung von Kaliumpermanganat in schwefelsaurer Lösung:

$$2\,KMnO_4 + 3\,H_2SO_4 = 5\,O + K_2SO_4 + 2\,MnSO_4 + 3\,H_2O.$$

$$KMnO_4 \text{ Mol.-Gew. } 158{,}03.$$

2 Mol $KMnO_4 = 316{,}06$ g geben 5 Grammatom $= 80$ g O. Das Normalgewicht $(= ^1/_2$ Grammatom O) des Kaliumpermanganats ist deshalb $= \dfrac{316{,}06 \text{ g}}{10} = 31{,}606$ g.

$^1/_{10}$-n-Kaliumpermanganatlösung. Enthält in 1 Liter 3,1606 g $KMnO_4$.

Man verwendet meist eine Lösung, die nur annähernd $^1/_{10}$-normal ist und bestimmt deren Wirkungswert. Zur Herstellung der Lösung löst man 3,2 g Kaliumpermanganat (mit der Handwaage gewogen) in etwa 1 Liter Wasser auf. Die Feststellung des Wirkungswertes geschieht am einfachsten jodometrisch mit $^1/_{10}$-n-Natriumthiosulfatlösung, die mit $^1/_{10}$-n-Kaliumdichromatlösung eingestellt ist. Man gibt in einen Erlenmeyerkolben **20 ccm** der Kaliumpermanganatlösung, etwa 10 ccm verdünnte Schwefelsäure und etwa 1 g Kaliumjodid und titriert das frei gewordene Jod mit $^1/_{10}$-n-Natriumthiosulfatlösung (Stärkelösung, etwa 5 ccm, als Indikator). Angenommen, es seien für 20 ccm der Kaliumpermanganatlösung 20,3 ccm $^1/_{10}$-n-Natriumthiosulfatlösung verbraucht worden, dann ist der Wirkungswert der Kaliumpermanganatlösung $= 20{,}3 : 20 = 1{,}015$.

Der Wirkungswert der Lösung geht in der ersten Zeit allmählich etwas zurück infolge eines geringen Gehaltes des Wassers an oxydierbaren Stoffen, dann aber ist die Lösung unverändert haltbar.

Das Arzneibuch läßt 3,3 g Kaliumpermanganat mit frisch ausgekochtem Wasser zu 1 Liter lösen und den Wirkungswert der nach

10—14 tägigem Stehen klar abgegossenen oder durch geglühten Asbest filtrierten Lösung bestimmen. Man kann aber ebensogut eine frisch bereitete Lösung verwenden, wenn man beim Gebrauch gleichzeitig den Wirkungswert bestimmt. Verwendet wird die Kaliumpermanganatlösung im Arzneibuch nur zur Gehaltsbestimmung von **Natriumnitrit**, bei der eine indirekte Titration mit jodometrischer Bestimmung des Überschusses an Kaliumpermanganatlösung ausgeführt wird.

Natrium nitrosum.

Gehalt mindestens 96,3% NaNO$_2$; Mol.-Gew. = 69,01; Normal-gewicht = $^1/_2$ Mol = 34,51 g; 1 ccm $^1/_{10}$-n-Natriumthiosulfatlösung (oder $^1/_{10}$-n-Kaliumpermanganatlösung) = 3,451 mg NaNO$_2$, log 53 794.

Die Gehaltsbestimmung beruht darauf, daß Salpetrige Säure durch **Kaliumpermanganat** in saurer Lösung zu Salpetersäure oxydiert wird:

$$5\,HNO_2 + 2\,KMnO_4 + 3\,H_2SO_4 = 5\,HNO_3 + 2\,MnSO_4 + K_2SO_4 + 3\,H_2O$$

und der Überschuß an Kaliumpermanganat jodometrisch mit $^1/_{10}$-n-Natriumthiosulfatlösung zurücktitriert wird:

$$2\,KMnO_4 + 10\,HJ + 3\,H_2SO_4 = 10\,J + 3\,K_2SO_4 + 2\,MnSO_4 + 3\,H_2O.$$

Arzneibuch: Etwa 1 g bei 100° getrocknetes Natriumnitrit wird im Meßkolben von 100 ccm genau gewogen, in Wasser gelöst und die Lösung auf 100 ccm aufgefüllt. **10 ccm** dieser Lösung läßt man aus einer Bürette unter fortwährendem Umschwenken in eine Mischung von **30 ccm** $^1/_{10}$-n-Kaliumpermanganatlösung, 300 ccm Wasser und 25 ccm verdünnter Schwefelsäure eintropfen. Nach 20 Minuten fügt man 1 g Kaliumjodidlösung hinzu und titriert mit $^1/_{10}$-n-Natriumthiosulfatlösung (Stärkelösung). Es dürfen für 0,1 g Natriumnitrit höchstens 2,1 ccm $^1/_{10}$-n-Thiosulfatlösung verbraucht werden, so daß mindestens 27,9 ccm $^1/_{10}$-n-Kaliumpermanganatlösung verbraucht sind.

Die Vorschrift des Arzneibuches ist umständlich und kann auch versagen. Sie erfordert die Benutzung einer zweiten Bürette. Die Menge der vorgeschriebenen $^1/_{10}$-n-Kaliumpermanganatlösung ist zu gering bemessen. Bei einer etwas höheren Einwaage von Natriumnitrit reicht sie nicht aus, zumal wenn der Gehalt des Natriumnitrits den geforderten Mindestgehalt überschreitet oder der Faktor der Kaliumpermanganatlösung unter 1,0 liegt. Man muß statt 30 ccm 40 ccm $^1/_{10}$-n-Kaliumpermanganatlösung nehmen. Diese Lösung braucht nicht, wie das Arzneibuch vorschreibt, von der Einstellung und Verwendung 14 Tage lang zu stehen. Man kann ebenso eine frisch hergestellte Lösung verwenden, die dann gleichzeitig in einem zweiten Versuch eingestellt wird. Man kann einfach etwa 0,65 g Kaliumpermanganat (Handwaage) in 200 g Wasser lösen und von dieser Lösung je **40 ccm** verwenden. Ebensogut läßt sich auch die in der Apotheke als Reagens vorrätige Kaliumpermanganatlösung 0,5:100 oder eine frisch hergestellte Lösung von 1 g Kaliumpermanganat in 200 g Wasser verwenden. Von dieser Lösung verwendet man je **25 ccm.**

I. Im Glasstopfenkölbchen wägt man etwa 1 g Natriumnitrit (nicht, wie im Arzneibuch angegeben, vorher bis 100° getrocknet), genau, spült es mit Wasser in einen Meßkolben von 100 ccm und füllt bis zur Marke auf.

In einem Erlenmeyerkolben von 500 ccm bringt man **25 ccm** Kaliumpermanganatlösung (0,5:100) oder **40 ccm** etwa $^1/_{10}$-n-Kaliumpermanganatlösung, 300 ccm Wasser und 25 ccm verdünnte Schwefelsäure (Meßglas). Dann läßt man aus einer Pipette langsam 10 ccm der Natriumnitritlösung in die Mischung einfließen, wobei man die Pipette bis auf den Boden des Kolbens eintaucht und die Flüssigkeit durch Umschwenken mischt. Beim Herausziehen wird das untere Ende der Pipette mit etwas Wasser abgespült. Nach 10 Minuten fügt man 1 g Kaliumjodid hinzu und titriert mit $^1/_{10}$-n-Natriumthiosulfatlösung (Stärkelösung).

II. Eine Mischung von **25 ccm** Kaliumpermanganatlösung (0,5:100) oder **40 ccm** etwa $^1/_{10}$-n-Kaliumpermanganatlösung, 300 ccm Wasser und 25 ccm verdünnter Schwefelsäure wird mit 2 g Kaliumjodid versetzt und mit $^1/_{10}$-n-Natriumthiosulfatlösung titriert.

Aus der Differenz an $^1/_{10}$-n-Natriumthiosulfatlösung bei den beiden Versuchen ergibt sich die Menge des Natriumnitrits durch Multiplikation mit 0,003451 g, z. B. abgewogen 1,042 g Natriumnitrit, 10 ccm der Lösung = 0,1042 g.

$$\begin{aligned} \text{Versuch II} \quad & 38{,}2 \text{ ccm } {}^1/_{10}\text{-n-Natriumthiosulfatlösung} \\ \text{,,} \qquad \text{I} \quad & \underline{9{,}1 \text{ ,,}} \qquad\qquad\qquad\qquad\qquad\text{,,} \\ \text{Differenz} \quad & 29{,}1 \text{ ccm} \end{aligned}$$

$$\frac{29{,}1 \cdot 0{,}003\,451 \cdot 100}{0{,}1042} = \frac{10{,}042}{0{,}1042} = 96{,}37\,\% \text{ NaNO}_2.$$

Das Arzneibuch fordert für 0,1 g Natriumnitrit einen Verbrauch von mindestens 27,9 ccm $^1/_{10}$-n-Kaliumpermanganatlösung:

$$= 27{,}9 \cdot 0{,}003\,451 = 0{,}09\,628 \text{ g NaNO}_2 \text{ in } 0{,}1 \text{ g} = 96{,}3\,\%.$$

Wasserstoffperoxyd.

Mit Hilfe der Kaliumpermanganatlösung kann man auch in sehr einfacher Weise die Gehaltsbestimmung der Wasserstoffsuperoxydlösungen ausführen.

Wasserstoffperoxyd, H_2O_2, wirkt nicht nur oxydierend, so daß es aus Jodwasserstoff Jod frei macht (vgl. S. 178), sondern es wirkt auch reduzierend, wobei es zu Sauerstoff oxydiert wird: $H_2O_2 + O = H_2O + O_2$. Mit Kaliumpermanganat verläuft die Umsetzung in schwefelsaurer Lösung nach der Gleichung:

$$5\,H_2O_2 + 2\,KMnO_4 + 3\,H_2SO_4 = 5\,O_2 + K_2SO_4 + MnSO_4 + 8\,H_2O.$$

H_2O_2 Mol.-Gew. = 34,02; Normalgewicht 17,01 g; 1 ccm $^1/_{10}$-n-Kaliumpermanganatlösung = 1,701 mg H_2O_2, log 23070.

Man füllt wie bei der jodometrischen Bestimmung 10 g Hydrogenium peroxydatum solutum (Rezepturwaage) oder etwa 1 g Hydrogenium peroxydatum solutum concentratum (genau gewogen) im Meßkölbchen zu 100 ccm auf. **10 ccm** der Verdünnung werden in einem Titrierkolben mit 10 ccm verdünnter Schwefelsäure versetzt und mit der Kaliumpermanganatlösung titriert, bis die Flüssigkeit eben die rote Farbe des Permanganats zeigt.

$$\frac{\text{ccm } {}^1/_{10}\text{-n-Kaliumpermanganat} \cdot 0{,}001\,701 \cdot 100}{0{,}1\,s} = \text{Prozent } H_2O_2.$$

s = Gewicht der angewandten Wasserstoffsuperoxydlösung.

Physikalische Prüfungsverfahren.

Temperaturangaben.

Die Temperaturangaben beziehen sich auf das hundertteilige
Thermometer. Die Angaben gelten, sofern nichts anderes angegeben ist,
für die Temperatur von 20°. Unter Zimmertemperatur ist eine Temperatur von 15—20° verstanden. Es dürfen nur amtlich geprüfte
und beglaubigte Thermometer verwendet werden[1].

Zur Nachprüfung der Fundamentalpunkte des Thermometers, die sich durch thermische Nachwirkung bei der Ausdehnung
des Glases im Laufe der Zeit ändern können, ist nach der S. 237 angegebenen Vorschrift der Siedepunkt des destillierten Wassers zu bestimmen.
Ist t_b der abgelesene Siedepunkt, t_w der dem Barometerstand entsprechende wahre Siedepunkt, so ist zu allen Angaben dieses Thermometers der Wert $(t_w - t_b)$ zuzuzählen oder der Wert $(t_b - t_w)$ abzuziehen.

Gegebenenfalls ist auch der Nullpunkt nachzuprüfen durch Bestimmung des Schmelzpunktes des Eises. Das Thermometer wird bis
über den Nullpunkt in ein Gefäß mit Wasser getaucht, in dem sich fein
gestoßenes Eis befindet und unter Umrühren sowie zeitweisem Anklopfen
des Thermometers gewartet, bis der Thermometerstand sich nicht mehr
ändert. Beim Ablesen darf das Thermometer nur so weit aus dem Wasser-
Eisgemisch herausgezogen werden, daß der Nullpunkt gerade sichtbar ist.

Sofern keine besonderen Angaben gemacht sind, und sofern es sich
um wässerige Flüssigkeiten handelt, versteht man unter dem Ausdruck
kalt Temperaturen von etwa 15—20°, unter dem Ausdruck warm
solche von etwa 50—60° und unter dem Ausdruck heiß solche von
über 80°.

Bestimmung der Dichte.

Nach den früheren Arzneibüchern wurde von vielen Flüssigkeiten
das spezifische Gewicht bestimmt, d. h. die Zahl, die angibt,
wieviel mal größer das Gewicht einer bestimmten Raummenge der Flüssigkeit ist als die gleiche Raummenge Wasser.

Da das spezifische Gewicht sich infolge der Ausdehnung der Flüssigkeiten mit steigender Temperatur und umgekehrt ändert, war eine
bestimmte Temperatur sowohl für die Flüssigkeit wie für das zum
Vergleich dienende Wasser festgesetzt, und zwar für beide 15°. Es

---

[1] Diese Forderung kann sich nur auf die Feststellung der Temperaturen bei
der Bestimmung der Dichte, des Schmelzpunktes, Erstarrungspunktes und Siedepunktes beziehen. Bei Darstellungsvorschriften können die Temperaturen auch mit einem nicht geprüften annähernd richtigen Thermometer gemessen werden.

wurde bestimmt: **Spezifisches Gewicht** $\frac{15°}{15°}$, d. h. das Verhältnis des Gewichtes der betr. Flüssigkeit bei 15° zu dem Gewicht der gleichen Raummenge Wasser von 15°. Damit bestimmte man annähernd, aber nicht vollkommen genau, das Gewicht einer bestimmten Raummenge der betr. Flüssigkeit. Ergab z. B. die Bestimmung des spezifischen Gewichts einer Flüssigkeit den Wert 1,125 bei 15°, so rechnete man damit, daß 1 ccm der Flüssigkeit das Gewicht von 1,125 g hatte. Das genügte für die Praxis vollkommen, wissenschaftlich aber nicht, weil 1 ccm Wasser von 15° unter gewöhnlichen Umständen gewogen nicht genau 1 g, sondern weniger wiegt.

1 Kubikzentimeter Wasser wiegt 1 Gramm bei der größten Dichte des Wassers, die bei 4° liegt und bei Wägung im luftleeren Raum.

Streng wissenschaftlich müßte die Wägung auch noch dem Ort auf der Erde angepaßt werden: 45. Breitengrad und Meereshöhe. Diese beiden letzteren Punkte haben für uns keine praktische Bedeutung, wohl aber die Änderung des Begriffs spezifisches Gewicht in Dichte und die genaue Bestimmung unter Berücksichtigung der Wägung im luftleeren Raum, weil das jetzige Arzneibuch die „Dichte" im rein wissenschaftlichen Sinne bestimmen läßt.

Die Angaben über die **Dichte** beziehen sich, sofern nichts anderes angegeben ist, auf die Temperatur von 20°. Die Dichte bedeutet dabei das Verhältnis der einen gewissen Rauminhalt ausfüllenden Masse der Flüssigkeit bei 20° zu der Masse destilliertes Wasser, die bei 4° den gleichen Rauminhalt hat, also ein Dichteverhältnis, nämlich den Quotienten der Dichte der Flüssigkeit bei 20° durch die Dichte des Wassers bei 4°.

Die Dichtezahlen geben auch an, wieviel Gramm 1 ccm der Flüssigkeit von 20° im luftleeren Raum wiegen würde.

Der Berechnung ist die Formel zugrunde gelegt:

$$d = \frac{m}{w} \cdot 0{,}99703 + 0{,}0012 \,,$$

worin d die gesuchte Dichte, m das Gewicht der zu untersuchenden Flüssigkeit und w das Gewicht eines gleichen Rauminhalts Wasser bezeichnen, beide bei 20° und gewogen in der Luft.

Die Berechnungsformel gilt nur für die Bestimmung der Dichte mit einem **Pyknometer** oder **Dichtefläschchen** ($\pi v x v \acute{o} \varsigma$ dicht). Bei der Bestimmung der Dichte mit der **Mohr-Westphalschen Waage** ist eine andere Formel anzuwenden (siehe S. 225).

Bestimmung der Dichte mit einem Pyknometer.

Als Pyknometer dient ein Glaskölbchen mit ziemlich langem, engen Hals, der mit einer Marke versehen ist (Abb. 28). Die am meisten gebräuchlichen Pyknometer fassen bis zur Marke etwa 50 g Wasser; man kann aber auch kleinere von 20 oder 25 g benutzen.

Bei der Ausführung der Bestimmungen sind folgende Wägungen erforderlich:

Pyknometergewicht. Man bestimmt das Gewicht des leeren trockenen Pyknometers. Wägung 1.

Wassergewicht. Das Pyknometer wird bis zur Marke mit Wasser von 20° gefüllt. Zu diesem Zwecke füllt man es mit Wasser von etwa 20° bis etwas über die Marke, stellt es dann in ein Becherglas mit Wasser von 20°, beläßt es darin etwa $^1/_4$ Stunde und nimmt dann mit einem zusammengerollten Streifen Filtrierpapier das Wasser über der Marke weg, trocknet den inneren Hals über der Marke mit Filtrierpapier, stellt dann das von außen abgetrocknete Pyknometer $^1/_2$ Stunde lang in den Waagekasten und wägt es dann. Wägung 2.

Wägung 2 minus Wägung 1 ergibt den Wasserinhalt des Pyknometers bei 20°.

Dann entleert man das Pyknometer, spült es einige Male mit kleinen Mengen der zu untersuchenden Flüssigkeit aus und füllt es dann mit dieser bei 20° in gleicher Weise wie vorher mit Wasser. Das außen abgetrocknete Pyknometer wird dann ebenfalls $^1/_2$ Stunde lang in den Waagekasten gestellt und gewogen. Wägung 3.

Aus den 3 Wägungen ergibt sich nun zunächst der Wert

$$\frac{m^{20°}}{w^{20°}}.$$

Abb. 28.

Beispiel. Bestimmung der Dichte von Acidum phosphoricum:

Gewicht des leeren Pyknometers . . . . 18,438 g
Pyknometer mit Wasser von 20° . . . . 67,964 g
Wasserinhalt (20°) . . . . 49,526 g
Pyknometer mit Phosphorsäure . . . . 75,603 g
Inhalt an Phosphorsäure (20°) . . . . 57,165 g

$$\frac{m^{20°}}{w^{20°}} \text{ also} = \frac{57,165}{49,526}.$$

Dieser Wert muß nun auf den Wert $\frac{m^{20°}}{w^{4°}}$ und Wägung im luftleeren Raum umgerechnet werden. Dazu dient die Formel:

$$\frac{m^{20°}}{w^{20°}} \cdot 0{,}99703 + 0{,}0012.$$

0,99703 Gramm ist das Gewicht von 1 Kubikzentimeter Wasser von 20°, in der Luft gewogen. Das Gewicht von 1 ccm Luft von 20° beträgt 0,0012 g. Bei der Wägung in der Luft erfährt ein Kolben einen Auftrieb von 0,0012 g für jedes Kubikzentimeter.

Die Dichte des Wassers (20°) beträgt 0,99703 + 0,0012 = 0,99823, d. h. 1 ccm Wasser von 20° im luftleeren Raum gewogen wiegt 0,99823 g. Die Multiplikation $\frac{m^{20°}}{w^{20°}} \cdot 0{,}99703$ ergibt die Umrechnung von $\frac{m^{20°}}{w^{4°}}$, die Addition von 0,0012 zu dem gefundenen Wert die Umrechnung auf die Wägung im luftleeren Raum.

Die Dichte der Phosphorsäure nach dem Beispiel ist also:

$$\frac{57{,}165}{49{,}526} \cdot 0{,}99703 + 0{,}0012 = \frac{56{,}995}{49{,}526} + 0{,}0012 = 1{,}1508 + 0{,}0012 = 1{,}152.$$

Man kann die Füllung des Pyknometers mit Wasser und der zu prüfenden Flüssigkeit auch bei anderen Temperaturen als bei 20° vornehmen; dann ist aber in die Rechnung statt der Zahl 0,99703 die Dichte des Wassers bei der jeweiligen Temperatur (in der Luft gewogen) einzusetzen. Der Auftrieb der Luft, 0,0012 g für 1 ccm, ändert sich bei mittleren Temperaturen um so geringe Beträge, daß man sie bei der Berechnung nicht zu berücksichtigen braucht.

Die Dichtezahlen des Wassers, in der Luft gewogen, sind folgende:

$t°$	d	$t°$	d	$t°$	d	$t°$	d
10°	0,99853	14°	0,99807	18°	0,99742	22°	0,99660
11°	0,99843	15°	0,99793	19°	0,99723	23°	0,99636
12°	0,99832	16°	0,99777	20°	0,99703	24°	0,99612
13°	0,99820	17°	0,99760	21°	0,99682	25°	0,99587

Hat man das Pyknometer z. B. bei 15° mit Wasser und nachher mit der zu untersuchenden Flüssigkeit gefüllt, so ergibt sich die Dichte nach der Formel: $\frac{m^{15°}}{w^{15°}} \cdot 0,99793 + 0,0012$. Die so berechnete Zahl muß dann der in der Tafel des Arzneibuches S. 800—807 für 15° angegebenen Zahl (unter Berücksichtigung der zulässigen Schwankungen) entsprechen.

Hat man z. B. bei der Bestimmung der Dichte der Phosphorsäure für $\frac{m^{15°}}{w^{15°}}$ den Wert $\frac{57,225}{49,576}$ gefunden, dann ist die Dichte der Phosphorsäure bei $15° = \frac{57,225}{49,576} \cdot 0,99793 + 0,0012 = 1,1543 \cdot 0,99793 + 0,0012$ $= 1,1519 + 0,0012 = 1,153$.

Bestimmung der Dichte mit der Mohr-Westphalschen Waage.

Die durch Abb. 29 wiedergegebene Mohr-Westphalsche Waage ist für Dichtebestimmungen in der Apothekenpraxis besonders gut geeignet, weil mit dieser Waage die Bestimmung sehr rasch und mit praktisch genügender Genauigkeit ausgeführt werden kann. Mit dieser Waage bestimmte man nach den früheren Arzneibüchern das spezifische Gewicht $\frac{15°}{15°}$. Nach dem jetzigen Arzneibuch bestimmt man zunächst die Dichte $\frac{20°}{4°}$ in der Luft. Da diese kleiner ist als das spezifische Gewicht $\frac{15°}{15°}$, ist durch eine Nachtragsverordnung zum Arzneibuch vorgeschrieben, daß die Reitergewichte der Waage, mit denen man den Auftrieb des Senkkörpers in der Flüssigkeit bestimmt, um $^1/_{1000}$ schwerer sein müssen als bisher.

Mit den neuen Gewichten muß die Waage für destilliertes Wasser den Wert 0,998 (genauer 0,9982) anzeigen.

Der mit der Mohr-Westphalschen Waage bei 20° gefundene Wert $\frac{m^{20°}}{w^{4°}}$ soll noch auf Wägung im luftleeren Raum umgerechnet werden. Dazu dient die Formel:

$$d = a + 0,0012(1 - a),$$

worin d die gesuchte Dichte und a den Ablesungswert an der Waage bedeutet.

Der Wert $0,0012(1-a)$ ist bei den Dichten, die in der Nähe von 1,000 liegen, so klein, daß er praktisch vernachlässigt werden kann.

Beispiele.

Hat man für Liquor Ammonii caustici an der Waage bei 20° den Wert 0,960 abgelesen, dann ist der Wert $0,0012(1-a) = 0,0012 \cdot 0,04 = 0;000048$, also nur 5 in der 5. Dezimale.

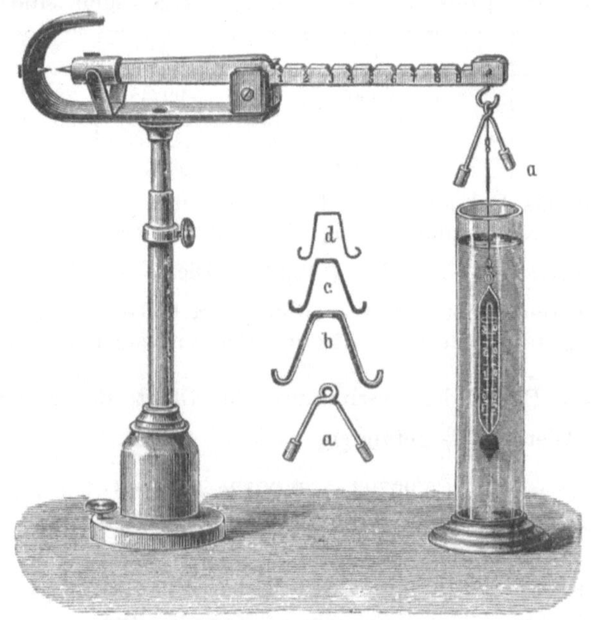

Abb. 29.

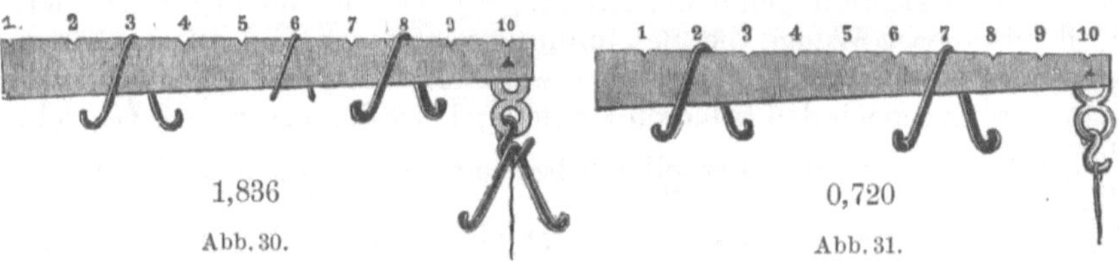

1,836

Abb. 30.

0,720

Abb. 31.

Hat man für Acidum phosphoricum bei 20° den Wert 1,150 abgelesen, dann ist der Wert $0,0012(1-a) = 0,0012 \cdot - 0,150 = - 0,00018$, also $= 2$ in der 4. Dezimale, die praktisch nicht bestimmt wird.

Etwas größer wird der Wert $0,0012(1-a)$ bei Dichten, die von 1,000 stärker abweichen.

Beispiele.

Hat man für Äther den Wert 0,713 abgelesen, dann ist der Wert $0,0012(1-a)$ $= 0,0012 \cdot 0,287 = 0,000344$. Er fällt also auch noch in die 4. Dezimale.

Für Chloroform würden sich folgende Zahlen ergeben: Abgelesen 1,478; $0,0012(1-a) = 0,0012 \cdot - 0,478 = - 0,00057$ oder 0,0006.

Für Acidum sulfuricum ergeben sich die Zahlen: Abgelesen 1,830; $0,0012(1-a) = 0,0012 \cdot - 0,83 = - 0,000996$.

In diesem Falle müßte also der gefundene Wert um 0,001 verkleinert werden. Die Dichte wäre statt 1,830 = 1,829.

Die Dichte des Bromoforms, 2,814—2,818, kann mit der Mohr-Westphalschen Waage nicht bestimmt werden, weil im Bromoform der Senkkörper nicht völlig untersinkt.

Da die Dichten der meisten Flüssigkeiten so nahe bei 1,000 liegen, daß der Wert 0,0012(1—a) in die 4. und 5. Dezimale fällt, ist eine genaue Bestimmung der Dichte nur mit einer sehr genauen Waage möglich, mit der man die 4. Dezimale noch ablesen und die 5. schätzen kann. Praktisch genügt es, wenn man einfach den mit den um $^1/_{1000}$ schwereren Reitern abgelesenen Wert als Dichte annimmt, zumal bei den meisten Flüssigkeiten nicht unbeträchtliche Schwankungen in der 3. Dezimale gestattet sind.

Cera alba und flava.

Zur Bestimmung der Dichte des Wachses schreibt das Arzneibuch folgendes Verfahren vor:

Cera alba. Man mischt 2 T. Weingeist mit 7 T. Wasser, läßt die Flüssigkeit solange stehen, bis alle Luftbläschen daraus verschwunden sind, und bringt Kügelchen von weißem Wachs hinein. Die Kügelchen müssen in der Flüssigkeit schweben oder zum Schweben gelangen, wenn durch Zusatz von Wasser die Dichte der Flüssigkeit auf 0,956—0,961 gebracht wird.

Die Wachskügelchen werden so hergestellt, daß man das Wachs bei möglichst niedriger Temperatur schmilzt und mit Hilfe eines Glasstabes in ein Probierrohr mit Weingeist dicht über dessen Oberfläche vorsichtig eintropfen läßt. Der Weingeist ist zuvor auf etwa 55° zu erwärmen und in ein Becherglas zu stellen, das so viel Wasser von Zimmertemperatur enthält, daß das Probierrohr zur Hälfte eintaucht. Bevor die so erhaltenen allseitig abgerundeten Körper zur Bestimmung der Dichte benutzt werden, müssen sie 24 Stunden lang an der Luft gelegen haben.

Aus einer größeren Zahl solcher Kügelchen oder linsenförmiger Körper sucht man die glattesten heraus.

Cera flava. Man verfährt genau so wie beim weißen Wachs. Die Dichte der Flüssigkeit, in der die Kügelchen schweben, soll 0,948—0,958 betragen.

Am besten hält man für die Prüfungen je 2 Weingeist-Wassergemische vorrätig, für weißes Wachs von der Dichte 0,956 und 0,961 und für gelbes Wachs von der Dichte 0,948 und 0,958. Die Wachskügelchen dürfen dann in dem Gemisch mit der niedrigeren Dichte nicht untersinken und auf dem Gemisch mit der höheren Dichte nicht schwimmen. Das für die Prüfung verwendete Gemisch kann immer wieder von neuem benutzt werden.

Bestimmung des Schmelzpunktes.

Die meisten kristallinischen organischen Verbindungen zeigen beim Erhitzen einen bestimmten Schmelzpunkt, und die Bestimmung des Schmelzpunktes ist bei diesen Verbindungen das einfachste und sicherste Verfahren zur Feststellung der Identität und der Reinheit. Verunreinigungen erniedrigen den Schmelzpunkt meist erheblich. Verwechslungen einander ähnlich sehender Stoffe werden durch die Bestimmung des Schmelzpunktes am leichtesten erkannt, auch dann, wenn eine Verwechslung zweier Stoffe mit gleichem Schmelzpunkt vorliegt (siehe S. 230).

15*

Da alle mit der Luft in Berührung kommenden Stoffe eine geringe Menge Wasser aufnehmen, und da das Wasser als Verunreinigung in den meisten Fällen den Schmelzpunkt erniedrigt, müssen alle Stoffe, deren Schmelzpunkt bestimmt werden soll, vorher getrocknet werden. Zu diesem Zwecke bringt man eine kleine Menge des Stoffes, etwa 0,05 bis 0,1 g, auf einem Uhrglas in einen mit Schwefelsäure beschickten Exsikkator und beläßt sie darin 24 Stunden. In der Regel genügt diese Zeit, nur in einzelnen Fällen ist längeres Trocknen über Schwefelsäure besonders vorgeschrieben.

Zur Bestimmung des Schmelzpunktes sind erforderlich:

1. Schmelzpunktröhrchen,
2. ein Thermometer, das bis 300° oder besser bis 360° geht,
3. ein Heizbad.

Schmelzpunktröhrchen sind dünnwandige Glasröhrchen von etwa 1 mm Weite, die an einem Ende geschlossen sind. Die in den Handel kommenden Schmelzpunktröhrchen sind nicht immer zweckmäßig; meist sind es Röhrchen, die oben und unten gleich weit sind. Diese haben den Nachteil, daß sie sich nicht gut mit der Substanz beschicken und sich nicht so gut am Thermo-

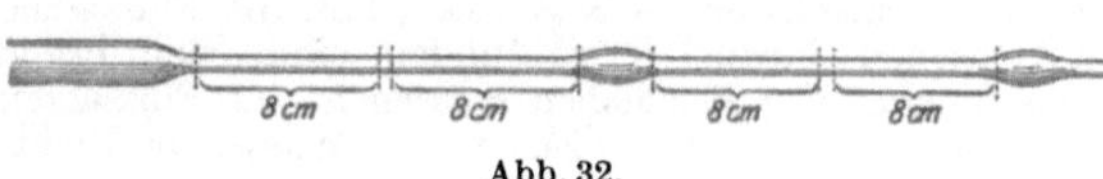

Abb. 32.

meter befestigen lassen, wie Röhrchen, die am offenen Ende trichterförmig erweitert sind. Die zweckmäßigste Form eines Schmelzpunktröhrchens zeigt Abb. 33. Die Länge des Röhrchens soll etwa 8 cm betragen.

Man kann diese Röhrchen leicht selbst herstellen, indem man ein Glasrohr von etwa 5 mm Weite in der Bunsenflamme (besser in einer Gebläseflamme) unter Drehen an einer kurzen Strecke erhitzt und nach dem Erweichen außerhalb der Flamme ganz ruhig zu einem etwa 1 mm dicken Röhrchen etwa 16—20 cm lang auszieht (Abb. 32). Man wiederholt das

Abb. 33.

Erhitzen und Ausziehen kurz hinter der Verjüngung einige Male und schneidet nach dem Erkalten die einzelnen Röhrchen auf etwa 8 cm Länge ab. Zum Abschneiden eignen sich die kleinen flachen oder dreikantigen Ampullenfeilen sehr gut. Am engeren Ende werden die Röhrchen dann zugeschmolzen, indem man sie an den Rand der Flamme hält.

Vor dem Hineinbringen in das Röhrchen wird die Substanz gepulvert, indem man sie auf dem Uhrglas mit einem rund zugeschmolzenen Glasrohr (Probierrohr) oder einem rund abgeschmolzenen Glasstab durch Hin- und Herrollen mehr zerdrückt als zerreibt, so daß das Pulver an dem Uhrglas haften bleibt.

Dann schabt man mit dem offenen Ende des Schmelzpunktröhrchens eine kleine Menge des Pulvers ab und bringt dieses durch Aufklopfen auf den Tisch in das Röhrchen hinein. Die Höhe der Pulverschicht in dem Röhrchen soll etwa 0,5 cm betragen.

Manche Stoffe werden beim Reiben elektrisch geladen oder haften aus anderen Gründen so fest an den Wandungen des Röhrchens, daß das Pulver nur schwierig bis unten in das Röhrchen hineinzubringen ist. In solchen Fällen bringt man das Röhrchen mit der Substanz, die man in das offene Ende hineingebracht hat, in ein trockenes Probierrohr und macht mit diesem rasche Schüttelbewegungen. Es gelingt so fast immer, das Pulver in das untere Ende des Röhrchens zu bringen; nur in seltenen Fällen wird man zu dem letzten Hilfsmittel, einem dünnen Draht, greifen müssen, um dem Pulver nachzuhelfen.

Das Röhrchen wird dann in der durch Abb. 34 wiedergegebenen Weise am Thermometer befestigt, so daß das untere Ende des Röhrchens mit dem Ende des Thermometers abschneidet. Zur Befestigung dienen zwei kleine Gummiringe (von einem Gummischlauch abgeschnitten) oder dünne Drähte mit Ösen (am besten Platindraht). Dann wird das Thermometer in das Heizbad gebracht.

Als **Heizbad** schreibt das Arzneibuch folgende Vorrichtung vor (Abb. 35): Ein etwa 15 mm weites, etwa 30 cm langes Probierrohr (nicht zu dünnwandig), in das man eine etwa 5 cm hohe Schicht konz. Schwefelsäure bringt, wird mit Hilfe eines durchbohrten Korkstopfens in einem Rundkolben befestigt, dessen Hals etwa 3 cm weit und etwa 20 cm lang ist, und dessen Kugel einen Rauminhalt von etwa 80—100 ccm hat. In die Kugel bringt man so viel konz. Schwefelsäure, daß diese nach dem Einsetzen des Probierrohres den Kolbenhals zu etwa $^2/_3$ anfüllt[1]. An Stelle der Schwefelsäure läßt sich als Heizflüssigkeit sowohl für das Probierrohr wie für den Kolben auch flüssiges Paraffin verwenden.

Das Thermometer wird mit einem durchbohrten Korkstopfen in dem Probierrohr so befestigt, daß es nicht ganz bis auf den Boden des Probierrohrs geht. Das Schmelzpunktröhrchen muß natürlich mit dem offenen Ende aus der Heizflüssigkeit herausragen; verwendet man Schwefelsäure, dann ist das Röhrchen mit Platin- oder Golddraht an dem Thermometer zu befestigen. Die Korkstopfen sind mit einer Kerbrinne zu versehen, damit beim Erhitzen des Apparates die Luft entweichen kann.

Man erhitzt nun den in einem Stativ befestigten Kolben mit einer kleinen Flamme (ohne Drahtnetz), bis das Thermometer etwa 10° unter dem zu erwartenden Schmelzpunkt zeigt und dann langsam weiter, so daß nun die Temperatur in jeder Minute um 1° steigt und beobachtet dabei das Pulver in dem Röhrchen, am besten mit einer Lupe oder durch einen mit Wasser gefüllten Rundkolben von etwa 150 cm, der als Lupe wirkt. Als Schmelzpunkt gilt die Temperatur, bei der das Pulver gerade eben klar geschmolzen ist. Da die Übertragung der Wärme von der äußeren Heizflüssigkeit auf die innere und damit auf das Thermometer eine gewisse Zeit erfordert, ist die äußere Heizflüssigkeit immer etwas heißer als die innere, und das Thermometer steigt noch etwas weiter, wenn die Substanz schon geschmolzen ist. Dieses nachträgliche Steigen des Thermometers wird nicht berücksichtigt.

Zur genauen Feststellung des Schmelzpunktes ist ein Wiederholen der Bestimmung zweckmäßig. Man läßt den Apparat bis auf etwa 10° unter dem Schmelzpunkt oder auch weiter abkühlen und verfährt dann mit einem neuen Röhrchen und einer neuen Substanzmenge in gleicher Weise wie vorher.

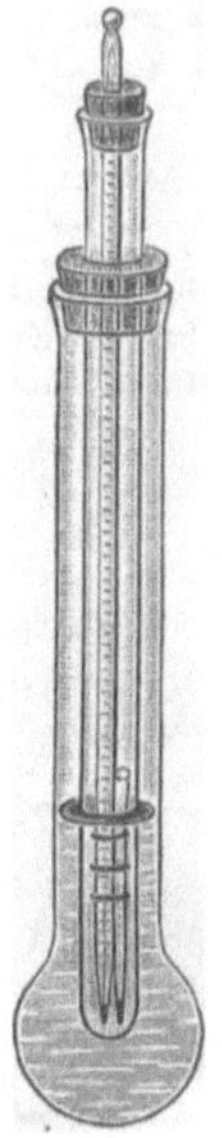

Bei hochschmelzenden Stoffen wird die Bestimmung genauer, wenn man das Röhrchen mit der Substanz erst in das bis auf etwa 10° unter dem Schmelzpunkt erhitzte Bad bringt. Dies ist besonders dann erforderlich, wenn durch längeres Erhitzen ein Zersetzen des Stoffes eintreten kann, wie z. B. bei Acetylsalicylsäure. Bei manchen Stoffen findet vor dem Schmelzen ein Zusammensintern des Pulvers statt. Manche Stoffe zersetzen sich im Augenblick des Schmelzens, sie schmelzen unter Zersetzung, indem sie sich bräunen oder auch beim Schmelzen Gasbläschen entwickeln. Kristallwasserhaltige Stoffe geben beim Erhitzen das Wasser allmählich ab und zeigen meist einen unscharfen Schmelzpunkt, wenn dieser über 100° liegt. In manchen Fällen wird auch bei unter 100° liegenden Schmelzpunkten das Kristallwasser erst beim Schmelzen unter Entwicklung von Dampfbläschen abgegeben. Häufig wird die Substanz dann nach Abgabe des Wassers wieder fest und schmilzt dann wasserfrei erst bei höherer Temperatur. In selteneren Fällen hat die wasserhaltige

Abb. 34.

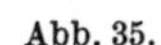

Abb. 35.

---

[1] In der Zeichnung ist die Höhe der Schwefelsäureschicht zu niedrig angegeben, damit das Schmelzpunktröhrchen besser erkennbar ist.

Substanz einen höheren Schmelzpunkt als die wasserfreie, z. B. beim **Terpin-hydrat.**

Hat man für den zu prüfenden Stoff den richtigen Schmelzpunkt gefunden, so kann man zur vollkommen sicheren Feststellung der Identität noch folgenden Versuch ausführen: Man mischt eine kleine Menge der Substanz mit etwa der gleichen Menge des gleichen Stoffes aus einem noch vorhandenen Vorrat und bestimmt den Schmelzpunkt der Mischung; bei Gleichheit der beiden Stoffe bleibt der Schmelzpunkt unverändert, bei Ungleichheit wird er niedriger gefunden als vorher.

Zeigt das Thermometer nicht mehr genau die richtigen Fundamentalpunkte, (s. S. 222), so führt man einige Schmelzpunktbestimmungen mit unzweifelhaft reinen Verbindungen von bestimmten Schmelzpunkten aus. Zeigt das Thermometer dabei Abweichungen, so ist es darum noch nicht unbrauchbar für die Schmelzpunktbestimmungen, man braucht dann nur immer eine Vergleichsbestimmung mit der gleichen Substanz aus einem Vorrat zu machen, wobei man zweckmäßig beide Bestimmungen zugleich ausführt, indem man an dem Thermometer noch ein zweites Röhrchen befestigt. Man kann zu diesen Vergleichen auch verschiedene Substanzen verwenden, so ist es bei der Prüfung der Acetylsalicylsäure zweckmäßig, zum Vergleich Phenacetin zu benutzen; Acetylsalicylsäure darf nicht niedriger schmelzen als Phenacetin. (Diese Bestimmung läßt sich sogar ohne Thermometer ausführen.)

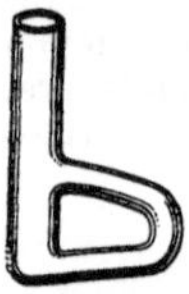

Abb. 36.

Das Braunwerden der Schwefelsäure, das durch hineinfallenden Staub aus den Korkstopfen hervorgerufen wird und die Durchsichtigkeit der Säure beeinträchtigt, läßt sich durch Zusatz von einigen Körnchen Kaliumnitrat verhüten. Wenn die Schwefelsäure nach längerer Zeit soviel Wasser angezogen hat, daß man sie nicht mehr auf 300° erhitzen kann, ohne daß sie Wasserdampf abgibt, muß sie erneuert werden. Das Anziehen von Wasser wird bei Nichtgebrauch des Apparates durch ein übergestülptes enges und hohes Becherglas etwas eingeschränkt.

Als Heizbadgefäß für Schmelzpunktbestimmungen ist auch der von Thiele angegebene Apparat Abb. 36 sehr zweckmäßig. Der Apparat wird mit Schwefelsäure oder flüssigem Paraffin, für die Schmelzpunktbestimmung von Fetten und Wachs mit Wasser, gefüllt. Wird das angesetzte gebogene Rohr erhitzt, so tritt von selbst ein Kreisen der Flüssigkeit in dem ganzen Apparat ein, so daß ein Umrühren nicht nötig ist. Das Thermometer mit dem Röhrchen wird an einem Stativ befestigt in das weite Rohr des Apparates gebracht, so daß das Quecksilbergefäß sich in der Mitte der Flüssigkeit befindet.

Sehr zweckmäßig ist als Heizbad ein Kolben mit seitlich schräg angesetzten Röhrchen, durch die die Schmelzpunktröhrchen in die Heizflüssigkeit gesteckt werden (Abb. 37).

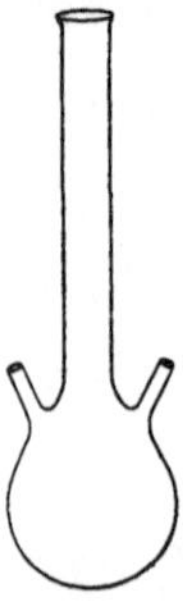

Abb. 37.

Schmelzpunkte.

Acetanilidum . . . . 113—114°
Acidum acetylosalicylicum . . . . nicht unter 135°
— —, hieraus abgeschiedene Salicylsäure, s. S. 232 . . . . . . bei etwa 157°
Acidum agaricinicum (bei 100° getrocknet) . . . . bei etwa 140°
Acidum benzoicum . . . . 122°
Acidum diaethylbarbituricum . . . . 190—191°
Acidum phenylaethylbarbituricum . . . . 173—174°
Acidum phenylchinolincarbonicum . . . . zwischen 208 u. 213°
Acidum salicylicum . . . . 157°
Acidum trichloraceticum . . . . annähernd 55°
Adalin . . . . 116—118°
Aethylmorphinum hydrochloricum . . . . sintert bei 119°
völlig geschmolzen bei 122—123°
Aethylmorphin, frei Base, s. S. 233.
Alypin hydrochloricum . . . . 169°
Alypin nitricum . . . . 163°

Anaesthesin . . . . 90—91°
Arecolinum hydrobromicum . . . . 170—171°
Atropinum, freie Base, s. S. 233 . . . . 115,5°
Bismutum tribromphenylicum, abgeschiedenes Tribromphenol, bei etwa 93°
Bromural . . . . unscharf bei 147—149°
Camphora . . . . 175—179°
Camphora synthetica . . . . nicht unter 170°
Chloralum hydratum, sintert bei 49°, völlig geschmolzen bei . . . . 53°
Cocainum, freie Base, s. S. 233 . . . . 97,5—98°
Cocainum hydrochloricum . . . . nicht unter 182°
Cocainum nitricum . . . . 58—63°
Coffeinum . . . . 234—235°
Colchicinum (unscharfer Schmelzpunkt) . . . . erweicht bei etwa 120°
                                                    sintert bei etwa 135°
                                              geschmolzen bei etwa 150°
Cotarninium chloratum, zersetzt sich, ohne zu schmelzen, . . . bei etwa 190°
Cotarninium, freie Base, s. S. 233 . . . . 130—132°
Diacetylmorphinum hydrochloricum, freie Base, s. S. 233 . . . . 171°
Dimethylamino-phenyldimethylpyrazolon . . . . 108°
Dioxyanthrachinonum . . . . 190—192°
Dulcin . . . . 172—173°
Eukodal, freie Base, s. S. 234 . . . . 218—220°
Guajacolum carbonicum . . . . 86—88°
Homatropinum hydrobromicum . . . . annähernd 214°
Hydrastininum chloratum, freie Base, s. S. 234 . . . . nicht unter 111°
                                              und nicht über 117°
Jodoformium . . . . annähernd 120°
Lactylphenetidinum . . . . 117—118°
Lobelinum, freie Base, s. S. 239 . . . . nicht unter 118°
Lobelinum hydrochloricum, nach vorhergehender Bräunung . nicht unter 178°
Mentholum . . . . 42—44°
Methylium phenylchinolincarbonicum . . . . zwischen 58 u. 60°
Methylsulfonalum . . . . 76°
Naphthalinum . . . . 80°
Naphtholum . . . . 122°
Narcophin, abgeschiedenes Narkotin, s. S. 234 . . . . 174—176°
Natrium diaethylbarbituricum, abgeschiedene Diäthylbarbitursäure, S. 232 190—191°
Natrium phenylaethylbarbituricum, aus der wässerigen Lösung besonders
    beim Kochen gebildeter Phenyläthylacetylharnstoff, s. S. 232 . . . . 147°
Novocain hydrochloricum . . . . 156°
Novocain nitricum . . . . 100—102°
Papaverinum hydrochloricum . . . . ungefähr 210°
Papaverin, freie Base, s. S. 234 . . . . 145—147°
Pellidol . . . . 74—76°
Pellidol, daraus abgeschiedenes Monoacetylamino-azotoluol, s. S. 232 . . 185°
Phenacetinum . . . . 134—135°
Phenolphthaleinum . . . . 255—260°
Phenyldimethylpyrazolonum . . . . 110—112°
Phenyldimethylpyrazolonum salicylicum . . . . 91—92°
Phenylum salicylicum . . . . annähernd 42°
Phosphorus . . . . unter Wasser bei 44°
Physostigminum salicylicum . . . . annähernd 180°
Pilocarpinum hydrochloricum . . . . annähernd 200°
Pyrogallolum . . . . 131—132°
Resorcinum . . . . 110—111°
Santoninum . . . . 170°
Scopolaminum hydrobromicum, über Schwefelsäure getrocknet . . gegen 190°
Strophanthinum, Schmelzpunkt unscharf; bei 100° getrocknet:
                                        Sinterung bei etwa 185°
                                  und Erweichen bei etwa 200°

Sulfonalum . . . . 125—126°
Tannoform . . . . unter Zersetzung bei ungefähr 230°
Terpinum hydratum, unter Entwicklung von Dampfbläschen. . . . . . 116°
Theophyllinum . . . . 264—265°
Thymolum . . . . 50—51°
Trinitro-m-Kresol aus Cresolum crudum . . . . nicht unter 105°
Tropacocainum hydrochloricum, freie Base, s. S. 234 . . . . 49—50°
Urethanum . . . . 48—50°
Vanillinum . . . . 81—82°
Yohimbinum hydrochloricum, freie Base, s. S. 234 . . . . 230—235°

Acidum acetylosalicylicum.

Kocht man 0,5 g Acetylsalicylsäure mit 5 ccm Natronlauge 3 Minuten lang
und fügt nach dem Erkalten 10 ccm verdünnte Schwefelsäure hinzu, so scheidet
sich unter vorübergehender, schwacher Violettfärbung ein weißer, kristallinischer,
aus Salicylsäure bestehender Niederschlag aus. Dieser schmilzt, nachdem man
ihn mit wenig Wasser gewaschen und dann getrocknet hat, bei etwa 157°.

Natrium diaethylbarbituricum.

In der wässerigen Lösung (1 + 4) erzeugen verdünnte Schwefelsäure oder
Essigsäure einen voluminösen, weißen Niederschlag, der nach dem Abfiltrieren,
Auswaschen mit wenig Wasser, Umkristallisieren aus Weingeist und Trocknen
über Schwefelsäure bei 190—191° schmilzt.

Man löst 0,5 g diäthylbarbitursaures Natrium in 10 ccm heißem Wasser und
versetzt die Lösung mit 2—3 ccm heißer verdünnter Essigsäure. Beim Erkalten
scheidet sich die Diäthylbarbitursäure in farblosen Kristallen aus, die abfiltriert,
mit Wasser gewaschen und getrocknet werden. Ein Umkristallisieren aus Weingeist
ist dann nicht nötig.

Natrium phenylaethylbarbituricum.

Bei längerer Aufbewahrung der wässerigen Lösung oder beim Kochen derselben
tritt teilweise Zersetzung unter Bildung von Phenyläthylacetylharnstoff:

$$\begin{matrix} C_6H_5 \\ C_2H_5 \end{matrix} \Big\rangle CH \cdot CO \cdot NH \cdot CO \cdot NH_2,$$

ein, der sich nach dem Erkalten ausscheidet und nach dem Umkristallisieren aus
verdünntem Weingeist bei 147° schmilzt.

In der wässerigen Lösung, 0,1 g + 10 ccm, erzeugen verdünnte Schwefelsäure oder Essigsäure einen weißen, kristallinischen Niederschlag, der nach dem
Abfiltrieren, Auswaschen mit wenig Wasser und Trocknen über Schwefelsäure
bei 173—174° schmilzt.

Pellidol.

Wird die Lösung von 0,2 g Pellidol in 3 g Weingeist mit 4 Tropfen Schwefelsäure versetzt und etwa 3 Minuten lang gekocht, so entwickelt sich der Geruch
des Essigäthers. — Beim Erkalten scheidet sich Monoacetylamino-azotoluol
in Form von orangefarbenen Kristallen ab, die, abfiltriert und auf dem Filter mit
3 ccm Weingeist ausgewaschen, nach dem Trocknen über Schwefelsäure bei 185°
schmelzen.

Terpinum hydratum.

Terpinhydrat schmilzt bei 116° unter Entwicklung von Dampfbläschen. Zur
Bestimmung des Schmelzpunktes wird das Bad vor dem Hineinbringen des
Schmelzpunktröhrchens auf etwa 110° erwärmt und nach dem Hineinbringen
mit so großer Flamme weiter erhitzt, daß zur Steigerung der Temperatur um je
1° höchstens 15—20 Sekunden erforderlich sind.

Bei einer Reihe von Alkaloidsalzen wird der Schmelzpunkt
der Base bestimmt, die zu diesem Zwecke aus dem Salz in der Regel
durch Ammoniak abgeschieden wird.

Aethylmorphinum hydrochloricum.

Dionin.

Äthylmorphinhydrochlorid sintert bei 119° und ist bei 122—123° völlig geschmolzen. Das Salz schmilzt nicht klar, sondern unter Entwicklung zahlreicher Dampfbläschen.

Wird die Lösung von 0,05 g Äthylmorphinhydrochlorid in 5 ccm Wasser mit 5 Tropfen Ammoniakflüssigkeit versetzt, so darf keine Trübung entstehen (fremde Alkaloide). Nach mehrstündigem Stehen scheiden sich Kristalle ab, die lufttrocken bei 90—91° schmelzen müssen.

Das abgeschiedene Äthylmorphin enthält Kristallwasser, $C_{17}H_{18}(OC_2H_5)O_2N + H_2O$. Es darf nur bei gelinder Wärme an der Luft getrocknet werden. Nur dann zeigt es den angegebenen Schmelzpunkt 90—91°. Beim Trocknen bei höherer Temperatur verliert es Kristallwasser und zeigt dann einen niedrigeren Schmelzpunkt.

Atropinum sulfuricum.

Das aus (5 ccm) der wässerigen Lösung (1 + 24) durch Ammoniakflüssigkeit nach einiger Zeit in Kristallen ausgeschiedene Atropin muß nach dem Abfiltrieren, Auswaschen mit Wasser und Trocknen über Schwefelsäure bei 115,5° schmelzen.

Man löst 0,1 g Atropinsulfat in 2—3 ccm Wasser, gibt 3—4 Tropfen Ammoniakflüssigkeit hinzu und läßt die Mischung ruhig stehen, bis das Atropin sich kristallinisch abgeschieden hat. Nach dem Sammeln auf einem kleinen glatten Filter und Auswaschen mit wenig Wasser läßt man das Atropin erst an der Luft trocknen und trocknet es dann auf einem Uhrglas im Schwefelsäureexsikkator.

Cocainum hydrochloricum und nitricum.

Wird die Lösung von 0,025 g Cocainhydrochlorid in 20 ccm Wasser mit 0,5 ccm einer Mischung von 1 Teil Ammoniakflüssigkeit und 9 Teilen Wasser ohne Schütteln vorsichtig gemischt, so darf beim ruhigen Stehen innerhalb 1 Stunde keine Trübung entstehen. Werden alsdann die Wandungen des Glases mit einem Glasstab unter zeitweiligem, kräftigem Umschütteln gerieben, so muß sich das Cocain flockig-kristallinisch ausscheiden und die Flüssigkeit selbst wieder vollkommen klar werden (fremde Cocabasen). — Das gesammelte und nach dem Auswaschen mit wenig Wasser im Exsikkator über Schwefelsäure getrocknete Cocain muß bei 97,5—98° schmelzen.

Die Abscheidung der freien Cocainbase gelingt am besten auf folgende Weise:

Man löst im Glasstopfenkolben von 100 ccm 0,1 g Cocainhydrochlorid in 40 g Wasser, fügt eine Mischung von 4 g Ammoniakflüssigkeit und 36 g Wasser hinzu und mischt vorsichtig. Innerhalb einer Stunde darf keine Trübung eintreten. Dann reibt man die Wandung des Kolbens mit einem Glasstab und schüttelt wiederholt kräftig. Das Cocain scheidet sich dann kristallinisch ab, wobei die Flüssigkeit klar wird.

Cotarninium chloratum.

Fügt man zu der Lösung von 0,1 g Cotarninchlorid in 3 ccm Wasser 3 Tropfen Natronlauge hinzu, so verursacht jeder Tropfen eine weiße Trübung, die beim Umschwenken wieder verschwinden muß (fremde Alkaloide). Schüttelt man nun mit 0,3 ccm (etwa 10 Tropfen) Äther, so scheidet sich sehr bald ein weißer, kristallinischer Niederschlag ab; die überstehende Flüssigkeit muß dann klar und darf höchstens schwach gelb gefärbt sein. — Der nach dem Abfiltrieren und Auswaschen mit äthergesättigtem Wasser erhaltene Niederschlag muß nach dem Trocknen im Exsikkator über Schwefelsäure bei 130—132° schmelzen.

Diacetylmorphinum hydrochloricum.

Fügt man zu 5 ccm der wässerigen Lösung (1 + 99) 1 Tropfen Ammoniakflüssigkeit hinzu, so darf sich die Lösung nicht sofort trüben (fremde Alkaloide). — Schüttelt man nun mit 0,5 ccm Äther, so scheidet sich sofort ein weißer, kristallinischer Niederschlag ab, der nach dem Auswaschen mit äthergesättigtem Wasser und Trocknen im Exsikkator über Schwefelsäure bei 171° schmilzt.

Man nimmt besser 10 ccm der Lösung = 0,1 g Heroin, 2 Tropfen Ammoniakflüssigkeit und 1 ccm Äther.

Eukodal.

Wird die Lösung von 0,2 g Eukodal in 5 ccm Wasser mit einigen Tropfen Ammoniakflüssigkeit versetzt, so scheidet sich ein weißer Niederschlag aus, der nach dem Auswaschen mit wenig Wasser und Trocknen bei 218—220° schmilzt. Die Base wird erst an der Luft, dann im Schwefelsäureexsikkator getrocknet.

Hydrastininum hydrochloricum.

Fügt man zu der Lösung von 0,1 g Hydrastininchlorid in 3 ccm Wasser 5 Tropfen Natronlauge hinzu, so muß eine weiße Trübung auftreten, die beim Umschwenken wieder verschwindet (fremde Alkaloide); schüttelt man diese Lösung mit 0,3 ccm (etwa 10 Tropfen) Äther, so scheiden sich sofort glitzernde Kristalle ab, die nach dem Abfiltrieren, Auswaschen mit äthergesättigtem Wasser und Trocknen im Exsikkator über Schwefelsäure nicht unter 111° und nicht über 117° schmelzen dürfen.

Lobelinum hydrochloricum.

In 1 ccm der wässerigen Lösung (1 + 99) entsteht nach Zusatz von 1 Tropfen Ammoniakflüssigkeit eine milchige Trübung; nach einigem Stehen erfüllt das ausgeschiedene Lobelin nahezu die ganze Flüssigkeit. Die ausgewaschene zwischen Filtrierpapier abgepreßte und über Schwefelsäure getrocknete Base darf nicht unter 118° schmelzen. (Nebenalkaloide, Zersetzungsprodukte.)

1 ccm der Lösung 1 + 99 gibt nur die sehr geringe Menge von 0,009 g Lobelin. Man löst besser 0,1 g Lobelinhydrochlorid in 5 ccm Wasser und fügt etwa 1 ccm Ammoniakflüssigkeit hinzu.

Narcophin.

Natriumacetatlösung scheidet aus der wässerigen Lösung (1 + 99) Narkotin als weißen, flockigen Niederschlag aus, der nach kurzer Zeit kristallinisch wird. Er schmilzt nach dem Abfiltrieren, Auswaschen mit Wasser und Trocknen im Exsikkator über Schwefelsäure bei 174—176°.

Man versetzt die Lösung von 0,1 g Narcophin in 10 ccm Wasser mit etwa 2 ccm Natriumacetatlösung. Das abfiltrierte und ausgewaschene Narkotin wird erst an der Luft und dann im Exsikkator getrocknet.

Papaverinum hydrochloricum.

Mit Natriumacetatlösung gibt die wässerige Lösung (1 + 49) eine milchige Trübung durch Abscheidung von freiem Papaverin und klärt sich dann beim Umschütteln, indem sich an den Gefäßwandungen harzige Massen ansetzen. Diese erstarren nach etwa einer halben Stunde kristallinisch. Die Kristalle schmelzen nach dem Auswaschen mit wenig Wasser und Trocknen über Schwefelsäure bei 145—147°.

Man versetzt die Lösung von 0,1 g Papaverinhydrochlorid in 5 ccm Wasser mit etwa 2 ccm Natriumacetatlösung.

Tropacocainum hydrochloricum.

Wird die Lösung von 0,1 g Tropacocainhydrochlorid in 2 ccm Wasser mit 3 ccm Natriumcarbonatlösung versetzt, so entsteht eine milchige Trübung durch Abscheidung von freiem Tropacocain, die beim Schütteln mit 10 ccm Äther verschwindet. Wird der Äther von der wässerigen Flüssigkeit getrennt und auf dem Wasserbad verdampft, so hinterbleibt ein farbloses Öl, das beim Stehen über Schwefelsäure nach einiger Zeit kristallinisch erstarrt. Die Kristalle schmelzen bei 49—50°.

Yohimbinum hydrochloricum.

Versetzt man die wässerige Lösung 0,1 g + 10 ccm, mit einigen Tropfen Natriumcarbonatlösung, so scheidet sich ein weißer, flockiger Niederschlag ab, der nach dem Abfiltrieren, Auswaschen mit wenig Wasser und Trocknen im Exsikkator über Schwefelsäure bei 230—235° schmilzt.

Fette, Wachs und ähnliche Stoffe.

Die Bestimmung wird in einem dünnwandigen, an beiden Enden offenen Glasröhrchen von höchstens 1 mm lichter Weite ausgeführt. In dieses bringt man durch Eintauchen so viel von dem auf dem Wasserbad klar geschmolzenen Fett, daß es eine etwa 1 cm hohe Schicht in dem Röhrchen bildet. Das Röhrchen läßt man nun 24 Stunden lang bei niederer Temperatur (etwa 10°) liegen, um das Fett völlig zum Erstarren zu bringen. Das Röhrchen wird dann mit einem Thermometer verbunden und in ein etwa 30 mm weites Probierrohr getaucht, in dem sich etwa 50 ccm Wasser befinden. Das Probierrohr wird dann unter häufigem Umrühren des Wassers allmählich erwärmt. Der Wärmegrad, bei welchem das Fettsäulchen durchsichtig wird und in die Höhe schnellt, ist als der Schmelzpunkt anzusehen.

Als Heizbad kann auch ein Becherglas mit Wasser dienen. Besonders gut geeignet ist auch der Apparat nach Thiele (Abb. 36, S. 230).

Bringt man die Fette und ähnliche Stoffe geschmolzen in das Schmelzpunktröhrchen, so muß man sie durch längeres Verweilen an einem kühlen Ort oder auf Eis erst wieder völlig zum Erstarren kommen lassen, weil sonst der Schmelzpunkt zu niedrig gefunden wird. Das vorherige Schmelzen und Wiedererstarrenlassen läßt sich umgehen, indem man das Röhrchen in das nicht geschmolzene Fett hineindrückt, so daß ein etwa 8—10 mm hohes Fettsäulchen in das Röhrchen kommt. Bei festeren Fetten, Kakaobutter, Hammeltalg drückt man das Röhrchen unter Drehen in die Masse hinein. Nur bei sehr festen Massen, wie weißes Wachs, Walrat und Ceresin, ist dieses Verfahren nicht anwendbar; diese müssen vorher geschmolzen werden.

Korrigierter Schmelzpunkt. Die im Schrifttum angegebenen Schmelzpunkte sind in der Regel die bei der Bestimmung abgelesenen Temperaturgrade. Gelegentlich findet man aber bei der Angabe des Schmelzpunktes den Zusatz: (corr.). Dieser Zusatz bedeutet, daß der Fehler berücksichtigt ist, der darin liegt, daß der Quecksilberfaden des Thermometers aus der erhitzten Flüssigkeit herausragt. Bei den Bestimmungen mit dem doppelwandigen Apparat des Arzneibuches ist dieser Fehler nur sehr gering, weil das aus der Flüssigkeit herausragende Ende des Thermometers vor der Abkühlung durch die Luft geschützt ist, wenn es auch nicht vollständig auf die Temperatur der Heizflüssigkeit erhitzt wird. Etwas größer sind die Abweichungen bei einem Apparat, bei dem das Thermometer größtenteils in die Luft ragt. Will man den korrigierten Schmelzpunkt berechnen, so ist zu der abgelesenen Temperatur noch die Größe $n \cdot (T - t) \cdot 0{,}000154$ hinzuzurechnen: n ist die Länge des aus der Flüssigkeit hervorragenden Quecksilberfadens in Temperaturgraden, T die abgelesene Temperatur, t die Lufttemperatur, die mit einem zweiten Thermometer an der Mitte des hervorragenden Teiles der Quecksilbersäule gemessen wird, und 0,000154 der scheinbare Ausdehnungskoeffizient des Quecksilbers in Glas.

Beispiel: Angenommen, es sei der Schmelzpunkt 130° abgelesen, der aus der Flüssigkeit herausragende Quecksilberfaden umfasse 100° und die Temperatur außen am Thermometer sei 30°, dann ergibt sich der Wert $100 \cdot (130 - 30) \cdot 0{,}000154 = 1{,}54°$, der zu den 130° hinzuzurechnen ist; der korrigierte Schmelzpunkt ist also 131,54°.

Bestimmung des Erstarrungspunktes.

Bei kristallinischen Stoffen, deren Schmelzpunkt ziemlich niedrig liegt, wie z. B. Phenol, oder die bei gewöhnlicher Temperatur flüssig sind, wie z. B. Essigsäure und Paraldehyd, bestimmt man nicht den Schmelzpunkt, sondern den **Erstarrungspunkt**, der bei einheitlichen Verbindungen mit dem Schmelzpunkt zusammenfällt und wie dieser durch Verunreinigungen herabgedrückt wird. Jedoch läßt sich die Bestimmung des Erstarrungspunktes nur bei solchen Stoffen genau ausführen, die sehr rasch erstarren. Dies ist bei den genannten Stoffen der Fall; bei langsam erstarrenden Stoffen, z. B. **Menthol**, gibt die Bestimmung des Erstarrungspunktes keine genauen Werte. Die Bestimmung des Erstarrungspunktes beruht auf folgender Erscheinung:

Flüssigkeiten lassen sich, wenn sie nicht bewegt werden, bis unter ihren Erstarrungspunkt (Gefrierpunkt) abkühlen, ohne zu erstarren. Wird die **unterkühlte** Flüssigkeit erschüttert oder wird ein Kriställchen des betreffenden Stoffes hineingebracht, so erstarrt die Flüssigkeit plötzlich; dabei wird Wärme frei, und das Thermometer steigt. Der höchste Stand, den das Quecksilber während des Erstarrens erreicht, ist der **Erstarrungspunkt**.

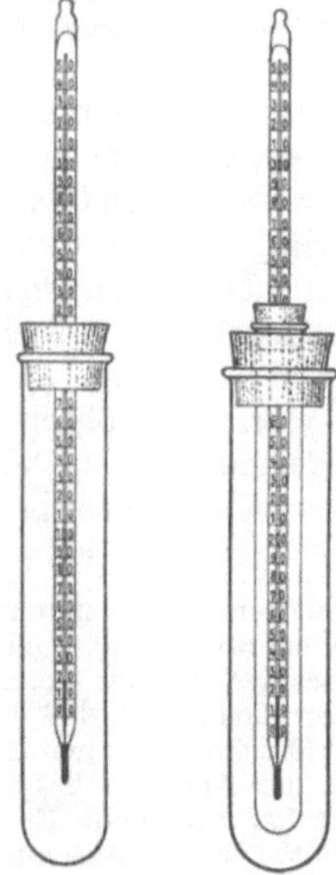

Etwa 10 ccm der Flüssigkeit oder der bei möglichst niedriger Temperatur (Eintauchen in warmes Wasser) geschmolzenen Substanz werden in ein starkwandiges Probierrohr gebracht. Dann befestigt man in dem Probierrohr mit einem Korkstopfen ein Thermometer so, daß das Quecksilbergefäß desselben sich in der Mitte der Flüssigkeit befindet (Abb. 38) und stellt das Probierrohr in Wasser, dessen Temperatur etwa 5° niedriger ist als der Erstarrungspunkt. (Bei Essigsäure, Bromoform, Paraldehyd verwendet man dazu Eiswasser.) Wenn das Thermometer etwa 2° niedriger steht als der zu erwartende Erstarrungspunkt, reibt man mit dem Ende des Thermometers die Wand des Probierrohres oder man bringt einen Kristall der Substanz hinein. In wenigen Augenblicken erstarrt die Flüssigkeit, wobei das Thermometer wieder steigt und mit dem höchsten dabei erreichten Stand den Erstarrungspunkt anzeigt.

Abb. 38.   Abb. 39.

Tritt schon während des Abkühlens ein Erstarren ein, so ist die Substanz durch gelindes Erwärmen wieder vollständig zu verflüssigen und das Abkühlen zu wiederholen.

Genauer wird die Bestimmung des Erstarrungspunktes durch Anwendung eines **doppelwandigen Gefäßes** (Abb. 39). Das zur Aufnahme der Substanz und des Thermometers bestimmte Probierrohr wird mit einem durchbohrten Korkstopfen in ein weiteres Probierrohr eingesetzt, und das Ganze dann in die Kühlflüssigkeit getaucht. Die Isolierung durch die Luftschicht ermöglicht dann eine langsame, sichere Unterkühlung und verhindert nach der Unterkühlung eine zu rasche Erwärmung von außen.

Erstarrungspunkte:

Acidum aceticum	nicht unter 9,5°
Bromoformium	5—6°
Eucalyptolum	0° bis + 1°
Oleum Anisi	15—19°
Oleum Foeniculi	nicht unter + 5°
Paraldehyd	10—11°
Phenolum	39—41°

Bestimmung des Siedepunktes.

Die Bestimmung des Siedepunktes organischer Flüssigkeiten dient sowohl zur Erkennung wie zur Feststellung der Reinheit der Stoffe.

Bestimmung des Siedepunktes zur Erkennung der Stoffe.

Zur Erkennung der Stoffe durch die Bestimmung des Siedepunktes läßt das Arzneibuch das von Siwoloboff angegebene Verfahren anwenden, das die annähernde Bestimmung des Siedepunktes mit einer sehr geringen Substanzmenge ermöglicht.

Man bringt die Flüssigkeit, etwa 2—3 Tropfen, in ein dünnwandiges Glasröhrchen von etwa 3 mm lichter Weite und etwa 5—8 cm Länge (Abb. 40), so daß die Flüssigkeit etwa 1—1,5 cm hoch in dem Röhrchen steht. Dann bringt man in das Röhrchen ein etwa 5—6 cm langes Haarröhrchen, das am unteren Ende etwa 2—5 mm über der Öffnung zugeschmolzen ist, befestigt das Röhrchen am Thermometer und erhitzt es in dem zur Bestimmung des Schmelzpunktes dienenden Apparat. Bei Flüssigkeiten, deren Dämpfe auf die Schwefelsäure einwirken können, z. B. Paraldehyd, Benzaldehyd, läßt man das innere Probierrohr des Schmelzpunktapparates leer.

Die Temperatur, bei der eine ununterbrochene Kette von Bläschen aufsteigt, wird als Siedepunkt abgelesen.

Das Haarröhrchen erhält man auf folgende Weise: Man erhitzt ein Stück Glasrohr (etwa 4—5 mm Durchmesser) in der Flamme des Bunsenbrenners und zieht es, wenn das Glas weich geworden ist, rasch lang aus. Das so erhaltene Haarrohr bricht man in Stücke von etwa 10 cm Länge. Dann verbindet man mit dem Schlauch der Gasleitung ein Lötrohr oder ein Glasrohr mit feiner Spitze und dreht nach dem Anzünden des Gases die Flamme so klein, daß sie kaum noch sichtbar ist. In das waagerecht gehaltene Flämmchen hält man dann senkrecht ein Stück Haarrohr, so daß die Flamme das Glas etwa 1 cm über dem unteren Ende zusammenschmilzt. Dann knipst man mit den Fingernägeln das untere Ende bis auf einige Millimeter weg. Wenn die Anfertigung der Röhrchen gar nicht gelingen will, dann schmilzt man sie einfach an einem Ende zu und bringt sie mit dem offenen Ende in die Flüssigkeit.

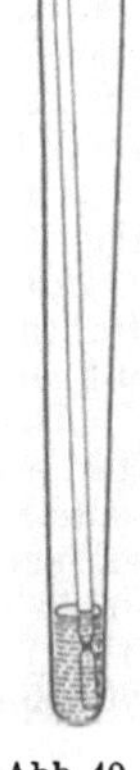

Abb. 40.

Das Verfahren gibt besonders bei niedrig siedenden Flüssigkeiten keine genauen Werte; man wird den Siedepunkt immer einige Grade zu hoch finden. Siwoloboff selbst gibt an, daß man mehrere Versuche ausführen soll, aus denen das Mittel zu nehmen ist. Bei niedrig siedenden Flüssigkeiten ist es außerdem sehr schwer, das Erhitzen so auszuführen, daß die Temperatur des Bades genau auf der Höhe des Siedepunktes gehalten wird.

Bestimmung des Siedepunktes zur Prüfung auf Reinheit.

Soll durch die Bestimmung des Siedepunktes der Reinheitsgrad eines Stoffes festgestellt werden, so ist der Stoff aus dem nachfolgend beschriebenen Apparat zu destillieren (Abb. 41).

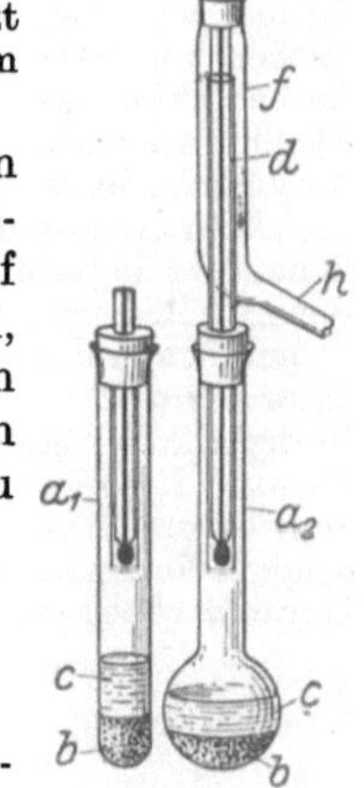

Abb. 41.

Als Siedegefäß wird für die verschiedenen Zwecke entweder das Siederohr a_1 verwendet oder der Siedekolben a_2. Das Siederohr a_1 besteht aus einem starkwandigen Probierrohr von 180 mm Höhe und 20 mm lichter Weite, während der Siedekolben a_2 aus einem ähnlichen Rohr besteht, das am unteren Ende zu einer Kugel von etwa 5 cm Durchmesser erweitert ist. Zunächst wird in das Siedegefäß a_1 oder a_2 eine etwa 2 cm hohe Schicht trockene Tariergranaten b, die einen Durchmesser von 2—2,5 mm haben und mit roher Salzsäure gereinigt worden sind oder ein Siedestäbchen (Magnesiastäbchen) gebracht. Dann werden etwa 15 ccm der zu prüfenden Flüssigkeit in das Siedegefäß gebracht. Auf dem Siedegefäße wird mittels eines Korkes der Siedeaufsatz befestigt. Dieser besteht aus einem Dampfrohr d von 9 mm lichter Weite und etwa 210 mm Höhe, dessen oberer Teil von dem angeschmolzenen Dampfmantel f von etwa 20 mm Weite und 140 mm Länge umgeben ist. Das obere, etwas verjüngte Ende des Dampfmantels ist mit einem Kork verschlossen, in dem das Thermometer g befestigt wird. An dem unteren Ende des Dampfmantels ist ein Abzugsrohr h von etwa 210 mm Länge angebracht.

Ausführung der Bestimmungen bei Flüssigkeiten, die unterhalb 100° sieden. Das Siederohr a_1 ist in die Mitte einer Asbestplatte von 100 mm Seitenlänge, die an dieser Stelle eine runde Öffnung von 20 mm Durchmesser hat, zu stellen. Diese Öffnung ist von unten durch ein Messingdrahtnetz von etwa 1 mm Maschenweite zu schließen. Die Flammenhöhe ist so zu regeln, daß Äther in schwachem, die übrigen Flüssigkeiten in lebhaftem Sieden erhalten werden. Das Abzugsrohr ist während der Destillation mit einem Kühler zu verbinden.

An Stelle der vorgeschriebenen Asbestplatte läßt sich ebensogut ein Asbestdrahtnetz verwenden, das man in der Mitte in einer Fläche von 2 cm Durchmesser mit einem spitzen Gegenstand (Schere, Nagel) durchlöchert.

Ausführung der Bestimmungen bei Flüssigkeiten, die oberhalb 100° sieden. Der Siedekolben a_2 ist auf ein Drahtnetz von etwa 3 mm Maschenweite zu stellen. Die Flammenhöhe ist so zu regeln, daß nach vorsichtigem Anwärmen die Flüssigkeiten zu sehr lebhaftem Sieden erhitzt werden. Sobald die ersten Tropfen übergehen, ist die Flamme derart zu verkleinern, daß in der Minute etwa 60 Tropfen überdestillieren. Das Abzugsrohr ist während der Destillation mit einem Kühlrohr zu verbinden.

Bei diesen Bestimmungen muß fast die gesamte Flüssigkeitsmenge innerhalb der im Einzelfall angegebenen Temperaturgrenzen übergehen. Vorlauf und Rückstand dürfen nur ganz gering sein.

Siedepunkte unter 100°.

Acetonum	55—56°
Aether	34,5°
Aether aceticus	74—77°
Aether bromatus	36—38,5°
Aether chloratus	12—12,5°
Alcohol absolutus	78—79°
Amylenum hydratum	97—103°
Amylium nitrosum	95—97°
Benzinum Petrolei s. S. 241.	
Benzol (Reagens)	80—82°
Bromoformium s. S. 241.	
Chloroformium	60—62°
Methylalkohol (Reagens)	65—68°
Pentan (Reagens)	etwa 32°
Petroläther (Reagens) s. S. 241.	
Schwefelkohlenstoff (Reagens)	46°
Tetrachlorkohlenstoff (Reagens)	76—77°

Siedepunkte über 100°.

Acidum trichloraceticum annähernd	195°
Amylalkohol (Reagens)	129—131°
Anilin (Reagens)	183°
Benzaldehyd	178—182°
Cresolum crudum s. S. 241.	
Eucalyptolum	175—177°
Kreosotum s. S. 241.	
Methylium salicylicum	221—225°
Oleum Eucalypti s. S. 241.	
Oleum Santali	nicht unter 275°
Oleum Terebinthinae s. S. 241.	
Oleum Terebinthinae rectificatum (nicht vorgeschrieben)	155—162°
Paraffinum liquidum nicht unter 360°	
Paraldehyd	123—125°
Phenolum	178—182°
Pix Juniperi s. S. 241.	
Salicylaldehyd (Reagens)	195—198°
Xylol (Reagens)	140°

Aether chloratus.

Zur Bestimmung des Siedepunktes stellt man das Röhrchen in ein Becherglas mit Wasser, das mit Eis auf etwa 6—8° abgekühlt ist

(Thermometer im Wasser), öffnet das Röhrchen und erwärmt das Wasser langsam, bis das Äthylchlorid siedet. Das Röhrchen wird dann wieder in Eiswasser abgekühlt und geschlossen.

Bestimmung der Destillationstemperatur.

Bei ganz reinen Flüssigkeiten ist die Destillationstemperatur auch der wirkliche Siedepunkt der Flüssigkeit. Die meisten Flüssigkeiten, die als Arzneistoffe dienen, sind aber nicht völlig rein und einheitlich. So müssen Aether bromatus, Bromoformium und Chloroformium eine bestimmte Menge Alkohol enthalten. Aether aceticus enthält ebenfalls kleine Mengen Alkohol. Cresolum crudum, Kreosotum, Oleum Terebinthinae sind Gemische verschiedener Stoffe. In all diesen Fällen kann man von einem Siedepunkt der Flüssigkeit nicht sprechen. Beim Destillieren gehen zuerst die am leichtesten siedenden Anteile über, und dann steigt die Siedetemperatur bis zuletzt zum Siedepunkt des höchstsiedenden Anteiles. Man kann nun die vorschriftsmäßige Beschaffenheit solcher Flüssigkeiten feststellen durch Bestimmung der Destillationstemperatur, indem man ermittelt, innerhalb welcher Temperaturgrade bestimmte Mengen der Flüssigkeit überdestillieren.

Man bringt 50 oder 100 ccm oder g der zu prüfenden Flüssigkeit in ein Siedekölbchen (Fraktionierkölbchen) von etwa 75—150 ccm (Abb. 42) und erhitzt sie im Wasserbad oder bei höher siedenden Flüssigkeiten im Luftbad zum Sieden. Steht nur wenig Flüssigkeit zur Verfügung, so nimmt man entsprechend kleinere Kölbchen. Es empfiehlt sich aber, möglichst nicht weniger als etwa 50 ccm der Flüssigkeit anzuwenden. Für niedrig siedende Flüssigkeiten nimmt man ein Siedekölbchen mit hochangesetztem Rohr, für hoch siedende Flüssigkeiten ein solches mit niedrig angesetztem Rohr. In dem Hals des Kolbens wird ein Thermometer mit einem durchbohrten Stopfen so befestigt, daß das Quecksilbergefäß sich etwas unterhalb des an den Hals angeschmolzenen Rohres befindet. Das Thermometer darf die Wandung des Halses nicht berühren und muß sich möglichst in der Mitte desselben befinden. Mit dem seitlichen Rohr verbindet man nun, wenn man die Flüssigkeit wiedergewinnen will, einen Kühler, bei niedrig siedenden Flüssigkeiten einen Liebigschen Kühler, bei höher (über 100°) siedenden ein

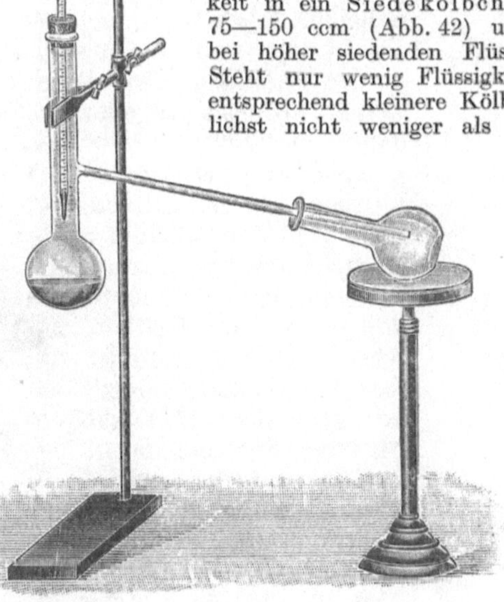

Abb 42.

einfaches Glasrohr von 1—1¹/₂ cm Weite und ¹/₂—1 m Länge (s. Abb. 43, S. 240). Bei sehr hoch siedenden Flüssigkeiten (z. B. Paraffinum liquidum) legt man direkt vor das seitliche Rohr ein Kölbchen (Abb. 42). Man erhitzt dann den Siedekolben langsam, bis die Flüssigkeit überdestilliert, und liest die Temperatur ab.

Wenn das Thermometer die untere Grenze der vorgeschriebenen Destillationstemperaturen erreicht hat, wird die Vorlage gewechselt und weiter destilliert, bis die obere Grenze der Temperatur erreicht ist. Die Menge des innerhalb der Grenzen übergehenden Destillats wird je nach der Vorschrift gemessen oder gewogen.

Zur Verhütung des Siedeverzuges bringt man in die Flüssigkeit einige linsengroße Stückchen von porigem gebrannten Ton (am besten vorher ausgeglühtem). Ebensogut lassen sich etwa 10 cm lange dünne Haarröhren aus Glas verwenden, die an einem Ende zugeschmolzen sind und mit dem offenen Ende in die Flüssigkeit eingetaucht werden.

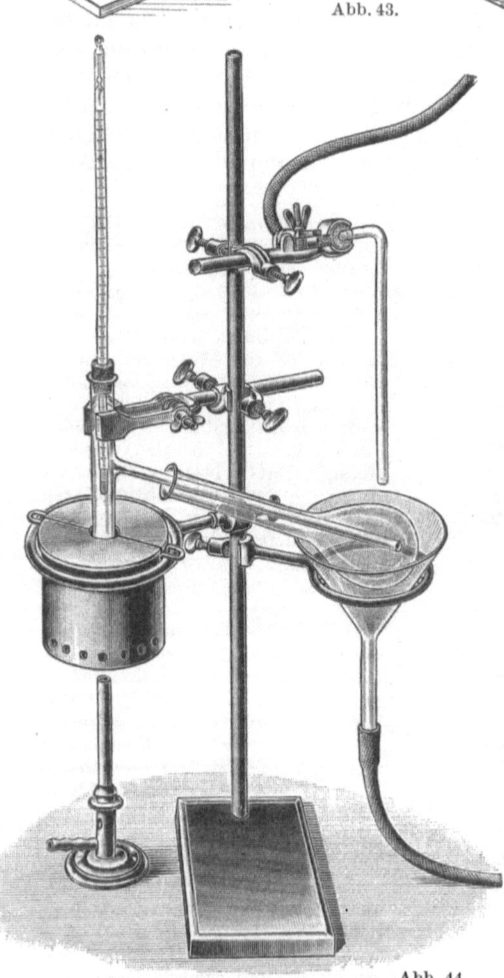

Abb. 43.

Als **Luftbad** dient zweckmäßig ein zylindrisches Gefäß aus Eisen- oder Kupferblech (Abb. 44) von etwa 8,5 cm Höhe und 10 cm Durchmesser, dessen Boden auswechselbar ist, damit er erneuert werden kann, wenn er durchgebrannt ist. Auf den Boden wird eine runde Scheibe Asbestpappe gelegt. Etwas über dem Boden sind in der Wandung etwa 2 mm weite Luftlöcher angebracht, damit die Luft durch das Luftbad streichen kann. Das Luftbad läßt sich bei niedrig siedenden Flüssigkeiten auch an Stelle des Wasserbades verwenden. Dann wird der Siedekolben auf das Luftbad gesetzt, wobei man auf das letztere Wasserbadringe legt. Bei hochsiedenden Flüssigkeiten wird der Siedekolben in das Luftbad hineingesenkt, und letzteres nötigenfalls noch mit dem aus zwei Hälften bestehenden Deckel geschlossen. Abb. 42 gibt einen vollständigen Apparat zur Bestimmung der Destillationstemperatur hochsiedender Flüssigkeiten wie z. B. Cresolum crudum wieder. Die Vorlage wird durch Überlaufenlassen

Abb. 44.

von Wasser gekühlt. Der Siedekolben darf den Boden und die Wandungen des Luftbades nicht berühren. Als Luftbad kann auch ein Siedeblech nach Babo dienen (Abb. 45). Auch die Luftbäder nach

  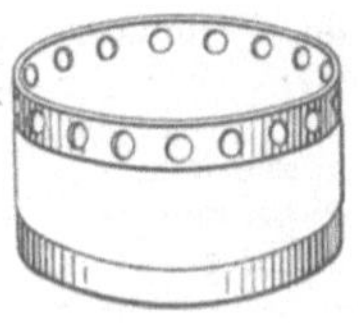

Abb. 45.   Abb. 46.   Abb. 47.

Junghans aus Asbestpappe mit Blecheinfassung (Abb. 47) sind zweckmäßig.

Destillationstemperaturen.

Aether Petrolei. 40° bis 60°.

Benzinum Petrolei. Von 50 ccm Petroleumbenzin müssen zwischen 50° und 75° (Wasserbad) mindestens 40 ccm überdestillieren.

Bromoformium. Bei 148—150° müssen 90 Volumprozent überdestillieren. (Von 50 ccm also 45 ccm.)

Cresolum crudum. Von 50 g rohem Kresol müssen mindestens 46 g = 92% zwischen 199 und 204° übergehen.

Kreosotum. Größtenteils zwischen 200 und 220°. Hier ist keine bestimmte Menge angegeben. Man wird fordern können, daß von 50 g Kreosot wie bei Cresolum crudum mindestens 46 g = 92% zwischen 200 und 220° überdestillieren und besonders, daß der Vorlauf nur sehr gering ist.

Oleum Eucalypti. Bei der Destillation müssen mindestens 50% des Öles zwischen 170 und 185° übergehen, von 50 g also mindestens 25 g.

Oleum Terebinthinae. Werden 50 ccm destilliert, so müssen mindestens 40 ccm zwischen 155 und 165° übergehen.

Pix Juniperi. Bei der Destillation von 100 ccm Wacholderteer müssen mindestens 50 ccm bis 300° übergehen.

Bei der Prüfung des Rohkresols wird die Destillation in folgender Weise ausgeführt (unter Benutzung des in Abb. 44, S. 240 wiedergegebenen Apparates).

Man wägt ein Kölbchen oder Arzneiglas mit etwa 51 g Rohkresol auf der Rezepturwaage und bringt unter Rückwägung 50 g in das Siedekölbchen von etwa 75—80 ccm, mit der Vorsicht, daß nichts in das Ansatzrohr gelangt. Das Siedekölbchen wird in das Luftbad so eingehängt, daß zwischen dem Boden des Kölbchens und dem des Luftbades ein Raum von 1—2 cm bleibt. Dann gibt man in das Siedekölbchen einige etwa linsengroße trockene Tonstückchen, die zur Verhütung des Siedeverzuges und des Stoßens der Flüssigkeit beim Erhitzen dienen, legt zunächst eine nicht gewogene Vorlage vor und erhitzt das Luftbad mit einem kräftigen Brenner, bis das im Halse des Siedekölbchens angebrachte Thermometer gerade eben 199° oder die Temperatur anzeigt, die sich unter Berücksichtigung des Barometerstandes ergibt, bei 780 mm Barometerstand z. B. 199,5°, bei 740 mm 198,5°. Ist diese Temperatur gerade erreicht, dann nimmt man die Flamme fort, um die Vorlage zu wechseln. Die erste Vorlage braucht nicht gekühlt zu werden. Bei einem vorschriftsmäßigen Rohkresol gehen bis 199° nur einige Tropfen über, die infolge eines sehr geringen Wassergehaltes meist trübe sind. Gehen bis 199° mehr als 4 g über, dann ist eine weitere Destillation überflüssig; das Rohkresol entspricht dann nicht der Anforderung, daß 92% über 199° sieden müssen.

Zum Auffangen des bei 199—204° übergehenden Destillats wird ein trockener, auf der Rezepturwaage gewogener Kolben von Jenaer Glas von etwa 200 ccm

Übersicht über die Veränderungen des Siedepunktes

	800	790	780	770	760
	t^0				
Acidum trichloraceticum	197,0	196,5	196,0	195,5	195,0
Aether	36,1	35,7	35,3	34,9	34,5
Aether aceticus	75,9—78,9	75,4—78,4	74,9—77,9	74,5—77,5	74,0—77,0
Aether bromatus . . .	39,6—41,6	39,2—41,2	38,8—40,8	38,4—40,4	38,0—40,0
Aether chloratus . . .	13,4—13,9	13,0—13,5	12,7—13,2	12,3—12,8	12,0—12,5
Alcohol absolutus . . .	79,4—80,4	79,0—80,0	78,7—79,7	78,3—79,3	78,0—79,0
Amylenum hydratum .	100,6—104,6	100,2—104,2	99,8—103,8	99,4—103,4	99,0—103,0
Amylium nitrosum . .	96,6—98,6	96,2—98,2	95,8—97,8	95,4—97 4	95,0—97,0
Benzaldehyd	179,2—181,2	178,7—180,7	178,1—180,1	177,6—179,6	177,0—179,0
Bromoformium	150,0—152,0	149,5—151,5	149,0—151,0	148,5—150,5	148,0—150,0
Chloroformium	61,6—63,6	61,2—63,2	60,8—62,8	60,4—62,4	60,0—62,0
Methylium salicylicum .	223,4—227,4	222,8—226,8	222,2—226,2	221,6—225,6	221,0—225,0
Paraldehyd	124,7—126,7	124,3—126,3	123,8—125,8	123,4—125,4	123,0—125,0
Phenolum	179,7—183,7	179,3—183,3	178,9—182,9	178,4—182,4	178,0—182,0
Wasser	101,4	101,1	100,7	100,4	100,0

	725	720	715	710	705
	t^0				
Acidum trichloraceticum	193,2	193,0	192,7	192,5	192,2
Aether	33,1	32,9	32,7	32,5	32,3
Aether aceticus	72,4—75,4	72,1—75,1	71,9—74,9	71,7—74,7	71,4—74,4
Aether bromatus . . .	36,6—38,6	36,4—38,4	36,2—38,2	36,0—38,0	35,8—37,8
Aether chloratus . . .	10,8—11,3	10,6—11,1	10,5—11,0	10,3—10,8	10,1—10,6
Alcohol absolutus . . .	76,8—77,8	76,6—77,6	76,4—77,4	76,3—77,3	76,1—77,1
Amylenum hydratum .	97,6—101,6	97,3—101,3	97,1—101,1	96,9—100,9	96,7—100,7
Amylium nitrosum . .	93,6—95,6	93,4—95,4	93.2—95,2	93,0—95,0	92,8—94,8
Benzaldehyd	175,0—177,0	174,8—176,8	174,5—176,5	174,2—176,2	173,9—175,9
Bromoformium	146,2—148,2	146,0—148,0	145,7—147,7	145,5—147,5	145,2—147,2
Chloroformium	58,5—60,5	58,3—60,3	58,1—60,1	57,9—59,9	57,7—59,7
Methylium salicylicum	218,9—222,9	218,6—222,6	218,3—222,3	218,0—222,0	217,7—221,7
Paraldehyd	121,5—123,5	121,3—123,3	121,1—123,1	120,9—122,9	120,7—122,7
Phenolum	176,5—180,5	176,3—180,3	176,1—180,1	175,9—179,9	175,6—179,6
Wasser	98,7	98,5	98,3	98,1	97,9

[1] In dieser Tafel ist auch der Siedepunkt des Wassers bei verschiedenen Barometerstimmungen" vorgeschriebene Nachprüfung der Fundamentalpunkte des Thermometers

benutzt. Sehr zweckmäßig sind dafür Kjeldahlkolben aus Jenaer Glas. Diese halten den großen Temperaturunterschied zwischen den Dämpfen des Kresols und dem Kühlwasser sehr gut aus. Die Vorlage wird so vorgelegt, daß das Ende des Abflußrohres des Siedekölbchens sich ungefähr in der Mitte der Vorlage befindet. Die Vorlage wird in einen Trichter gelegt, und über die Vorlage läßt man dann das Kühlwasser laufen. Dann wird das Luftbad wieder erhitzt. Hierbei gehen meist einige Tropfen über, ehe das Thermometer wieder 199° zeigt. Diese gehören aber mit zu dem aufzufangenden Destillat. Man erhitzt nun solange, bis das Thermometer gerade eben 204° oder die nach dem Barometerstand umgerechnete Temperatur anzeigt, oder wenn es nicht so hoch steigt, bis nichts mehr übergeht. Die in dem Ansatzrohr des Siedekölbchens befindlichen Tropfen läßt man noch bei Änderungen des Luftdrucks zwischen 800 und 650 mm[1].

755	750	745	740	735	730
			t^0		
194,7	194,5	194,2	194,0	193,7	193,5
34,3	34,1	33,9	33,7	33,5	33,3
73,8—76,8	73,5—76,5	73,3—76,3	73,1—76,1	72,8—75,8	72,6—75,6
37,8—39,8	37,6—39,6	37,4—39,4	37,2—39,2	37,0—39,0	36,8—38,8
11,8—12,3	11,7—12,2	11,5—12,0	11,3—11,8	11,1—11,6	11,0—11,5
77,8—78,8	77,7—78,7	77,5—78,5	77,3—78,3	77,1—78,1	77,0—78,0
98,8—102,8	98,6—102,6	98,4—102,4	98,2—102,2	98,0—102,0	97,8—101,8
94,8—96,8	94,6—96,6	94,4—96,4	94,2—96,2	94,0—96,0	93,8—95,8
176,7—178,7	176,4—178,4	176,2—178,2	175,9—177,9	175,6—177,6	175,3—177,3
147,7—149,7	147,5—149,5	147,2—149,2	147,0—149,0	146,7—148,7	146,5—148,5
59,8—61,8	59,6—61,6	59,4—61,4	59,2—61,2	59,0—61,0	58,8—60,8
220,7—224,7	220,4—224,4	220,1—224,1	219,8—223,8	219,5—223,5	219,2—223,2
122,8—124,8	122,6—124,6	122,4—124,4	122,2—124,2	121,9—123,9	121,7—123,7
177,8—181,8	177,6—181,6	177,4—181,4	177,1—181,1	176,9—180,9	176,7—180,7
99,8	99,6	99,4	99,3	99,1	98,9

700	690	680	670	660	650
			t^0		
192,0	191,5	191,0	190,5	190,0	189,5
32,1	31,7	31,3	30,9	30,5	30,1
71,2—74,2	70,7—73,7	70,3—73,3	69,8—72,8	69,3—72,3	68,9—71,9
35,6—37,6	35,3—37,3	34,9—36,9	34,5—36,5	34,1—36,1	33,7—35,7
9,9—10,4	9,6—10,1	9,3—9.8	8,9—9,4	8,6—9,1	8,2—8,7
75,9—76,9	75,6—76,6	75,2—76,2	74,9—75,9	74,6—75,6	74,2—75,2
96,5—100,5	96,1—100,1	95,7—99,7	95,3—99,3	94,9—98,9	94,5—98,5
92,6—94,6	92,2—94,2	91,8—93,8	91,4—93,4	91,0—93,0	90,6—92,6
173,6—175,6	173,1—175,1	172,5—174,5	172,0—174,0	171,4—173,4	170,9—172,9
145,0—147,0	144,5—146,5	144,0—146,0	143,5—145,5	143,0—145,0	142,5—144,5
57,5—59,5	57,1—59,1	56,7—58,7	56,3—58,3	55,9—57,9	55,5—57,7
217,4—221,4	216,8—220,8	216,2—220,3	215,6—219,7	215,0—219,1	214,4—218,5
120,5—122,5	120,0—122,0	119,6—121,6	119,2—121,2	118,8—120,8	118,3—120,3
175,4—179,4	175,0—179,0	174,8—178,8	174,3—178,3	173,8—177,8	173,3—177,3
97,7	97,3	96,9	96,6	96,2	95,9

ständen angegeben. Diese Angabe ist für die vom Arzneibuch in den „Allgemeinen Be-
erforderlich.

durch stärkere Neigung des Kölbchens in die Vorlage tropfen, trocknet letztere
ab und wägt wieder. Es müssen dann mindestens 46 g übergegangen sein = 92%.
Bei dieser Prüfung des Rohkresols muß ein Thermometer mit nicht genauen
Fundamentalpunkten auf seine Richtigkeit geprüft werden, was am einfachsten
mit Hilfe einer Flüssigkeit von bekanntem Siedepunkt geschehen kann. Am besten
ist hierzu reines Metakresol geeignet, dessen Siedepunkt bei 200° liegt (760 mm
Barometerstand). Wenn man neben der Prüfung des Rohkresols einen zweiten
Versuch mit reinem Metakresol ausführt, wird die Bestimmung unabhängig von
der Richtigkeit des Thermometers und zugleich vom Barometerstand. Angenommen, bei dem Versuch mit reinem Metakresol zeige das Thermometer 197°.
Dann muß das Rohkresol zwischen 196 und 201° zu 92% überdestillieren.

16*

Die genügende Reinheit des zum Vergleich dienenden Metakresols ergibt sich daraus, daß abgesehen von einigen Tropfen Vorlauf und ebensowenig Rückstand der Siedepunkt gleich bleibt oder höchstens um 1° steigt.

Berücksichtigung des Luftdruckes bei der Bestimmung des Siedepunktes und der Destillationstemperatur.

Da das Sieden einer Flüssigkeit eintritt, wenn die Spannung des gesättigten Dampfes gerade den äußeren Druck überwindet, so ist die Höhe des Siedepunktes und der Destillationstemperatur abhängig von der Höhe des Luftdruckes. Alle wissenschaftlichen Angaben von Siedepunkten sind auf den normalen Quecksilberbarometerstand von 760 mm bezogen. Ist der Luftdruck bei der Ausführung des Versuches geringer, so findet man den Siedepunkt etwas niedriger, bei höherem Barometerstand dagegen höher als den normalen Siedepunkt. Bei größeren Abweichungen des Barometerstandes und in hoch gelegenen Orten mit niedrigem durchschnittlichen Barometerstand muß die Änderung des Siedepunktes berücksichtigt werden. Man kann rechnen, daß der Siedepunkt sich mit einer Änderung des Barometerstandes um 5 mm um 0,2—0,3° ändert. Durch Ausführung eines Gegenversuches mit der gleichen Flüssigkeit von zweifellos vorschriftsmäßiger Reinheit wird die Bestimmung von dem Barometerstand unabhängig, zugleich wird sie dadurch unabhängig von der Richtigkeit des Thermometers.

Das optische Drehungsvermögen und seine Bestimmung.

Eine große Anzahl von Stoffen, meist Kohlenstoffverbindungen, zeigt in flüssigem oder in gelöstem Zustand die Eigenschaft, die Schwingungsebene der durch sie hindurchgehenden polarisierten Lichtstrahlen um einen gewissen Winkel gegen die ursprüngliche Lage zu drehen. Solche Körper nennt man „drehende" oder „optisch aktive"; die Eigenschaft selbst bezeichnet man als „optische Aktivität" oder als „optisches Drehungsvermögen". Jeder drehende Körper hat ein ihm eigentümliches, für ihn „spezifisches" Drehungsvermögen, das sich vermittels der „Polarisationsapparate" zahlenmäßig feststellen läßt. Hat man dasselbe ermittelt, so läßt sich rückwärts die gefundene Zahl zur Kennzeichnung des betreffenden Stoffes verwenden, d. h. zum Nachweis seiner Identität bzw. Reinheit, und zwar ebensogut wie andere physikalische Eigenschaften, die Dichte, der Schmelz- oder Siedepunkt, das Brechungsvermögen usf. Auch die pharmazeutische Praxis macht hiervon Gebrauch. Für eine Reihe von Stoffen, die in die Körperklassen der ätherischen Öle, Zuckerarten, Alkaloide u. a. fallen, bringt das Deutsche Arzneibuch wenigstens Zahlenangaben über ihr Drehungsvermögen, wenn gleich dessen Bestimmung nicht ausdrücklich gefordert wird.

Ist andrerseits für eine bestimmte reine Substanz die Höhe ihres spezifischen Drehungsvermögens ein für allemal mit Sicherheit bekannt, so läßt sich mit dieser Zahl der unbekannte Gehalt einer Lösung des betreffenden Stoffs dadurch feststellen, daß man die Drehung der Lösung ermittelt. Auch diese Verwendung des Drehungsvermögens zu analytischen Zwecken hat Bedeutung für das pharmazeutische Laboratorium. Es liegt beispielsweise häufig die Frage vor, wieviel Harnzucker ein diabetischer Harn enthalte; ihre Beantwortung kann einfach durch eine Messung des Drehungsvermögens des Harns erfolgen.

Polarisiertes Licht und seine Herstellung.

Vom gewöhnlichen Licht nehmen wir an, daß in ihm die Schwingungen der Lichtätherteilchen senkrecht zur Fortpflanzungsrichtung des Lichtes erfolgen, in ebenen Kurven und in schnell nach allen Richtungen hin wechselnden Lagen. Durch gewisse Mittel gelingt es nun, diese Schwingungen gleichmäßig zu richten; sie erfolgen dann alle geradlinig linear und zugleich in einer Ebene, die stets in derselben Lage verbleibt. Einen so gerichteten Strahl nennt man einen linear „polarisierten“. Die Ebene bestimmter Lage, in der alle Schwingungen im polarisierten Strahl stattfinden, heißt die Schwingungsebene oder die Polarisationsebene dieses Strahles.

Ein linear polarisierter Lichtstrahl läßt sich auf verschiedene Art erzeugen, durch Spiegelung an ebenen Flächen oder durch einfache Brechung oder durch Doppelbrechung in Kristallen. Für praktische Zwecke kommt nur die Verwendung von Kristallen in Betracht, und die gewöhnlichen Hilfsmittel zur Herstellung polarisierten Lichtes sind besonders hergerichtete Kalkspatrhomboëder. Man nennt diese Vorrichtungen Polarisationsprismen und bezeichnet sie meist, nach dem Erfinder des ersten derartigen Prismas, Nicol, als Nicolsche Prismen oder kurzweg als Nicols.

Jedes Kalkspatrhomboëder, also auch jeder Nicol, zeigt zwei einander gegenüberliegende stumpfe Ecken, während die übrigen spitz sind. Die zwischen diesen beiden stumpfen Ecken gedachte Verbindungslinie gibt die Richtung der kristallographischen Hauptachse des Kristalls an. Jeder durch den Kristall hindurchgeführte Schnitt, der diese Hauptachse bzw. eine ihr parallele Linie in seine Fläche aufnimmt, heißt ein Hauptschnitt des Kristalls. Geht ein Strahl gewöhnlichen Lichts durch den Nicol, so tritt aus dem Nicol ein Strahl polarisierten Lichts aus, und die Ebene, in der in diesem Strahl die linearen Schwingungen alle erfolgen, liegt senkrecht zum Hauptschnitt des betreffenden Nicols, d. h. senkrecht zu einer Ebene, die die kristallographische Hauptachse des Nicols in ihre Fläche aufnimmt, und zugleich auch das Einfallslot der in den Nicol eintretenden Strahlen.

Polarisationsapparate.

Einen schematischen Durchschnitt durch einen der heute am meisten gebrauchten Polarisationsapparate zeigt Abb. 48. An der linken Seite der Zeichnung denke man sich die Lichtquelle, an der rechten das Auge des Beobachters. Den

Abb. 48.

Hauptteil jedes Polarisationsapparates bilden die großen Nicols N_1 und N_3. Von dem kleinen Nicol N_2 sehen wir zunächst ab.

Der Nicol N_1, auf den die Linse K das einfallende Licht konzentriert, heißt, weil er das polarisierte Licht erzeugt, der Polarisator, Nicol N_3 heißt der Analysator. Der Polarisator steht fest, der Analysator läßt sich, zusammen mit einem kleinen Fernrohr, um die Längsachse des Apparates an einem geteilten Kreise vorbei meßbar drehen.

Steht der „Hauptschnitt“ des Analysators parallel zum Hauptschnitt des Polarisators, so stehen auch die Polarisationsebenen von Polarisator und Analysator parallel zueinander; es geht dann alles vom Polarisator kommende polarisierte

Licht ganz unabsorbiert durch den Analysator hindurch: das Gesichtsfeld erscheint dem Auge hell, und zwar im Maximum der Helligkeit. Dreht man hingegen den Analysator um 90° um seine Längsachse, stehen also die Hauptschnitte senkrecht zueinander, sind demnach, wie man zu sagen pflegt, die Prismen gekreuzt, so sind auch die Polarisationsebenen gekreuzt; es wird dann vom Analysator gar kein Licht durchgelassen, das Gesichtsfeld ist dunkel. Das Maximum der Dunkelheit ist der Nullpunkt des Apparates. In Mittelstellungen des Analysators beobachtet man mittlere Helligkeiten.

Wird nun eine optisch aktive Substanz zwischen die gekreuzten Prismen eingeschaltet, so dreht die Substanz die Polarisationsebene des vom Polarisator kommenden Lichtes. Die Ebene steht also jetzt nicht mehr senkrecht auf der Ebene des unverändert gebliebenen Analysators: es erfolgt eine Aufhellung des vorher dunklen Gesichtsfeldes. Man muß jetzt den Analysator um einen gewissen Betrag, sei es nach rechts, sei es nach links, drehen, um das alte Maximum der Dunkelheit, die Null-Lage, wieder hervorzubringen. Dieser Winkel der Drehung des Analysators ist aber gleichzeitig der Winkel, um den vorher die aktive Substanz die Ebene des polarisierten Lichtes gedreht hatte. Jede polarimetrische Messung läuft also auf die Bestimmung zweier Nullpunktslagen hinaus, der einen vor, der anderen nach Einschaltung der drehenden Substanz.

Genau läßt sich eine derartige „Drehungsmessung" allerdings mit gewöhnlichem Licht nicht ausführen. Denn solches Licht, Sonnen- oder gewöhnliches Lampenlicht, stellt ein wechselndes Gemisch verschiedenfarbiger Lichtarten dar: es besteht aus Strahlen verschiedener Wellenlänge. Die gleiche aktive Substanz dreht aber die Polarisationsebene dieser verschiedenen Lichtarten auch um verschiedene Beträge. Man benutzt daher als Lichtquelle „monochromatisches" Licht, d. h. Licht von einheitlicher, ganz bestimmter Wellenlänge, in der Praxis immer Natriumlicht. (Näheres hierzu siehe auch S. 249 unter 1 und S. 256 unter 1.)

Halbschattenprinzip. Da die genaue Einstellung auf das Maximum der Dunkelheit für das Auge immerhin schwierig ist, hat man Hilfsmittel gesucht und auch gefunden, diese Einstellung zu erleichtern. Von diesen verschiedenen Hilfsmitteln hat sich die Anwendung des „Halbschattenprinzips" am meisten bewährt.

Zerlegt man das Gesichtsfeld des Apparates 1. durch eine vertikale Trennungslinie in 2 Hälften und sorgt 2. dafür, daß in beiden Hälften des Gesichtsfeldes die Schwingungsebenen des aus dem Polarisator austretenden Lichtes um einen kleinen

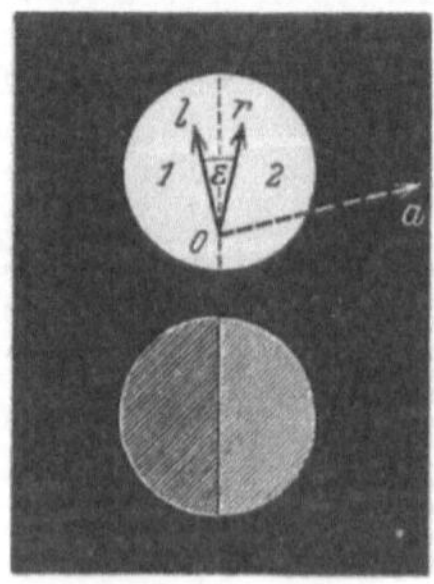
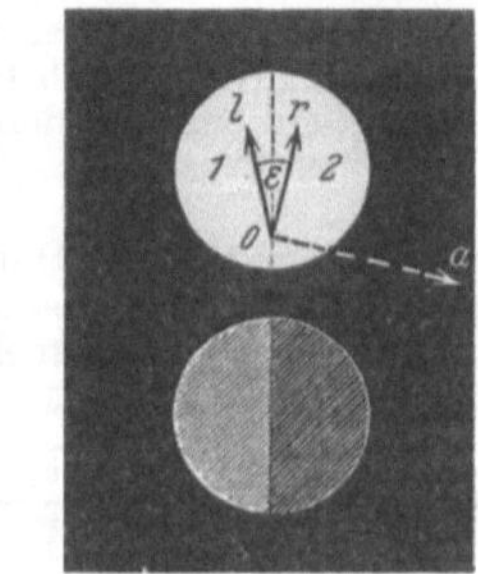

I   II   III

Abb. 49.

Winkel e gegeneinander geneigt sind (Abb. 49, I—III, ol und or), so beobachtet man mit dieser Anordnung folgende Erscheinungen:

Bei gekreuzten Nicols, wo der Analysatorhauptschnitt ao senkrecht zur Mittellinie des Winkels e (II) steht, tritt jetzt natürlich keine völlige Verdunkelung mehr ein. Beide Gesichtsfeldhälften werden vielmehr nur zum größten Teil verdunkelt. Diese mäßige Verdunkelung, diese „Beschattung", ist aber in beiden Gesichtsfeldhälften die gleiche, denn ol und or machen ja mit ao bzw. deren Verlängerung einen gleichen Winkel, weichen also um einen gleichen Betrag von der Senkrechtstellung zum Analysatorhauptschnitt ab. Dieser

Punkt der gleichmäßigen Beschattung ist nunmehr der Nullpunkt des Apparates, der damit an Stelle des früheren Dunkelheitsmaximums getreten ist.

Diese stets also aufzusuchende Nullage läßt sich sehr leicht einstellen, denn sobald der Analysator von der Lage *ao* in II nur wenig abweicht, so treten auffällige Kontrasterscheinungen im Gesichtsfeld auf. Wird der Analysator um einen kleinen Winkel nach links gedreht (I), so gelangt sein Hauptschnitt in senkrechte Stellung zu *ol*: das ganze, die linke Gesichtsfeldhälfte füllende polarisierte Licht wird ausgelöscht, die linke Seite erscheint dunkel, die rechte aber aufgehellt. Bei einer kleinen Drehung des Analysators nach rechts vollzieht sich die gleiche Erscheinung, nur umgekehrt (III). Zwischen diesen beiden Stellungen des Analysators, die infolge des bei mäßigem Drehen auftretenden Lagewechsels des dunkeln Feldes leicht auffindbar sind, liegt die gesuchte, durch sehr vorsichtiges Bewegen des Analysators gut einstellbare Mittellage II, der Nullpunkt.

Halbschattenapparate.

Die S. 246 aufgestellte Grundforderung des Halbschattenprinzips, daß im Gesichtsfelde zwei um einen kleinen Winkel gegeneinander geneigte Schwingungsebenen des polarisierten Lichtes vorhanden sein müssen, ist konstruktiv auf mannigfache Art zu verwirklichen.

Am vollkommensten ist das Halbschattenprinzip realisiert in dem zu wissenschaftlichen Zwecken jetzt ausschließlich angewandten Lippichschen Halbschattenapparat.

In diesem Apparat ist hinter das große Polarisationsprisma N_1 (Abb. 48, S. 245) noch ein kleines Polarisationsprisma, das „Halbprisma“ N_2 gestellt. Dreht man das große Prisma N_1 gegen das kleine, das Gesichtsfeld gerade zur Hälfte deckende Prisma N_2 um einen kleinen Winkel um die Längsachse des Apparates, so hat man durch diese Drehung gleichzeitig die Schwingungsebenen des Lichtes in beiden Gesichtsfeldhälften um diesen Winkel, den Halbschattenwinkel, gegeneinander geneigt. Man erhält also bei diesem Apparat den Halbschattenwinkel durch einen einfachen mechanischen Vorgang, die Drehung des großen Prismas.

Bei dem Laurentschen Halbschattenapparat kommt hingegen der Halbschattenwinkel durch eine optische Vorrichtung zustande, und zwar durch eine unmittelbar hinter dem Polarisator an Stelle von N_2 eingeschobene, das Gesichtsfeld halb deckende Quarzplatte von bestimmter Dicke, die Laurentsche Platte.

. Der Polarisator N_1 wird, wie im Lippichschen Apparat gegen das Halbprisma N_2, hier gegen die feststehende Quarzplatte um einen kleinen Winkel in der Längsachse des Apparates gedreht. Die Polarisationsebene des Polarisators hat dann auf der unbelegten Hälfte des Gesichtsfeldes eine bestimmte feste Lage angenommen, während sie auf der belegten Hälfte infolge des Lichtdurchganges durch den Quarz die gewünschte kleine Neigung erleidet. (Nähere Begründung der Erscheinung siehe in den Lehrbüchern der Physik.) Die mit dem Fernrohr anzuvisierende Trennungslinie der Gesichtsfeldhälften ist beim Lippichschen Apparat die vordere senkrechte Kante des Halbprismas N_2, beim Laurentschen hingegen die scharfe Vertikalgrenze der halbdeckenden Quarzplatte.

Der Laurentsche Apparat hat gewisse Nachteile gegenüber dem Lippichschen. Der letztere gestattet ohne weiteres Drehungsbestimmungen für Licht jeder Wellenlänge, also jeder Farbe; der Laurentsche Apparat kann nur für Natriumlicht Anwendung finden. Denn für jede Wellenlänge des Lichtes muß, damit die Halbschattenerscheinung korrekt zustande kommt, die Dicke der Quarzplatte eine andere sein, und so hat man diese in den Apparaten der Wellenlänge des meist angewandten Natriumlichtes angepaßt. Weiter ist der Lippichsche Apparat ganz frei von gewissen konstruktiven Fehlern, die beim Laurentschen seiner Natur nach auftreten können. Andererseits ist aber die Laurentsche Konstruktion aus verschiedenen Gründen viel billiger herzustellen als die Lippichsche, und man verwendet sie daher, da die erwähnten möglichen Fehler nur für die genauesten Messungen ins Gewicht fallen, ohne Schaden für solche Apparate, die nicht den höchsten Ansprüchen an Genauigkeit zu genügen brauchen.

Für pharmazeutische Zwecke empfiehlt sich deswegen besonders ein in Abb. 50 dargestellter kleiner Laurent-Apparat, der unter der Bezeichnung „Mitscherlich-Laurent" von der Firma Franz Schmidt u. Haensch in Berlin S und auch von anderen namhaften Firmen gebaut wird. Seine Vorzüge sind neben mäßigem Preis große Einfachheit und Bequemlichkeit der Handhabung. Sein Halbschattenwinkel e ist unveränderlich auf 14° festgelegt. Die Drehung des Analysators A mitsamt den zwei gegenüberliegenden Nonien erfolgt von Hand mittels des Hebels c. Die Drehungswinkel lassen sich damit bis auf 0,1° sicher ermitteln, bei sorgfältiger Arbeit vielleicht noch etwas genauer.

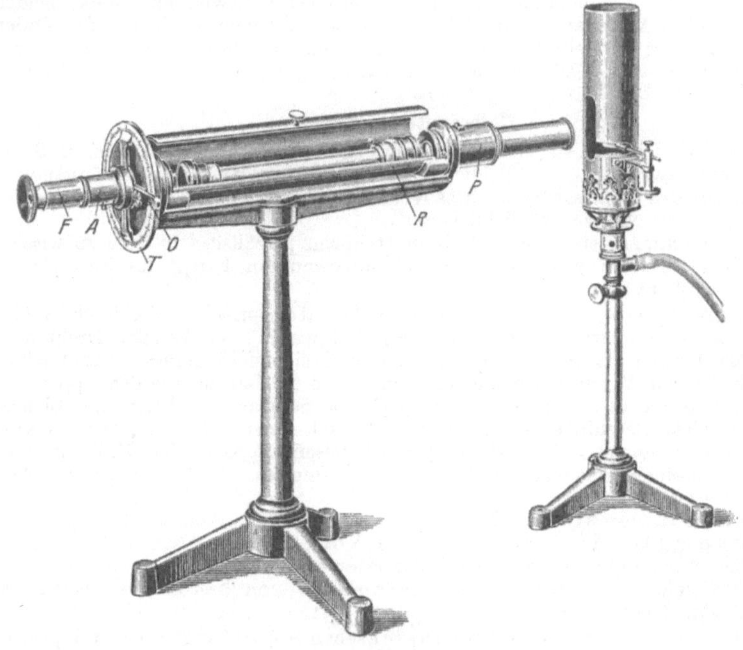

Abb. 50.

Saccharimeter.

In der Zuckertechnik und auch zuweilen bei medizinischen Untersuchungen verwendet man Polarisationsinstrumente anderer Konstruktion als die beschriebenen, die sogenannten Saccharimeter.

Das Prinzip dieser zuerst von Soleil (1848) konstruierten Polarisationsinstrumente ist insofern ein ganz anderes als das der beschriebenen Kreisapparate, als bei ihnen die Drehung der eingeschalteten aktiven Flüssigkeit nicht direkt, durch die Drehung des Analysators, gemessen wird, sondern indirekt, nämlich durch Entgegenschaltung einer entgegengesetzt drehenden Substanz, also durch Kompensation. Polarisator und Analysator stehen bei ihnen gekreuzt, also am Punkt der gleichmäßigen Beschattung, und verbleiben stets in dieser Lage. Wird nun eine rechtsdrehende Lösung von Zucker eingeschaltet, so erfolgt Aufhellung der Beschattung. Zwischen Lösung und Analysator befindet sich aber eine linksdrehende Quarzplatte, die keilförmig geschliffen ist. Durch seitliche Verschiebung des Keils gelangen also dickere oder dünnere Stellen des Quarzkeils in das Gesichtsfeld, und es wird dadurch größere oder geringere Linksdrehung in der gerade durchstrahlten Stelle des Quarzes auftreten. Ist an einer bestimmten Stelle des Keils die Linksdrehung in der Quarzplatte gerade so stark geworden wie die Rechtsdrehung der Zuckerlösung, so ist die Drehung der letzteren kompensiert, also die algebraische Summe der beiden Einzeldrehungen gleich Null: der alte Nullpunkt der gleichmäßigen Beschattung tritt wieder im Gesichtsfeld auf. Die Dicke der zur Kompensation gerade nötigen Quarzschicht bzw. die an einer Skala meßbare Verschiebungsstrecke des Keils gibt also ein relatives Maß für das Drehungsvermögen der Zuckerlösung.

Äußerlich geben diese Saccharimeter sich schon dadurch zu erkennen, daß bei ihnen der geteilte Kreis fehlt, und daß man an einer vor dem Analysator angebrachten ebenen Skala horizontale Verschiebungen vornimmt. Ihre Skala ist in empirische Grade eingeteilt. Ein Skalenteil der in Deutschland gebräuchlichen Ventzke-Soleilschen Saccharimeter entspricht (bei weißem Licht, gewöhnlichem Lampenlicht) 0,3468 Kreisgraden der anderen Polarisationsapparate, der „Kreisapparate" (bei Natriumlicht).

Die Saccharimeter haben neben großer Genauigkeit noch den besonders für fortlaufende Untersuchungsreihen höchst schätzbaren Vorteil, daß man mit ihnen bei gewöhnlichem Lampenlicht arbeiten kann. Die immerhin etwas unbequeme Anwendung von monochromatischem Licht fällt also weg.

Ein großer Nachteil dieser Instrumente ist aber, daß sie infolge ihrer Konstruktion strenggenommen nur für Rohrzuckerbestimmungen brauchbar sind, allenfalls noch für einige dem Rohrzucker in seinen optischen Eigenschaften nahestehende Zuckerarten, wie Glykose, Milchzucker u. a. Die sehr zahlreichen aktiven Substanzen anderer Art lassen sich mit ihnen nicht untersuchen. Für pharmazeutische Zwecke kommen die Saccharimeter deshalb nur in beschränktem Maß in Betracht.

Bestimmung des Drehungswinkels einer aktiven Flüssigkeit.

Die nachfolgenden Vorschriften zur Ausführung der Messung sind dem S. 247 beschriebenen Laurentschen Apparat (Abb. 50) angepaßt.

1. Man bringt im verdunkelten Raum vor den Apparat eine hellleuchtende Natriumflamme, d. h. eine kräftige Bunsenflamme, in der vorher scharf getrocknetes oder gelinde geglühtes Kochsalz zur Verdampfung gebracht wird.

Bequemer ist die Verwendung der im Handel befindlichen Salzsorten „Cerebossalz" oder „Fürstensalz", die auch ungetrocknet nicht verknistern. Als Unterlage dienen am einfachsten die bekannten in der Analyse zu Schmelzversuchen dienenden flachen Tonrinnen. Eine leicht herstellbare Vorrichtung dazu gibt Abb. 51 wieder. Die Rinnen werden mit der hohlen Seite gegeneinander gekehrt im Abstand von etwa 1 cm in einen Kork gesteckt, der an einem Glasstab befestigt wird. Letzterer wird mit einem Kork auf ein Glas gesetzt. Das Salz wird an der Innenseite der Rinnen durch Anschmelzen befestigt. Bei Nichtgebrauch kann die Vorrichtung, wie in Abb. 52 angegeben, zusammengesteckt werden. Noch einfacher ist die in Abb. 53 und 54 wiedergegebene Vorrichtung, bei der die Tonrinnen in zwei Einschnitten in dem Schutzmantel eines Brenners liegen.

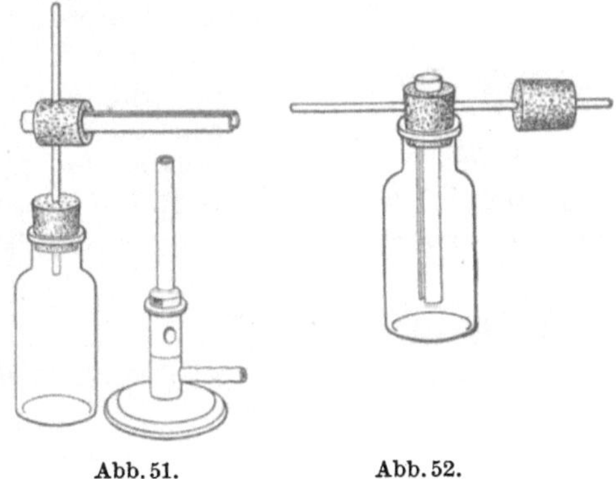

Abb. 51.   Abb. 52.

Die Entfernung der Flamme vom Apparat soll 5—6 cm betragen. Man blendet die Flamme durch ein Blech ab, das einen mit der Apparatöffnung in genau gleicher Höhe sich befindenden Ausschnitt hat (Abb. 55). Zur Reinigung des Natriumlichts von blauen Strahlen setzt man vor die Flamme ein Lichtfilter, einen kleinen geradwandigen Trog von 2—3 cm Weite mit Kaliumdichromatlösung (6:100). Übersteigt der zu messende Drehungswinkel nicht 5—6°, so kann das Lichtfilter wegbleiben.

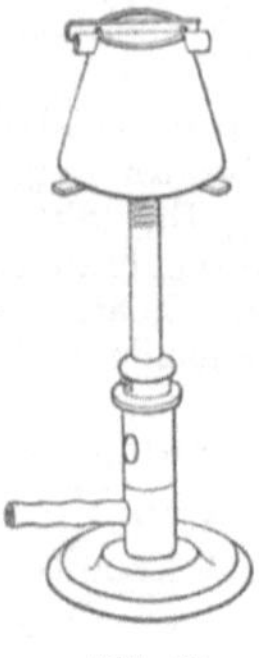

2. Man zieht das Fernrohr F aus, bis die Trennungslinie der Gesichtsfeldhälften scharf wahrnehmbar ist. Dann bewegt man den Hebel bis zum Eintritt einer völlig gleichmäßigen Beschattung der beiden Gesichtsfeldhälften. (Der Nullpunkt ist nur dann wirklich aufgefunden, wenn kleine Drehungen des Hebels nach links oder rechts aus der Nullpunktlage heraus die in Abb. 49 S. 246 dargestellten Kontrasterscheinungen deutlich hervortreten lassen.) Man liest den Stand des Nonius (siehe S. 252) ab und wiederholt die Einstellung 5 bis 6mal. Das Mittel dieser Ablesungen gilt als Nullpunkt.

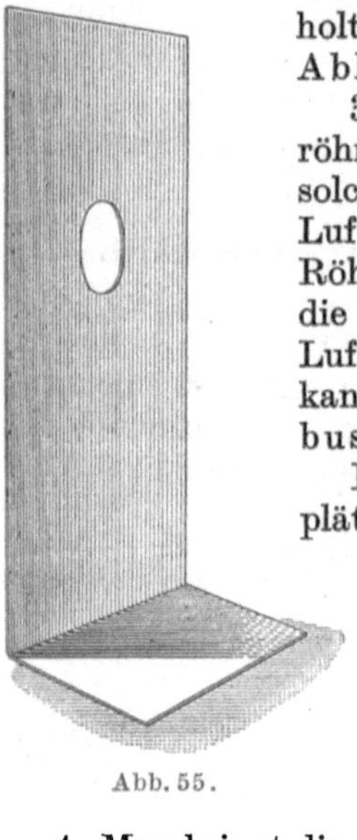

Abb. 53. Abb. 54.

3. Man füllt die Flüssigkeit in eine Polarisationsröhre von genau bekannter Länge (meist benutzt man solche von genau 2 Dezimeter Länge) so ein, daß keine Luftblasen in der Röhre verbleiben. Zweckmäßig sind Röhren, die an einem Ende erweitert sind (Abb. 56); die Erweiterung nimmt dann eine etwa verbleibende Luftblase auf, so daß diese nicht mehr störend wirken kann. Auch Röhren mit besonderem seitlichen Tubus zum Einfüllen sind zweckmäßig.

Die zum Verschließen des Rohres dienenden Deckplättchen müssen, sowohl beim Aufbringen wie nach vollzogenem Verschluß, vollständig blank und trocken sein.

Das Anziehen der Verschlußschrauben der Röhre soll nur gelinde erfolgen. Preßt man die Verschlußplättchen zu stark an, so entsteht leicht Doppelbrechung im Glase; hierdurch sind Fehler in der Drehung bis zu 0,05° möglich.

Abb. 55.

4. Man bringt die gefüllte Röhre zwischen die Prismen des Apparats, verschiebt zuerst das Fernrohr, bis der Trennungsstrich im Gesichtsfeld

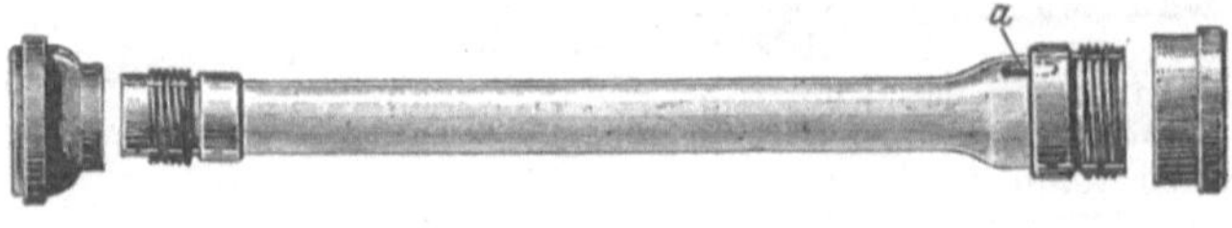

Abb. 56.

wieder scharf auftritt, dreht dann den Analysator und sucht damit von neuem in 5—6 Einstellungen die Lage der gleichmäßigen Beschattung auf. Aus diesen Ablesungen nimmt man wiederum das Mittel.

5. Die Differenz der Mittel beider Ablesungsreihen (2 und 4) ist der Drehungswinkel α der Flüssigkeit. Mußte man zur Erreichung der zweiten Nullstellung den Kreis von der ersten Nullstellung aus nach rechts drehen, so erhält die gefundene Zahl das positive Vorzeichen (Rechtsdrehung, $+$ aktiv), wenn nach links, das negative (Linksdrehung, $-$ aktiv).

Zahlenbeispiel. Rohrzuckerlösung. Bestimmung des Drehungswinkels α im 2-dm-Rohr bei Natriumlicht. Temperatur 18,5°.

Nullstellung an der Kreisscheibe abgelesen:

a) ohne Einschaltung der Lösung	b) nach Einschaltung der Lösung
$+\,0,1°$	$+\,13,4°$
$+\,0,0$	$+\,13,5$
$+\,0,1$	$+\,13,6$
$+\,0,0$	$+\,13,4$
$+\,0,0$	$+\,13,4$
$+\,0,1$	$+\,13,5$
$+\,0,1$	$+\,13,5$
Mittel für den Nullpunkt	**Mittel für die Drehung**
$+\,0,06°$	$+\,13,47°$

Gefunden $\alpha = 13,47 - 0,06 = +\,13,41°$.

Bemerkung. Bei Verwendung eines großen Apparates ist noch folgendes zu beachten:

1. Der genau innezuhaltende Abstand zwischen Flamme und Apparatöffnung ist nicht wie bei dem kleinen Mitscherlich-Laurent 5—6 cm, sondern 22 cm.

2. Bei den großen Apparaten ist der Halbschattenwinkel e (Abb. 49) nicht von unveränderlichem mittleren Wert, vielmehr in gewissen Grenzen je nach den Umständen wechselbar. Zu diesem Zwecke ist das große Prisma fest mit einem an einer Skala gleitenden, durch eine Schraube feststellbaren Hebel verbunden; der Halbschattenwinkel ist dadurch beliebig veränderlich und seine Größe in Graden ablesbar. Bei klaren Flüssigkeiten wählt man ihn zu 5—6°, denn je kleiner er gewählt wird, desto genauer und übereinstimmender werden die Ablesungen. Da aber, je kleiner der Halbschattenwinkel ist, gleichzeitig auch das Gesichtsfeld in der Null-Lage sich immer mehr verdunkelt, so muß man bei gefärbten oder schwach trüben Flüssigkeiten notgedrungen öfters bis zu 10° und mehr gehen. Zwischen Nullpunkts- und Drehungsbestimmung darf an der Stellung des Halbschattenhebels nicht das geringste geändert werden, denn jede Drehung des Hebels ändert den Nullpunkt. Will man daher im Laufe der Beobachtung wegen Unklarheit der Flüssigkeit usf. den Halbschattenwinkel größer wählen, so ist zunächst eine neue Nullpunktsbestimmung auszuführen.

Noniusablesung.

Der bei den Drehungsmessungen stets benutzte Nonius ist ein Hilfsmaßstab, der, an einer Hauptteilung anliegend, Bruchteile eines Skalenteils der letzteren

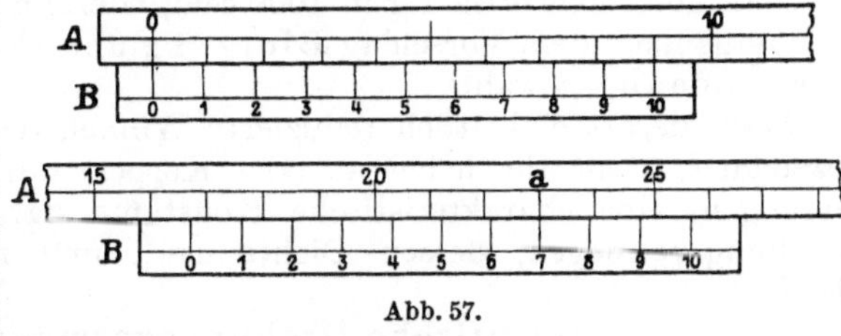

Abb. 57.

bequem festzustellen gestattet. In seiner einfachsten Form ist der Nonius so geteilt, daß 9 Teile der Hauptteilung auf ihm in 10 Teile geschnitten sind. Siehe Abb. 57, I, in der A die Hauptteilung, B den Nonius darstellt. Jeder Noniusteil hat dann also einen Wert von 0,9 eines Teils der Hauptteilung, und die Ablesung mit diesem Nonius liefert Zehntel der Hauptteilung. Dies ergibt sich aus folgendem:

Hat der Nonius, an der Hauptteilung vorbeigleitend (oder auch umgekehrt), eine bestimmte Strecke durchlaufen, etwa von Lage I zu Lage II (Abb. 57) übergehend, so ist die Lage seines Nullpunktes an der Hauptteilung (H. T.) zu ermitteln. Denn stets erfolgt die Zählung vom Nullpunkt des Nonius aus. In Lage II liegt der Nullpunkt des Nonius zwischen 16 und 17; das Stück von 16 bis 0 bleibt noch genau zu bestimmen. Verfolgt man die Noniusteilung, so ergibt sich, daß sein siebenter Strich mit einem Teilstrich der Hauptteilung zusammenfällt. Bezeichnen wir diesen Punkt mit a, so ist die Strecke (16 bis a) = 7 (H.T.). Die Strecke (o bis a) aber ist $7 \cdot 0,9 = 6,3$ (H. T.). Das gesuchte Stück (16 bis 0) ist demnach $7 - 6,3 = 0,7$ (H. T.) und die zu bestimmende Lage daher 16,7 (H.T.).

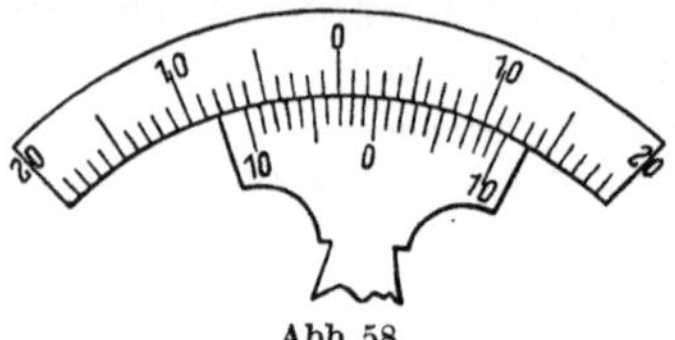
Abb. 58.

Daraus ergibt sich, da das Auseinandergesetzte allgemein gilt, die praktische Regel: **Man stelle fest, der wievielste Teilstrich des Nonius mit einem Teilstrich der Hauptskala zusammenfällt. Die Ziffer dieses Noniusteilstriches gibt gleichzeitig die Zehntel zu dem an der Hauptskala abgelesenen vollen Skalenteil.**

In Abb. 58 steht der Nullstrich des Nonius zwischen 2 und 3° der Kreisteilung und der 8. Teilstrich des Nonius steht genau auf einem Teilstrich des Kreises. Es ist also abzulesen: $+ 2,8°$.

Manche Nonien (an größeren Apparaten) lassen $^1/_{100}$ der Hauptteilung ablesen, andere, an Kreisbogen angebrachte, liefern $^1/_{60}$, also Minuten, des Kreisgrades. Da sie aber nach analogen Grundsätzen geschnitten sind, so findet man sich nach obigem mit ihrer Ablesung leicht zurecht.

Spezifische Drehung aktiver Substanzen.

Die Größe des durch eine gelöste aktive Substanz hervorgebrachten Drehungswinkels wechselt:

a) **mit der Dicke der durchstrahlten Schicht**, d. h. mit der Länge der angewandten Polarisationsröhre. Der Drehungswinkel ist stets genau **direkt proportional der Schichtendicke** (Biots Satz);

b) **mit dem Gehalt der Lösung an aktiver Substanz in der Volumeinheit**, d. h. **mit der Konzentration.**

Um sich für Vergleichungen von diesen Variablen unabhängig zu machen, bezieht man nach Biots Vorschlag alle polarimetrischen Messungen des Drehungswinkels α an Flüssigkeiten auf

1. die einheitliche **Röhrenlänge von einem Dezimeter**;

2. eine gleiche **Konzentration**. Als Einheitskonzentration hat man nun nicht etwa 1 g in 1000 ccm, oder 1 g in 100 ccm, sondern, gleichfalls nach dem Vorschlag Biots, **1 g der aktiven Substanz in 1 ccm Lösung** gewählt.

Dieser derart einheitlich reduzierte Winkel, den man stets mit $[\alpha]$ bezeichnet, stellt für jeden aktiven Körper, unter gewissen Voraussetzungen, eine charakteristische Konstante dar, gerade wie dessen Brechungsvermögen, dessen Dichte usw., und man bezeichnet ihn als das

spezifische Drehungsvermögen, $[\alpha]$,

dieses aktiven Körpers.

Die gewöhnlich angewandte Formel für die Berechnung des „spezifischen Drehungsvermögens" eines aktiven Körpers, wenn im Versuche dessen Lösung in 100 ccm Flüssigkeit **c** g aktive Substanz enthielt und der Drehungswinkel unter Verwendung einer Röhre von l dm Länge sich zu $\alpha°$ gefunden hatte, lautet

$$[\alpha] = \frac{100\,\alpha}{l \cdot c} \quad \ldots \ldots \ldots \ldots \quad (1)$$

Hat man an einer Lösung in einem Rohr von l dm Länge den Drehungswinkel α gefunden, und sind in 1 ccm dieser Lösung nicht 1 g aktive Substanz, sondern P g gelöst, so wäre der auf Einheit der Schicht und Einheit der Konzentration umgerechnete Drehungswinkel $[\alpha]$:

$$[\alpha] = \frac{\alpha}{l \cdot P}.$$

Bei der Gehaltsbestimmung einer Lösung ist es nun praktisch üblich, deren Gehalt in Grammen nicht für 1 ccm, sondern für **100 ccm Lösung** anzugeben. Dieser Zahlenwert für die Konzentration, c, ist demnach hundertmal größer als der wie oben für P definierte. Es ist also

$$c = 100\,P \quad \text{oder} \quad P = {}^1/_{100}\,c.$$

Setzt man diesen Wert für P in die vorhergehende Gleichung ein, so ergibt sich obige Gleichung (1)

$$[\alpha] = \frac{100\,\alpha}{l \cdot c}.$$

Zahlenbeispiel. Spezifisches Drehungsvermögen des Rohrzuckers. 10,256 g Rohrzucker wurden zu 100 ccm in Wasser gelöst. $c = 10,256$.

Drehungswinkel: Rohrlänge 2 dm, Na-Flamme, $t = 20°$.

Nullstand: ohne Röhre　mit gefüllter Röhre

	ohne Röhre	mit gefüllter Röhre	
	— 0,6°	+ 13,0°	
	— 0,5	+ 13,1	
	— 0,6	+ 13,1	$\alpha = + 13,1 - (- 0,56) = + 13,66°$
	— 0,5	+ 13,0	
	— 0,6	+ 13,0	
	— 0,6	+ 13,1	
	— 0,6	+ 13,1	
Mittel	— 0,56°	+ 13,1°	

$$\text{Spezifische Drehung } [\alpha]_D^{20°} = \frac{100 \cdot 13.66}{2 \cdot 10,256} = + 66,5°.$$

Jeder so durch Rechnung erhaltene Wert für $[\alpha]$ ist, da er ja für die überaus starke Konzentration 1 g Substanz in 1 ccm Lösung gilt, stets sehr hoch gegenüber dem wirklich gemessenen Drehungswinkel α. Infolgedessen multiplizieren sich in ihm die unvermeidlichen kleinen Fehler der Bestimmungen und machen fast immer seine erste Dezimale bereits unsicher. Es ist daher meist ohne Sinn, die Berechnung auf weitere Dezimalstellen auszudehnen.

Bemerkungen zur Berechnungsweise des spezifischen Drehungsvermögens.

1. Ist die aktive Substanz nicht durch Lösen verflüssigt, sondern bereits flüssig (ätherische Öle), so vereinfacht sich die Berechnungsformel (1). Ein Volum von 1 ccm soll 1 Gramm aktive Substanz enthalten; der auf Schichtlänge 1 dm reduzierte Ablenkungswinkel α ist daher nur noch durch die Dichte d der aktiven Flüssigkeit zu dividieren. Für aktive flüssige Substanzen gilt daher die Berechnungsformel

$$[\alpha] = \frac{\alpha}{l \cdot d} \quad \ldots \ldots \ldots \ldots \quad (2)$$

Für pharmazeutische Zwecke hat diese Formel keine praktische Bedeutung. Denn das Arzneibuch verzichtet in solchen Fällen auf die Umrechnung auf spezifische Drehung. Es begnügt sich damit, zur Kennzeichnung der in ihm aufgeführten aktiven ätherischen Öle lediglich den Drehungswinkel α für 1 dm Schicht anzugeben, mit Rücksicht darauf, daß die Zusammensetzung und damit auch die Drehung dieser Naturprodukte ohnehin meist sehr starken Schwankungen ausgesetzt ist.

2. Bei Lösungen aktiver Substanzen läßt sich deren Gehalt auch in Gewichtsprozenten p der Lösung ausdrücken (z. B. 6 g Substanz, nicht in 100 ccm, sondern in 100 g Lösung). Es besteht zwischen Konzentration c und Gewichtsprozenten p die leicht ableitbare Beziehung $c/d = p$, wo d die Dichte der Lösung bedeutet. Daraus folgt $c = p \cdot d$. Durch Einsetzen in (1) erhält man dann

$$[\alpha] = \frac{100\,\alpha}{l \cdot p \cdot d} \quad \cdots \cdots \cdots \cdots \cdots \quad (3)$$

als Berechnungsformel für die spezifische Drehung bei Lösungen in diesen Fällen.

Man ersieht hieraus, daß, falls eine Lösung nach Gewichtsprozenten der Lösung hergestellt bzw. definiert ist, eine Ermittlung der spezifischen Drehung stets gleichzeitig noch die Bestimmung der Dichte der Lösung erfordert. Für manche wissenschaftliche Zwecke ist dies umständlichere Verfahren nicht zu entbehren, so z. B., wenn man die Abhängigkeit des Drehungsvermögens von der Menge des Lösungsmittels erfahren will. Für praktische Zwecke genügt jedoch stets die einfachere direkte Ermittlung der Konzentration der Lösung unter Verwendung eines Meßkölbchens wie oben im Zahlenbeispiel und Anwendung der Formel (1).

Verwendung der Konstante des spezifischen Drehungsvermögens zur Gehaltsbestimmung einer Lösung.

Kennt man die spezifische Drehung eines einheitlichen chemischen Körpers ein für allemal, so kann man mit Hilfe dieser bekannten Konstante umgekehrt den unbekannten Gehalt jeder Lösung dieses Körpers ermitteln, wofern man nur den Drehungswinkel der Lösung bestimmt.

Zur Berechnung hat man einfach die Berechnungsformel der spezifischen Drehung

$$[\alpha] = \frac{100\,\alpha}{l \cdot c}$$

nach c aufzulösen.

$$c = \frac{100\,\alpha}{l \cdot [\alpha]} \quad \cdots \cdots \cdots \cdots \cdots \quad (4)$$

Zahlenbeispiele.

a) Ermittlung der Konzentration einer Rohrzuckerlösung.

Es sei für eine Rohrzuckerlösung gefunden worden:

$$\alpha = +\,13{,}41^\circ \text{ bei Rohrlänge } l = 2 \text{ dm.}$$

Nach vielfachen Beobachtungen hat die spezifische Drehung des Rohrzuckers bei Natriumlicht den Wert

$$[\alpha] = +\,66{,}5^\circ.$$

Daraus ergibt sich nach Gleichung (4) als Konzentration c (Gehalt in 100 ccm) der betreffenden Rohrzuckerlösung

$$c = \frac{100 \cdot 13,41}{2 \cdot 66,5} = 10,08 \text{ g}.$$

(In Wirklichkeit war die Lösung hergestellt durch Auflösen von 10,102 g reinem Rohrzucker zu 100 ccm. Es sei dies angeführt, um die bei solchen Bestimmungen erreichbare Genauigkeit zu zeigen.)

b) Ermittlung des Gehalts eines Harns an Harnzucker (Glykose).

Versuch. Zur Klärung und Entfärbung werden 50 ccm des zu untersuchenden Harns mit 5 ccm einer 25%igen Lösung von neutralem Bleiacetat, $(CH_3COO)_2Pb$, versetzt und nach einigem Stehen durch ein trockenes doppeltes Filter klar filtriert. Zur Herstellung der Mischung benutzt man am bequemsten ein mit Schliffstopfen versehenes Meßkölbchen, das am Halse zwei Marken trägt: eine bei 50 ccm für den Harn, eine bei 55 ccm für die zuzusetzende Bleiacetatlösung.

Die erhaltene Flüssigkeit zeigte dann im Versuch bei Natriumlicht und im 2-dm-Rohr eine Drehung von $+ 2,34°$.

Berechnung. Die spezifische Drehung der Glykose beträgt bei Natriumlicht

$$[\alpha] = + 52,8°.$$

Der Glykosegehalt c der untersuchten Flüssigkeit in 100 ccm beträgt also nach Gl. (4):

$$c = \frac{100 \cdot 2,34}{2 \cdot 52,8} = 2,216 \text{ g} \dots \dots \dots \dots \dots (5)$$

Der ursprüngliche Harn enthält demnach, da er zur Drehungsbestimmung um $^1/_{10}$ verdünnt wurde, $2,216 \cdot 1,1 = \textbf{2,44 g}$ Glykose in **100 ccm**.

Bemerkung. Diese Berechnung fußt selbstverständlich auf der Voraussetzung, daß im Harn außer der Glykose keine anderen drehenden Körper vorhanden sind. Ganz streng trifft diese Voraussetzung nicht immer zu; unter Umständen treten noch andere aktive Stoffe im Harn auf, so Fruchtzucker, Pentosen, gepaarte Glykuronsäuren, letztere nach dem Einnehmen gewisser Medikamente, wie Campher, Chloralhydrat, Butylchloral u. a. Aber diese Körper sind erfahrungsgemäß in den allermeisten Fällen in so geringer Menge vorhanden, daß ihre Anwesenheit praktisch ohne nennenswerten Einfluß auf die Drehung ist.

Eiweiß, welches links dreht, also den Harn zuckerärmer erscheinen ließe als er ist, kann leicht nachgewiesen (mit Essigsäure und Kaliumferrocyanid) und aus einer größeren Harnmenge vor der Polarisation durch Erhitzen des Harns mit einigen Tropfen Essigsäure ausgefällt werden. 50 ccm des eiweißfreien Filtrats werden dann wie oben behandelt.

Zur bequemen Ausführung der Zuckerbestimmung im Harn werden auch Polarisationsröhren geliefert, die anstatt der üblichen Länge von 2 dm (200 mm) eine Länge von genau 189,4 mm haben. Bei der Benutzung einer solchen Röhre ist der damit abgelesene Drehungswinkel α genau gleich der Konzentration c des Harns, (g in 100 ccm), an Glykose. Man überzeugt sich leicht davon, wenn man in Gleichung (4) für l und $[\alpha]c$ die Werte 1,894 und 52,8 einsetzt und damit c berechnet. Mußte, was fast immer nötig, der Harn von der Drehungsmessung geklärt, also um $^1/_{10}$ verdünnt werden, so ist natürlich auch der mit einer solchen Röhre gefundene c- bzw. α-Wert schließlich noch um $^1/_{10}$ zu erhöhen.

Man kann auch bei Benutzung einer Röhre von 200 mm Länge unmittelbar aus der Drehung die Menge der Glykose ablesen, wenn man 95 ccm Harn mit 5 ccm Bleiacetatlösung klärt. Man gibt zuerst 5 ccm Bleiacetatlösung mit einer Pipette in den trockenen Meßkolben von 100 ccm und füllt mit dem Harn bis zur Marke auf. Nach dem Mischen und Filtrieren bestimmt man die Drehung des Filtrats. Die Grade der Drehung geben unmittelbar die Anzahl Gramm Glykose in 100 ccm Harn an.

Berechnung. 100 ccm der Mischung enthalten 95 ccm unverdünnten Harn. 200 mm Rohrlänge entsprechen demnach 190 mm Rohrlänge mit unverdünntem Harn. Der Unterschied zwischen 190 mm und 189,4 mm ist so gering, daß er vernachlässigt werden kann.

Beeinflussungen des spezifischen Drehungsvermögens.

Bei den Rechnungen der Zahlenbeispiele ist die Biotsche Konstante, die spezifische Drehung $[\alpha]$, als ein konstanter Wert behandelt worden. In Wirklichkeit aber ist sie, was wohl zu beachten ist, nicht unter allen Umständen völlig konstant. Ihr Wert wird im allgemeinen beeinflußt:

1. Von der **Wellenlänge des Lichts.** Für polarimetrische Messungen ist daher stets monochromatisches Licht ganz bestimmter Wellenlänge zu verwenden. In der nötigen Intensität findet man solches Licht am bequemsten im Natriumlicht, das die Wellenlänge der Frauenhoferschen Linie D, Wellenlänge $589,3\,\mu\mu$[1] besitzt. In der Praxis wendet man daher fast ausschließlich dieses an und indiziert die damit erhaltenen Zahlenwerte mit dem Buchstaben D, also α_D bzw. $[\alpha]_D$.

Bei Verwendung von monochromatischem Licht anderer Wellenlänge ist natürlich auch diese stets anzugeben.

2. Von der **Temperatur.** Die Beeinflussung der Drehung durch Temperaturschwankungen ist bei einzelnen Körpern, so bei Rohrzucker und Glykose, nur sehr gering. Drehungsbestimmungen an Rohrzucker- oder Glykoselösungen können daher bei mittleren Temperaturen ohne besondere Temperaturregulierung vorgenommen werden.

Bei anderen Körpern, wie z. B. bei Invertzucker, ist der Temperatureinfluß bedeutend. Bei solchen hat man während der Messung die Temperatur durch Anwendung einer Wasserbadröhre genau konstant zu erhalten.

Um Zweifeln vorzubeugen, versieht man daher stets alle Zahlenangaben über spezifische Drehung mit entsprechender Indizierung, z. B.:

$$\text{Raffinose } [\alpha]_D^{20^\circ} = +104,4^\circ.$$

3. Ist die spezifische Drehung noch abhängig von der **Art des Lösungsmittels** (Wasser, Alkohol u. a.) und auch, in gewissen Grenzen, von der **Konzentration** oder, anders ausgedrückt, der Verdünnung der untersuchten Lösung.

So zeigt z. B. eine 20-Gew.-%ige Lösung von Campher in Benzol

$$[\alpha]_D^{20^\circ} = +42,8^\circ, \text{ in Essigester hingegen } [\alpha]_D^{20^\circ} = +51,6^\circ.$$

Aber auch in einem und demselben Lösungsmittel, z. B. absolutem Äthylalkohol, zeigt Campher bei verschiedener Konzentration verschiedene spezifische Drehung:

Konzentration $c =$	5	10	20	30	50
$[\alpha]_D^{20^\circ} =$	42,6°	43,2°	44,4°	45,4°	47,9°,

was sich genau zum Ausdruck bringen läßt durch die Formel:

$$[\alpha]_D^{20^\circ} = 41,982 + 0,11824\,c \text{ (Landolt)}.$$

Wir beobachten also ein ganz gleichmäßiges Ansteigen der spezifischen Drehung mit wachsender Konzentration der Lösungen, während die Werte der spezifischen Drehung, da sie sich alle auf die gleiche Einheitskonzentration, 1 g Substanz in **1 ccm** Lösung, beziehen, eigentlich alle gleich sein müßten.

---

[1] $1\,\mu\mu = 1$ millionstel Millimeter.

Das einfache Berechnungsverfahren nach Gleichung (4) genügt natürlich nicht für aktive Substanzen dieses Verhaltens. Will man aus Drehungsmessungen an ihren Lösungen die Konzentration der Lösungen berechnen, so bedarf es zunächst einer genauen Kenntnis des Ganges der spezifischen Drehung mit der Konzentration und weiter noch eines komplizierteren, hier aber nicht zu erläuternden Berechnungsverfahrens.

Die Drehung des Rohrzuckers und der Glykose, dieser wichtigen, wohl am häufigsten polarimetrisch zu bestimmenden Stoffe, ändert sich in wässerigen Lösungen aber mit der Verdünnung günstigerweise um ebenso geringe Beträge wie mit der Temperatur (s. S. 256).

Bei Rohrzucker und Glykose ist also die spezifische Drehung für alle Verdünnungen und alle mittleren Temperaturen praktisch eine Konstante:

$$\text{Rohrzucker } [\alpha]_D^{t\,\text{mittel}} = +\,66,5°. \quad \text{Glykose } [\alpha]_D^{t\,\text{mittel}} = +\,52,8°.$$

4. Zeigt die spezifische Drehung mancher gelösten Substanzen — hauptsächlich Zuckerarten, jedoch auch anderer Stoffe — sich in gewissem Grade veränderlich mit der **Zeit,** die seit der Herstellung der Lösung verflossen ist. Das Drehungsvermögen der frisch hergestellten Lösung nimmt nämlich beim Stehen stetig ab (in vereinzelten Fällen auch wohl zu), bis schließlich ein weiterhin konstant bleibender Endwert erreicht wird. So zeigt z. B. die Dextrose (Glykose) in frisch hergestellter Lösung die spezifische Drehung $[\alpha]_D = 105,2°$, die dann im Verlauf von etwa 6 Stunden auf den Endwert $52,8°$ zurückgeht. Anfangs- und Endwert stehen hier also zueinander im Verhältnis 2:1. Bei Xylose, Milchzucker und Galaktose haben sich für das gleiche Verhältnis die Werte 4,6:1; 1,6:1; 1,46:1 gefunden. Ein solches Auftreten einer vorübergehenden höheren Anfangsdrehung bezeichnet man als **Multirotation** des betreffenden Stoffes. Die Erscheinung entspringt bei den multirotierenden Zuckerarten dem Umstand, daß die aktiven Stoffe in festem Zustande in verschiedenen isomeren Modifikationen auftreten, jede mit besonderem Drehungsvermögen, und im Zustand der Lösung eine labile Modifikation sich allmählich in die stabile Form umwandelt.

Von solchen multirotierenden Stoffen kommen für die pharmazeutische Praxis allenfalls der Milchzucker und die Glykose in Betracht. Wäre hiervon etwa die spezifische Drehung zu bestimmen, so müßte die Lösung vor der Drehungsmessung etwa 24 Stunden sich selbst überlassen bleiben. Dann ist erfahrungsgemäß der konstante Endwert, um den es sich handelt, erreicht. Will man rasch arbeiten, so beschleunigt man den Umwandlungsvorgang durch Temperaturerhöhung. Man übergießt die gewogene Substanz im Meßkolben mit etwa $^2/_3$ des Lösungswassers, erhitzt einige Minuten bis fast zum Sieden, füllt nach dem Abkühlen zur Marke auf und polarisiert. Auch durch Verwendung von schwach alkalisiertem Lösungswasser (1 ccm Ammoniakflüssigkeit auf 100 ccm Wasser) erhält man schon bei gewöhnlicher Temperatur in 5—10 Minuten die normale niedrige Drehung bei diesen Zuckerarten. Ein stärkerer Zusatz von Alkali würde allerdings, infolge chemischer Einwirkung desselben auf den Zucker, den Endwert noch weiter abnehmen lassen.

Das Arzneibuch gibt für folgende Stoffe das spezifische Drehungsvermögen an:

Acidum tartaricum. Für 20 %ige Lösung (20 g in 100 ccm) ist $[\alpha]_D^{20°} = +\,11,98°$.

Camphora. Für eine Lösung von 2 g Campher in 10 ccm absolutem Alkohol ist $[\alpha]_D^{20°} = +\,44,22°$.

Camphora synthetica. Für eine Lösung von 2 g synthetischem Campher in 10 ccm absolutem Alkohol ist $[\alpha]_D^{20°} = -\,2°$ bis $+\,5°$.

Eukodal. Für die 5 %ige Lösung ist $[\alpha]_D^{20°} = $ etwa $-\,125°$.

Lobelinum hydrochloricum. Für die gesättigte wässerige Lösung, 2,5 g in 100 ccm, ist $[\alpha]\frac{20°}{D} = -42{,}51°$.

Mentholum. Für die weingeistige Lösung, die 1 g Menthol in 10 ccm enthält, ist $[\alpha]\frac{20°}{D} = -47°$ bis $-51°$.

Saccharum. Für die 10%ige wässerige Lösung (10 g in 100 ccm) ist $[\alpha]\frac{20°}{D} = +66{,}5°$.

Saccharum amylaceum. Für die 10%ige, mit 1 Tropfen Ammoniakflüssigkeit versetzte, wässerige Lösung des bei 105° getrockneten Traubenzuckers ist $[\alpha]\frac{20°}{D} = +52{,}5°$.

Saccharum Lactis. Für eine unter Erwärmen hergestellte 10%ige, mit einem Tropfen Ammoniakflüssigkeit versetzte wässerige Lösung, ist $[\alpha]\frac{20°}{D} = +52{,}5°$.

Scopolaminum hydrobromicum. Für eine wässerige Lösung, die 5% wasserfreies Scopolaminhydrobromid enthält, ist $[\alpha]\frac{20°}{D} = -24{,}75°$.

Strophanthinum. Für eine Lösung, die 1% wasserfreies Strophanthin enthält, ist $[\alpha]\frac{20°}{D} = -30°$.

Suprarenin. Für eine wässerige Lösung, die in 1000 ccm 1,2 g Suprareninhydrochlorid (= 1 g Suprarenin) enthält, ist $[\alpha]\frac{20°}{D} = -50°$.

Yohimbinum hydrochloricum. Für eine 1%ige wässerige Lösung des bei 100° getrockneten Yohimbinhydrochlorids ist $[\alpha]\frac{20°}{D} = +103°$ bis $+104°$.

Für die optisch aktiven ätherischen Öle gibt das Arzneibuch den im 100-mm-Rohr unmittelbar abzulesenden Drehungswinkel an. Bei stärker gefärbten ätherischen Ölen benutzt man ein Rohr von 50 oder 20 mm Länge und rechnet den gefundenen Wert auf 100 mm um.

Oleum Angelicae $\alpha\frac{20°}{D} = +16°$ bis $+41°$

Oleum Anisi $\alpha\frac{20°}{D} = +0{,}6°$ bis $-2°$

Oleum Calami $\alpha\frac{20°}{D} = +9°$ bis $+31°$

Oleum Carvi $\alpha\frac{20°}{D} = +70°$ bis $+81°$

Oleum Caryophylli $\alpha\frac{20°}{D} =$ bis $-1{,}6°$

Oleum Chenopodii anthelminthici $\alpha\frac{20°}{D} = -4°$ bis $-9°$

Oleum Cinnamomi $\alpha\frac{20°}{D} =$ bis $-1°$

Oleum Citri $\alpha\frac{20°}{D} = +55°$ bis $+65°$

Oleum Citronellae $\alpha\frac{20°}{D} = -3{,}5°$ bis $+1{,}7°$

Oleum Eucalypti $\alpha\frac{20°}{D} = +0{,}1°$ bis $+15°$

Oleum Foeniculi $\alpha \frac{20°}{D} = + 11°$ bis $+ 24°$

Oleum Juniperi $\alpha \frac{20°}{D} = - 1°$ bis $- 15°$

Oleum Lavandulae $\alpha \frac{20°}{D} = - 3°$ bis $- 9°$

Oleum Menthae piperitae $\alpha \frac{20°}{D} = - 20°$ bis $- 34°$

Oleum Myristicae aethereum $\alpha \frac{20°}{D} = + 7°$ bis $+ 30°$

Oleum Rosae $\alpha \frac{25°}{D} = - 1°$ bis $- 4°$

Oleum Rosmarini $\alpha \frac{20°}{D} = - 5°$ bis $+ 12°$

Oleum Santali $\alpha \frac{20°}{D} = - 16°$ bis $- 21°$

Oleum Terebinthinae $\alpha \frac{20°}{D} = + 15°$ bis $- 40°$

Oleum Valerianae $\alpha \frac{20°}{D} = - 20°$ bis $- 35°$

Verzeichnis der Atomgewichte der Elemente, die für das Arzneibuch in Betracht kommen. 1931.

Aluminium	Al	26,97	Lithium	Li	6,94
Antimon	Sb	121,76	Magnesium	Mg	24,32
Arsen	As	74,93	Mangan	Mn	54,93
Barium	Ba	137,36	Molybdän	Mo	96,0
Blei	Pb	207,21	Natrium	Na	23,00
Bor	B	10,82	Phosphor	P	31,02
Brom	Br	79,92	Quecksilber	Hg	200,61
Calcium	Ca	40,07	Sauerstoff	O	16,000
Chlor	Cl	35,46	Schwefel	S	32,06
Chrom	Cr	52,01	Silber	Ag	107,88
Eisen	Fe	55,84	Silicium	Si	28,06
Jod	J	126,93	Stickstoff	N	14,008
Kalium	K	39,10	Vanadium	V	50,95
Kobalt	Co	58,94	Wasserstoff	H	1,008
Kohlenstoff	C	12,000	Wismut	Bi	209,0
Kupfer	Cu	63,57	Zink	Zn	65,38

Sachverzeichnis.

Kommentar zum Deutschen Arzneibuch 6. Ausgabe 1926. Auf Grundlage der Hager-Fischer-Hartwichschen Kommentare der früheren Arzneibücher unter Mitwirkung von Professor Dr. W. B r a n d t - Frankfurt a. M., Dr. A. B r a u n †-Berlin, Dr. R. B r i e g e r - Berlin, Privatdozent Dr. H. D i e t e r l e - Berlin, Privatdozent Dr. R. D i e t z e l -München, Dr. W. M o e s e r -Darmstadt, Dr. Hans R. M ü l l e r - Berlin, Privatdozent Dr. P. N. S c h ü r h o f f - Berlin, Dr. F. S t a d l m a y r - Darmstadt, Dr. O. W i e g a n d - Miltitz/Leipzig, herausgegeben von Professor Dr. **O. Anselmino**, Oberregierungsrat, Mitglied des Reichsgesundheitsamts, und Professor Dr. **Ernst Gilg**, b. a. o. Professor der Botanik und Pharmakognosie an der Universität, Kustos und Professor am Botanischen Museum Berlin-Dahlem. Mit zahlreichen in den Text gedruckten Abbildungen.

E r s t e r B a n d. III, 857 Seiten. 1928.   Gebunden RM 58.—
Z w e i t e r B a n d. II, 917 Seiten. 1928.   Gebunden RM 60.—

Die Untersuchung der Arzneimittel des Deutschen Arzneibuches 6. I h r e w i s s e n s c h a f t l i c h e n G r u n d l a g e n u n d i h r e p r a k t i s c h e A u s f ü h r u n g. Anleitung für Studierende, Apotheker und Ärzte. Unter Mitwirkung von Privatdozent Dr. phil. R. D i e t z e l, Ministerialrat Geh. Rat Professor Dr. med. Ad. D i e u d o n n é, Professor Dr. med. et phil. F. F i s c h l e r, Apothekendirektor Dr. phil. R. R a p p, Geh. Regierungsrat Prof. Dr. med. E. R o s t, Konservator Dr. phil. J. S e d l m e y e r, Professor Dr. phil. H. S i e r p, Geh. Hofrat Professor Dr. med. W. S t r a u b, Privatdozent Dr. phil. K. T ä u f e l, Privatdozent Dr. phil. C. W a g n e r, herausgegeben von Professor Dr. phil. et med. **Theodor Paul,** Geheimer Regierungsrat, Direktor des Pharmazeutischen Instituts der Universität München. Mit 5 Textabbildungen sowie 2 Anhängen über die chemische Untersuchung von Harn und Magensaft und die medizinalpolizeiliche Bedeutung des Deutschen Arzneibuches 6. IX, 324 Seiten. 1927.
Gebunden RM 18.50

Anleitung zur Erkennung und Prüfung der Arzneimittel des Deutschen Arzneibuches, zugleich ein Leitfaden f ü r A p o t h e k e n - r e v i s o r e n. Von Dr. **Max Biechele**†. Auf Grund der s e c h s t e n Ausgabe des Deutschen Arzneibuches neu bearbeitet und mit Erläuterungen, Hilfstafeln und Zusammenstellungen über Reagenzien und Geräte sowie über die Aufbewahrung der Arzneimittel versehen von Dr. **Richard Brieger,** wissenschaftlichem Redakteur der Pharmazeutischen Zeitung, Berlin. S e c h - z e h n t e Auflage (Zweite Auflage der Neubearbeitung). IV, 754 Seiten. 1929.
Gebunden RM 17.40; durchschossen RM 19.50

Die chemischen und physikalischen Prüfungsmethoden des Deutschen Arzneibuches 6. Ausgabe. Von Dr. **J. Herzog**, Direktor in der Handelsgesellschaft Deutscher Apotheker, Berlin, und **A. Hanner,** Regierungsrat im Reichsgesundheitsamt Berlin. Aus dem Laboratorium der Handelsgesellschaft Deutscher Apotheker. D r i t t e, völlig umgearbeitete und vermehrte Auflage. Mit 10 Textabbildungen. VI, 545 Seiten. 1928.
Gebunden RM 29.50

Pharmazeutisch-chemisches Praktikum. Herstellung, Prüfung und theoretische Ausarbeitung pharmazeutisch-chemischer Präparate. Ein Ratgeber für Apothekenpraktikanten. Von Dr. **D. Schenk,** Apotheker und Nahrungsmittelchemiker. Zweite, verbesserte und erweiterte Auflage. Mit 49 Abbildungen im Text. VI, 223 Seiten. 1928.   RM 10.—; gebunden RM 11.—

Pharmazeutisch-chemisches Rechenbuch. Von Professor Dr. **O. Anselmino,** Oberregierungsrat und Mitglied des Reichsgesundheitsamts, und Dr. **R. Brieger,** Wissenschaftlichem Redakteur der Pharmazeutischen Zeitung, Berlin. IV, 73 Seiten. 1928.   RM 3.75

Mylius-Brieger, Grundzüge der praktischen Pharmazie. Von Dr. phil. **Richard Brieger,** wissenschaftlichem Redakteur der Pharmazeutischen Zeitung, Berlin. Sechste, völlig neubearbeitete Auflage der „Schule der Pharmazie, praktischer Teil" von Dr. E. Mylius. Mit 160 Textabbildungen. VIII, 358 Seiten. 1926.   Gebunden RM 14.70

Die Maßanalyse. Von Dr. **I. M. Kolthoff,** o. Professor für analytische Chemie an der Universität von Minnesota in Minneapolis, USA. Unter Mitwirkung von Dr.-Ing. H. Menzel, a. o. Professor an der Technischen Hochschule Dresden.

Erster Teil: **Die theoretischen Grundlagen der Maßanalyse.** Zweite Auflage. Mit 20 Abbildungen. XIII, 277 Seiten. 1930.
RM 13.80; gebunden RM 15.—
Zweiter Teil: **Die Praxis der Maßanalyse.** Zweite Auflage. Mit 21 Abbildungen. XI, 612 Seiten. 1931.   RM 28.—; gebunden RM 29.40

Ernst Schmidt, Anleitung zur qualitativen Analyse. Herausgegeben und bearbeitet von Dr. **J. Gadamer †,** weil. o. Professor der Pharmazeutischen Chemie und Direktor des Pharmazeutisch-Chemischen Instituts der Universität Marburg. Zehnte, verbesserte Auflage. VI, 114 Seiten. 1928.   RM 5.60

Anleitung zur organischen qualitativen Analyse. Von Dr. **Hermann Staudinger,** o. ö. Professor der Chemie, Direktor des Chemischen Universitätslaboratoriums Freiburg i. Br. Zweite, neubearbeitete Auflage unter Mitarbeit von Dr. Walter Frost, Unterrichtsassistent am Chemischen Universitätslaboratorium Freiburg i. Br. XV, 144 Seiten. 1929. RM 6.60

Praktikum der qualitativen Analyse für Chemiker, Pharmazeuten und Mediziner. Von Dr. phil. **Rudolf Ochs,** Assistent am Chemischen Institut der Universität Berlin. Mit 3 Abbildungen im Text und 4 Tafeln. VIII, 126 Seiten. 1926.   RM 4.80

Der Gang der qualitativen Analyse. Für Chemiker und Pharmazeuten bearbeitet von Dr. **Ferdinand Henrich,** o. ö. Professor an der Universität Erlangen. Dritte, erweiterte Auflage. Mit 4 Abbildungen. IV, 44 Seiten. 1931.   RM 2.80